犬跛行诊断

Diagnosing Canine Lameness

主编

［瑞士］丹尼尔・科赫（Daniel Koch）

［德］马丁・S. 费舍尔（Martin S. Fischer）

共同撰稿人

Britta Dobenecker

插图

Jonas Lauströer

Amir Andikfar

主译

丛恒飞　李梅清

長江出版傳媒

湖北科学技术出版社

Original title: Diagnosing Canine Lameness by Daniel Koch / Martin S. Fischer

Videos: Videos in the chapters 3–6 originate from Tele D, Diessenhofen; videos in chapter 7 originate from Nicole Hollenstein, Tierfotografie.

Illustrators: Jonas Lauströer (www.jonas-laustroeer.de), Amir Andikfar (www.andikfar.de); Matthias Haab, Zürich, Schweiz; Karin Baum, Paphos, Zypern.

著作权合同登记号：图字 17–2023–023 号

图书在版编目（CIP）数据

犬跛行诊断 /（瑞士）丹尼尔·科赫 (Daniel Koch),（德）马丁·S. 费舍尔 (Martin S. Fischer) 主编；丛恒飞，李梅清主译. —武汉：湖北科学技术出版社，2023.3

书名原文：Diagnosing Canine Lameness

ISBN 978–7–5706–2467–6

Ⅰ. ①犬… Ⅱ. ①丹… ②马… ③丛… ④李… Ⅲ. ①犬病 – 骨疾病 – 诊断 Ⅳ. ①S858.292

中国国家版本馆 CIP 数据核字（2023）第 044792 号

犬跛行诊断
QUAN BOXING ZHENDUAN

策　　划：林　潇　李少莉
责任编辑：林　潇　　　封面设计：曾雅明　北农阳光

出版发行：湖北科学技术出版社　　　电话：027–87679468
地　　址：武汉市雄楚大街 268 号　　　邮编：430070
（湖北出版文化城 B 座 13–14 层）
网　　址：www.hbstp.com.cn

印　　刷：河北华商印刷有限公司　　　邮编：072750

889 mm × 1194 mm　1/16　15 印张　434 千字
2023 年 3 月第 1 版　2023 年 3 月第 1 次印刷
定价：198.00 元

作者简介

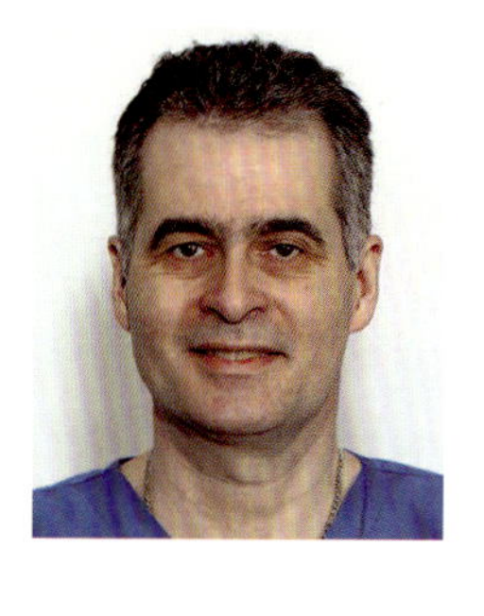

Daniel Koch，兽医学博士，副教授。曾在瑞士弗里堡大学和苏黎世大学学习兽医学。1990年顺利毕业后，成为荷兰乌得勒支大学的小动物实习生，并在其家族的兽医诊所工作了2年。1995年，他在瑞士苏黎世大学兽医学院小动物外科诊所担任住院医师，并于1999年获得欧洲兽医学院的专科医生资格，随后在该诊所担任高级临床医师和科室主任。自2004年起，在瑞士迪森霍芬的一家私人小动物转诊外科诊所工作，专注于犬和猫的骨科、上呼吸道疾病和牙科领域。

Martin S. Fischer，自然科学博士，教授。曾在图宾根和巴黎学习生物学和古生物学。在图宾根获得博士学位后，到美因河畔法兰克福大学医院工作，教授人体解剖学。随后，成为图宾根动物学研究所的助理研究员。在图宾根完成博士后研究后，于1993年被任命为特殊系统动物学和进化生物学教授予相关研究所所长，并担任种系博物馆馆长。他是 Verband für das Deutsche Hundewesen（VDH）科学顾问委员会成员，重点研究陆生脊椎动物的功能形态和进化。2006年，开始耶拿犬类运动的研究，随后与 Karin E. Lilje 博士一起撰写了 *Dogs in motion* 一书。2018年，被德国吉森大学兽医学院授予名誉博士称号。

Britta Dobenecker，兽医学博士。完成兽医护理学专业的学习后，在汉诺威兽医大学学习兽医学，并在汉诺威生理化学研究所和路德维希 – 马克西米利安 – 慕尼黑大学（LMU）动物营养与饮食研究所获得博士学位。自此一直在 LMU 从事教学和研究工作，目前担任高级讲师和代理主任。自1994年以来，一直为伴侣动物、农场动物和动物园动物提供营养咨询。1997年，成为动物营养和饮食专家。2000年，获得了营养学顾问（小动物）的资格，并于2001年成为欧洲兽医和比较营养学院的认证医师。主要研究领域包括营养对骨骼健康（尤其是成长中的犬）、肾脏健康、能量分析、软骨保护和犬运动生理学的影响。

通信地址

Daniel Koch
Dr. med. vet. ECVS
Kleintierchirurgie AG Überweisungspraxis
Ziegeleistr. 5
8253 Diessenhofen
Switzerland

Martin S. Fischer
Prof. Dr. rer. nat. Dr. h.c.
Friedrich–Schiller–Universität Jena
Institut für Zoologie und Evolutionsforschung mit Phyletischem
Museum, Ernst–Haeckel–Haus und Biologiedidaktik
Erbertstr. 1
07743 Jena
Germany

Britta Dobenecker
Dr. med. vet., Dipl. ECVCN
Fachtierärztin für Tierernährung und Diätetik,
Zusatzbezeichnung Ernährungsberatung (Kleintiere)
Ludwig–Maximilians–Universität München
Veterinärwissenschaftliches Department
Lehrstuhl für Tierernährung und Diätetik
Schönleutnerstr. 8
85764 Oberschleißheim
Germany

Amir Andikfar
www.andikfar.de

Jonas Lauströer
www.jonas–laustroeer.de

译 委 会

主　译：丛恒飞　李梅清

副主译：韩桂层　陈明子

译　者：丁宁宁　冯向宇　韩艺伟

金鼎钧　刘红芹　仇春龙

王　甜　赵博远　赵菁华

前 言

成功的骨科疾病检查取决于有针对性的、系统的跛行检查。与常规检查和神经系统检查相结合的骨科检查标志着诊断过程的开始或扩展诊断计划的制订。

不同的思想和哲学流派会产生不同的策略。在这本书中，我们试图展示一个系统的方法。

对每只跛行患犬进行同样的检查：记录病史、步态分析、站姿检查、卧姿检查。评估每个病例的四肢，在骨科检查后要进行影像学诊断。乍一看，这种做法似乎是落伍的，因为几乎所有的兽医诊所都有 X 线机和超声仪，而且 CT 和 MRI 检查的价格也很实惠。为什么不直接对跛行患犬进行扫查呢？

除了辐射暴露和麻醉风险增加之外，还有几个因素强调了不能从所谓的最佳工具入手的原因。人的大脑具有包括眼睛、耳朵和手指在内的多种感受器。大脑比任何机器都要快，可以使用逻辑思维在智力层面合理安排信息，利用经验来区分信息的重要程度，并评估病史和临床表现的相关性，尤其是可以使客户了解诊断的进展。

因此，我们也提供一门“艺术”的指导——骨科检查的艺术。这门艺术可能并不新鲜，但它值得我们重新关注，因为我们的“感受器”会如实传递它们掌握的信息。

本书包含了在耶拿·弗里德里希·席勒大学（简称耶拿大学）进行的创新运动研究的最新发现。在本书的第一部分，这些见解可以加深读者对肌肉骨骼系统的解剖学和生理学功能的理解。鉴于骨科和神经系统疾病在解剖学和鉴别诊断方面的密切联系，本书根据相关解剖学要求，提供了骨科和神经系统检查的指南。第三部分总结了最重要的骨科和神经系统疾病，但不作为治疗指导。

然而，它并不仅仅是一本书，也是一部“电影”，读者可使用平板电脑、手机或电脑识别二维码查看文中随附的整个检查过程的视频。

这本书面向兽医专业学生、全科医生、理疗师、整骨医生、整脊医生和其他对骨科感兴趣的治疗师，以及对此感兴趣的非专业人员。其目的是建立诊断步骤，便于利用观察、基础解剖学和生理学来建立准确的临床诊断，并提供治疗概述。

首先，我们要感谢德国斯图加特的蒂墨出版集团，尤其是要感谢 Maren Warhonowicz 博士和 Carolin Frotscher 女士，他们的专业能力和鼓舞人心的领导力使文本、图片和视频内容能够完美呈现；兽医部的前编辑主任 Martin Schäfer 博士委托我们编写了这本新书，并给予我们信任和支持。Corinna Klupiec 在本书英文版的翻译方面做得非常出色。她的专业知识甚至帮助改进了原始的德语版本。大多数出色的图片都是由 Jonas Lauströer 和 Amir Andikfar 精心制作的，我们对此深表感谢。没有这些精美的图片，这本书的价值将大打折扣。我们还要感谢 Matthias Haab 为第三部分制作的一些图片。特别感谢 Roland Börner 博士，他发起了该项目。我们也要对赞助商表示诚挚的谢意，尤其是要感谢 Heel（Biologische Heilmittel Heel GmBH）。

Daniel Koch 撰写的文本源自苏黎世大学 Pierre Montavon 教授的演讲。因此，Koch 博士要特别感谢 Pierre Montavon 教授。作为 Koch 博士的启蒙老师，他的知识十分渊博，但很不幸，他在 2018 年 9 月去世了。Martin S. Fischer 还要感谢 Verband für das Deutsche Hundewesen（VDH）、Gesellschaft für kynologische Forschung（GKF）和 Heel（Biologische Heilmittel Heel GmBH）多年来的合作，这些合作已经成为众多运动研究的基础。

还有许多人帮助过我们，他们始终如一地提供支持、建议和编辑意见。这些人包括：照片和视频里的明星狗 Leika 和她的主人 Katharina Gasser，明星狗 Joyce 和她的主人 Nicole Hollenstein，以及我们的校对人员 Stefan Grundmann 博士、Frank Steffen 教授、Manuela Schmidt 副教授、Emanuel Andrada 博士、Barbara Happe 博士，特别是 Christian Rode 博士，他严谨的分析评论帮助完善了本书的第一部分。此外，我们还要感谢 TeleD 和 Nicole Hollenstein Animal Photographer 的摄制组和编辑、视频演员，感谢 Indulab 为我们提供检查台，感谢为我们提供图片的同事。最后，感谢我们的家人，在我们编写这本书的时候给了我们所需要的自由。

Daniel Koch 和 Martin S. Fischer

2019 年 1 月

目　录

第三部分　常见疾病治疗指南

第四部分　附录

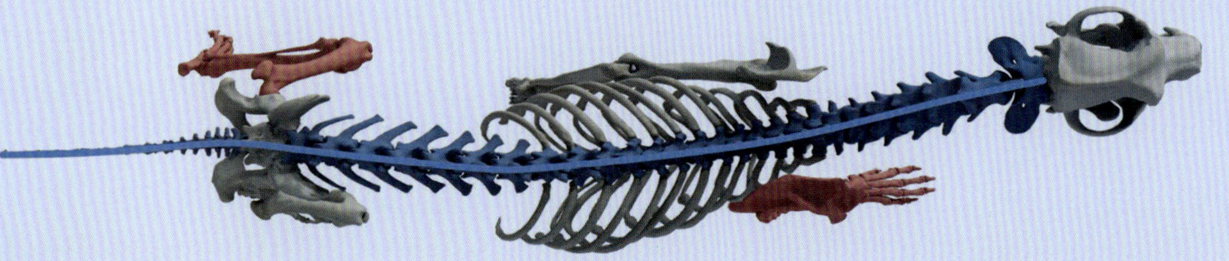

来源：Jonas Lauströer, Amir Andikfar

第一部分　基本原则

第 1 章　犬运动器官的生理学和解剖学

Martin S. Fischer, Daniel Koch, Britta Dobenecker

1.1　引言

Martin S. Fischer, Daniel Koch

狼和其他大型犬科动物以特定的方式适应对大型猎物的持续追捕。犬拥有相似程度的耐力，每个犬主人的日常经验表明，不管走了多远路程，他们的犬散步回家时总是充满活力。由于狼和犬天生具有抗疲劳的肌肉纤维和节能机制，它们用于运动的能量通常不到每日能量需求的 10%，极少数情况下达到 20%。

近年来，我们对犬行进运动的理解已被世界各地的研究小组通过先进的监测技术和深入的调查从根本上扭转。这些研究表明，个体之间的变异大于品种之间的变异。换句话说，虽然 10 只大丹犬都有各自的跑动步态，但大丹犬和腊肠犬的平均步态却惊人地相似。

最近研究的另一个关键发现是，在所有步态中，犬都会系统地利用重力来从重力引起的运动中恢复能量。肌腱和肌肉进行被动拉伸，肌肉经常等长收缩或做负功。总的来说，肢体关节的活动比之前认为的更少。除了对推进力贡献最大的髋关节外，肢体关节在循环行进运动过程中的偏差总是最少的。关节的任务是转换发生在肢体最高枢轴点的运动。在前肢，这个枢轴点位于肩胛骨的上 1/3 处。行走和快步时，后肢最近端的枢轴点位于髋关节，在各种类型的跑步中，还包含了大部分的腰椎。肢体的顺应性也会根据地形进行调整。

与所有陆地哺乳动物一样，犬的臂部和大腿之间的发育同源性已被肩胛骨和股骨之间的功能相似性所取代。此外，最近已经通过全面的三维运动学测量证实，行进运动过程中的肢体运动不局限于旁矢状面，如在膝关节中，也有大量的循环扭转。

这种关于骨骼的新观点也使重新认识肌肉变得很有必要。长期以来，研究解剖学的医生一直仅从局部解剖学的角度研究肌肉，了解它们的附着点、起点和神经支配。在兽医领域，肌肉的假定功能借鉴于人医。因此，肱三头肌或腓肠肌被认为是伸肌，尽管它们仅在犬仰卧或侧卧伸腿时发挥伸肌的作用。通过详细的肌电图研究、犬行进运动逆向动力学的研究和对肌肉内部结构的分析，对肌肉骨骼系统的功能已有不同的认识。在上述的例子中，假定的伸肌已被证明可以对抗重力引起的屈曲，同时储存弹性能量。另一个例子是背阔肌，当犬在平地上移动时，该肌肉的活动在触地时停止，在这种情况下纯粹是为了在犬向前运动时制动前肢，改变它的运动方向。只有当犬在向上的平面上移动时，背阔肌才会在站立阶段促进肢体收缩。

理解跛行及其诊断需要了解肢体的有效功能关系、肩胛骨在每一步中的旋转和平移程度、腰椎的有限椎间运动、行进运动时单块肌肉的运动和四肢的三维运动学。

1.2　运动、运动学、能量学和生物力学

Martin S. Fischer, Daniel Koch

犬的肌肉骨骼系统负责行进运动和其他一些对提升生活质量来说很重要的运动（如伸展、抓挠和玩耍）。所有的运动都涉及主动结构（肌肉、神经）和被动结构（骨骼、关节、肌腱和韧带）之间的密切相互作用，因此从整体上考虑这些组成部分很重要，可以更好地理解功能障碍。我们对犬运动的了解主要局限于行进运动。此外，与行进运动无关的运动对跛行诊断的意义相对较小，这种针对犬自身或其他犬的运动称为非行进运动（“观念运动”）。

在耶拿大学进行的一项研究中，研究人员对梳理运动的三维运动学进行了调查，发现在抓挠耳朵的过程中，股骨沿其纵轴的旋转度高达 50%（图 1.1）。在行进运动中，无论步态如何，只有股骨头的一小部分负重。因此，从功能角度来看，股骨头的球形形状可能更多的是基于其对观念运动的适应。在犬所有的步态中，股骨通常围绕 2 个轴旋转（矢状面的前 – 后运动和改变方向时冠状面的外展 – 内收运动），这时的髋关节是万向关节。然而，观念运动需要沿纵轴旋转，

图1.1　犬抓挠耳朵的示意图

使用基于高频双平面 X 线透视检查动画中的 3 张图片。注意右侧股骨沿其纵轴的明显旋转。（图源：Martin S. Fischer, Lisa Dargel, Institut für Zoologie und Evolutionsforschung, Friedrich-Schiller-Universität Jena）

这时的髋关节是球窝关节。这是早期发现关节疾病的一个重要考虑因素，因为在影响行进运动之前，梳理时可能已经表现出明显的关节活动限制。耶拿大学最近对犬行进运动的三维运动学研究发现了一个特征，法国斗牛犬在行进运动中，腿向外有相当大的纵向旋转，在快步行进的脚步中旋转高达 40°。进一步的研究表明，动物梳理需要肩关节具备高度活动性；而且，肩关节的活动范围在梳理时也超过了行进运动时的活动范围。

1.2.1 犬的行进运动

迄今为止，在规模最大的犬行进运动的科学研究中，矢状运动参数在 32 个被调查的犬种中表现出高度的一致性[25]。这项研究在耶拿大学进行，主要目的是研究不同品种的犬在行进运动方面的异同点。对每个品种的 10 只犬进行行走、快步和跑步时的矢状面步态分析。使用 3 种不同的技术记录行进运动：高频摄像、基于标记的运动分析（Qualisys®）和高频双平面 X 线透视检查。在品种选择过程中务必谨慎，确保选择的动物可以代表不同的体型和身形。在随后的“关节动力学的脚跟研究”中，结合地面反作用力测量，对数十只犬的三维运动（也包括外展、内收和长轴旋转）进行了检查。该方法可以进行犬的“逆动力学”计算[2,24]。

尽管当前大多数犬都处于营养过剩的状态，但它们对代谢能的利用却很少。这反映了它们是从狼进化而来的事实，狼在长距离奔跑中表现出特别的耐力，犬也有同样的节能机制。因此，人们普遍认为的行进运动在任何时候都是通过耗能的肌肉活动实现的这一假设已被证明是错误的。

1.2.2 循环行进运动的能量学

在所有步态中，肢体的固有关节几乎没有运动（髋关节除外）（图 1.2 和图 1.4）。事实上，在行走过程中，关节僵直，以至于功能性肢体的长度几乎没有变化（图 1.3）。功能性肢体的长度是指肢体近端枢轴点到着地点之间的距离。近端枢轴点在行走过程中上升和下降，肢体就像刚性的钟摆，按时间顺序对身体的各个组成部分施加杠杆作用。

这种钟摆机制已经在两足动物的行走过程中得到证实。在这个过程中，动能转化为势能或势能转化为动能。可以用来回滚动的鸡蛋做类比。当鸡蛋滚到一点上时，它的前进速度减慢，势能增加；继续滚动时，势能降低，鸡蛋滚动得更快。在行走的两足动物中，这种循环转换保证了运动能量的一部分被保存下来，不需要不断地产生和消耗。考虑到犬的单个肢体及其所附着的身体部位，这种机制也可能使犬受益（图 1.3）。然而，与两足动物不同的是，犬和其他四足动物可以同时将它们的质量中心（身体重心）的运动几乎限制在一条水平线上（图 1.3，绿色线条），这种现象在汽车中也可以看到。对犬来说，这样会使行走非常舒适，并获得稳定的视野。质量中心（身体重心）是身体各部分所受重力合力的作用点。如果身体悬在这一点，就会处于平衡状态。站立姿势时，犬的质量中心位于

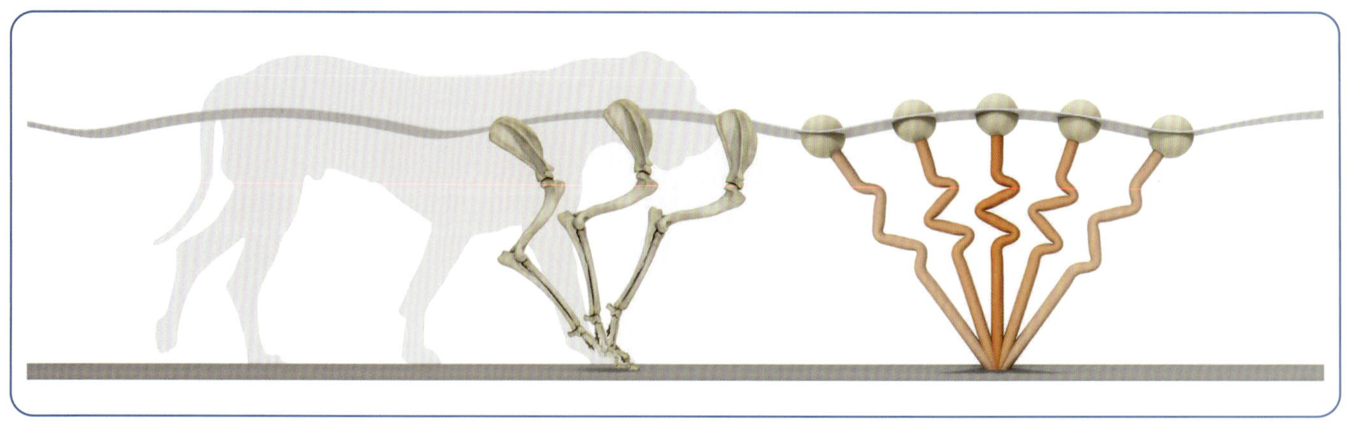

图1.2 弹簧–质量模型描述了身体重心的移动过程。在行走过程中，肢体充当刚性支柱。重心上升，直至站立阶段中期，然后回落到起始位置

（图源：Martin S. Fischer, Jonas Lauströer, Amir Andikfar）

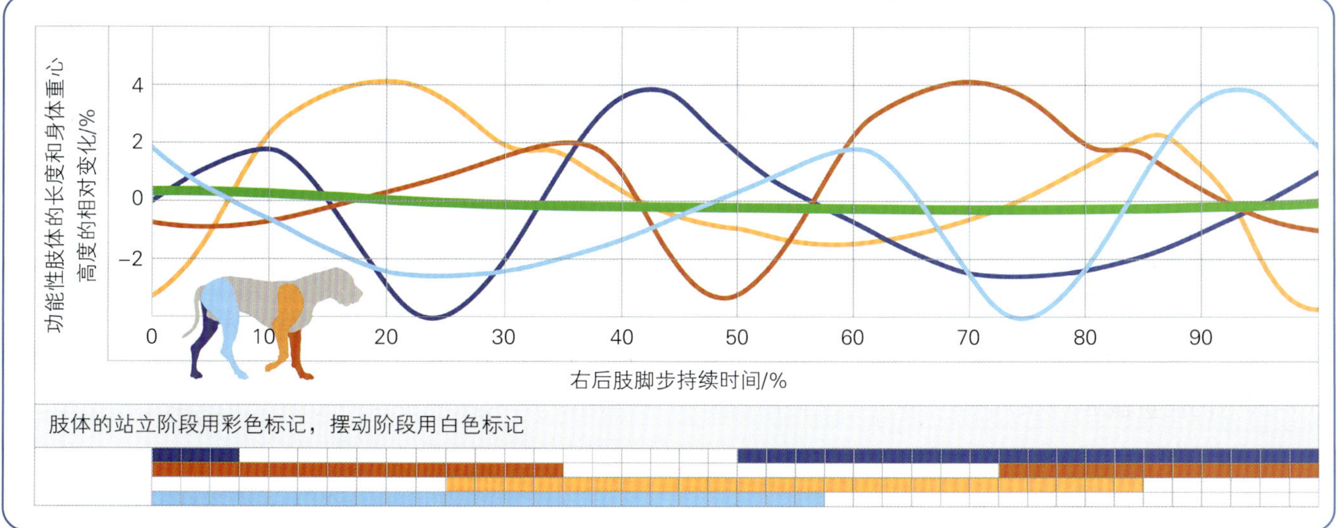

图1.3 功能性肢体的长度变化及由此引起的身体重心摆动

重心（绿色线条）随肢体的垂直偏差仅在有限的范围内，因为所有肢体的垂直位移是相等的。（图源：Martin S. Fischer, Jonas Lauströer, Amir Andikfar）

胸骨后，第 9 肋间隙水平上。

当肢体摆动一致并以相同的步长和步频运动时（就像快步中看到的那样），身体重心的垂直运动可以专门用来储存弹性能量。加速、制动、改变方向和跳跃等动作都需要额外的肌肉活动。

犬缓慢行走时，肢体僵直。快速行走时，肢体开始弯曲。在这方面，品种相关的变异很明显，前肢和后肢之间可以观察到差异。某些品种犬（如贝灵顿㹴、长须柯利牧羊犬）行走时，前肢僵直而后肢灵活。

在快步和对侧步快步时，即“跑起来”的步态中，身体的重心表现不同。从站立阶段的开始到中期，重心下降并减速。站立阶段的后半期，重心上升并加速。由于势能和动能同时升高和降低，不可能再通过刚性的钟摆机制节省能量。重心按照波状轨迹移动。在每个步态周期中，肢体很灵活，可以弯曲并随后伸直。因此，在这些步态中，肢体就像弹簧一样。Blickhan（1989）[5] 开发的弹簧–质量模型给出了两足动物在重力影响下的重心运动，以及腿部对地面施加的相应作用力的简单解释。

在这里，一种新的节能原则开始发挥作用。以一种类似橡皮球的方式，在站立阶段使用肌腱、韧带和内在的肌肉弹性恢复能量。在站立阶段的前半期，势能和动能下降的同时，腿部屈曲，弹性能量储备得到补充（如通过拉伸）；在站立阶段的后半期，腿部伸展，

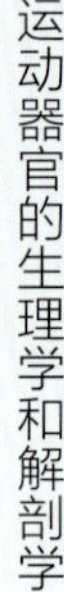

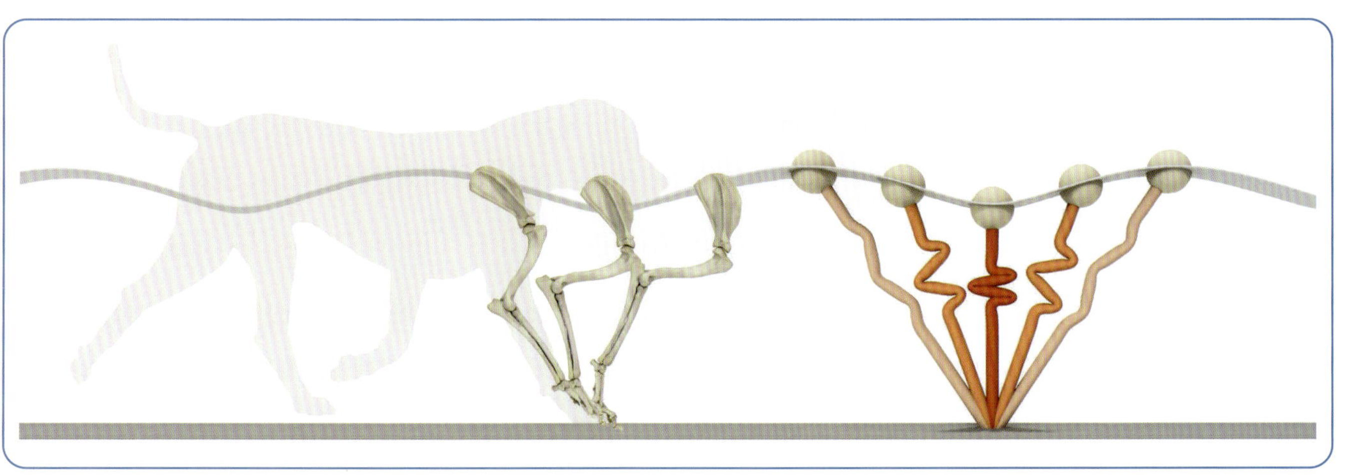

图1.4 弹簧–质量模型描述了身体重心的移动过程。快步时，四肢保持一致。重心下降，直至站立阶段中期，然后通过弹性能量的恢复再次上升

（图源：Martin S. Fischer, Jonas Lauströer, Amir Andikfar）

暂时储存的弹性能量转换为动能和势能（图 1.4）。在这个过程中，肌节的分子弹簧——肌联蛋白可能发挥了重要且经常被低估的作用[58]。由于前肢的垂直地面反作用力较高（60%），因此比后肢更僵直，后肢屈曲更大（图 1.4）。

在跑步时，前文提到的两种节能机制共同作用，势能通过前肢的相对僵直转化为动能，从而节约了 15%~30% 的能量输出，弹性能量的恢复也更有效[30]。

当身体做功时，其能量会发生变化。在快步和跑步时，所做的功和恢复的能量以特定步态的方式极不均匀地分布在各个关节上。作为一个基本原理，在站立阶段肢体弯曲时，力的方向与运动的方向相反，所以远端关节会做负功。在跑步时，81% 的前肢负功发生在腕关节；高达 98% 的后肢负功发生在跗关节。然而，正是这两个关节通过屈曲，能够在跟腱等强韧肌腱中恢复巨大的弹性能量，从而有助于降低同心肌肉工作的高成本。相比之下，髋关节大的近端伸肌只做正功。在这种情况下，不能回收能量。因此，这些以肉质为主的肌肉具有长束和短肌腱（参见“功能性肌肉学”）。在肘关节，快步时可从弹性能量中回收的正功比例高达 96%，而跑步时不足 60%；在肩关节，快步和跑步时相应的比例分别为 38% 和 49%。膝关节主要的步态相关性差异很明显，快步时的潜在恢复率为 60%，而跑步时的潜在恢复率低于 5%[30]。

犬的行进运动机制主要是为了减少能量消耗。模型分析表明，9 kg 的犬以 13 km/h 的速度快步时，是最有效的节能步态；到更高速度时，就是跑步状态[48]。加速、制动、改变方向和跳跃等动作都需要额外的肌肉运动。

用于行进运动的能量仅占每日总能量消耗的一小部分。牵遛只能消耗每日总能量的 5%。即使是长时间活动，也很难达到 20% 的消耗。每日总能量消耗的 70% 主要用于产生热量。由于热损失取决于体积与表面积的比例，随着体型的增大，这种比例变得更加有利，因此能量消耗（kcal/kg）会随着体型的增大而减少。小型犬的能量需求是大型犬的 3 ~ 4 倍，从 30 kg 体重开始，能量需求几乎保持不变[45]。去势可以减少 12% ~ 15% 的能量需求；年龄的增长会导致类似幅度的进一步减小。肥胖犬还有另外一个问题，那就是脂肪起绝缘体的作用，从而限制了热损失，进而减少了能量需求。犬很难减肥，因为每周减少 50% 的食物摄入量只会导致体重减少 1%。一般来说，4 个月内只给一半的食物只能减少 15% 的体重！

1.2.3 动态稳定性

在人和四足哺乳动物中，运动序列被干扰后会接着循环行进运动，即行进运动是动态稳定的[6, 23]。常规的循环行进运动可能是基于智能力学，而不需要来自大脑的精细控制和有效输入。这样的系统可以克服干扰，如不平整的地形，并且可以保证动态稳定的运动，而不需要额外的能量。在这种情况下，动态稳定性是一种模型，其中稳定的反复循环完全由“肢体力学”内的反馈机制产生。两足动物行走和跑动的弹簧–质量模型表明，根据速度，稳定的运动可以用 2 个参数解释：肢体攻角和肢体刚度[28]。攻角是支撑面与从身体重心到着地点的连线之间的夹角。虽然还没有建立犬的动力学模型，但观察到所有犬种的着地角度始终在 68° ~ 70° ，这就表明了犬存在类似的机制（图 1.5）。

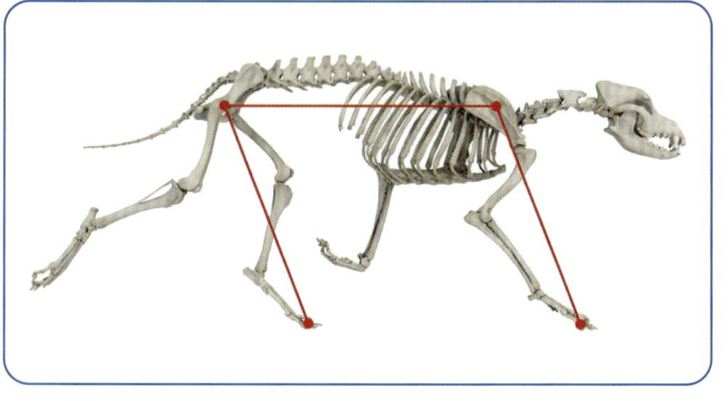

图1.5 前肢和后肢的着地角度

着地角度是支撑面与从近端枢轴点到着地点连线之间的角度。前肢和后肢的枢轴点通常在同一高度。（图源：Martin S. Fischer, Jonas Lauströer, Amir Andikfar）

1.2.4 产生推进力

在行进运动过程中，犬将力传递到地面，以支撑身体并推动身体前进。传递力几乎均匀地分布在爪子上，前后爪之间和爪子内外之间的压力中心变化很小[8]。犬施加的力转化为地面力，称为地面反作用力。在过去的 40 年中，许多研究人员使用测力板测量了 20 多个犬种和许多混种犬的不同步态的地面反作用力。地面反作用力在空间的 3 个方向上都有发生。垂直力使身体保持在地面上方。作用于运动方向的水平力负责制动或加速行进运动。垂直于水平力的力产生侧向运动。

地面反作用力取决于以下因素（图 1.6）：

- 前肢和后肢的体重分布：取决于体重的实际分布（如头大或头小）与着地点和重心之间的距离；
- 速度和站立阶段的持续时间：通常而言，产生的垂直力必须始终等于重力；与悬停阶段相比，站立阶段越短，垂直力越大；
- 肢体的刚性或柔韧性。

犬的四肢都参与推进。在稳定的循环行进运动中（水平力），前肢对推进力的贡献最小。由于在站立阶段的大部分时间里，着地点位于重心前方，因此前肢只能拉动身体。由于前足不是通过爪子固定在地面上的，因此前肢的拉力取决于脚垫的摩擦力。直到站立阶段结束，前肢才会产生向前的作用力，从而推动身体前进。

事实上，在行走和快步过程中，制动力通常由前肢主导，而推进力主要来自后肢，尤其是髋关节。在自发运动中，如快速加速等，前肢对推进力的作用增加。方向的改变只能由前肢控制。

令人惊讶的是，与人不同，犬在急转弯时不会放慢速度。为了使爪子保持一个不动的接触点，身体必须围绕固定的爪子转动，而前臂必须能够在外部和内部方向上被动旋转，旋转后可能超过其正常准直的范围。

前肢的最大垂直力比后肢高 50%（图 1.7）。这可以简单地用头部和颈部的重量解释，从而导致重心更靠前。在站立和行走时，犬的每个前肢和每个后肢分别承担 30% 和 20% 的体重，因此前爪比后爪大。快步时，前肢的力量增加，变得比身体重量更大；跑步时，增加到体重的 2 倍多。小型犬基于体重的最大地面反作用力大于大型犬。随着体重的增加，最大地面反作用力相对减少。在跳跃过一个典型的敏捷性测试障碍物后，着地时测量的垂直力超过体重的 2.5 倍。在与地面接触时间很短的灵缇犬短跑比赛（占空因数 20%）中，也观察到类似的数值；参见“步态参数”。

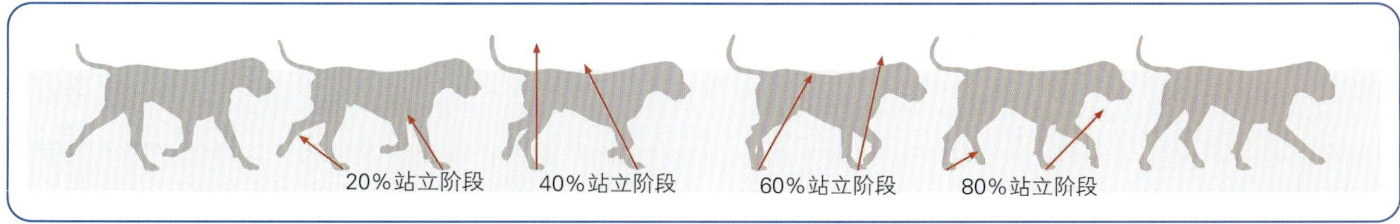

图1.6 力的方向和相对大小，用地面反作用力的矢量表示

（图源：Martin S. Fischer, Jonas Lauströer, Amir Andikfar）

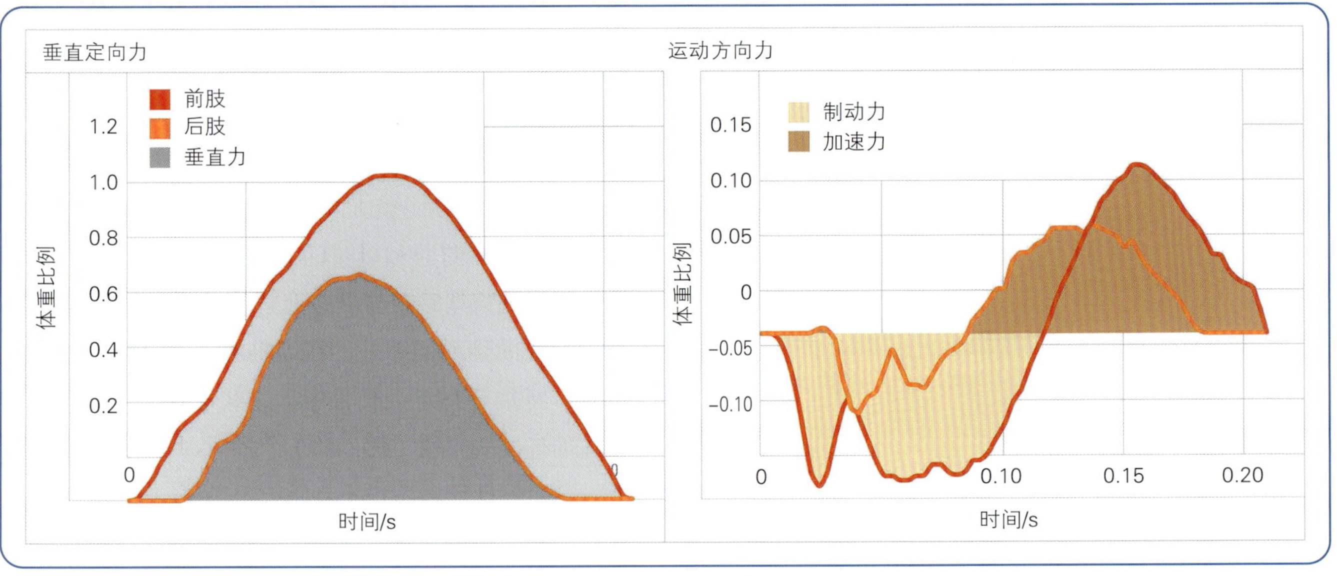

图1.7 前肢的垂直地面反作用力大约比后肢高50%。前肢在站立阶段中期达到最大水平力，但后肢要早得多。前肢的制动比后肢更有力、更持久，后肢在站立阶段的前1/3已经产生了推进力

（图源：Martin S. Fischer, Jonas Lauströer, Amir Andikfar）

1.2.5 肢体枢轴点

让四肢协调摆动并以相同的步长和步频向前移动的最简单的方法是，前肢和后肢的枢轴点在离地的相同高度处对齐。在行走、快步和对侧步快步时，这些枢轴点位于髋关节（后肢）和肩胛骨上 1/3 处（前肢）。在更高的枢轴点进行肢体运动会产生尽可能大的步长和尽可能小的位移。

肩胛骨的枢轴点不是一个真正的关节。肩胛骨和躯干由肌肉系统连接，称为力驱动关节。由于前肢仅由肌肉悬吊，因此它围绕所谓的瞬时旋转中心移动，而不是围绕固定点移动。在运动学中，瞬时旋转中心是一个点，在该点处，物体的运动被描述为平移和旋转的叠加。在站立阶段结束时，可观察到肩胛骨沿胸部的广泛平移。瞬时旋转中心可以高度精确地定位到肩胛冈的上 1/3 处。

与主要产生推进力的股骨相反，肩胛骨的作用是固定一个升高的枢轴点，通过该点躯干被“推”到前肢上方。因此前肢的具体作用是通过预先设定的身体弯曲度和身体重心的相应位移，将身体承载到适当高度。另一个重要的作用是肩带肌可以在跳跃后着地时缓冲产生的负荷。虽然起跳和着地产生动能所需的功率相同，但着地比起跳更快。因此，前肢的受力相应增大。

1.2.6 运动的主要构成

通过进化，哺乳动物的肩胛骨成为前肢的功能结构。虽然肩带以前是手臂和躯干之间的骨骼联系，但它已经从这项任务中“解放”出来，特别是没有锁骨的哺乳动物，比如犬。在进化过程中，肩胛骨已经与臂部和前臂部对齐，形成了一种新的功能类似的结构，即肩胛骨相当于股骨。这样的话，所有肢体的近端骨骼能够协同工作。肩胛骨旋转 30° ~ 40° （图 1.8），股骨旋转 40° ~ 50° 。跑步时，背部的矢状屈曲和伸展有助于后肢做功。它们一起组成综合的推进装置。

犬的肩胛骨位于躯干旁，与肩部的外附肌相连（图 1.9）。胸腹锯肌（图 1.41）单独起悬吊躯干的作用；其他肌肉（颈腹锯肌、胸肌、菱形肌）负责前肢的前伸和后缩，以及肩胛骨枢轴点的稳定。除跑步外，菱形肌的两个部分持续活动。颈腹锯肌从摆动阶段的中期到站立阶段的中期都在活动。相反，胸浅肌在站立阶段中期到摆动阶段中期活动。在所有步态中，胸深肌只在摆动阶段的后半期活动。颈斜方肌有 3 个活动阶段：站立阶段的前半期、站立阶段的结束期和摆动阶段的开始。胸斜方肌在摆动阶段的前 1/3 期活动最大。斜方肌的主要作用是稳定肩胛骨的枢轴点。有时肌肉的活动性较低，这表明在相对矢状面的运动中，肩胛骨的枢轴点只产生很小的扭矩。

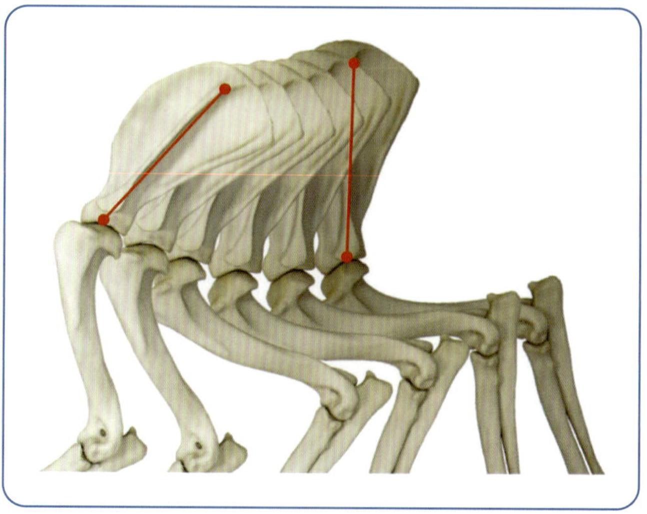

图1.8 在站立阶段，肩胛骨围绕位于其上1/3的瞬时旋转中心旋转（通常旋转35°~40°）。抬腿时，肩胛骨是垂直的。步长较大时，肩胛骨的最终位置可能超过垂直线10°

（图源：Martin S. Fischer, Jonas Lauströer, Amir Andikfar）

1.2.7 肢体运动学

在站立阶段，三节肢体以几乎恒定的角速度均匀回缩。在此过程中，由肩胛骨和前臂、股骨和后足组成的第一节和第三节保持彼此平行（图 1.10）。这种行进运动原理称为匹配运动。在技术术语中，该机制称为约束连杆，其中双关节肌肉（肱三头肌长头和腓肠肌）形成驱动变量（图 1.11）。如同缩放仪（一种曾经常用的绘图设备）一样，肢体第一节（肩胛骨、股骨）的位移被放大转移到第三节（前臂、后足）。放大程度由第二节的长度和角度决定。在所有品种中，第二节（前臂、小腿）的长度几乎相等，因此中间部分的角度也相同。第一节与第三节的长度之比决定了移动其他部分所需的力。因此，相同的机械原理适用于前肢和后肢。了解第一节和第三节的平行方向有助于确定皮肤和肌肉组织下肩胛骨和股骨的位置，着地和抬腿时前臂与肩胛骨的方向一致。犬站立时也是如此（图 1.12）。

站立阶段的主要动作是前肢和后肢的旋转，从着地位置（50° ~ 60°）到垂直抬腿的位置，第一节和第三节都是平行对齐的。尽管肩胛骨和股骨在站立阶段结束前都会回缩，但在前肢站立阶段的约 50% 和后肢站立阶段的 85% 时，两块骨骼都存在拉伸扭矩（图 1.39 和图 1.40）[2]。这就意味着，当肢体回缩进行制动时，相应肌肉已经开始拉伸其近端组织。后肢的伸展从髋关节屈曲和足部的背曲开始。胫骨回缩进入摆动阶段。后肢不发生跖屈。在抬腿时，肩胛骨向前旋转，肘关节屈曲。与后足相反，前足掌屈。腕关节在抬腿时特别重要。在站立阶段，掌屈方向上产生相当大的扭矩，在此期间能量被吸收，屈肌腱被“负荷”。抬腿后，腕关节立即朝屈肌方向活动并外展，推动肢体向前。在摆动阶段，前肢和后肢的有效长度以步态相关的方式减小，而持续时间与步态无关且非常恒定。

除了前伸和回缩外，在纵轴上还有外展、内收和旋转，特别是在近端长骨中。这些运动表现出与品种相关的高度变异性（图 1.13）[24]。

前肢着地时适用以下规则：

（1）着地通常发生在耳朵的正下方。

（2）着地点位于通过肩胛骨枢轴点与关节盂连线的延长线上。

（3）肱骨总是向后倾斜，肩关节不会伸展到让肱骨垂直的程度。

（4）腕关节从前臂伸展约 180°。

前肢抬起时适用以下规则：

（1）行走和快步时的离地角度相同。

（2）肩胛骨和前臂在抬腿时垂直对齐，旋转超出该对齐要求时会导致肢体抬起。

（3）肱骨几乎处于水平方向。

后肢着地时适用以下规则：

着地时股骨已经回缩，胫骨几乎垂直，足部与股骨平行。

后肢抬起时适用以下规则：

（1）行走和快步时的离地抬腿角度相同。

（2）股骨和后足在抬腿时垂直对齐，旋转超出该对齐要求时会导致肢体抬起。

（3）胫骨几乎处于水平方向。

通过检查最大角运动（站立阶段最大和最小关节角度的差异）和有效角运动（着地和抬腿时关节角度的差异）之间的差异，可以确定关节的运动是否针对步长或高度进行了优化。差异越小，关节对步长的作用越大。髋关节和肩胛骨背缘的有效角运动大于 90%。相比之下，肩关节、肘关节、膝关节和跗关节的有效角运动却出奇地小（5° ~ 20°）。后一个关节的主要功能是在站立阶段调整高度（如在不平坦的地面上运动时，类似于每个肢体都有 2 个减震器），并在步幅更大的摆动阶段屈曲和伸展。

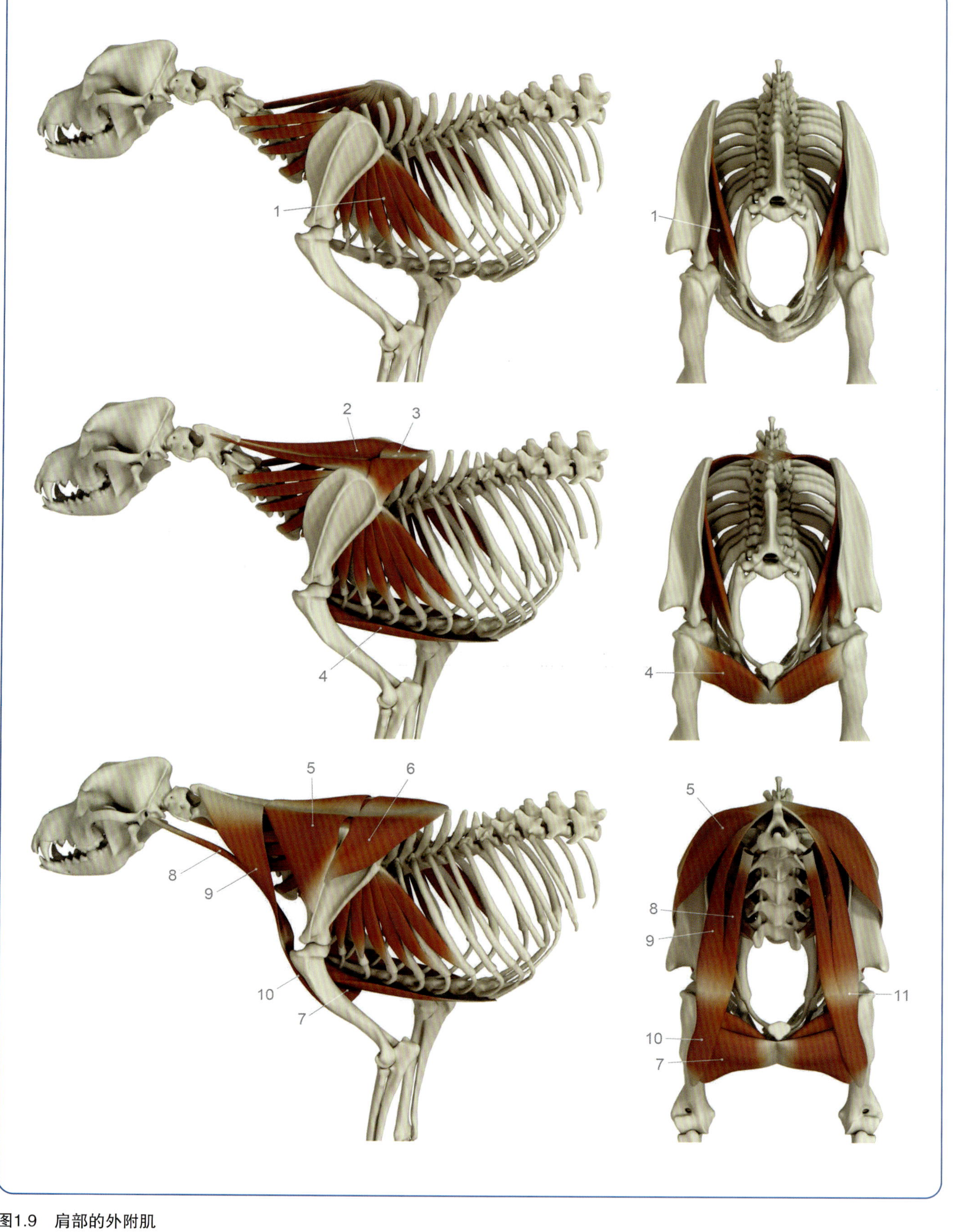

图1.9 肩部的外附肌

1. 腹锯肌，2. 颈菱形肌，3. 胸菱形肌，4. 胸深肌，5. 颈斜方肌，6. 胸斜方肌，7. 胸浅肌，8. 胸锁乳突肌，9. 锁颈肌，10. 锁骨上膊肌，11. 肌间韧带。（图源：Martin S. Fischer, Jonas Lauströer, Amir Andikfar）

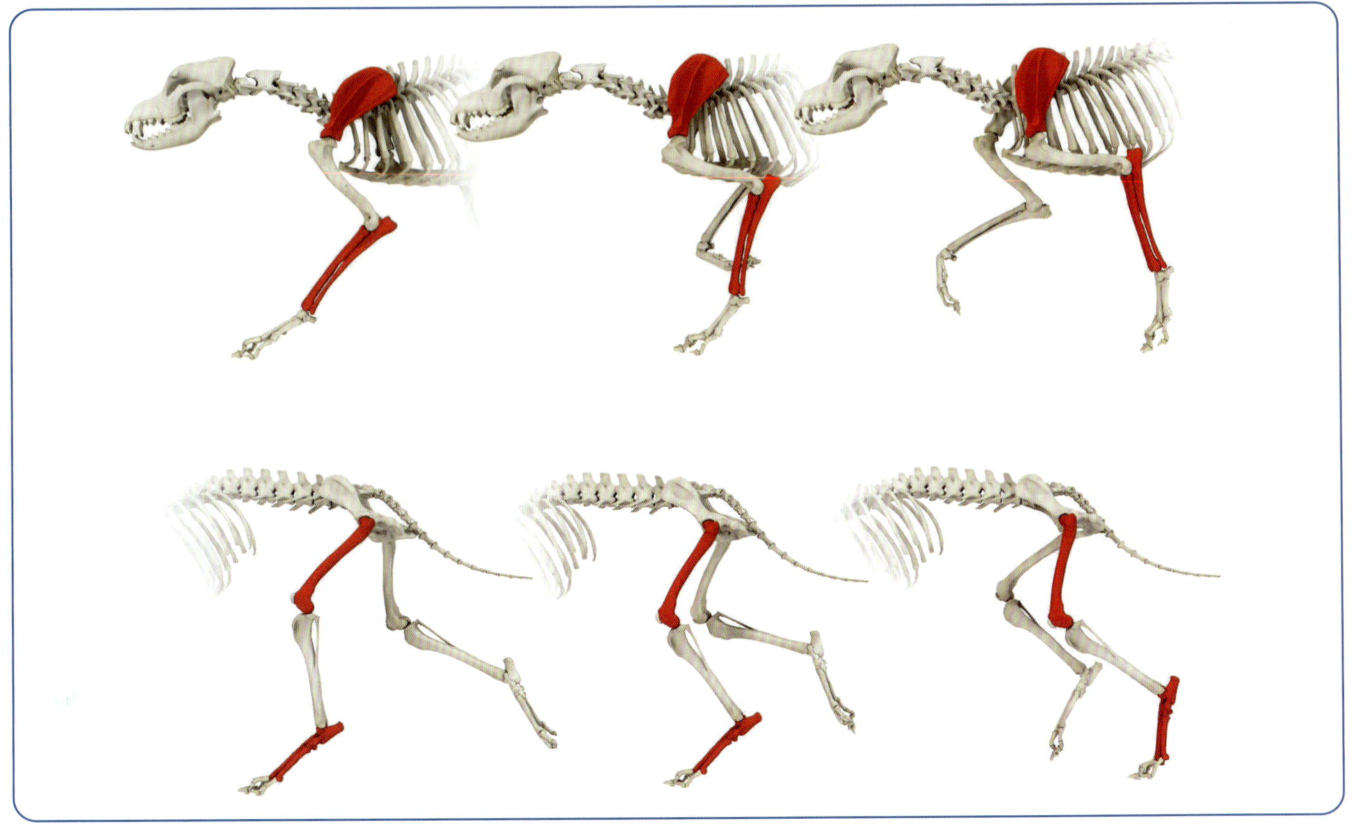

图1.10 第一节和第三节因中间节形成的约束连杆而进行匹配运动
（图源：Martin S. Fischer, Jonas Lauströer, Amir Andikfar）

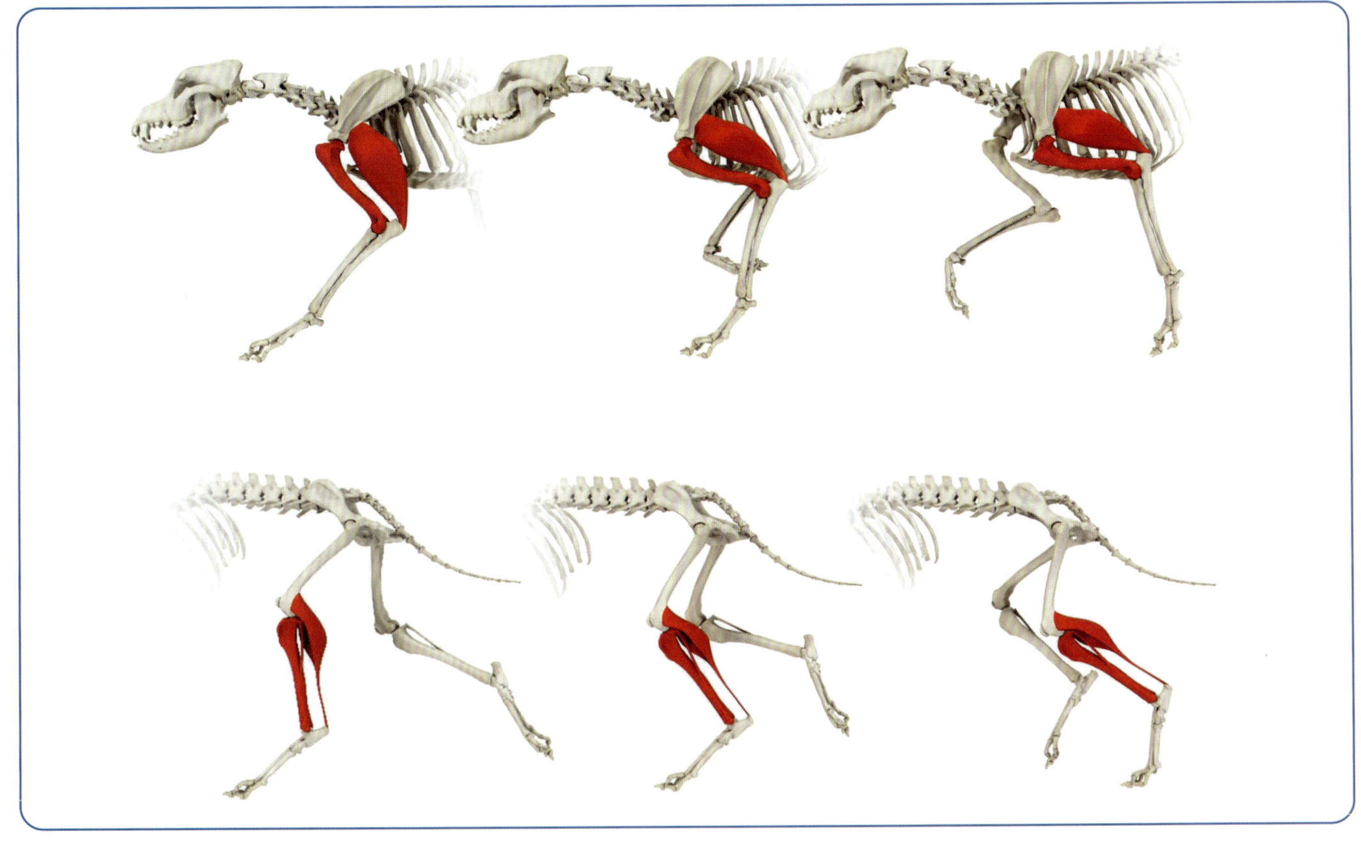

图1.11 双关节肌肉（肱三头肌长头和腓肠肌）和中间骨（肱骨、胫骨和腓骨）构成约束连杆系统的驱动变量
（图源：Martin S. Fischer, Jonas Lauströer, Amir Andikfar）

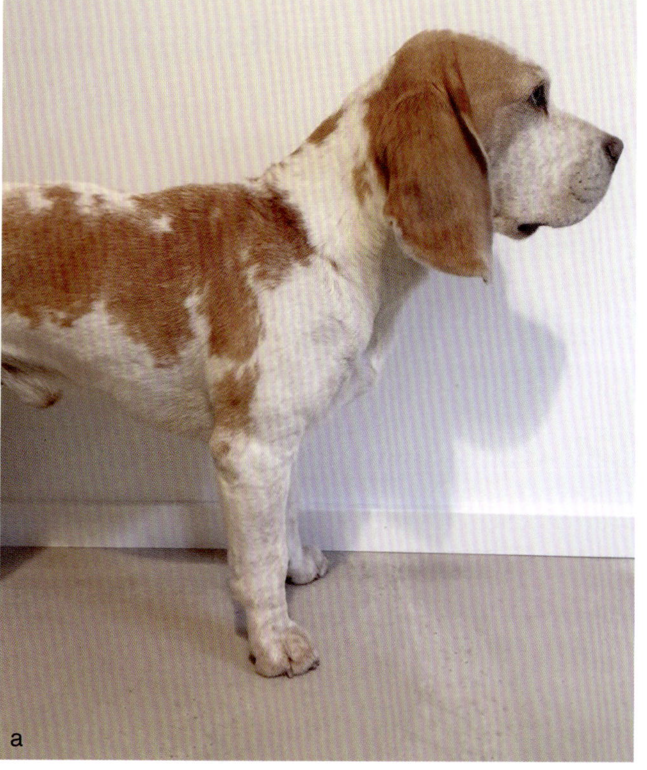

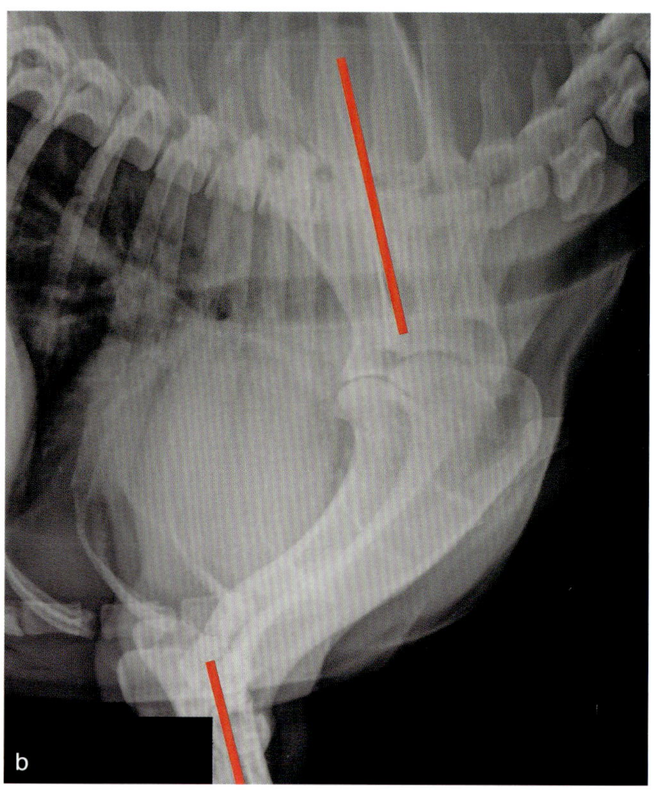

图1.12　当犬站立时，肩胛骨和前臂几乎平行

a，当犬站立时，外观看前臂几乎完全垂直。b，同一只犬的 X 线片，明显可见肩胛骨和前臂是平行对齐的。（图源：Dr. Alexandra Keller, Frankfurt am Main）

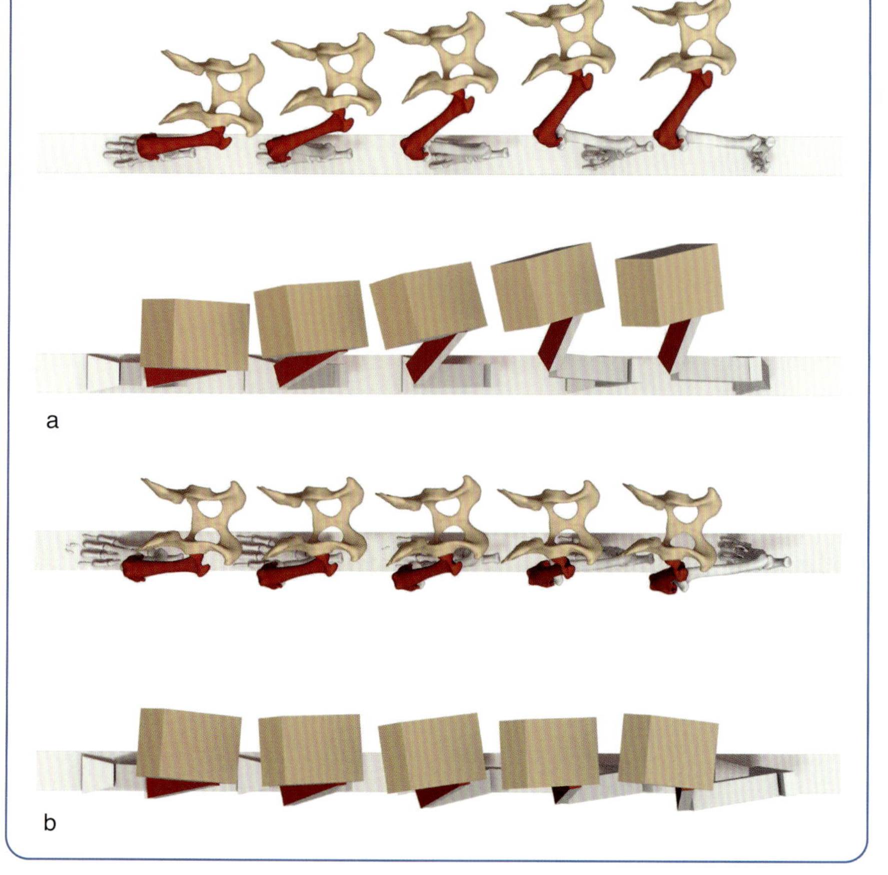

图1.13　法国斗牛犬和惠比特犬的股骨外展和旋转

a，在法国斗牛犬中，股骨外展和旋转导致明显的内侧移位和骨盆扭转。b，在惠比特犬中，四肢的大部分矢状运动只导致骨盆的有限活动。（图源：Martin S. Fischer, Jonas Lauströer, Amir Andikfar）

肢体在摆动阶段的开始期和结束期以低速运动，在中期以高速运动。因此，与站立阶段不同，摆动阶段的角速度不是恒定的。无论步态如何，摆动阶段的平均持续时间为 0.25 ~ 0.3 s。肢体在摆动阶段的中间 1/3 期移动最快，此时呈锐角，像短钟摆一样向前摆动。前伸开始于肩胛骨和股骨的向前旋转，当肱骨和小腿仍在回缩时它们已经开始向前移动。在摆动阶段的最后 1/4 期，即不着地时，肢体伸展最大。

在四肢的大多数关节中，肌肉抵抗重力，因此称为“反重力肌”（图 1.41 和图 1.42）。双关节反重力肌（肱三头肌长头和腓肠肌）的收缩基本上是等距的。肌肉的力量取决于其激活程度和长度，最佳肌肉长度是其静止长度的 90% ~ 110%。肱三头肌长头和腓肠肌在站立阶段的前 2/3 期活跃，而不是在肘关节和跗关节伸展时。虽然这些肌肉在站立阶段有助于增强轴向肢体力量（因此在经典意义上称为腿伸肌），但它们在摆动阶段对肢体伸展的作用很被动。

对屈曲和伸展的控制使犬能够对地面的凹陷和高度做出快速和“智能”的反应，特别是在不平坦的地面上。关节的顺应性及其相关的肢体顺应性，是在室外顺利运动的先决条件。在每个肢体中还可观察到进一步的分工：在肢体中的位置越远，肌肉就越能储存弹性能量，并且在功能意义上，还可以调整高度。根据这一生物力学观察，尽管极具耐力的斗牛獒前臂和小腿中的肌肉块比专门赛跑的灵猩犬更大[53]，但灵猩犬具有更强的能力储存弹性能量，特别是在跟腱中。

1.2.8 躯干的运动

所有的步态都涉及背部的运动。单个脊椎骨之间的运动，特别是跑步时腰椎之间的运动，会引发大范围运动，表现为背部屈曲和伸展，并伴随骨盆的前后运动。

一方面，行走和快步时，背部的运动不如跑步时明显。主要原因是在行走和快步中，背部肌肉的主要目的是防止运动。背部运动可以根据两个原则概括。快步时，身体中部左右移动和上下移动，而靠近肢体的躯干末端保持静止（图 1.15）。

另一方面，在行走过程中，类似蛇行运动的行进波从前向后经过背部（图 1.14）。跑步时背部的运动也

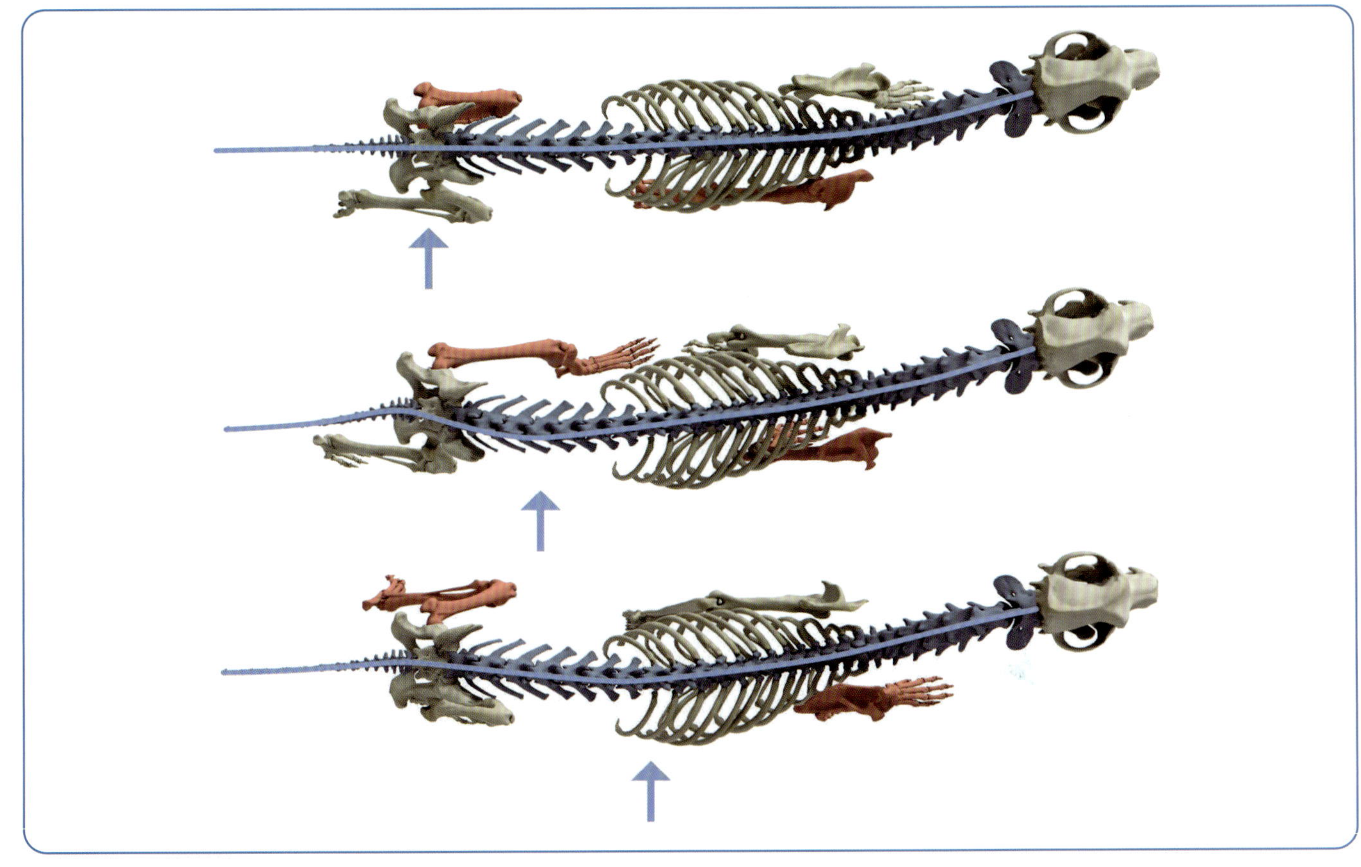

图1.14　行走时，背部呈行进波运动

（图源：Martin S. Fischer, Jonas Lauströer, Amir Andikfar）

是一种行进波，它是基于椎间关节从前向后的连续屈曲或伸展。

1.2.9 步态参数

速度是步长及步幅持续时间的函数。每秒的步数决定了步频。因此，犬可以通过延长步长、增加步频或二者结合来提高速度。迄今为止，在所有被检查的品种中，速度的提高都是通过改变步长和步频来实现的。

在更高的速度下增加步频完全是通过缩短站立阶段的持续时间来实现的。摆动阶段的持续时间完全不受速度和步态的影响，只能观察到微小的变化，但伯恩山犬除外。肢体的摆动在原理上类似于钟摆。因此，摆动阶段的持续时间取决于相对肢体长度和肢体上的重量分布，这在品种内部和品种之间是相似的。在除西藏獚以外的所有品种中，步长的变化都是通过改变摆动阶段的距离实现的。

术语“占空因数”是指站立阶段占总步幅持续时间的百分比。占空因数为 50% 表示站立阶段和摆动阶段的持续时间相等；大于 50% 表示站立阶段比摆动阶段长。跑动步态（快步和对侧步快步）的占空因数小于 50%。对于特定步态，前肢和后肢的占空因数通常相同。

1.2.10 步态和步序型

步态用于描述一种有规律的肢体循环运动顺序。犬在每个步态中的行进运动速度存在个体差异。因此，同品种中的一只犬在快步，而另一只犬可能在行走。从一种步态转换到另一种步态与汽车的换挡不同，犬可以从站立姿势直接转换成高速步态。步态之间的转换通常在两步内完成。

行走（图 1.16）、对侧步快步和快步统称为对称步态，即身体一侧的肢体以相同的节奏和方式移动，身体另一侧的肢体交错移动。在这些对称步态中，步态类型由身体一侧前肢和后肢之间的时间偏差决定。在对侧步快步时，同侧的前肢和后肢同时着地（图 1.17）。行走时，着地占 1/4 的步态周期，而快步占 1/2 的步态周期（图 1.18）。对称步态是步速行走和快步行走的连续体。马的最近研究表明，对侧步快步的能力受单一

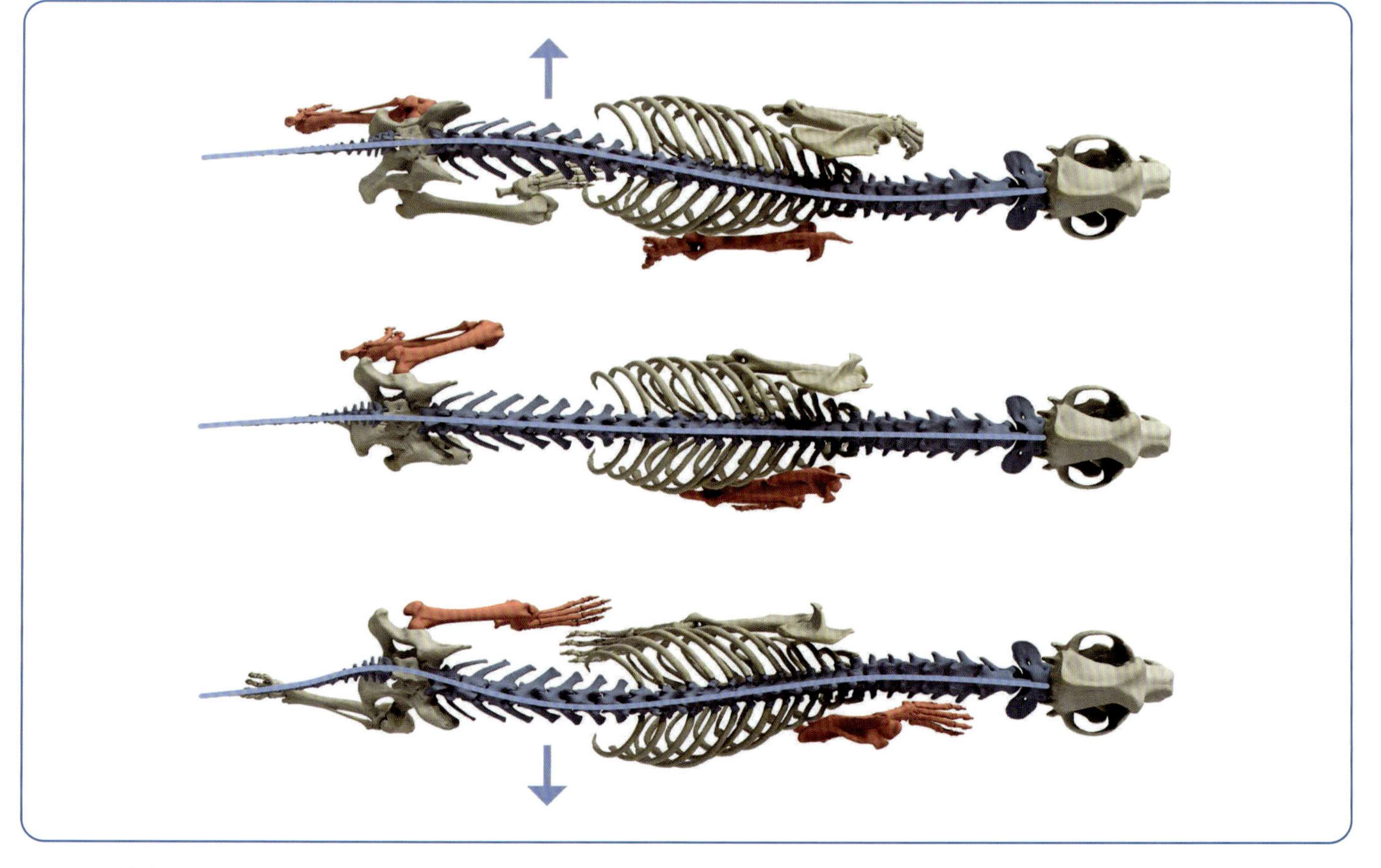

图1.15　快步时，背部的运动类似驻波

（图源：Martin S. Fischer, Jonas Lauströer, Amir Andikfar）

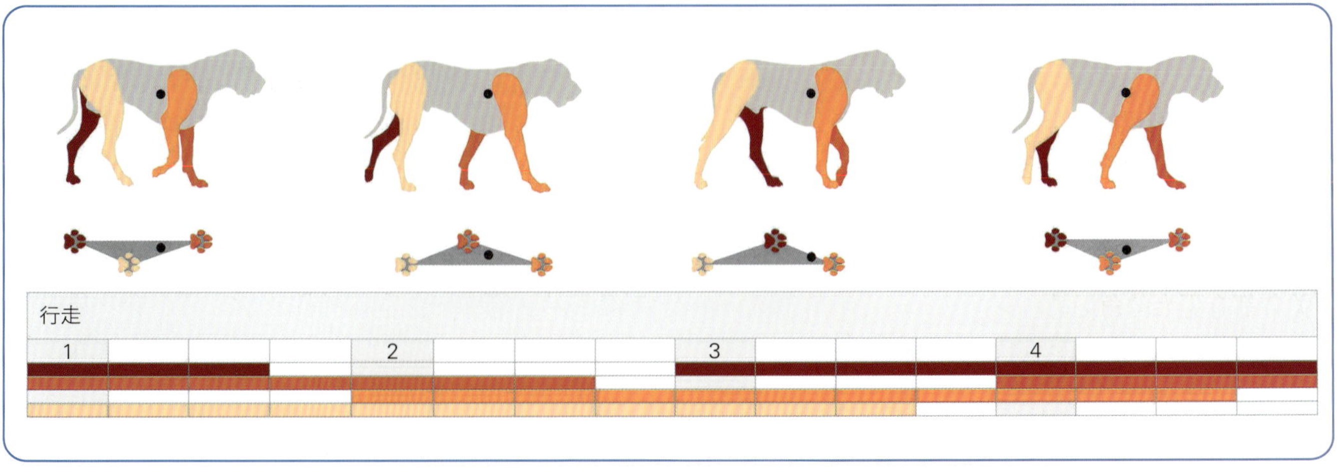

图1.16　行走时，两足和三足支撑交替进行。这样做的好处是将身体重心保持在由着地的四肢支撑的身体区域

（图源：Martin S. Fischer, Jonas Lauströer, Amir Andikfar）

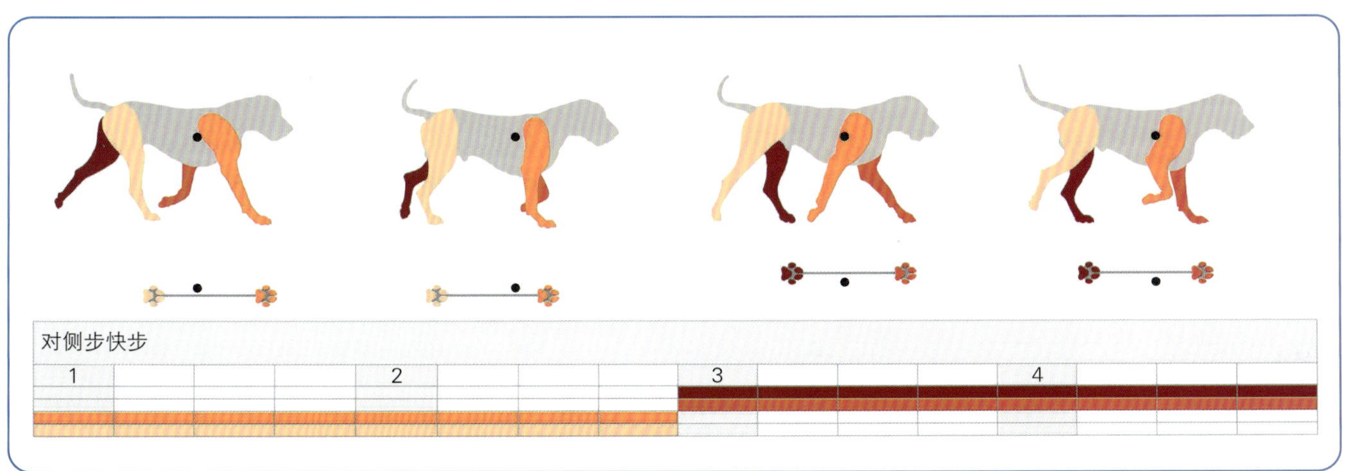

图1.17　对侧步快步时，身体由同侧前肢和后肢支撑。身体的重心不在这个支撑轴上，因此躯干会摇摆

（图源：Martin S. Fischer, Jonas Lauströer, Amir Andikfar）

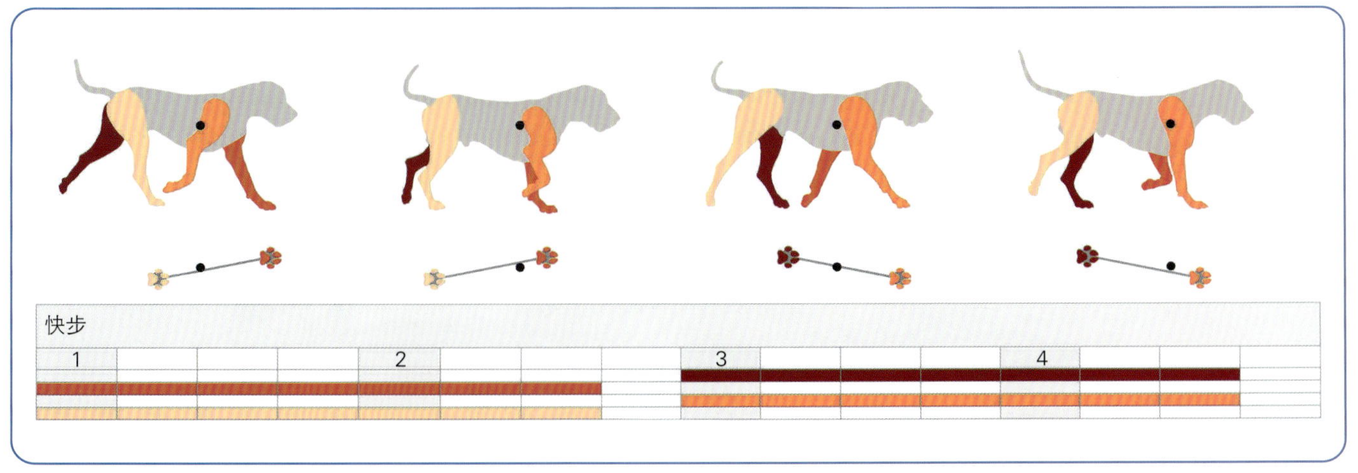

图1.18　快步时，身体由对角线的肢体对支撑。右前肢和左后肢及相对的肢体在站立阶段交替进行，有时在肢体转换之间有一段时间的悬停。理想情况下，快步时身体的重心保持在着地四肢之间的支撑轴线上

（图源：Martin S. Fischer, Jonas Lauströer, Amir Andikfar）

基因 DMRT3 的调控[1]。在小鼠中，因 DMRT3 基因的存在而形成的特殊神经细胞连接着运动器官的左、右两侧，负责肢体协调。有趣的是，犬在游泳时，会表现出一种在陆地行进运动中不使用的步态。这种快速的对角线单步或狗刨式游泳步态，是一种四拍步态，每只脚分别着地[21]。这种无重力行进运动的特点是所有关节都有更大的角运动。

“跑步”是对这种步态的各种类型的总称。跑步是一种不对称的步态，因为前肢和后肢不连续地在身体的同一侧着地。相反，肢体对（双前肢或双后肢）接连着地。由于这些着地不是同时进行的，所以首先着地的肢体（后肢）和后续着地的肢体（前肢）是有区别的。后肢总是比前肢承受更多的体重，尤其是在悬停阶段后立即着地时。这种后肢和前肢的相互作用使背部能够参与延长步幅。当双前肢着地、后肢悬空时，脊柱呈拱形，使后肢进一步向前。一旦接触地面，腰椎伸展。

犬能做缓慢跑步（也称为慢跑）和两种类型的快速跑步，即对角跑步和旋转跑步。慢跑时，单足支撑和三足支撑交替进行，悬停阶段很短或没有（图 1.19）。对角跑步（图 1.20）和旋转跑步时，至少有一段时间的悬停期，随后通常是持续 1 s 的高速。当存在两个悬停阶段时，步态称为双悬停跑步。在对角跑步和旋转跑步中，悬停阶段之后是单足、双足支撑阶段，有时甚至是三足支撑阶段。在旋转跑步中，四肢以顺时针或逆时针顺序着地（图 1.21）。第二后肢着地后，同侧前肢着地。在对角跑步中，第二后肢着地，然后对角线的前肢着地。

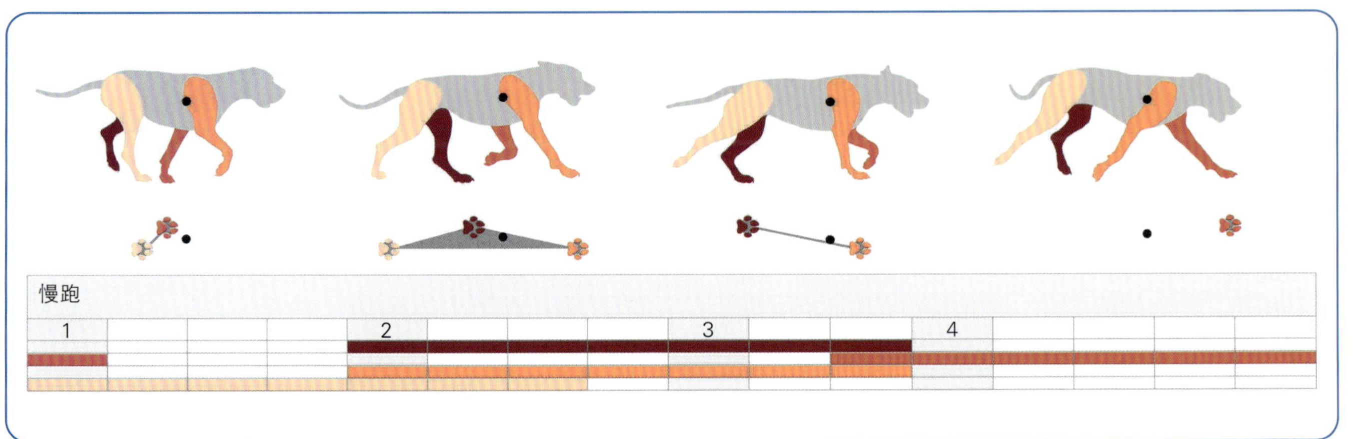

图1.19　慢跑是最慢的跑步类型，没有悬停阶段。单足支撑阶段与三足支撑阶段相交替。身体重心的支撑点可以在一条直线上，也可以是一个三角形，或者单足支撑阶段时在一个点上

（图源：Martin S. Fischer, Jonas Lauströer, Amir Andikfar）

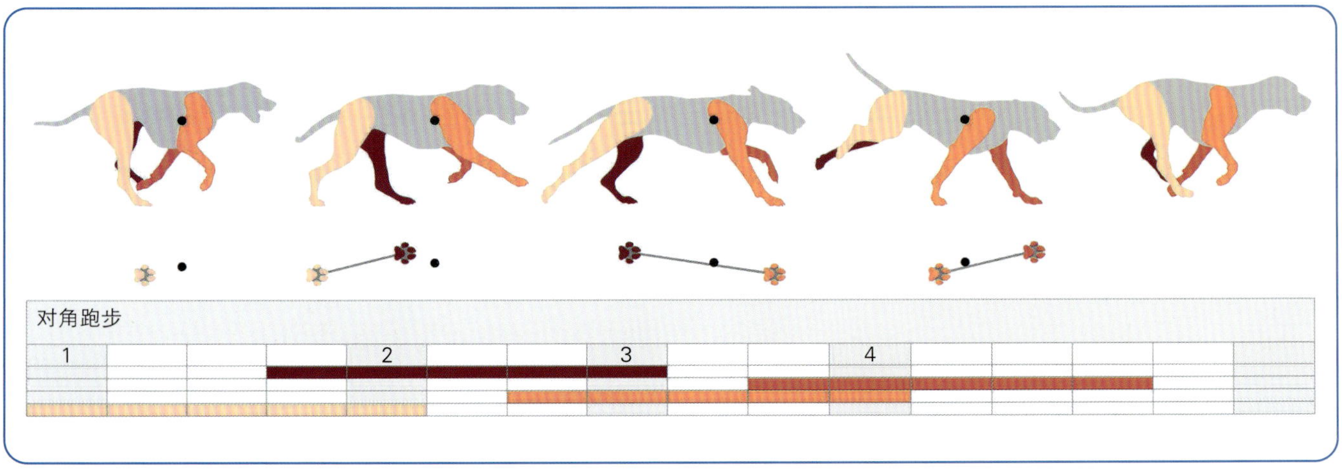

图1.20　对角跑步时，第二后肢着地，然后对角线肢体着地。首先着地的前肢和后肢位于身体的同一侧

（图源：Martin S. Fischer, Jonas Lauströer, Amir Andikfar）

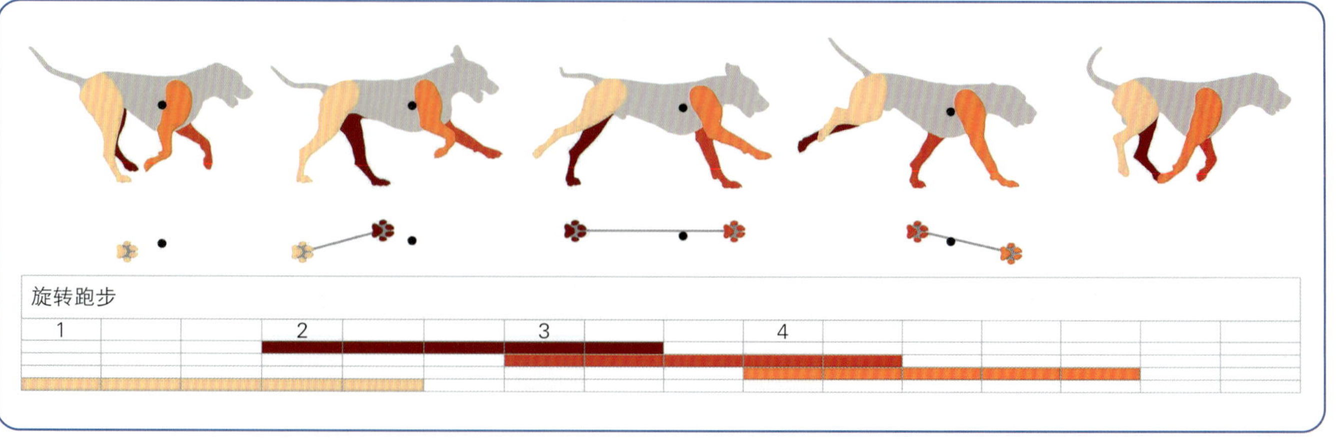

图1.21 旋转跑步时，肢体以顺时针或逆时针顺序着地。第二后肢着地后，同侧前肢着地

（图源：Martin S. Fischer, Jonas Lauströer, Amir Andikfar）

1.2.11 行走和快步时的肌肉活动

本节对肌肉活动的描述基于对各种功能性肌肉群的肌电图研究。肌电图测量肌肉电活动的变化，测量部位的肌肉活动以肌电图的形式记录。在早期的肌电图技术中，电信号是由插入肌肉的不同深度的单个电极针传输的。最近使用表面电极的研究表明，肌肉很少作为一个整体被激活。在某些情况下，仅在单块肌肉中观察到激活波，如在循环行进运动期间肱三头肌不同区域被顺序激活。另外，在循环行进运动过程中，富含Ⅰ型纤维的肌肉小区域活跃，而以Ⅱ型纤维为主的区域不活跃时，肌电图可能只显示很小的激活区域，见“肌纤维类型”。

需要特别注意的是下列肌肉或肌肉群，因其从局部解剖学推导的动作部分是不正确的。背阔肌在站立阶段不会将前肢向后拉。相反，它只在摆动阶段的后半期活跃，其任务是制动摆动的肢体并将其回缩，直至着地。在着地时，它的活动停止。这些说法适用于平面运动。

在整个站立阶段，只有少数肌肉处于活跃状态（冈上肌、三角肌肩峰部、指深屈肌），这些肌肉对抗重力。冈下肌、肱三头肌、尺侧腕伸肌和尺侧腕屈肌从着地到站立阶段中期一直处于活跃状态，并以类似的方式对抗重力引起的屈曲。在站立阶段的后半期，大圆肌、三角肌（肩胛部）和桡侧腕屈肌起支撑前肢回缩的作用。肱二头肌在站立阶段的后1/3期处于活跃状态，最初会对抗肘关节的被动伸展，一旦支撑点通过肘关节，该关节就成为被动伸展的主体。在摆动阶段，肱二头肌的作用是抬起和伸展前肢。这个动作也由臂头肌、肱肌和腕关节屈肌产生。在快步和跑步时，屈肌的活动，特别是肱肌和肱二头肌的活动比行走时更大，因为四肢通常从较低的起始位置向躯干提起。着地后抵消重力引起的屈曲的肌肉活动也更大。

三组肌肉群负责后肢的前伸和回缩。后肢回缩和身体推进主要由臀部肌肉（股二头肌前部、臀肌、半膜肌和大收肌）引起。这些肌肉的活动在摆动阶段末期开始，通常持续到站立阶段中期。在斜坡上跑动时，牵缩肌的活动可以增加数倍（在10%的斜坡上，即会增加20倍）。股二头肌后部、半腱肌和股薄肌从站立阶段末期到摆动阶段早期都处于活跃状态，因此负责抬起后肢。在需要额外力量推进的情况下，如上坡跑或牵引绳牵拉，这些肌肉会被提前激活，起牵缩肌的作用。后肢主要通过髂腰肌、阔筋膜张肌、缝匠肌和股直肌的作用向前摆动，股直肌在对称步态中表现出双相活动。

膝关节在站立阶段几乎没有有效的角运动，通过股内侧肌和股外侧肌抵消重力引起的屈曲而稳定。跗关节由腓肠肌稳定，与上述肌肉一样，腓肠肌在摆动阶段结束期和站立阶段开始期被激活。它们的收缩基本上是等长的，用于抵消重力引起的负荷，而不是伸展肢体。后续的跗关节屈曲是由胫前肌和趾长伸肌活动支配的。

和其他哺乳动物一样，犬的背部肌肉由3个纵向系统组成：横突棘肌、最长肌和髂肋肌系统。最长肌和髂肋肌的肌肉节段跨越多个脊椎骨，而横突棘肌系统由长节段和短节段组成。相邻的脊椎骨主要由靠近骨骼的深层肌肉（如回旋肌）连接。长期以来，背部肌肉在行进运动过程中的作用仍不清楚。迄今为止，只对犬背部的3块肌肉进行了肌电图记录：多裂肌、胸最长肌和髂肋肌。

在行走和快步中，这3块肌肉在每个步态周期中表现出2个活动阶段，即站立阶段的后半期和摆动阶段。因此，激活同一肌肉具有两种不同的效果。在摆动阶段，正如预期的那样，肌肉收缩导致躯干侧屈。站立阶段不会发生躯干侧屈，在这个阶段肌肉可以稳定躯干。通过这种方式，背部肌肉为源自躯干的四肢肌肉所做的工作建立了静态基础，并补偿传递到躯干的扭矩。在行走和跑步中，前部肌肉比后部肌肉更早被激活，导致背部的连续激活。相反，所有肌肉在快步中同时被激活。

跑步时，记录的肌肉活动与观察到的脊柱运动相一致。在身体的两侧，肌肉在每个步态周期中表现出同步的活动阶段，即从第一后肢着地前不久的悬停阶段开始，在站立阶段的过程中导致背部伸展。当后肢（首先着地）抬起时，背部肌肉的活动和背部的伸展就停止了。

1.3 骨骼、关节和肌肉

Martin S. Fischer, Daniel Koch

1.3.1 骨骼

骨骼是一种结缔组织。细胞嵌入细胞外基质中，其成分决定了骨骼的机械性能。在所有脊椎动物中，基质含有胶原纤维，通过羟磷灰石的沉积矿化。骨骼是一种活的、动态的组织，会不断地重塑。旧骨被吸收，新的骨化发生。人每年有5% ~ 10%的骨骼以这种方式被替换。骨骼对不断变化的机械需求做出反应，在负荷下会聚集在适当的位置，并在没有机械应力时相对较快地分解。随着年龄的增长，由于灌注减少、钙供应减少、激素影响改变，骨密度会降低。不同骨骼的骨密度降低程度不同。终身负荷对刺激骨形成和骨吸收过程至关重要。负荷的频率比负荷的大小更重要。重塑取决于动态和非静态负荷。除了支持功能，骨骼也是体内最大的钙和磷储存库。它还能储存脂肪、产生激素（骨钙素）、储存生长因子（如胰岛素样生长因子）和细胞因子等多种物质。在哺乳动物的进化过程中，储存磷酸盐被认为是骨骼的基本功能。

骨骼被称为破骨细胞的多核变形巨细胞吸收。破骨细胞最初在酸性环境中通过主动质子转运（H^+离子分泌）溶解吸收陷窝（豪希普陷窝）内的骨，然后在蛋白水解酶的帮助下分解有机基质。成骨细胞通常位于骨膜的正下方。这些细胞主要产生Ⅰ型胶原并促进矿化。成骨细胞“自我封闭”成为骨细胞。这些细胞通过长的细胞质突起（骨细胞－骨衬细胞系统）相互连接，能够检测负荷的局部变化。这会触发信使物质的释放，包括重要的信号分子一氧化氮（NO）。

在结构上，骨骼由皮质（密质骨）和松质（松质骨）组成。密质骨占骨组织的3/4以上。松质骨在骨骼内分布不规则，骨小梁沿张力和压缩力的应力方向排列。在成年哺乳动物中，密质骨以板层骨的形式出现，这种结构类似胶合板，重量轻，同时也为毛细血管留出空间。用尽可能少的材料来创造尽可能大的强度；骨骼分别能够承受10 kg/mm² 和15 kg/mm² 的张力和压缩力负荷。编织骨（含有不规则的胶原纤维）生长较快，但强度很低。在成年犬中，只发生在骨折愈合的早期阶段。编织骨常被板层骨所取代。

骨膜是一层围绕着密质骨的纤维结缔组织，骨骼的周向生长从骨膜开始。骨膜含有血管、神经纤维、成骨细胞和破骨细胞，在骨折愈合中起重要作用。

骨骼由无机物（>50%）、有机物（约25%）和水组成。无机成分包括磷酸钙，如羟磷灰石（高达90%）、碳酸钙、磷酸镁和氟化钙。羟磷灰石的比例决定了骨的硬度。结晶羟磷灰石由无定形磷酸钙形成。在发育的初期阶段，作为磷酸钙前体的1 nm大小的结构域悬浮在基质中而不发生矿化。存在适当的表面时，这些物质开始聚集，最初形成无定形结构，最终结晶成矿化的磷酸钙。骨骼中90%以上的有机基质由胶原纤维（Ⅰ型胶原）组成。其余部分由蛋白聚糖和糖蛋白组成，它们起结合水的作用。

骨骼也是一种分泌激素的器官。缺乏骨钙素的小鼠会超重并患上糖尿病，这反映了脂肪组织和骨骼之间的激素交流。此外，骨钙素增加体内胰岛素的产生和作用。而且，骨钙素可以通过影响雄配子的存活增强雄性小鼠的生殖能力，这是骨骼和生育能力之间的一种意想不到的关系[51]。

松质骨的骨小梁间有红色或黄色骨髓。在股骨和胫骨等长骨中，成年动物的髓腔充满黄色、富含脂肪的骨髓，但缺乏产生血细胞的能力。在扁骨和短骨中，如肩胛骨或腕骨，内部完全充满了松质骨，其骨小梁的间隙内充满了红骨髓。骨组织血管化良好。动脉血供来自髓腔，而静脉血则从外向内流。在密质骨内，动脉穿过约 10 cm 长但只有 200 μm 宽的骨单位。

随着动物体型的增大或减小，表面积和体积分别以 2 和 3 次幂变化。这就意味着体积随表面积呈指数变化。骨骼的强度以表面积为基础，除非表面积和直径不成比例地增加（异速生长），否则骨骼的生长将受到限制。然而，大型犬的骨骼相对较窄。

骨形态负荷依赖性调整的反馈系统并不局限于局部机制。与进化适应的情况一样，选择性繁殖行为会影响运动器官的所有部分，即使其目的只是影响其中的一个部分。因此，关于犬的身体结构，可以观察到 2 个发展方向（功能优化），一个是力量优化，另一个是速度优化[11, 33]。令人惊讶的是，骨盆形状（窄或宽）与四肢骨形状（椭圆形或圆形）和头骨形状（长或宽）相关。无论怎么努力，都不可能培育出一只拥有像斗牛㹴那样强有力头部的灵缇犬。在银狐身上也证实了同样的相关性。这就表明，至少在犬科动物身上存在一种基本的潜在控制机制。以力量和速度为导向的体型之间的差异伴随着胸部形状和相关肢体位置的明显变化。体重在前肢和后肢的分布、肩高和体长之间的关系，以及长腿指数也发生了变化。

无论犬体型大小如何，长骨的长度与体重都成等距关系，尽管在较小体型的犬（股骨长度 < 12.5 cm）中，掌骨相对较长，而跖骨相对较短。前肢和后肢解剖学长度的比较表明，所有犬的前肢都略长。在德国牧羊犬的两个品系中观察到相同的解剖学长度关系，它们的前肢也相对较长。

数学模拟表明，三段腿的比例（图 1.22 和图 1.23）对肢体机械功能的动态稳定性有很大影响[66]。在腿部模型中，腿部的动态稳定性越大，在运动序列受到扰动后，恢复到稳定轨迹的速度就越快。这是智能力学的重要组成部分。中腿段（肱骨和胫骨）的长度尤为重要，不应小于腿部总长度的 40%。第一节和第三节的长度差异越大，关节的潜在刚性范围就越大，进而促进动态稳定性。虽然在自然界中并不是总能观察到最佳的腿部比例，但已发现后肢更严密地遵循这一机械原理，胫骨相对长度为 37% ± 1.3%。后足总是比股骨短。在前肢，第一节和第三节长度的差异随着掌骨的延长及其与前臂连接的平直度而增加。肱骨的相对长度变化最小（27% ± 0.6%）。对比格犬的研究表明，这些腿段长度比例出现在个体发育的早期阶段。

1.3.2 关节

关节是两个或多个骨骼组件之间的可动连接。真性关节或动关节（图 1.24 和图 1.25）是两个内衬软骨的关节面之间形成关节间隙的关节。不动关节存在于骨骼通过骨质融合［如荐骨（骨性结合）］或通过软骨［如胸骨（软骨结合）］或结缔组织［如荐髂关节（韧带联合）］等连接的地方。作用在真性关节上的力以压缩力和张力的形式传递，而不动关节则承受剪切力[38]。此外，动关节的旋转轴是相对固定的，而不动关节的旋转轴是根据作用在关节上的力移动的。

真性关节被由结缔组织组成的关节囊封闭。外层（纤维层）在关节内和关节间各不相同。关节囊的薄内层（滑膜层）产生并重新吸收滑液。血管在各层之间穿行。游离神经末梢和机械感受器也在这个位置。根据关节的不同，滑液的体积从小于 1 mL 到几毫升不等。这种高黏性液体的作用是润滑关节，滋养关节软骨，防止 2 个软骨表面在正常负重情况下直接接触。滑液是血浆的超滤液，含有高浓度的透明质酸和蛋白多糖（如聚集蛋白聚糖或润滑素）。润滑素具有极低的摩擦系数，允许关节面长时间自如滑动。滑液中有少量细胞，包括巨噬细胞（63%）、淋巴细胞（25%）、中性粒细胞（7%）和滑膜细胞（4%），参与修复和免疫防御。滑液也可清除关节软骨和半月板代谢过程的最终产物。

动关节的关节面衬有软骨，这是一种由软骨细胞和专门的细胞外基质组成的黏弹性物质。软骨基质由软骨细胞产生，过程非常缓慢。通过分泌细胞因子，软骨细胞也会降解基质。软骨细胞仅占软骨总体积的 5% 左右；70% ~ 80% 的细胞间液由水组成，只有 20% ~ 30% 由固体成分组成，主要是胶原蛋白（湿重的 10% ~ 30%）以及蛋白多糖（5% ~ 10%）和矿物质。

胶原蛋白赋予软骨抗张强度。Ⅱ型胶原占关节软骨胶原的 90% 以上，是关节软骨中最重要的胶原类型，其纤维以三维网络的形式延伸到整个关节软骨。在表面的切线层，胶原纤维呈切线排列，提供最大的强度，从而使负荷均匀分布。在过渡区或中间层，胶原纤维呈拱形交叉排列。在放射层，呈放射状排列的胶原纤维最厚，含水量最低，占关节软骨厚度的 40% ~ 60%。有时可以区分出更深的层，其中 2 ~ 6 个软骨细胞呈小柱状放射排列。放射状的胶原纤维通过潮线和软骨细胞贫乏的钙化软骨（钙化层）延伸到软骨下骨。

蛋白多糖负责关节软骨的压缩弹性。聚集蛋白聚糖分子占蛋白多糖含量的 90%。这些分子与透明质酸相互作用，以高度有序的空间排列生成大的蛋白多糖聚合物。这些聚合物能够结合大量的水。由于蛋白多糖聚合物和间质液是不可压缩的，关节软骨的变形基于体积的变化和水进入关节间隙的情况（图 1.26）。因此，随着负荷增加，软骨变得更坚固。由于水进入关节间隙的副作用，负荷的关节面之间的滑液量增加，进一步减少了关节面之间的直接接触。

在生长过程中，关节软骨由从骨骼延伸出来的血管直接供应。随着潮线下层的不断发展（图 1.25），这种营养来源显著减少，软骨变成了缺乏血管、神经和淋巴管的生长缓慢的组织。由于其独特的代谢状况，它必须通过扩散和对流从滑液中获取营养，即通过流

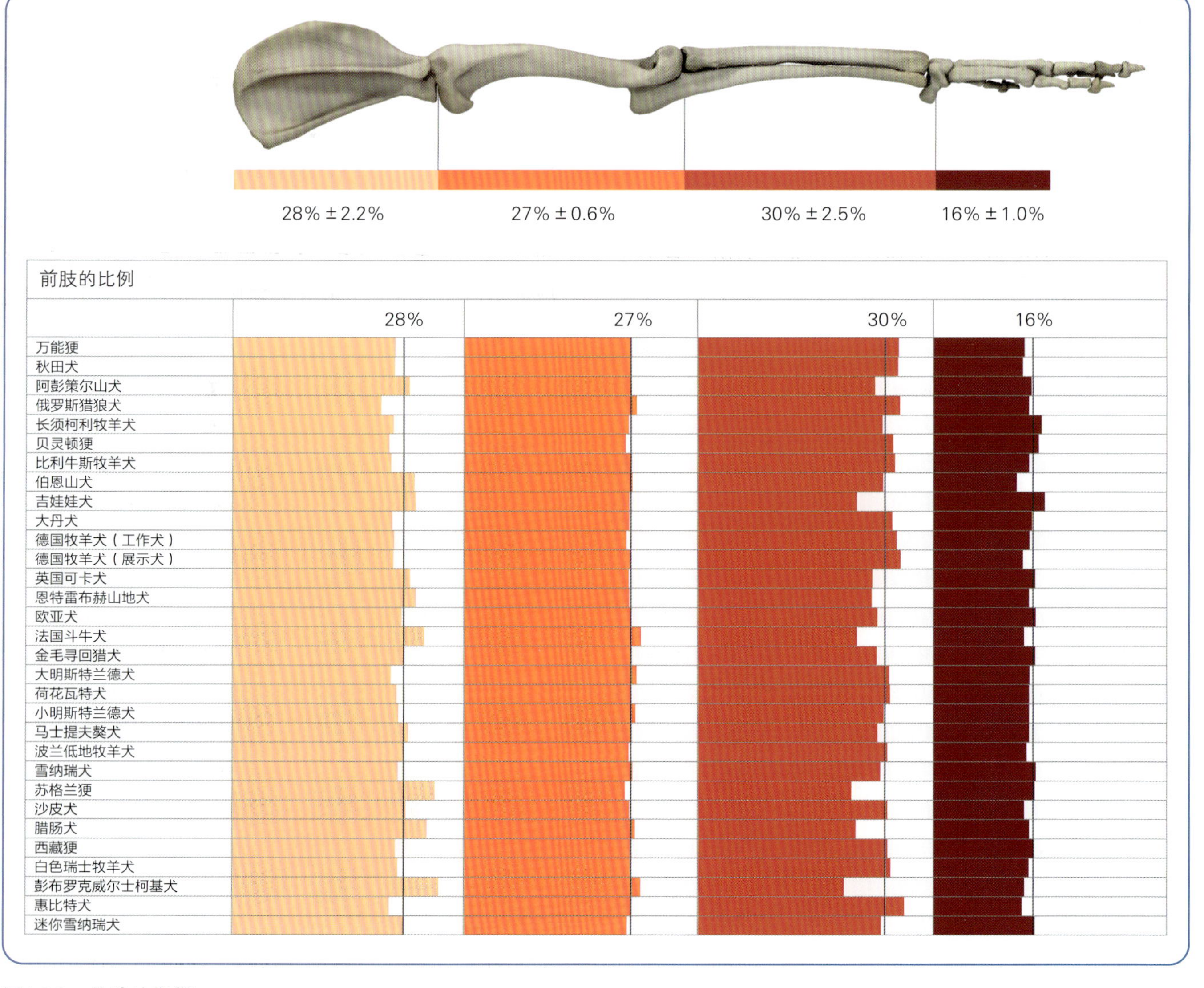

图1.22 前肢的比例

迄今为止在所有被检查的物种中，肱骨的长度比例几乎是相同的。在软骨营养不良品种中，前臂的缩短被肩胛骨相对长度的增加所抵消。（图源：Martin S. Fischer, Jonas Lauströer, Amir Andikfar）

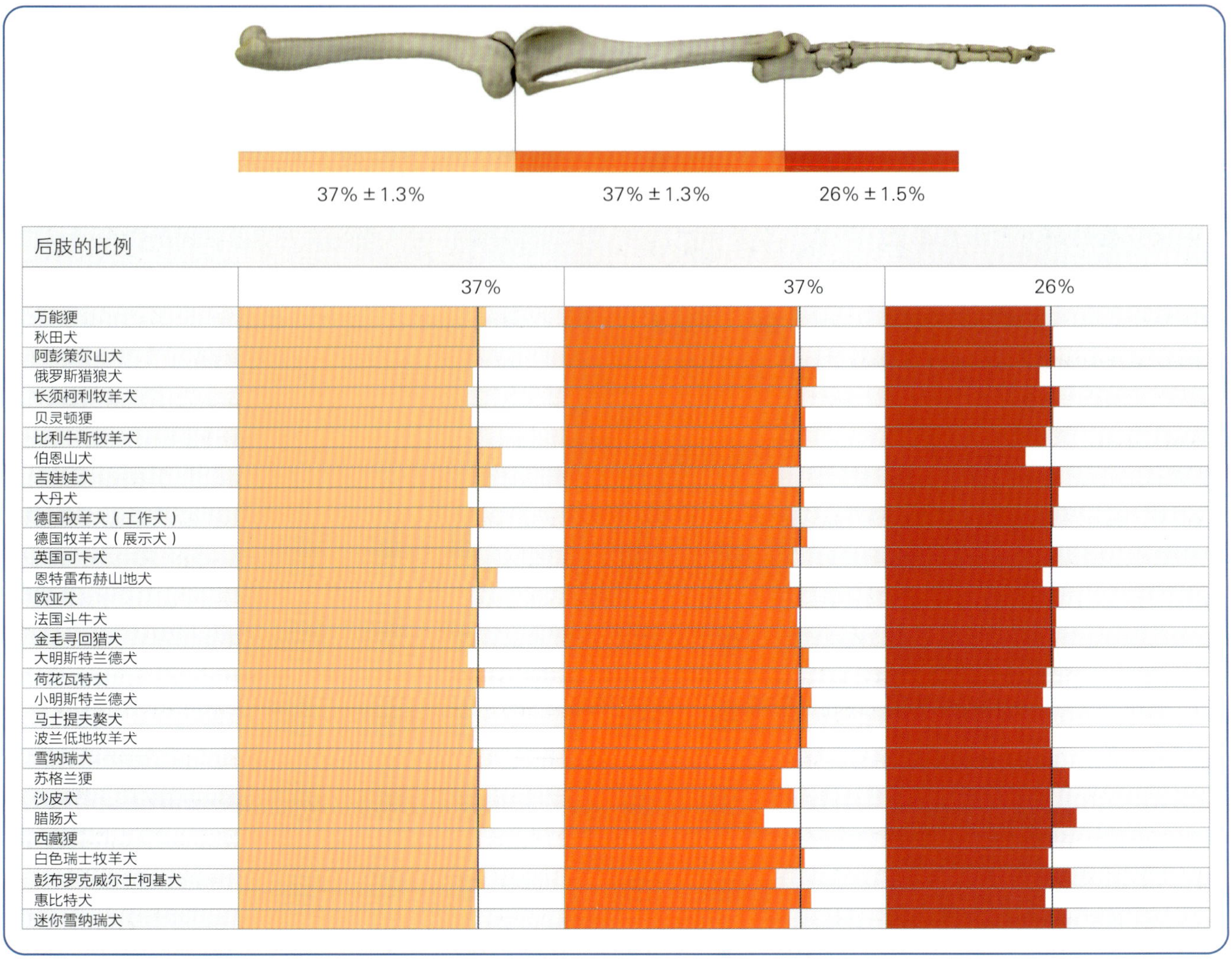

37% ± 1.3%
37% ± 1.3%
26% ± 1.5%
后肢的比例
37%
37%
26%
万能㹴
秋田犬
阿彭策尔山犬
俄罗斯猎狼犬
长须柯利牧羊犬
贝灵顿㹴
比利牛斯牧羊犬
伯恩山犬
吉娃娃犬
大丹犬
德国牧羊犬（工作犬）
德国牧羊犬（展示犬）
英国可卡犬
恩特雷布赫山地犬
欧亚犬
法国斗牛犬
金毛寻回猎犬
大明斯特兰德犬
荷花瓦特犬
小明斯特兰德犬
马士提夫獒犬
波兰低地牧羊犬
雪纳瑞犬
苏格兰㹴
沙皮犬
腊肠犬
西藏㹴
白色瑞士牧羊犬
彭布罗克威尔士柯基犬
惠比特犬
迷你雪纳瑞犬

图1.23　后肢的比例

一般来说，大腿和小腿的长度相等。（图源：Martin S. Fischer, Jonas Lauströer, Amir Andikfar）

1
2
3
4
5

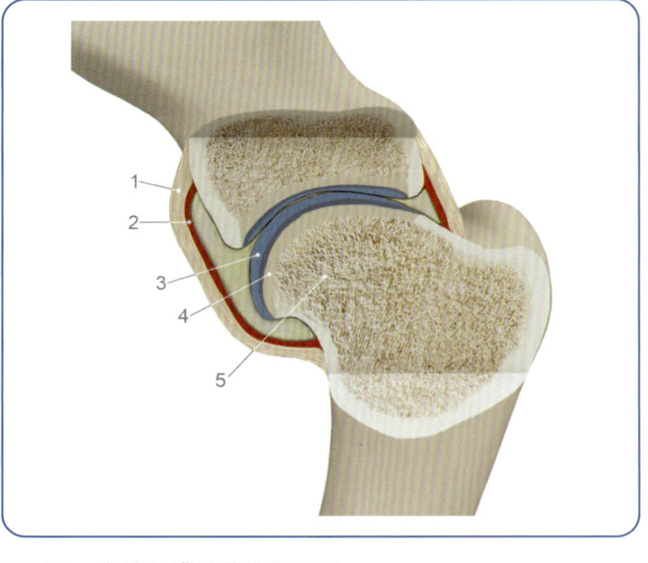

图1.24　真性滑膜关节的剖面图

关节囊结构包括：1. 纤维层，2. 滑膜层，3. 关节软骨，4. 软骨下骨，5. 松质骨。（图源：Martin S. Fischer, Jonas Lauströer, Amir Andikfar）

1
2
3
4
5
6
7

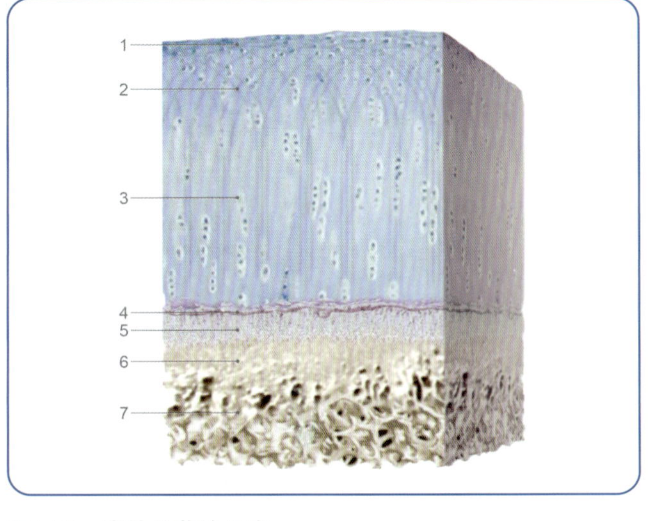

图1.25　真性关节的组成

根据软骨细胞的形状、胶原纤维的方向和基质组成，关节软骨分为4个区域：切线层（1）、中间层（2）、放射层（3），以及潮线（4）下的钙化层（5）。软骨深处是软骨下骨（6）和松质骨（7）。（图源：Martin S. Fischer, Jonas Lauströer, Amir Andikfar）

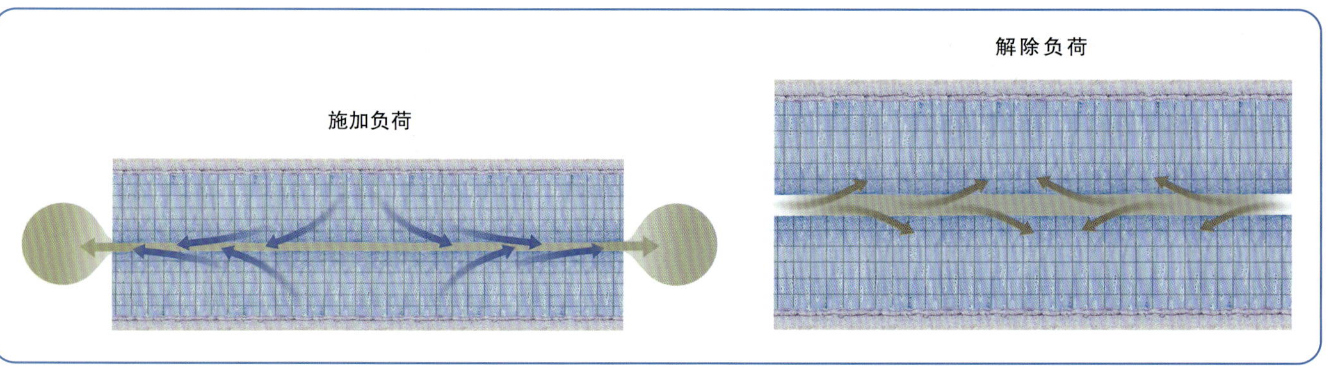

图1.26 施加和解除负荷时软骨变形的示意图

当施加负荷时，少量液体从软骨进入关节间隙。解除负荷后，软骨会像海绵一样吸收液体。（图源：Martin S. Fischer, Jonas Lauströer, Amir Andikfar）

动液体（滑液）输送溶解的物质。软骨在负荷下的变形使软骨基质和软骨细胞受到吸力和压力的交替作用。在负荷下，液体从细胞外基质被压入关节腔；当解除负荷时，软骨吸收含有营养和氧气的滑液。因此，需要不断变化的负荷来持续滋养软骨。即使是由厌氧糖酵解促进的软骨细胞的合成能力，也能适应当前的力学条件，即在动态负荷下，对生物合成的需求增加，而在静态负荷下，需求减少。如果没有周期性的负荷，软骨的个别区域就会营养不良，软骨就会转变为具有不同生化和机械性能的纤维软骨，或发生钙化。椎间盘和半月板中的纤维软骨含有 70% 平行排列的 I 型胶原纤维，更具柔韧性。被破坏的软骨无法再生！病灶仅被下层瘢痕组织覆盖。因此，动态和变化的负荷对关节软骨和关节的健康至关重要。鉴于在运动过程中，肢体关节的有效运动有限（例如，肘关节的着地角度和离地角度之间的差异通常小于 10°），在维护关节软骨的健康时要重视犬在不拴绳时不同运动的作用。

软骨的变形能力是松质骨的 10 倍，而松质骨的变形能力又是密质骨的 10 倍。然而，由于软骨很薄，对减震的作用有限。几毫米厚的软骨下骨层和下面的松质骨与肌肉共同起主要的减震作用。软骨下骨较厚，承受大负荷的部位矿化更广泛。在犬的肩关节中，关节凹侧的厚度是肱骨头的 6 倍。早在 1963 年，Pauwels 就已经确定软骨下骨的密度是应力的材料表征，可作为终身负荷的记录[54]。

解剖学一直采用机械工程的术语。因此，肘关节被描述为屈戌关节（滑车关节），肩关节和髋关节被描述为球窝关节。尽管如此，关节的功能要复杂得多，将关节视为紧密连锁的屈戌关节或球窝关节仍需要进一步区分。当前，根据 Felix Eckstein（现任职于萨尔茨堡帕拉塞尔苏斯医科私立大学）和 Johann Maierl 及其在路德维希－马克西米利安－慕尼黑大学的研究团队的工作成果表明，所有关节，包括犬的四肢关节，大多数情况下都存在生理学不协调[17,43]。在协调关节中，较小的力就会使相应的关节面大部分或完全接触。在没有负荷的生理学不协调关节中，关节面之间缺乏紧密贴合，只有有限的接触（图 1.27）。随着负荷的增加，关节面之间的接触面积增大，压力分布在更大的表面上。因此，随着力的增加，单位表面积的负荷减小或保持不变。基于凹面的曲率半径，可区分两种类型的不协调。当凹面关节面的半径大于凸面时（如肩关节），就会出现凸面不协调，导致凹面上的压力呈钟形分布。凹面不协调时（如髋关节），凹面的曲率半径比凸面小，最初导致双中心周围压力分布，在更大的负荷下，压力在整个关节面均匀分布。

生理学上的不协调不能与兽医中用来描述肘关节病理形成的术语相混淆。生理不协调通过在关节内均匀分布压力来优化应力分布，而关节面的凹面则受到拉伸应力的影响。当关节负荷时，周围区域也会承受压力分布。在较大的负荷作用下，关节凹面被拉伸，凸面被推得更深。压力传递面增大，避免在集中分布压力的球窝关节中形成局部压力峰值。软骨的特性使这种弹性表面的扩大成为可能。

软骨厚度是衡量终身负荷的指标。关节之间和关节内部的软骨厚度均不相同。生理学不协调关节的软骨通常比协调关节的软骨厚，因为不协调关节中发生的中心力分布在更大的表面，特别是周围区域。因此，软骨下骨层在关节周围也比在关节中心厚。对这些关系的理解有助于对犬软骨和软骨下骨层厚度的深入研究，从而得出关于长期关节应力的结论。这些发现已在单个关节的描述中被引用，例如，靠近内侧冠状突位置处的软骨较外侧厚。

1.3.3 肌肉

犬的肌肉质量占总体重的 50% ～ 60%。肌肉在几乎所有的机体功能中都扮演着重要的角色，包括消化、腺体排空和体温维持。由于本书只涉及肌肉骨骼系统，“肌肉”一词专指这种肌肉类型。肌肉由 2 种组织类型组成：致密结缔组织和肌纤维。肌纤维产生力量；结缔组织具有很高的抗拉强度，负责力的传递。

不规则致密结缔组织覆盖整块肌肉（肌外膜）、每个肌束（肌束膜）和单个肌纤维（肌内膜）（图 1.28）。规则致密结缔组织（腱膜和肌腱）将肌肉附着在骨骼上。“筋膜”也指结缔组织，但定义有点模糊，目前是很流行的术语。“筋膜”包含了腱膜（具有瞬时储存机械能的能力）、皮下组织，以及“连接”肌肉和包含感觉受体的组织（在行进运动过程中，该组织在力的传

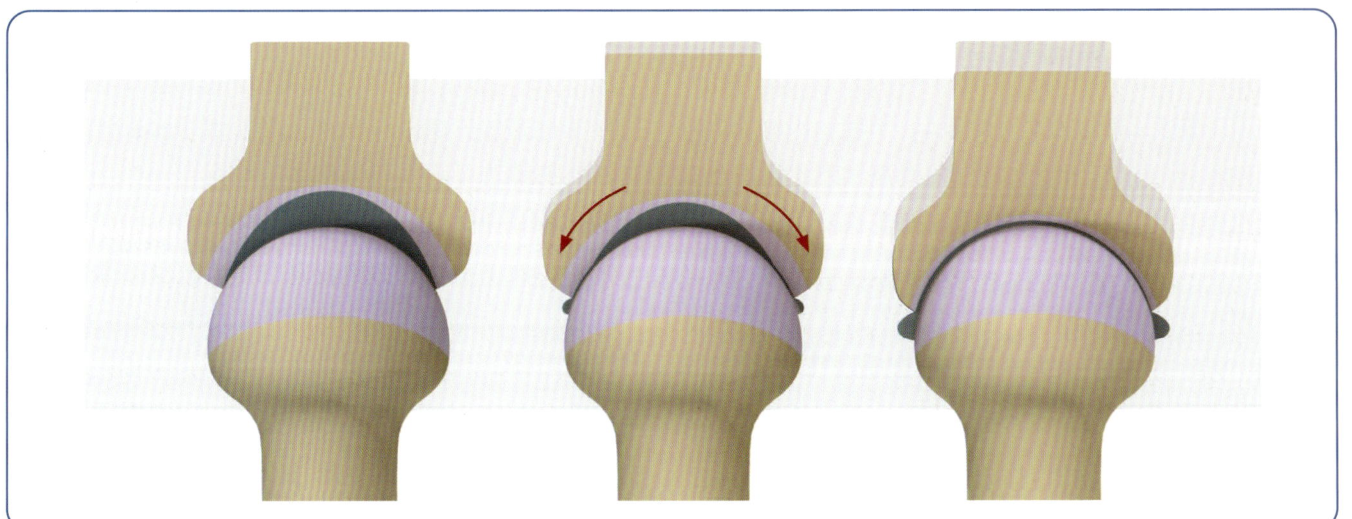

图1.27 负荷时不协调关节的行为

随着负荷的增加，滑液向关节周围转移。那里的负荷比中心大，周围软骨相应更厚。拉伸负荷（箭头）发生在关节软骨层下面的骨（软骨下骨）中。（图源：Martin S. Fischer, Jonas Lauströer, Amir Andikfar）

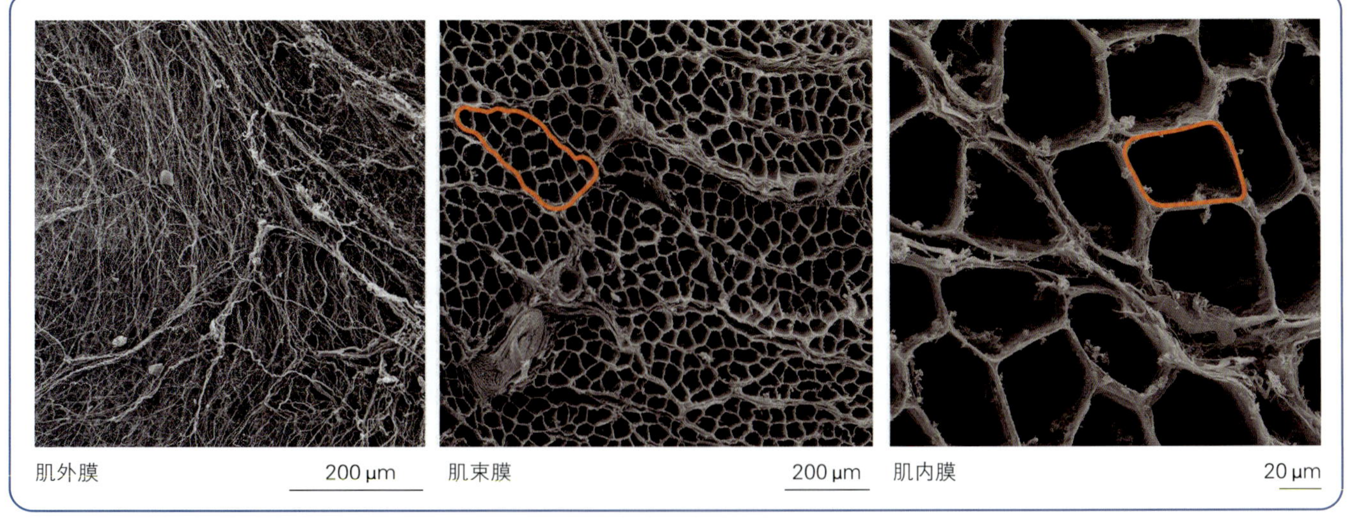

图1.28 肌肉周围的结缔组织鞘又分为肌外膜、肌束膜和肌内膜

（图源：Nadja Schilling, Institut für Zoologie und Evolutionsforschung, Friedrich-Schiller-Universität Jena）

递中所起的作用尚未得到证实）。管状肌膜形成肌肉细胞的细胞膜。

肌腱端（附着区）是肌腱、韧带和关节囊与骨结合并向骨骼传递张力的区域。肌腱端呈纤维状和纤维软骨状。在纤维状肌腱端，结缔组织通过骨膜间接附着，骨膜通过穿通纤维或直接进入骨骼的结缔组织纤维与骨骼相连。纤维状肌腱端见于骨干和干骺端。纤维软骨状肌腱端见于长骨的骨骺和骨突（图 1.29）。在这种附着形式中，结缔组织转变为最初未矿化但随后矿化的纤维软骨，从而使肌腱和骨骼的各种弹性模量（杨氏模量）均匀化。

肌肉收缩时，化学能转化为机械能。肌肉总是产生相同方向的力。肌肉缩短时会做正功（例如，脚离开地面时）；肌肉伸长时会做负功（例如，跑动时腿负重的时候）。由于肌肉只能单向拉伸，因此肌肉以主动肌对与拮抗肌对的形式排列在关节周围。力的产生过程发生在分子水平。下面这句话至少给出了简单运动中发生的分子过程的某些说明：大约需要 2 万亿个肌球蛋白分子来提供举起棒球的力量。我们的二头肌含有的肌球蛋白分子的数量是它的 100 万倍，所以在任何给定的时间里，只有一小部分的肌球蛋白分子需要发挥作用（©RCSB 蛋白质数据库）。

类似结构元件的串联和并联结构允许按比例缩小肌肉缩短的程度和收缩力。肌节由 2 个半肌节组成，是肌肉最小的功能单位（图 1.30）。肌肉缩短和相关可见的肌肉增厚是许多连续连接的肌节作用的结果。1 cm 长的肌纤维（约 5000 个肌节）可使肌肉缩短 5 mm。每平方毫米腿部肌肉中含有 300 个肌纤维，由此推算整个肌肉中有 50 000 ~ 90 000 个肌纤维。肌肉力臂比阻力力臂短，因此肌肉必须非常强壮。例如，人的股四头肌可以产生 7000 N 的力（相当于承受 700 kg 的重力）。

当肌肉收缩时，肌动蛋白丝和肌球蛋白丝相互滑动。肌球蛋白头在这个过程中产生力量，暂时连接纤丝并进行重组，从而产生非常小的运动（5 nm）。当活动的肌肉受到拉伸时，它可以产生比缩短时更大的力。除了这种经典的力生成机制，目前的肌肉研究表明，肌联蛋白发挥了重要作用。肌联蛋白是哺乳动物体内最大的蛋白质，其长度约为 1 μm，横跨半个肌节。肌联蛋白最初被认为是一种结构蛋白，在细胞组装中起重要作用，确保肌肉在拉伸后恢复静息状态。最近的研究表明，它有助于提高肌肉的弹性。在拉伸活跃的肌肉中，肌联蛋白黏附在肌动蛋白丝上[58]，并在拉伸 - 缩短周期中充当弹簧产生力。当肌肉收缩到较短的长度时，肌联蛋白可能在最近提出的模型中发挥预备功能，使肌球蛋白丝以细丝为中心相互交织[59]（图 1.30）。

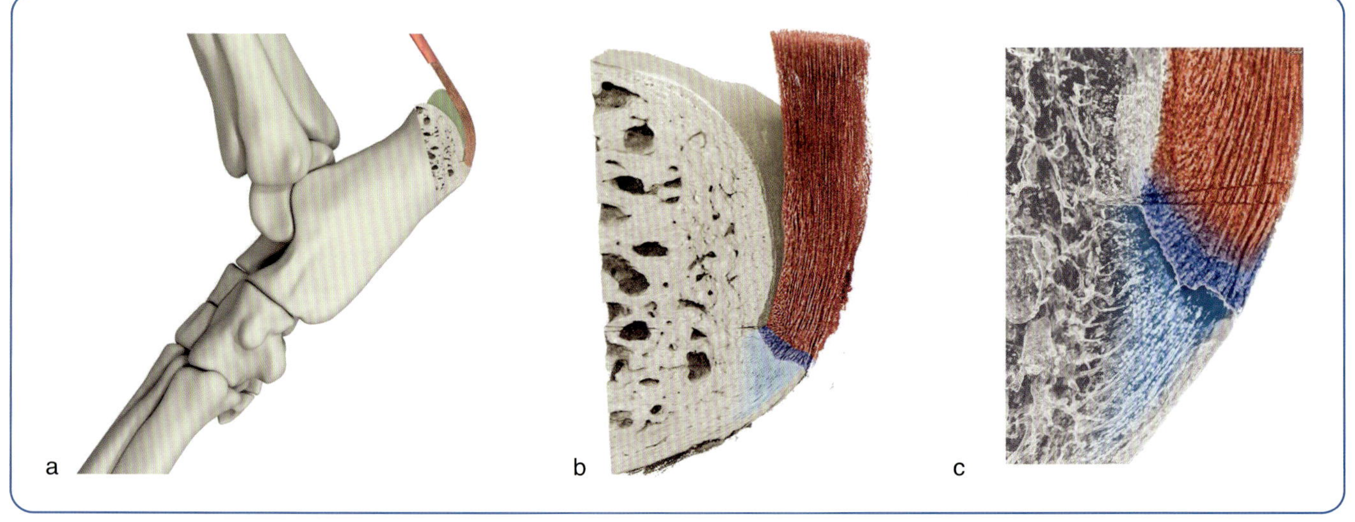

图1.29　纤维软骨状肌腱端是肌腱纤维和骨骼之间的过渡区域，通过未钙化的纤维软骨（深蓝色）和钙化的纤维软骨（浅蓝色）连接肌腱和骨骼

a，跟骨结节远端常见跟腱附着。肌腱纤维与张力方向成直角进入骨骼。b 和 c，大鼠跟骨结节显微 CT 成像的示意图。（图源：Martin S. Fischer, Julian Sartori, Institut für Zoologie und Evolutionsforschung, Friedrich–Schiller–Universität Jena）

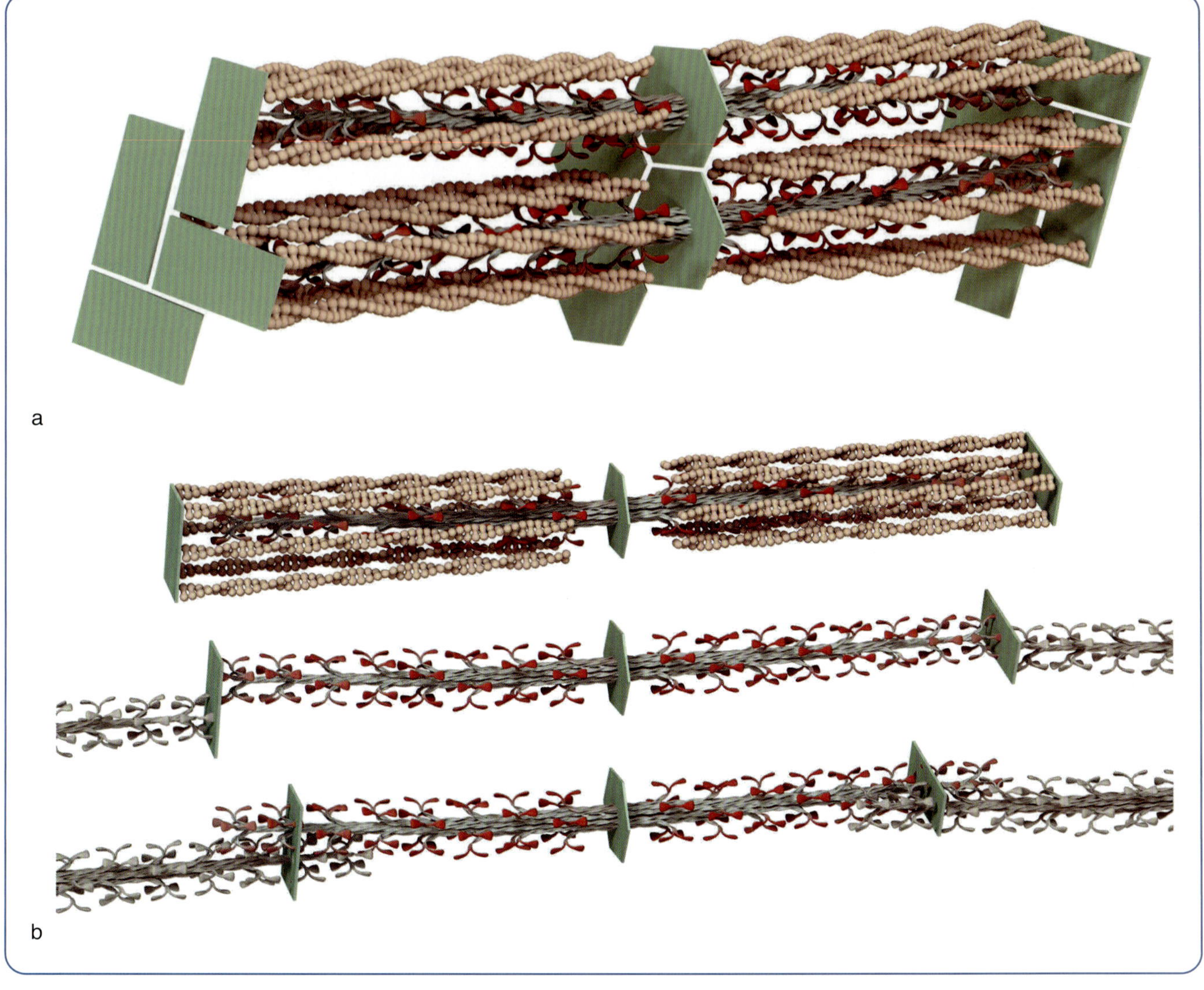

图1.30　肌肉收缩

a，带肌动蛋白（粉红色）和肌球蛋白（灰色）细丝的部分肌节。b，当肌肉被激活时，肌球蛋白头（红色）经历与肌动蛋白丝的结合和牵拉循环，使肌动蛋白丝晶格像两个刷子一样彼此滑动。在 Z 盘中（左侧和右侧），肌动蛋白丝呈四边形连接。在中间，它们排列成六边形。在收缩过程中，肌球蛋白丝可能通过 Z 盘滑动一小段距离[59]。（图源：Martin S. Fischer, Christian Rode, Jonas Lauströer, Amir Andikfar）

因此，在行进运动过程中观察到的肢体僵硬不仅归因于肌腱的弹性特性和相关的肌纤维的激活，而且还归因于肌肉的弹性特性。

肌肉的结构组成见表 1.1。

本书重点介绍肌肉的形态和功能。通常，肌肉的特征在于它们的起点和附着点及其神经支配（兽医解剖学名词）。每块肌肉都有一个拉丁名称，人的肌肉也适用于这种命名法，这个拉丁名称最初就是从人的命名法中衍生出来的。即使犬的肌肉看起来不同，有不同的起点或附着点，或在其他方面改变，它也具有与人体解剖学相同的名称，即与人体肌肉“同源”。正如其拉丁名称所示，人的肱二头肌有 2 个头，而犬的肱二头肌只有 1 个头。犬的肱三头肌有 4 个头，而不是 3 个。因此，解剖学上的名称可能会产生误导。

表1.1　肌肉的结构组成

组成	直径
肌动蛋白丝	8 nm
肌球蛋白丝	15 nm
肌原纤维	1 ~ 3 μm
肌纤维	10 ~ 100 μm
肌纤维束	0.5 ~ 5 mm

肌肉在特定运动中的作用不容易确定。起点和附着点提供初始指示，从中可以确定哪个关节的肌肉可以屈曲或伸展。然而，由于存在一定程度的冗余（如腿部的 40 块肌肉），当知道肌肉何时处于活动状态时，肌肉在行进运动过程中的动作就会变得更清晰。双关节肌肉的情况变得更复杂。通过与其他肌肉或韧带的相互作用，双关节肌肉可能会导致实际屈曲的关节伸展（伦巴第悖论）。肌肉的动作也可以通过改变不同肢体结构中的杠杆臂比例来改变。在另一个例子中，由于邻近关节的双关节互连，青蛙的髋关节伸展会导致整个腿部的伸展。此外，骨骼肌还可能发挥其他功能，如稳定脊柱，这取决于它们如何在肌肉骨骼系统中排列和嵌入。目前与其相关的一个专题是，侧向力对沿起点和附着点间拉力线的肌肉力的影响[70]。

肌束的方向最终决定了力的传递矢量。一个肌束包含 20 ~ 50 条相互平行的肌纤维，从而预先确定了力的发展方向。相反，肌肉内的单个肌束可能朝向不同的方向。它们很少平行排列或沿着肌肉的拉伸方向排列。这是必要的，因为肌肉很少有单一的起点或附着点，因此力必须以不同的方向传递到肌腱或骨骼。在许多肌肉中，肌束与纵轴成一定角度。因其类似于鸟的羽毛，这种排列称为羽状排列。事实上，羽状肌的肌束排列要复杂得多。此外，当肌肉收缩时，肌束会缩短并改变它们的方向，这就造成确定力传递的主要方向变得更加困难。

肌纤维类型

肌纤维代表肌肉的细胞水平。脊椎动物的肌纤维通常分为“强直”纤维（未表现收缩）和“相位”纤维（表现收缩）。因为犬的骨骼肌和所有哺乳动物一样，完全由“相位”纤维组成，所以下文只介绍收缩型肌纤维。收缩型肌纤维含有数千个细胞核。有趣的是，肌纤维的直径与体型大小无关，而是受到各种因素的影响，如氧气和营养物质的运输途径或纤维体积与纤维表面积的比值。肌纤维的横断面积取决于纤维类型、纤维在肌肉和特定肌肉中的位置。个体训练状态也决定肌纤维横断面的大小。训练增加了肌纤维的横断面积，而肌纤维的数量保持不变。训练和营养是对肌纤维横断面大小影响最大的因素。只有在损伤后的再生过程中，干细胞才能发育出新的肌纤维。

收缩型肌纤维的分类基于代谢、不同类型肌红蛋白的存在和肌纤维的收缩特性（图 1.31）。Ⅰ型肌纤维的特点是持续、缓慢的收缩和氧化代谢。Ⅱ型肌纤维收缩快，更容易疲劳；它们的代谢可能完全是糖酵解或氧化糖酵解。这些肌纤维的神经支配类型也各不相同。支配Ⅰ型肌纤维的神经分支从一侧穿过肌肉，平行于肌纤维，定期向肌纤维发送垂直侧分支。对于Ⅱ型肌纤维，神经在两侧呈树状，垂直于肌纤维的方向。

力的产生取决于肌纤维的横断面，而不是收缩特性。Ⅱ型肌纤维通常比Ⅰ型肌纤维的横断面积大（2 ~ 3 μm^2 vs. 1 ~ 2 μm^2）。因此，从绝对意义上来说，Ⅱ型肌纤维产生的力通常比Ⅰ型肌纤维多。

图1.31 用酶反应显示的肌纤维类型
彩色区域代表被肌束膜包围的肌束。

犬的一个显著特征是缺乏纯糖酵解Ⅱb 型肌纤维[73]。犬有一种额外的混合纤维类型，称为Ⅱa/Ⅹ型或简称为ⅡX 型，替代Ⅱb 型肌纤维。ⅡX 型肌纤维的存在是犬具有耐力的关键因素。与几乎所有的其他哺乳动物相比，犬可以调动所有的肌纤维来进行耐力训练。此外，大量的毛细血管为肌纤维提供了丰富的血供。Ⅱb 型肌纤维的缺失几乎消除了肌酸过多的风险。即使犬在长时间运动中，肌肉也会继续进行氧化代谢，在正常的外部条件下不会疲劳，除非是极限冲刺。

不同肌肉的肌纤维类型的分布差异很大。除灵缇犬具有较高比例的快速收缩Ⅱ型肌纤维外，个体和品种间肌纤维分布的变化非常有限。一般情况下，Ⅰ型肌纤维在前肢肌肉中的比例高于后肢肌肉。然而，没有两块肌肉的纤维分布是相同的。Armstrong 等人对 3 只杂交犬的前肢和后肢所有肌肉中Ⅰ型和Ⅱ型肌纤维的分布进行了研究，发现Ⅰ型肌纤维在单块肌肉中所占比例为 14% ~ 100%[3]。肌纤维也不均匀地分布在给定的肌肉中。在几乎所有被检查的肌肉中，Ⅰ型肌纤维的数量由外向内增加。在骨骼附近发现的Ⅰ型肌纤维比在肌肉较浅部位发现的要多很多。与靠近骨骼的肌纤维相比，外部肌纤维具有较长的杠杆臂。因此，快速收缩的Ⅱ型肌纤维位于外部。

力的产生

肌肉产生的等距力不仅取决于活动肌纤维的数量（亨尼曼尺寸原理）和刺激的频率，还取决于肌纤维之间的重叠区域。在非等长收缩中，力由肌纤维和肌联蛋白的相对速度调节。串联排列的半肌节数量对力的产生没有影响。每根细丝都有相同数量的肌球蛋白头，因此肌肉的力与其细丝的数量成正比。细丝的数量越多，产生的力就越大。肌肉的生理横断面是由单个肌纤维的横断面计算出来的，近似于平行连接的肌节的数量。由于肌纤维较长的肌肉有大量连续排列的半肌节，因此可以快速收缩；肌纤维短的肌肉特别有力。在一定的肌肉长度下，随着肌纤维长度的减少，羽状角增大。羽状角降低了收缩速度和可以产生的力量。这可通过结构指数（肌纤维长度和肌肉总长度的商）来考量。在灵缇犬中，强健的小腿肌肉（内侧和外侧腓肠肌）的指数为 0.07 ~ 0.14，而快速的半腱肌和半膜肌（其肌纤维长度是其他肌纤维的 10 倍）的指数为 0.7 ~ 0.88[84, 85]。连接前肢和躯干的肌肉也是有长肌纤维的快肌（菱形肌和背阔肌），指数为 0.97。指屈肌纤维极短（肌肉长度是 13.8 cm，而肌纤维长度是 0.8 cm），指数为 0.06，也是比较强健的肌肉[68]。

有些肌肉与它们的主要活动相适应。例如，对于参与拉长 – 缩短周期的肌肉，重要的是能产生较大的力，即需要较大的生理横断面积。这样可以调整肌肉活动，使肌腱首先开始工作。主要进行负功的肌肉，即偏心收缩的肌肉，更有可能具有较小的生理横断面积。横断面积相等时，进行正功的肌肉往往有较长的肌纤维。

肌肉的力量与其体积成正比。肌肉体积根据肌肉质量除以肌肉密度来计算。实际上，最大肌肉力量是以肌肉质量为基础的，因为肌肉密度非常接近于 1。股二头肌是迄今为止后肢中最强大的肌肉（质量约为 500 g，最大等距力为 940 N，最大功率为 50 W[84, 85]）。指浅屈肌比股二头肌产生的力更多（1260 N vs. 940 N），但其输出功率较小（6 W vs. 50 W）[84, 85]。前肢中最强壮、最有力的肌肉是肱三头肌长头，它产生的力和功率值（1475 N 和 58 W）均超过了股二头肌。肌肉质量的比较也揭示了在不同关节水平上各个肌肉群的巨大差异。

肌肉力量的传递不仅取决于不同肌肉的特性，还取决于力臂之间的关系。肌肉力臂是肌肉作用线与枢轴点（如关节旋转中心）之间的垂直距离。力臂在运动过程中发生变化并调节肌肉产生的扭矩（力 × 力臂长度）。同时，阻力力臂调节关节所需的扭矩。在站立阶段的 30% 时，腓肠肌产生的力几乎是站立阶段 70% 时的 2 倍，这完全是因为力臂比的变化［力 × 力臂长度（到关节的距离），图 1.39］。很明显，阻力力臂和肌肉力臂同相变化，减少了行进运动过程中力臂变化的影响。

肌梭

肌肉也是重要的感觉器官。肌梭提供肌纤维长度和收缩速度的信息，从而用于调节肌肉本身或其他肌肉活动的反射反应。

肌梭是一种内部有细肌纤维的改良肌纤维。肌梭的长度由内部纤维的收缩状态决定。纺锤体的最大长度为 3 mm，周围有结缔组织鞘，通过结缔组织鞘与周围的肌纤维紧密相连。肌梭的数量因肌肉而异。肌梭密度最高的是足短肌（屈间肌、蚓状肌），每平方毫米约有 1 个肌梭。肱二头肌每 7 mm^2 包含 1 个肌梭，而肱三头肌长头每 50 mm^2 只有 1 个肌梭。

除了肌肉中存在的肌梭，肌腱中也有特殊的神经丛。这些神经丛被称为高尔基腱器官，它们向脊髓发送有关肌腱张力和肌肉力量的信号。高尔基腱器官被包裹在长约 1 mm、直径约 0.1 mm 的结缔组织囊内。

肌肉的内在感觉系统是一种重要的反馈机制，可以对脊髓中的节律发生器等系统进行快速校正和微调。通过肌肉长度的变化（例如，犬踏进洞内时肌肉的拉伸）可以即时获取下表面的信息，有助于在脊髓水平上协调和纠正肢体运动。特别是肱三头肌长头，位于前肢调节回路的中心。通过测量兴奋性突触后运动神经元电位绘制的 I a 型传入纤维图表明，肱三头肌向近端和远端发送信号，表明该肌肉在前肢中执行控制功能[10]。

代谢中的肌肉

近年来，肌肉的另一项功能越来越明显，即在新陈代谢和身心健康方面的作用。我们在自己身体上感知到的锻炼的好处，可能极其适用于犬。到目前为止，已经在肌肉中发现了近 400 种不同的激素样信使分子（“肌动蛋白”），这为犬（及其主人）在长时间散步后的惬意提供了更多的生物力学依据。

肌肉仅在活动时利用血糖。肌肉消耗能量时会接受胰岛素，胰岛素是肌纤维吸收葡萄糖所必需的。当缺乏运动时，葡萄糖就会转化为脂肪。因此，运动和糖尿病之间存在直接联系。超重犬通常有一个主要问题——不活动。这会导致肌肉损耗，实质上就是衰老和脂肪堆积的自然结果。皮下结缔组织中脂肪分解与下层肌肉活动之间的关系现已从生物化学方面得到证实。肌肉活动时，会释放局部活跃的信使分子，称为白介素的激素样蛋白质。已证明白介素 6 能调节脂肪代谢，也有抗炎作用。此外，内在肌肉蛋白（intrinsic muscle protein，MIP）参与体内钙水平的调节。通过这种机制，肌肉影响与衰老和活动相关的骨密度变化。

1.4 营养的作用

Britta Dobenecker

1.4.1 概述

提供均衡、充足的营养是肌肉骨骼系统保持健康的基础。营养不足不仅会导致特定的饮食相关性疾病，还会加剧非营养性肌肉骨骼疾病的严重程度和临床表现。典型的例子就是长期能量过剩而导致的超重。在生命的各个阶段，体重过高都会对肌肉骨骼系统造成负担，甚至细微的变化都会使犬感到痛苦。

生长期是犬骨骼健康特别敏感的时期。在此阶段，很多因素都会导致骨骼畸形和发育性骨科疾病（developmental orthopedic diseases，DOD）。DOD 包含多种疾病，如骨软骨病、关节发育不良、骨营养不良和骨骼变形。发生此类疾病的原因之一是生长能力强，尤其是大型犬（预期成年体重≥ 25 kg）。在其他物种也已证实，快速生长的动物更容易发展为肌肉骨骼疾病。

宠物主人和兽医经常会问，为什么犬的饮食需要十分精确地保持平衡，而自己或孩子都不需要。当考虑到人的生长期长达 15 ~ 17 年，而犬则是 1 年左右时，答案就变得很清晰了。换句话说，在生长期犬中，组织生长所需的日常营养摄入量比维持所需量要高得多。如果犬和人在生长期的实际体重相同，预期成年体重均为 70 kg，那么犬的每日钙需求量是儿童的 7 倍。近期研究结果表明，人类有更有效的方法抵消饮食中钙的不足，从而通过更高的消化率和利用率增加食物中钙的吸收。增加活性维生素 D 水平是实现这一目标的方法之一。但最近已经证明这些适应机制在犬中几乎不存在[42]。与人相反，无论食物的钙含量如何，犬对饮食中钙的吸收比例保持不变。因此，当饮食供过于求时，犬会因吸收过量钙而受到影响。相反，饮食中钙缺乏犬也会很快表现为骨骼矿化不足。因此，营养供应不当，尤其是钙和磷，是营养诱导性 DOD 的另一个主要问题领域，同时还会因能量摄入过多而导致生长过快。

由于犬的大部分体重是在出生后 1 年内增长的，而且作为捕猎者，机体发育起源并没有迫使它们应对低钙饮食。犬在短短几周内不恰当地摄入一种关键营养物质所受到的影响大于人，因为人的生长期需要将近 20 年，营养利用可以更有效地适应供应。因此，营养不足对幼犬和年轻犬的影响比对儿童和青少年的影响更大。钙和磷是骨形成最重要的矿物质，摄入不足仅几周就会导致严重的紊乱，如肢体畸形、关节不协调和生长板异常骨化，并伴有相关的疼痛和跛行。这些变化的程度受营养缺乏程度、品种、增重率，以及运动和活动的类型及强度等管理因素的影响。某只犬可能会在 4 周内就出现明显的临床相关的变化，而其他幼犬可能只表现出轻度、不明显的跛行，即使在营养不均衡持续 2 ~ 3 个月之后也是如此。与骨骼发育正常的犬相比，患有 DOD 的生长期犬更常见到饮食不合理。

确定最佳营养供应需要有关食物和配料成分的营养含量信息，以及有关动物需求量的有效数据。后者很复杂，特别是在生长期，因为营养需求取决于相应年龄的体重和预期的成年体重。例如，虽然钙的推荐摄入量受预期成年体重的影响，从而间接受到动物品种的影响，但在生长期间，钙的摄入量会发生变化。因此，对于所有幼犬和年轻犬，并没有一个适用的固定数值，也没有一个适用的简单公式计算所有情况下动物的钙需求量。旨在满足日常需求的矿物质必须以充分可用的形式添加到食物中。这受到矿物质的化学形式[16]和其他元素浓度的影响（如食糜中的高钙浓度会降低磷的利用[42]）。整个食物的消化率也很重要。高纤维含量（如在富含蔬菜的日粮、各种“轻食”配方以及劣质日粮成分中发现）与粪便中钙和磷的排泄增加有关，会减少身体对这些矿物质的利用[35]。甚至食物中酸化和碱化成分的含量（所谓的阳离子 - 阴离子平衡）也会影响矿物质的利用。具有碱化特性的食物会增加肠道钙的流失[36]。除了动物的需求及其从食物中吸收营养的能力之外，食物中各种营养物质的浓度显然也起着重要作用。某一特定产品或食物类型的某些营养成分高低与否是另一个经常被错误判断的领域。从人类营养学来看，认为对人是富含钙的食物，对犬来说，尤其是幼犬，可能认为仅含有中等甚至低水平的钙，不足以满足动物的需求。在准备自制饮食时，特别是对于矿物质需求量高的生长期犬，绿色蔬菜和奶制品是不适当的钙源。尽管使用骨头也有如后文所述的缺点（见“钙”部分），但只有骨头或恰当配制的矿物质饲料才能提供合理的量（在克数范围内）。使用牛奶和奶制品作为钙源会导致不同程度的钙缺乏，从而很快导致易患 DOD 动物的骨骼发育异常。即使在成人中，持续的钙缺乏也会导致严重的问题，但出现临床症状所需的时间从几个月到 2 ~ 3 年不等，具体取决于缺乏程度。

然而，不仅是钙缺乏会导致负面结果，更常见的是钙过量造成的损伤。例如，补充了足量且均衡的全价食物或骨含量过多的生骨肉（bone and raw food，BARF）产品。供过于求的不良后果可能是导致生长期的异常。相比之下，成年犬则相对耐受。钙过量的潜在不良影响还包括磷和锌等其他矿物质的利用率显著降低，导致出现这些营养素的继发性缺乏。

预防营养性骨骼异常和避免营养不良造成的骨骼系统负担至关重要。因此，应及时告知每一位主人他们爱犬的最佳营养模式，以及饲喂平衡且符合动物需求的日粮的重要性。这尤其适用于有特定营养需求的时期，如生长期、妊娠期和哺乳期。如果已经诊断出异常，即使不一定会完全康复，也必须立即过渡到合适的饮食。在基于营养性和非营养性骨骼异常的管理中，最佳饮食为成功的药物或手术治疗提供了必要基础。及时纠正幼犬和年轻犬不恰当的营养供应甚至可以缓解早期 DOD。

1.4.2 生长

具有最佳肌肉骨骼发育的健康成长是运动系统长期健康的基础。在成长过程中，重要的是不仅要避免明显的临床异常症状，还要防止骨骼和软骨受损，以

⇨ 临床应用

- 生长期是犬骨骼健康发育特别敏感的时期。在这个阶段，各种因素均在 DOD 中起作用。发生此类疾病的原因之一是生长能力强，尤其是大型犬（预期成年体重 ≥ 25 kg）。
- 对于幼犬来说，在 8 周龄左右不恰当地摄入关键营养素可能比对人造成的损伤更大，因为人的生长期需要将近 20 年，营养素的利用可以更有效地适应供给。
- 对于所有幼犬和年轻犬来说，钙需求量都没有固定值，也没有简单的计算公式。在对应时间所需钙的量取决于犬的实际体重和预期的成年体重。

免后期导致异常和跛行，从而降低动物的生活质量。在这方面特别重要的是能量、钙、磷、维生素 A、维生素 D，以及微量元素锌和铜的供应。

能量

每日能量摄入会影响幼犬和年轻犬的生长速度。特别是生长能力强的犬，能量供应过剩会导致生长曲线陡峭，而不是肥胖。幼犬，尤其是大型犬种，代谢过程利用剩余的能量加速生长，而不是将能量转化为脂肪。这就会导致一种经常被认为是自相矛盾的情况：动物可能非常瘦，但相对于它的年龄来说却太重了。因此，体格评分系统（body condition scoring system，BCS）显然不能用于评估生长期犬的营养状况。在这种情况下，将动物的体重与推荐的生长曲线进行比较（图 1.32）才是合适的评估方法。能量供过于求可以通过体内脂肪过多来确定，但反之则不适用，即看起来很瘦的犬的能量摄入无法通过目测和触诊来评估！最好的方法是定期（最好每周）给犬称重，并在图表上记录体重（图 1.32）。这种方法需要估计犬的预期理想成年体重，对此最好是根据犬父母的实际理想体重进行预估。对于父母来说，BCS 适合评估营养状况。如果 BCS 超过 4，则应使用理想体重的估计值。最好在一定程度上低估幼犬的成年体重，而不是高估。使用推荐的生长曲线图，可以将实际体重与推荐体重进行比较。这有利于及时进行必要的调整，未达到推荐体重是可以容忍的，但应避免过度。在大规模实验条件下，已经表明，如果犬在生长期经历过一段体重过度增加的时期（交叉>2 个百分位数），则它们更可能出现明显的超重或肌肉骨骼异常[27]。

大多数参考资料中给出的生长阶段能量需求的正常值相对较高。这些数据通常是基于成群饲养犬的试验数据。最近的研究表明，在犬的生长期，平均每日能量需求相当低。这些新的较低值来自私人养犬以及根据上述建议管理生长速度的实验犬的研究[16,37]。因此，不一定推荐严格遵守全价食物的喂养建议。这些喂养说明可以作为初始建议，但重要的是要以个体动物的体重增加为指导。如果幼犬生长过快，应充分减少每日能量摄入，以避免超过推荐体重（表 1.2）。在

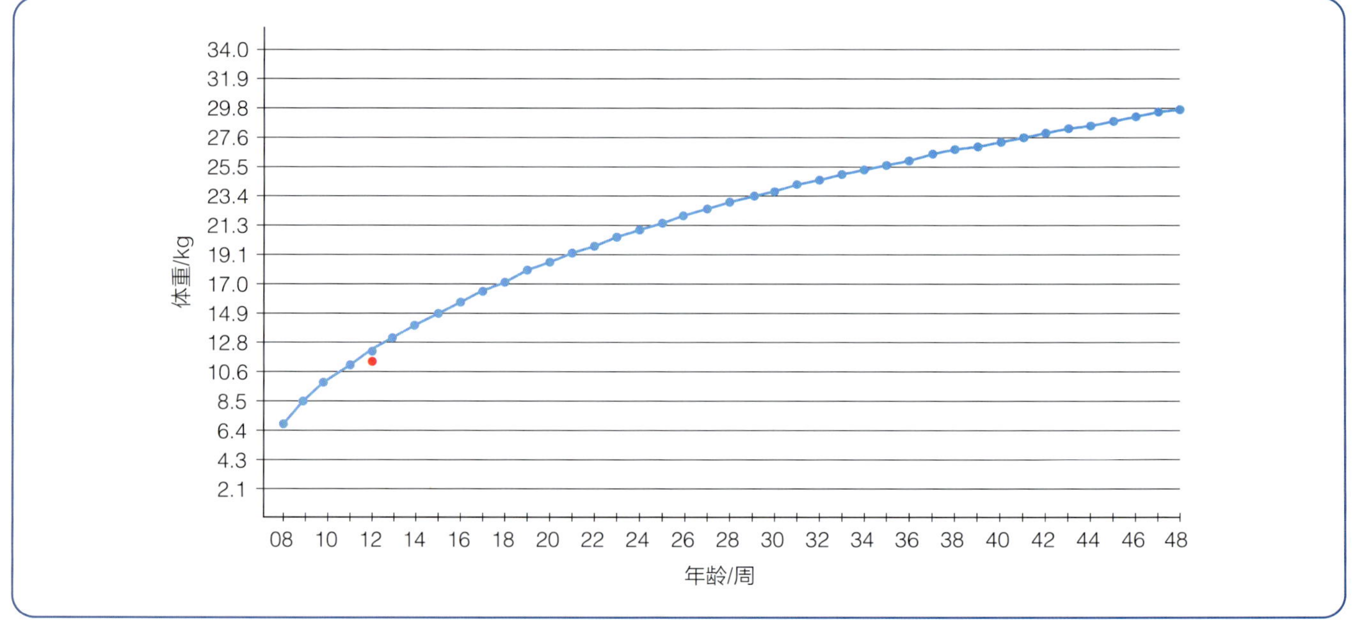

图1.32 个体生长曲线示例

根据参数“实际体重”“出生日期（年龄）”和“预期理想成年体重”（根据父母的理想体重、品种标准等进行估计），使用合适的程序（本例中是 Diet Check Munich©）来计算推荐的生长曲线。主人每周给犬称重（可以通过计算主人与其抱着犬之间的差异）并在打印出来的图表上记录体重。目的是使体重值在线上或刚好在线下。如果体重确实偏离了目标值，则不建议减肥或密集“饲喂”。如果幼犬或年轻犬的体重超重，则应将其体重保持一段时间，或限制小幅度增加，使其逐渐接近曲线。如果犬体重明显较轻，目标应该是达到与曲线平行的增长速度——在这种情况下，达到成年体重需要更长的时间，但骨骼发育异常的风险会降低。对于不确定品种的幼犬，很难估计成年犬的体重，推荐的方法是仔细评估并在各个生长阶段根据需要进行调整。在骨骼发育的前提下，低估成年体重总是比高估更安全。

表1.2 推荐的体重（kg）[45]

月龄（平均）	成年体重 5 kg	成年体重 10 kg	成年体重 20 kg	成年体重 35 kg	成年体重 60 kg
1	0.5	0.7	1.1	1.5	2.1
2	1.2	1.9	3.1	4.7	6.6
3	1.9	3.3	5.9	9.6	13.2
4	2.6	4.8	8.9	14.5	20.4
5	3.5	6.5	12.2	19.8	30.0
6	4.0	7.5	14.0	22.8	36.0
12	5.0	9.5	19.0	30.8	48.0

减少均衡的全价食物的摄入量之前，应首先减少奖励、零食、小吃和咀嚼物。定期监测体重有助于检查能量限制是否成功——如果动物的体重仍高于目标值，则必须实施进一步的限制。生长期犬的平均每日能量需求可以通过以下公式估算[37]：

$$\text{ME 摄入（MJ）} = \left(1.063-0.565\times\frac{\text{实际体重}}{\text{预期成年体重}}\right)\times \text{实际体重}^{0.75}$$

畸形和发育异常不仅是由骨骼矿化不完全期间的超重引起的，也是由于超重、肌肉发达以及激素（生长激素、甲状腺激素）和特定化学信使水平升高共同引起的。能量摄入通过影响激素分泌水平（包括 GH、IGF-I、胰岛素、T3/T4），影响骨骼和软骨代谢，导致软骨增生增加和骨骼重塑率升高。因此，随意进食、提供过多能量密集的食物 / 日粮、额外给予奖励和零食等（所有这些都会导致大多数单独在家饲养的幼犬和年轻犬能量超负荷）都可能对骨骼的健康发育带来巨大风险。在该早期阶段，也可能发生关节结构的改变，引发关节炎 / 关节疾病，从而在以后的生活中出现跛行和其他问题。

反之，根据推荐的生长曲线，体重明显低于目标体重的年轻犬，在任何情况下都不要“吃饱”，即它们的体重不能迅速增加到接近最优值。体重不足的犬，过度快速生长可能导致上述问题。因此，体重过轻的幼犬或年轻犬的生长曲线只能逐渐与推荐值保持一致。值得注意的是，成年犬的体型是由基因决定的。只有严重的喂养错误（如严重的蛋白质缺乏）才能在有限的程度上影响体型大小。生长曲线低于推荐值的影响是，犬会稍微晚一点达到成年体重，而不是成年后的体型会小一些。就骨骼健康发育而言，按照推荐值限制生长肯定比通过高能量的日粮来加速生长更可取。

由于每日能量需求受许多因素影响，因此只能建立基于成年动物实际体重和预期体重的平均值。所需的能量摄入量尤其受活动水平和居住条件的影响。因此，在单犬家庭中，一只相对安静的长毛犬对能量 / 食物摄入的要求要低于平均水平。相比之下，群居、年轻、活泼的短毛犬对能量的需求高于平均水平，为了能够正常生长，它们必须摄入更多相同的食物才行。由于两种不同类型幼犬的能量需求不同，相同的食物也会导致营养供应不同。为避免能量需求低于平均水平的幼犬饮食不足或超重，食物 / 日粮必须有相对较高的营养 / 能量比率。相反，在冬季的几个月里，多犬家庭中的一只成长中的非常活跃的大丹犬却需要营养含量相对较低的食物。因此，没有一种食物能理想地适合所有幼犬和年轻犬的能量和营养需求。

此外，生长期的能量摄入水平和脂肪组织沉积的比例会影响成年动物的能量需求，从而间接影响成年动物的营养状况。在生长过程中脂肪过多的犬有终生超重的倾向。因此，通过定期称重和对照建议监测身长很重要，因为犬的多余能量往往用于脂肪沉积，而不是加速生长。一只一直纤瘦的犬在它的一生中患某些疾病的风险较低。

在计算每日能量摄入时，要包括奖励、零食、小吃和咀嚼物等。这些产品的营养成分很少能符合犬的需求，尤其是在生长期。如果它们仍然是饮食的一部分，要么增加总能量的摄入，要么相应减少正常食物的摄入。后者会导致重要营养成分的摄入同时减少，日粮不再平衡，不符合要求。营养缺乏导致的营养不良在能量需求低于平均水平的犬中更容易发生。

➪ 临床应用

在生长期，过量的能量摄入往往会导致更陡峭的生长曲线，而不是脂肪沉积，特别是在生长能力强的动物中。为评估能量供应，应估算犬的预期理想成年体重，以便将实际体重与最优生长曲线进行比较。预期理想成年体重是以犬父母的实际理想体重为基础。一定程度的低估比高估要好。大多数参考资料中给出的生长期所需能量的正常值相对较高。最近的数据显示，生长期的能量需求较低，这些建议在今后几年可能会向下调整。

蛋白质

如前所述，幼犬或年轻犬增加的体重或体重增加的速度，取决于每日的能量摄入。如果调整每只犬的每日食物（能量）供应，使体重增加符合推荐的速率，那么饮食中蛋白质的比例在这方面就无关紧要了。当然，这是假定动物的蛋白质需求得到满足，因为严重缺乏蛋白质 / 氨基酸会导致生长迟缓、组织中的脂肪高比例增长和发育障碍。人们常说，过量的蛋白质对骨骼发育有不良影响，但这没有事实依据。这种说法的起源可以追溯到 20 世纪 80 年代进行的实验[31]，这些实验为我们现在的认识奠定了基础。在这些研究中，给一组生长中的大丹犬饲喂了足够的食物，而给另一组动物饲喂了更多的相同食物。当时，有一种假设认为，在饲喂量较高的一组中观察到的骨骼发育的广泛性异常是由能量、蛋白质、矿物质和维生素等所有营养物质过量引起的。然而，这些异常很可能是高能量和高营养摄入导致的快速生长所致。这一解释得到了 Nap 等人的支持[49,50]。在标准化试验中，这些作者发现，蛋白质摄入水平对生长期犬的骨骼发育没有影响。自近 40 年前的调查以来，大量实验和病例研究证实，骨骼发育异常的主要营养原因是能量过剩及钙、磷供应不足或过量。

➪ 临床应用

人们常说过量的蛋白质对骨骼发育有害，但这没有事实依据。

钙

矿物质钙的主要作用之一是骨骼的形成和维持。基于钙和磷元素之间的功能和调节关系，钙和磷的摄入量必须始终一起考虑。除了满足绝对需求外，这些矿物质的摄入还必须确保钙磷比在推荐的范围内[（1 ~ 2）：1]。更极端的理想范围是（1.3 ~ 1.8）：1。偏离理想比率会导致矿物质平均利用率异常。例如，钙过量导致钙磷比非常高（ >2 ：1），会降低磷的吸收率，导致继发性缺磷。

机体每天所需的特定营养素的量，即机体必须能够摄取的量，称为净需要量。由于摄入的营养有一部分在粪便中丢失，不能被身体吸收，因此要考虑平均消化率，从而提出了每日总摄入量（总需要量）的建议。对于一种平均消化率为 50% 的营养物质，一只每天需要 100 mg 这种营养物质的动物，应在其日粮中给予 200 mg。营养需求标准通常对饲料中某一营养素的总量提出建议；根据营养成分的不同，净需要量或多或少都会低于推荐摄入量。通常还包括一定的安全范围。基于消化率和可用性的损失也被考虑在内。不易消化的食物（如蛋白质质量差、纯素食或其他纤维含量高的食物）与钙的利用率低有关[35]。总的来说，特别是在生长期的犬，即使提供了高利用率的钙源（据称），定期钙供应也应保持接近实际需求。如果生长期的犬也是对钙可用性的调节能力有限（很可能是这种情况），那么就不可能观察到像在人和其他动物中见到的钙利用率显著增加的现象，这一表现主要是由维生素 D 和甲状旁腺激素（parathyroid hormone，PTH）等因素促发的。因此，需每天提供最低需求量，作为日粮的一部分，同时还应考虑其他矿物质的供应情况。在此基础上，既要满足需求，又要确保饮食中营养成分的平衡，以维持平均水平。

钙供应不足会导致生长中的骨骼骨化不佳，甚至可能会导致骨骼降解增加。在一定程度上，钙缺乏可引起继发性营养性甲状旁腺功能亢进，从而导致全身性纤维性骨营养不良。可能的后果包括成角畸形、骨骼畸形和骨结构改变，甚至自发性骨折。

相反，如果单独提供高水平的钙，如补充碳酸钙粉或蛋壳，过量钙会导致继发性磷缺乏。磷缺乏会导致骨骼发育严重紊乱。在钙过量的情况下，对锌和铜等矿物质的利用也较差，这也可能会损害骨骼发育。

在容易患 DOD 的动物中，过量钙还会限制四肢长骨的纵向生长，这可能是生长板过早闭合所致。此外，已提出钙过量在摇摆综合征发展中的致病作用。

由钙供应不当（缺乏或过量）引起的软骨代谢和骨化改变的后果，包括成角畸形（桡骨弯曲、腕关节外翻）、肥大性骨营养不良和分离性骨软骨病，通常会导致幼犬骨骼出现非常痛苦的变化，表现为移动跛行和不愿或无法移动。不愿或无法移动又对发育中的骨骼产生有害影响，因为拉伸和压缩力为适当的骨重建和形成提供了重要的刺激。即使是在成年犬中，不愿移动也会导致骨骼吸收。

这里需要注意的是，不建议给予高度不规律的钙供应，如每周只喂一次骨头，而不是提供每日所需量（每周饲喂量除以 7），这相当于有 6 d 钙缺乏和 1 d 钙过量。在这些条件下，骨骼不太可能健康、适当地发育和矿化。由于其他原因，包括卫生、受伤和便秘的风险，喂骨头也不可取。此外，这种方式提供的钙剂量非常不精确，因为骨骼中的钙和磷含量随物种和年龄（如牛犊和成年牛）以及在身体中的位置而变化。此外，当骨碎片被折断并吞咽时，与以磨碎形式饲喂骨头相比，排泄到粪便中的矿物质比例更高。

磷

磷的供应不足可能是食物的绝对缺乏或未充分利用所致，如钙磷比过高（＞2 ∶ 1）。这在缺乏添加矿物质或只补充钙（如 $CaCO_3$）的自制食物的情况下最有可能发生。一般来说，短短几周的磷缺乏症就会导致食欲下降、整体健康状况下降、活动量减少 / 休息时间延长、运动不耐受、被毛暗淡和鳞状皮肤。持续缺乏可导致运动系统异常，包括腕关节和跗关节过度伸展以及肢体成角畸形。这会导致关节活动异常和前肢弯曲；这种变化的快速进展可能提示磷缺乏。与其他营养异常不同，缺磷引起的肢体成角畸形可在临床上表现出来，并在几小时内恶化。这是因为它们是由肌肉和支持结构的异常引起的，而不是由骨骼变形引起的，至少在早期阶段是这样的。最初，由缺磷引起的变化既不会引起疼痛，也不会在 X 线片上发现骨骼异常（即骨骼畸形）[34]。这大概是因为一开始不是骨骼发育受到了影响，而是肌肉和结缔组织支持结构的稳定性和强度受到了影响。在这一阶段，可通过纠正食物中磷含量和钙磷比逆转这种变化；尽管肢体畸形看起来很严重，但对幼犬和年轻犬来说，钙摄入不当的后果比缺磷更为严重。有些资料中称之为“腕关节松弛综合征”，通过调整食物的营养含量可以大大改善[14]。在这些情况下，一定要评估饮食，必要时及时纠正，因为持续的选择性缺磷可能会导致异常骨化，就像钙过量 / 缺乏一样。在这种情况下，通过优化饮食来实现完全康复的预后会很差。

⇨ 临床应用

钙供应不足会导致生长中的骨骼骨化不佳，甚至可能导致骨骼降解增加。

过量的钙会导致磷、锌、铜等其他矿物质的继发性缺乏，这会对肌肉骨骼系统的发育产生不利影响；在易患 DOD 的动物中，可能会限制四肢长骨的纵向生长，可能是生长板过早闭合所致。也有人提出钙过量在摇摆综合征发展中的致病作用。由钙供应不当（缺乏或过量）引起的软骨代谢和骨化改变的后果，包括成角畸形（桡骨弯曲、腕关节外翻）、肥大性骨营养不良、分离性骨软骨病，通常会导致幼年动物骨骼出现非常痛苦的变化，表现为移动跛行和不愿或无法移动。

⇨ 临床应用

持续的磷缺乏症可能导致运动系统的异常，包括腕关节和跗关节过度伸展。与其他营养异常不同，缺磷引起的肢体成角畸形可在临床上表现出来，并在几小时内恶化。因为它们不是由骨骼变形引起的，而是由肌肉和支持结构的异常引起的。这些临床症状可以通过及时纠正饮食来逆转。

其他重要营养物质

涉及其他营养物质的营养不良很少被认为是 DOD 的原因。目前尚不清楚是因为这些营养物质不足或过量在一般喂养实践中不太常见，还是因为它们的影响不显著。尽管如此，同样的原则仍然适用：应努力优化所有营养物质的供应，特别是维生素 A 和维生素 D，微量元素铜、锌、锰和碘，以及能量、钙和磷，这些都是饮食的基本成分。缺乏这些营养物质会导致发育不良，并使现有的问题恶化。最具有实际意义的是脂溶性维生素和铜缺乏。

维生素 D 在骨代谢中起核心作用，并与降钙素、PTH 和其他信使物质一起对钙、磷代谢产生重要影响。生长期缺乏活性维生素 D_3 会导致以生长板增厚、骨皮质变薄为特征的佝偻病，并对骨骼发育产生相应后果（特别是肥大性骨营养不良，主要影响腕关节并导致肢体成角畸形）。犬和猫在紫外线辐射下，前体经皮肤合成维生素 D 的能力有限。因此，饮食中必须摄入维生素 D。天然来源包括动物组织（特别是脂肪、肝脏、血液、某些鱼类），也包括植物来源的维生素 D_2。维生素 D_3 在肝脏和肾脏中羟基化，产生活性形式［$1,25(OH)_2D_3$］。如果商业饮食是动物饮食的一部分，或者在自制食物中添加了肝脏或维生素和矿物质补充剂，那么因维生素 D_3 缺乏而导致 DOD 的可能性不大。过量服用维生素 D，如在成分完整的食物中添加维生素 D 补充剂，可导致严重的软骨内骨化异常，引起成角畸形。

维生素 A 也是骨代谢的重要因素，它对破骨细胞的影响在骨骼重塑中起着至关重要的作用。在生长期，虽然维生素 A 异常摄入的影响没有维生素 D 严重，但也应避免维生素 A 摄入不足和过量。在最近一项关于比格犬生长的研究中，即使维生素 A 水平明显超过需求，也没有见到明显影响，包括对骨代谢标志物浓度的影响[46]。维生素 A 过量会导致食物摄入减少、生长迟缓、关节疼痛、生长板过早闭合和骨代谢紊乱。因此，日粮中维生素 A 的含量不应超过 100 000 IU/4184 kJ（1000 kcal）代谢能。在这方面值得注意的是维生素 A 的致畸作用：在母犬中，防止妊娠早期摄入过量维生素 A 尤为重要。肝脏和鱼肝油等天然食物来源的维生素 A 含量取决于来源动物或猎物的饮食，且可能存在很大差异。如果饮食中包含这些，那么避免定期和过量供应就显得尤为重要了。由于肝脏对大多数犬来说是一种美味，因此在某些情况下，家庭自制食物和商业食物中的肝脏含量可能相当高。但通过加热、灭菌和储存，活性维生素 A 的含量在一定程度上会降低。另外，还应避免维生素 A 缺乏症，因为维生素 A 缺乏会影响骨代谢（由于骨吸收率降低而导致的异常重塑），并且还会导致其他后果，如免疫系统受损、食欲减退、体重减轻和共济失调。

铜是结缔组织发育所必需的，尤其是在生长期。绝对饮食缺乏或利用率降低（如钙或锌过量）导致的铜供应严重不足，可引起腕关节和跗关节过度伸展、骨质疏松性骨病变，以及四肢骨畸形，甚至骨折。尽管使用某些食物，如奶制品、蔬菜和谷物，作为主要的饮食成分可能导致出现严重的铜供应不足，但完全由铜缺乏引起的 DOD 病例较为罕见。

甲状腺需要碘合成 T3 激素和 T4 激素，这些激素对骨骼健康发育至关重要。碘缺乏的多种后果包括骨和软骨发育异常，在临床上可表现为生长迟缓。

结论

建议对饮食的各个方面进行评估和优化，重点是提供充足和均衡的能量、钙、磷、铜、碘、维生素 A 和维生素 D，以及其他必需营养素。这有助于预防营养诱发的 DOD，并允许在可能的情况下使用最佳营养模式，以减轻遗传易感性、过度训练和创伤带来的风险。

⇨ 临床应用

生长期犬的喂养建议

- 关键因素：能量摄入！
  - 比较实际体重与生长曲线。
  - 调整能量摄入（如果体重高于生长曲线，则减少能量摄入，反之亦然）。
  - 一般规则：能量少总比能量过多好。
  - 要注意零食、奖励等带来的额外能量。
- 调整营养 / 能量比（如能量需求量低于平均水平时，则增加营养浓度）。
- 确保营养供应充足和均衡，特别是：
  - 提供足够的钙和磷，以满足绝对需求。
  - 保持钙磷比在建议范围内，为（1 ~ 2）: 1［最好是（1.3 ~ 1.8）: 1］。

1.4.3 维持需求量（成年犬）

一旦生长期结束，犬进入新陈代谢的维持状态，营养不良对骨骼系统的影响就不那么重要了。与人相比，虽然犬对钙和磷等营养物质的需求仍然很高，但缺乏和过量对成年犬的影响不会像幼犬和年轻犬那样迅速或严重。

然而，在可能的情况下，我们的目标是为动物提供接近其需求的饮食。尽管可能无法及时确定需求和供应之间的差异，但满足成年犬营养需求的均衡饮食仍然最有利于维护运动器官的健康。

能量供应

超重和肥胖对骨骼和关节健康有着深远的影响。超重本身，加上促炎介质的分泌和其他代谢因素，可能会产生有害影响，或导致现有变化具有临床相关性。目前犬超重和肥胖的发生率增加了 35% ~ 50%，虽具有地区性，但从骨科角度来看，预防和治疗十分重要。

与生长期的犬不同，成年犬通常通过储存多余的脂肪来应对长期的能量过剩。脂肪沉积到影响犬健康的程度是逐渐发生的，在日常与动物接触时相对不明显。超过正常或理想体重的 10% 即为超重；当体重达到正常体重的 130% 或以上时，就归类为肥胖了。值得注意的是，在人身上看到的“溜溜球”效应（译者注：减重 – 复胖 – 减重 – 复胖的不断循环），也同样存在于犬身上。如果在减肥计划成功之后，先前超重的动物未接受低能量维持饮食，也没有得到更多的锻炼，仅仅少量的过量能量就足以使动物恢复到原来的超重状态。这种食物利用率的提高使成功的饮食管理变得越来越困难。显然，预防肥胖是最好的方法。成年犬与幼犬一样，定期称重有助于监测体重变化。如果定期给犬称重，最好是每周一次，并记录体重，就可以在发生重大变化之前迅速采取必要的措施。

由于宠物主人经常错误判断宠物的营养状况，因此评估应该基于体格评分。体格评分包括对身体特定部位进行目测和触诊，以量化脂肪组织的水平。使用这样的 9 分制系统，其中 1= 恶病质，4/5= 正常，9= 病态肥胖，可以客观地评估营养状况，避免出现先入为主的观念和个人偏见，并且更容易与宠物主人沟通（表 1.3）。

表1.3 9分制体格评分系统

评分	描述	
1= 恶病质	肋骨和髋结节清晰可见。没有可触及的皮下脂肪，腹部凹陷明显。肌肉量明显减少。	非常瘦
2= 非常瘦	肋骨和髋结节清晰可见。没有可触及的皮下脂肪。腹部凹陷明显。	
3= 瘦	目测可辨别髋结节和腰部。肋骨扁平触诊可见少量脂肪。	瘦
4= 较瘦	肋骨扁平触诊可见脂肪，腹部凹陷明显。腰部清晰可辨。腹部可触及的脂肪最少。	
5= 理想	动物身材匀称，腰部明显，肋骨覆盖着薄薄的脂肪层。腹部可见少量脂肪沉积。	正常

续表

评分	描述	
6= 超重	由于脂肪覆盖增加，肋骨难以触诊。腰线不再明显。没有明显的腹部凹陷，下体轮廓线几乎水平，朝向膝关节。	肥胖
7= 过重	肋骨在一层脂肪下几乎触摸不到，腰部难以辨认，腹部似有赘肉，并有明显的脂肪沉积。	
8= 肥胖	肋骨上覆盖着一层厚厚的脂肪。腰部缺失，腹部脂肪堆积增多，形成大肚腩。臀部周围明显有额外的脂肪沉积。	超重 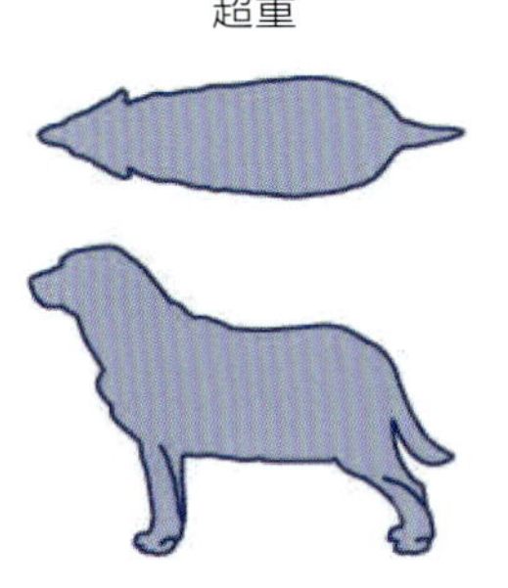
9= 病态肥胖	臀部周围持续有大量脂肪沉积，腹部脂肪堆积明显（可见和可触摸）。腰部不可见。肋骨在脂肪层下无法触及。	

体格评分系统由 Nestlé Purina Center 开发，并在以下出版物中进行了验证：

- LaFlamme DP. Development and Validation of a Body Condition Score System for Cats. A Clinical Tool. Feline Practice 1997; 25: 3－17.
- LaFlamme DP, Hume E, Harrison J. Evaluation of Zoometric Measures as an Assessment of Body Composition of Dogs and Cats. Compendium 2001; 23 [Suppl gA]: 88.

注：根据目测和触诊评估体脂的临床测试系统，可以得出关于营养状况的结论。区分肌肉和脂肪沉积是很重要的，这样就更容易区分肌肉不足、体脂比例高、体重正常的“瘦胖”犬与肌肉发达、体格良好、体脂正常，但体重高于平均水平的犬（摘自：Nestlé Purina, Body Condition System）。

总体而言，超重频率的增加和活动之间存在因果关系。人们生活条件和习惯的改变导致犬在日常生活中活动减少。疼痛和跛行进一步降低活动能力，导致能量消耗减少和体重增加，除非限制能量摄入。可能由于体力活动的减少，对能量的需求也会随着年龄的增长而下降。在这方面，目前大多数可获得的全价食品的高适口性并不会有很大帮助。动物的能量需求，以及由此而来的日粮饲喂量是可变的，必须不断调整。此外，严重、疼痛的疾病经常导致肌肉量大量损失。因此，记录的体重变化相对较小，而体脂比明显增加。对于这些患犬，在评估营养状况时应包括肌肉评估。

矿物质

成年犬能更好地耐受营养摄入量和需求量之间的差异。在临床症状发生重大变化之前，有一段相当长的宽限期。这是因为成年犬的维持需求相对较低，身体在某种程度上能够弥补一定的不足。根据营养类型的不同，可通过增加对身体储备的利用或开发来抵消次优摄入量；若摄入量超过要求，可以增加储存量，或者增加排泄量。补偿的持续时间和效率取决于各种因素。然而，即使犬表现出很强的适应力，营养不良也会导致严重的骨骼异常。因此，成年犬的饮食也应考虑其营养需求，但不用像幼犬和生长期的犬那样严格。

在几个月内，成年犬的钙缺乏（例如，由于自制的由肉类、谷物和蔬菜组成的食物中矿物质含量不足）会导致骨骼脱矿化，甚至达到发生自发性骨折的程度。成年犬似乎比生长期的犬更能耐受钙过量。与骨骼异常相反，生长期的犬经常报道的与钙过量有关的后果包括顽固性便秘和尿路结石。关于磷和磷酸盐过量的描述中认为对肾脏健康的负面影响大于骨骼系统。

繁殖母犬

繁殖母犬是一个特殊的例子。在怀孕期间，由于胎儿骨骼组织的发育，对钙和磷的需求大大增加。根据胎儿大小，母犬哺乳期间对这些矿物质的需求进一步增加。在这里，人和犬之间又有明显的区别；犬属于一胎多仔性动物，相对于犬的体重来说，产奶量要多得多，因此不能对人和犬进行简单的比较。

由于乳汁中的钙浓度是恒定的，并且在哺乳过程中只有乳汁产量下降，营养缺乏必须通过母体骨组织的分解达到平衡。虽然认为在泌乳期有一定程度的骨质流失是正常的，但为哺乳母犬提供足够的钙和磷以避免出现过度的骨吸收仍然十分重要。这尤其适用于多仔母犬。到妊娠后半期，对钙的需求量会达到维持所需量的 2 倍。在哺乳期，根据幼仔大小，母犬需要 2 ~ 7 倍的维持量。

肾功能不全

老年动物慢性肾功能不全的患病率较高。在这种情况下，营养对于预防肾性继发性甲状旁腺功能亢进导致的骨肾综合征的发展非常重要。随着肾脏排泄磷酸盐的能力下降，磷酸盐潴留增加。相应地，机体会分泌更多 PTH，以维持钙和磷的动态平衡。如果没有有效干预，这些变化的各种后果可能包括骨吸收增加，从而导致软组织（尤其是肾脏）钙化引起并发症。因此，控制高磷血症对减缓肾功能不全的进展至关重要。更重要的是，必须通过调整磷酸盐的摄入量达到纠正过量摄入的目的，最终将其降至建议水平以下，以控制血清磷浓度。由于钙有保护骨骼的作用，所以不应减少钙的供应。这可能会导致食物中的钙磷比超过 2 ∶ 1 的正常范围。在这种情况下，增加的比例不仅耐受良好，而且还有益于抑制磷酸盐。可通过减少磷的矿物质来源和增加从脂肪 / 富含脂肪的食物成分中获得的能量减少磷的摄入。

1.4.4 诊断

通常无法将骨骼发育的临床异常原因追溯到某个特定的事件。很难确定临床症状是单因素还是多因素引起的。可以通过 X 线检查识别临床相关的畸变（尽管畸变通常发生在相对较晚的阶段，特别是广泛性骨变化，如全身性纤维性骨营养不良），但病因尚不清楚。建议确定具体原因，同时排除遗传、饲养和营养的影响。

理想情况下，可以使用简单的实验室方法，如血液学检查来诊断营养诱导的 DOD，或至少确定营养不良。然而，这种情况罕见。大多数营养物质的血液浓度与口服摄入的相关性很差（如果有的话），因为它们受到密切的调节，可以由身体的储备补充，并表现出昼夜或相位变化，摄入不足也可以通过其他方式掩盖。血钙就是一个很好的例子；血钙浓度维持在一个非常窄的范围内，因为低钙血症或高钙血症对动物的健康都有严重的影响。甲状旁腺激素、降钙素和维生素 D 是最重要的且公认的血钙调节因子。如果在饮食中摄入钙不足，身体就会尽量减少肾脏和粪便的损失，并从骨骼中释放出钙。骨骼大量脱矿时，Ca^{2+} 和总钙浓度可能仍在正常范围内。即使血液值在参考范围内，仍会导致严重的骨骼畸形或骨折。类似的原理也适用于钙过量的情况。测得的血钙和血磷浓度虽然在正常范围内（尽管可以定期观察到所得数值与参考范围有小幅度的偏差），但并不能保证这些矿物质供应充足。与成年动物相比，生长期动物的血磷水平相对较高，如果磷摄入量严重不足，血磷水平可能会略有降低。如果有的话，一组动物（如在一项研究中的动物）的平均血钙或血磷水平的增加或减少可能会提供信息，尽管此时观察到的值可能是正常的。对于动物个体来说，测量血液值是一种不合适的诊断技术。虽然测定血液甲状旁腺激素浓度较为费力，但对钙缺乏引起的继发性营养性甲状旁腺功能亢进有诊断价值。然而，即使在这种情况下，较大的波动和昼夜节律调节也可能会导致检测到低值。为了避免误诊，有必要进行多次检测，但成本比较高昂。

定量计算仍然是及时、准确诊断的金标准。这是基于对饮食史和生长速率数据的全面而准确的评估。要将每日营养摄入量与个体需求进行比较。这种方法不仅是检测营养不足最可靠的方法，还可以量化每日所需值的偏差，从而实现食物定量的目标优化。任何时候都不建议在没有进行营养分析的情况下，使用粗略估计的方法纠正怀疑的营养不足。

饲喂评估

充分和均衡的营养供应可以通过饲喂多种饮食来实现。商品化的全价食物和用煮熟的或生的原料自制的食物一样有效。当使用不合适的成分和（或）数量，或由于缺乏或不恰当补充矿物质和维生素时，都可能导致营养不足。在这两种情况下，由于额外饲喂营养不均衡的（高能量的）食物，会因营养稀释引发问题。

➪ 临床应用

理想情况下，可以使用简单的实验室方法，如血液学检查来诊断营养诱导的 DOD，或至少确定营养不足。然而，这种情况很少发生。大多数营养物质的血液浓度与口服摄入量之间的相关性很差，因为它们受到密切的调节，可以由体内的储存物补充，并表现出昼夜变化或相位变化，摄入不足也可以通过其他方式掩盖。血钙就是一个很好的例子；血钙浓度维持在一个非常狭窄的范围内，因为低钙血症或高钙血症对动物的健康有严重的影响。

血钙和血磷检测值虽然在正常范围内（尽管可以定期观察到所得数值与参考范围的小偏差），但不能保证这些矿物质的供应是充分的。

饲喂零食、奖励、小吃、残羹剩饭和特定用途的补充剂（如改善皮肤状况的鱼油、含有软骨保护物质的矿物制剂）会导致营养失衡，对骨骼健康有害。同样，通过选择特定营养来源补充均衡的饮食也会导致出现问题。这包括饲喂碳酸钙以预防缺钙，这是幼犬主人的常见做法。除了钙供应过剩和上述潜在后果外，还会导致重要营养物质和微量元素（如磷酸盐、锌和铜）的继发性缺乏。

因此，必须对动物现有的饮食进行全面和详细的评估。是严格饲喂动物成分完整的食物，还是补充或结合其他食物来源？以肉类和谷物为基础的自制饮食中添加了哪些矿物制剂，添加量是多少？用于补充钙和磷的制剂必须足量，即 10% ~ 20% 的钙和 5% ~ 10% 的磷。矿物质补充剂是和食物一起摄入的吗？矿物制剂通常比日粮中的其他成分适口性更差，而且不可取的饮食成分用量往往会越来越少。事实证明，让动物主人记下每种食物成分的种类和数量是很有用的。没有参加咨询的家庭成员也可以参与这项活动。通过确定一袋食物可以饲喂多久，还可以收集到有关实际食物摄入量的有用信息。

在某些情况下，特别是使用了许多食物成分，而它们的营养成分又不清楚时，就需要采用其他方法来评估营养供应的充分性。在这种情况下，应进行定量计算。尽管如此，还是有可能会提前发现不正确喂养的疑似病例。无论是未添加矿物质的自制食物、添加了矿物质的全价食物，还是能量需求低于平均水平的动物源性全价食物，都应该在饮食分析的帮助下进行评估和优化。可以使用专门的软件，如 Diet Check Munich©，完成这一过程。尤其是在有挑战的病例中，可以转诊给专家，特别是有额外营养证书的兽医、认证兽医营养师或欧洲兽医和比较营养学院（European Colleges of Veterinary and Comparative Nutrition，ECVCN）的欧洲兽医和比较营养专家（European Specialists in Veterinary and Comparative Nutrition，EBVS）。

1.5 行进运动器官的功能解剖学

Martin S. Fischer, Daniel Koch

1.5.1 功能性骨骼学与骨骼发育

脊柱

和几乎所有哺乳动物一样，犬科动物的脊柱通常分为颈椎、胸椎、腰椎、荐椎和尾椎区域。共有 7 节颈椎、13 节胸椎、7 节腰椎、3 节荐椎和数目不等的尾椎。从功能上看，这种区域细分只是在一定程度上反映了中轴骨的组织结构。使用双平面透视进行的功能解剖分析证实了早期的发现，在此基础上将颈椎分为 3 个部分：寰枢椎、C3–C5 和 C6–C7。根据这些观察结果，C3–C5 椎体不参与矢状面运动，矢状面运动只涉及寰枕、寰枢和 C6/C7 椎间关节。横向和轴向旋转仅限于寰椎和 C3–C5。C1 和 C2 以及 C6 和 C7 脊椎骨具有独特的解剖特征，可以将其与 C3–C5 区分开来。

在腰椎（图 1.33）中，脊椎骨的解剖结构从尾侧向头侧逐渐改变［如小关节（椎间关节、关节突关节或脊椎骨关节突）的倾斜角］。虽然 S1/L7 和 L7/L6 关节运动最多，但与跑步相比，行走和快步时这些关节运动较少。运动过程中，外轴肌对头部起稳定作用，抵消了从四肢传递到躯干的力量，使头部运动逐渐减少。因此，在所有步态中，椎间运动也受到主动限制。

行走和快步时的体内运动测量值与使用德国牧羊犬的脊柱标本记录的矢状运动值有很大差异[9]。使用解剖标本获得的测量值从 L3/L4 的 3° 向后增加到 L6/L7 的 12° 和腰荐关节（S1/L7）的 32°（在某些标本中甚至 > 40°），但尚未在活体动物研究中得到证实。雄性动物和雌性动物在解剖准备方面也有显著差异，雌性动物的腰荐关节的运动值大约为 9°。

腰椎的运动程度以及朝向尾侧的活动度增加，反

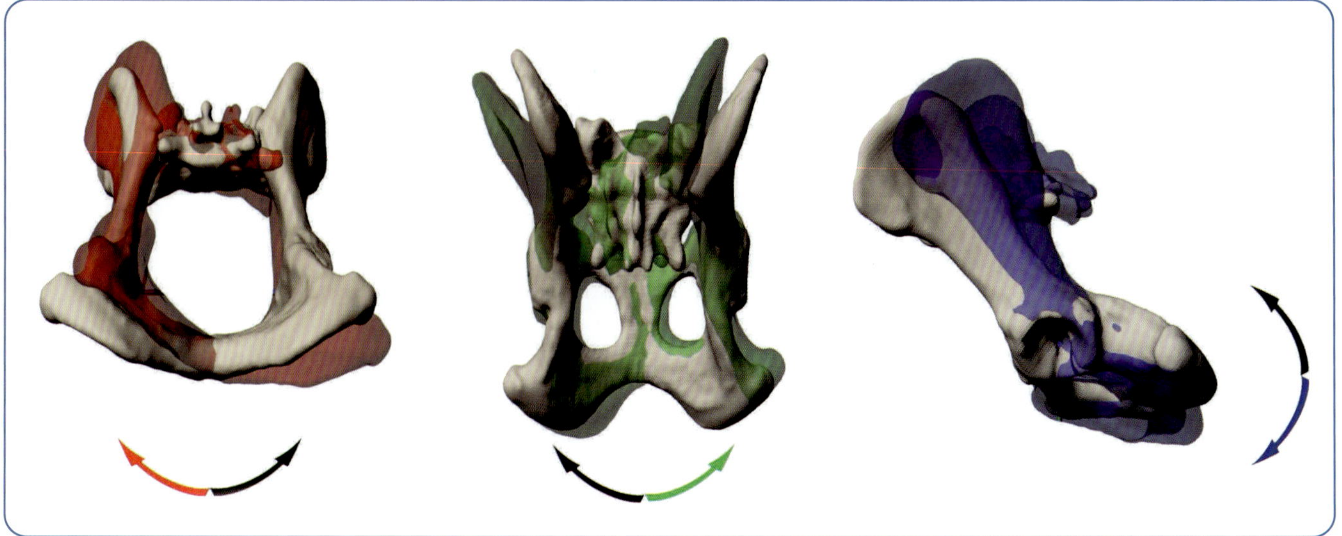

图1.33 腰椎运动导致的骨盆三维运动

红色表示沿纵轴运动，绿色表示横向运动，蓝色表示矢状面运动[80]。（图源：Martin S. Fischer, Katja Wachs, Jonas Lauströer, Amir Andikfar）

映在椎间盘的结构中。尽管从 L4–L5 到 L7–S1，椎间盘的厚度增加了 58%，但横断面积仅增加了 20%，导致横断面厚度与表面积之比增加了 32%。这是活动性显著增加的一个指标，因为椎间盘的相对厚度越大，屈曲和伸展的能力就越大（图 1.34）。尽管腰椎的椎间盘形状一致，但腰荐椎间盘的形状像一个球杆，其扩大的部分指向腹侧。

这与观察到的情况一致，即在行走和快步过程中，在着地点和起跳点以及后肢站立和摆动阶段，最后一个荐前关节椎间盘受压。以右腿着地为例，这是因为

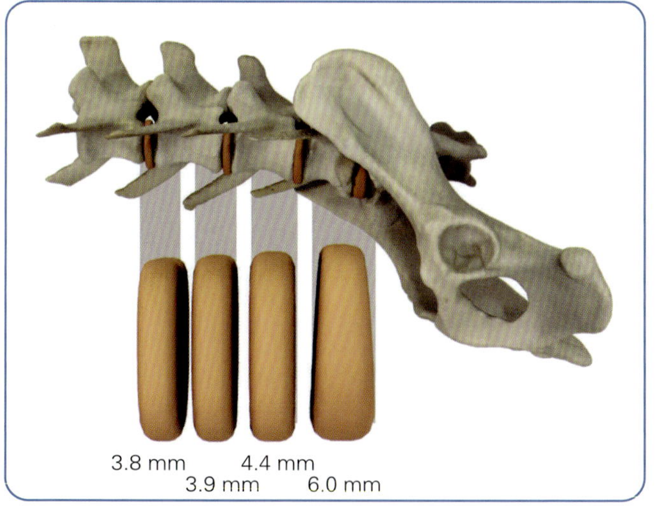

图1.34 从第4腰椎到腰荐关节，椎间盘厚度逐渐增加[4]

（图源：Martin S. Fischer, Jonas Lauströer, Amir Andikfar）

骨盆最大限度地前倾，而腰荐关节最大限度地屈曲。

在荐骨中，3 个脊椎骨的横突和未充分发展的副突完全融合，只留下脊神经出口的开口。骨融合通常发生在出生后的 18 个月内。连接荐骨和骨盆的是荐髂关节，由两个部分组成：一个真正的滑膜关节和一个绷紧的韧带（联合韧带）。荐髂关节的活动非常有限，主要起缓冲作用，将力从肢体传递到躯干。在一项对 145 只成年犬和 45 只幼犬（从约克夏㹴到罗威纳犬）的研究中，Breit 和 Künzel 发现，体重增加 7 倍时，荐髂关节的表面积仅增加 6 倍[7]。因此，大型犬的荐髂关节的拉伸和压缩负荷不成比例地高，达到动物体重的 2.7 倍。在注意到关节的形状也不同时，作者做了一个有趣的观察，发现某些品种的关节是凹的，特别是罗威纳犬、伯恩山犬和德国牧羊犬。荐骨的倾斜角度和骨化程度与年龄和品种有关。负荷诱导的关节建模发生于 12 周龄[7]。从 12 月龄开始，没有观察到与年龄或性别相关的特异性变化。

尾巴除了在转弯运动中控制方向外，还有助于犬的行为表达。令人惊讶的是，尾巴摆动的方向在这方面很重要[72]。向右摇尾巴表示积极的情绪，而向左摇尾巴则表示恐惧和心跳加速。此外，有报道称，尾巴较长的幼犬站立时间会提前 12 d。因此，在幼犬中，尾巴也可以用来维持平衡，这一功能在进化中意义重大。

➪ 临床应用

腰椎的最大活动范围发生在 L7/S1 和 L7/L6。腰椎的运动程度及其向尾侧移动的增加反映在椎间盘的结构上，椎间盘向腰椎尾侧的厚度增加。

肢体

所有陆地动物的行进运动系统都在不断地对抗重力。特别是在不平坦的地形上，当身体重心发生垂直位移，即身体上下移动时，行进运动过程中的能量消耗会增加。这可以通过连接地面和躯干的连接处改善或防止，这种连接方式可以平衡高度的变化。哺乳动物腿的双角度结构可以实现这种弹簧和减震器功能，尽管它本身也需要消耗大量能量。

哺乳动物（包括犬）的肢体有三节，这就导致股骨和肩胛骨（即大腿相对于臂部）、肱骨和小腿骨，以及前足和后足之间的功能类似（图 1.35）。特别是在快步时，这些肢体以对角线一致的方式移动。前肢（肩胛骨上 1/3）和后肢（髋关节）的枢轴点最佳位置在同一垂直高度（图 1.5）。

然而，随着序列同源节段（臂部 / 大腿、前臂部 / 小腿和前足 / 后足）从相同的胚胎起源发育而来，功能（在这种情况下是生物力学要求）与发育之间出现了冲突。这种冲突可以归结为一个简单的共同特性：哺乳动物的后肢相当于四足非哺乳动物的腿，但哺乳动物的前肢则包括手臂和肩胛骨。手臂和腿有相同的发育程序，而前肢和后肢没有。已经确定肩胛骨不同的胚胎起源，起源于多个体节，而不是来自肢芽。

犬的三节段肢体不仅在矢状面上成一定角度，在横断面上也成一定角度。肩胛骨被附着于其背侧缘的腹锯肌外展（其背侧缘向内倾斜）。当动物站立时，这种倾斜会抵消三角肌的肩胛骨和肩峰部分。如“肢体运动学”一节所述，在整个站立阶段都可观察到肩关节的外展扭矩。

肩胛骨

肩胛骨是一块扁骨，主要由皮质骨组织组成。由于大圆肌和肱三头肌长头主要附着于此处，其前缘较薄，后缘相对较厚。背侧缘由一层软骨略微扩大，软骨层是腹锯肌和菱形肌的附着点。在胚胎生长期间，肩胛冈生长为外侧相邻的成肌细胞团，将其分为冈上肌和冈下肌（这会发生在其他哺乳动物中，也可能发生在犬中）。从力学上讲，肩胛冈主要起减少骨平面部分弯曲应力的作用。在远端，肩胛冈扩展形成肩峰和钩状突。肩胛冈是斜方肌、远端肩胛横肌（肩胛腹侧提肌）和肩峰一起形成三角肌的起点。前缘和盂上结节合并，形成肱二头肌的起点。薄弱的喙肱肌源于内侧增厚处，即发育不良的喙状突。

除了腹侧角和背侧边缘的软骨外，肩胛骨在出生时完全骨化。肩胛骨的生长主要发生在前缘、后缘和肩胛冈，通过骨膜骨化发生。只有盂上结节有单独的

➪ 临床应用

所有陆地动物的行进运动系统都在不断地对抗重力。许多肌肉的主要作用是对抗重力，并通过持续的等长收缩来保持四肢的角度和匹配运动。前肢（肩胛骨上 1/3）和后肢（髋关节）的枢轴点最佳位置在同一垂直高度。

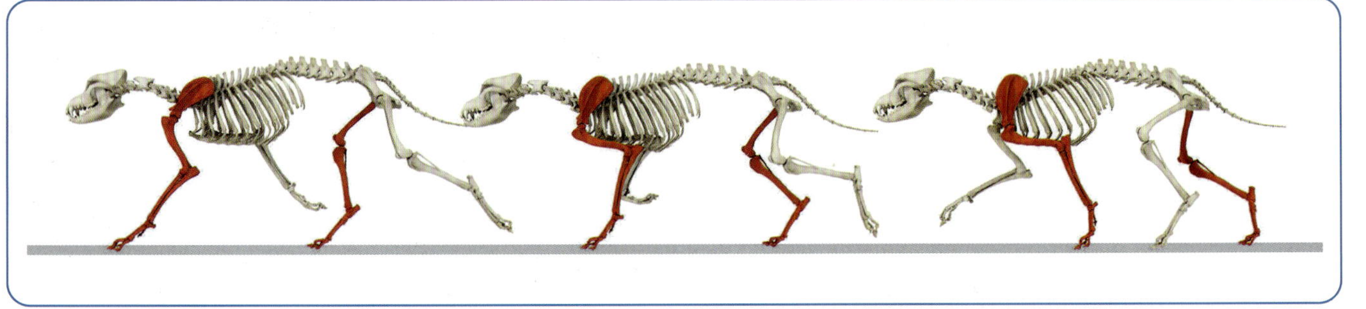

图1.35 功能相似的肢体部分（股骨和肩胛骨、肱骨和小腿骨、前足和后足）以对角线一致的方式运动，由快步循环的3个插图说明

（图源：Martin S. Fischer, Jonas Lauströer, Amir Andikfar）

骨化中心，在产后第6周出现，13周龄时完全形成，5月龄时与肩胛骨融合[65]。关节盂的生长板沿着整个软骨－骨边界延伸。

➪ 临床应用

肩胛骨的生长主要发生在前缘、后缘和肩胛冈，通过骨膜骨化发生。只有盂上结节有单独的骨化中心。

肱骨

根据断裂强度的实验评估，肱骨是最强的长骨。肱骨分为肱骨头、肱骨体和肱骨髁；髁的关节部分又细分为髁突和滑车（图5.38）。在近端，突出的肌肉附着点包括大结节、小结节、三头肌线、三角肌粗隆和位于内侧的小结节嵴。它们的形成可以从功能上部分解释。

非常强壮的冈上肌附着在大结节处，是肩关节的反重力肌。在所有步态和站立阶段中，冈上肌在肱骨近端施加张力。冈下肌是一种同样强壮的肌肉，也位于大结节处，其主要功能是在背侧肩胛骨倾斜时施加一个微弱的外展力，并减缓摆动前肢的伸展。

三角肌粗隆的明显突出不能用三角肌的肩胛部和肩峰部所产生的合力大小来解释；在灵猩犬上，合力的最大值为283 N，使三角肌成为前肢中的一种中等强度肌肉（相比之下桡侧腕伸肌为292 N，冈下肌为823 N，肱二头肌为853 N[84,85]）。也不能归因于这些肌肉构成的功率（分别为1 W和3 W）。应该说，这是它们持续活动的结果。三角肌是负责满足上述需求的主要肌肉，以确保肩胛骨和肱骨保持在同一平面上，另请参阅“肢体运动学”。

出生时，骨干发生部分骨化，从骨的中部向两侧延伸。骨骺的骨化发生在出生后的第一年内。肱骨纵向生长的80%左右（图1.36）发生在近端。在6周龄的犬中，只有一个明显的骨化中心，位于近端骨骺的后1/2处（大结节）。在此阶段，肱骨头的其他部分仍然是软骨质状态，大约在5月龄时完成骨骺骨化。

出生后2～3周，肱骨远端骨骺处出现髁突骨化中心。1周后，滑车中心也会跟进。这两个骨化中心在出生后6周融合。

内上髁的骨突骨化中心在出生后8周出现，一直持续到13周。3个骨化中心在5月龄时融合。在此期间，内上髁骨突也闭合。这个年表显示了个体和品种特异性的变异。肱骨头处近端骨骺的闭合始于10月龄。远端骨骺生长板在5～8月龄闭合。

前臂

桡骨和尺骨通过近端骨间韧带（厚度可达2 mm）固定在旋前位。这两块骨头相互交叉，因此桡骨近端位于尺骨前侧，远端位于尺骨内侧。近端桡尺关节或扁平的远端关节不能主动运动。然而，某些情况下需要用到这些关节大范围的被动旋转能力，如绕弯道冲刺，这时前足和桡骨在站立阶段起到锚点作用，而尺骨和身体其他部分围绕锚点旋转。德国牧羊犬有被动的内旋和外旋，分别高达18°和50°；而粗毛腊肠犬的对等值分别是28°和48°。

四头的肱三头肌是前肢最强壮的肌肉，可产生约2000 N的巨大力量，其中1500 N仅由长头产生（灵

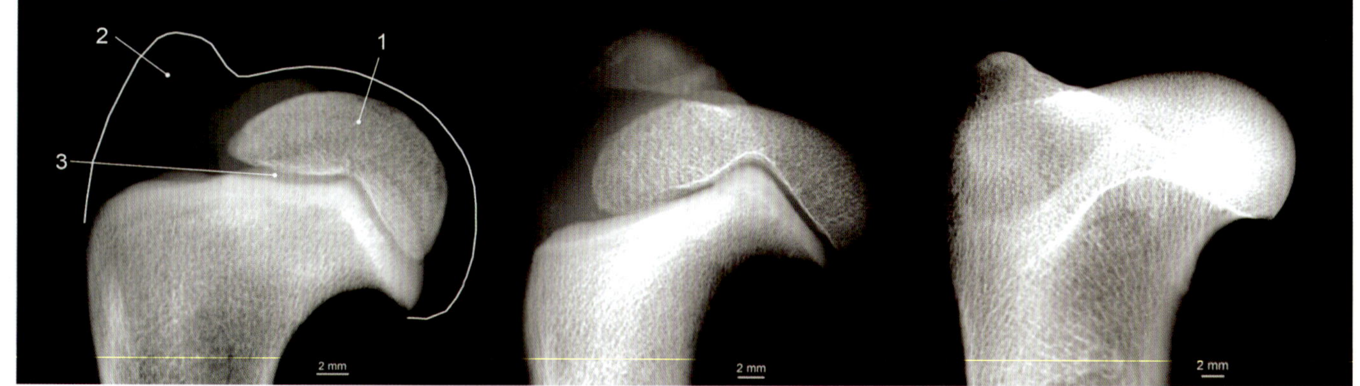

图1.36 6周龄、13周龄和成年犬肱骨近端的微聚焦X线片

1. 肱骨头，2. 大转子，3. 生长板[65]。（图源：PD Dr. Anke Schnapper, Tierärztliche Stiftung Hannover）

猩犬的数值[84,85]）。力臂关系在这方面很重要。在前肢，这些都是不利的，因为与短的肌肉力臂（鹰嘴）相比，阻力力臂（前臂＋前足）是长的，特别是在站立阶段的开始（图 1.37）。

肱三头肌必须足够强壮，以便在肘关节产生足够的伸肌力矩，从而抵消重力引起的沉重身体前端的弯曲。从摆动阶段结束到进入站立阶段的 2/3 左右，肱三头肌的所有头都是活动的，且在前半期活动最大。在整个活动期，主要由于肩关节的屈曲，肌肉仅缩短了 5%（行走）、7%（快步）和 8%（跑步）。肘关节的角度基本保持不变。如果没有鹰嘴，肱三头肌就需要更强壮。鹰嘴作为杠杆臂的功能与跟骨结节的功能相对应，但后肢中的力臂关系更有利于后足产生有力的运动，因为后足比前臂和前足短得多（图 1.38）。相应地，腓肠肌产生的力量只有肱三头肌的 2/3。

站立时，前臂几乎垂直，力矩最小，而后足却成角度。前肢的垂线从肩胛骨的枢轴点穿过肘关节的旋转轴并沿前臂延伸到前足接触区后面的一点。

尺骨冠状突由突出的内侧冠状突和较小的外侧冠状突组成。内侧冠状突是行进运动过程中肘关节的重要负重部分，与肱二头肌的主要止点相邻。在巨型犬中，内侧冠状突更宽、排列更水平，这与这些品种负重更大有关。在大型犬中，关节面的比例相对较小，再加上高体重，会导致负荷增加。相反，除软骨营养障碍的品种外，桡骨头关节面的表面积随体重的增加而增加。

在短腿品种犬（如腊肠犬、彭布罗克威尔士柯基犬、巴吉度犬、苏格兰㹴）以及吉娃娃犬和法国斗牛犬中，由于生长板闭合较早，前臂比肢体的其他部分要短。在迄今为止检查的所有品种中，这种软骨发育不全是单基因 FGF4 突变引起的。因此，可以推断所有现代的短腿品种犬都有一个共同的起源[52]。

桡骨的两个骨骺是纵向生长的，尺骨远端骨骺也以纵向生长为主。桡骨近端生长板对纵向生长的贡献率为 30% ~ 40%；远端生长板相应地占 60% ~ 70%。鹰嘴茎突的骨突生长板对尺骨纵向生长的贡献率最大为 15%。前臂的桡骨和尺骨以相同的速度生长，因为

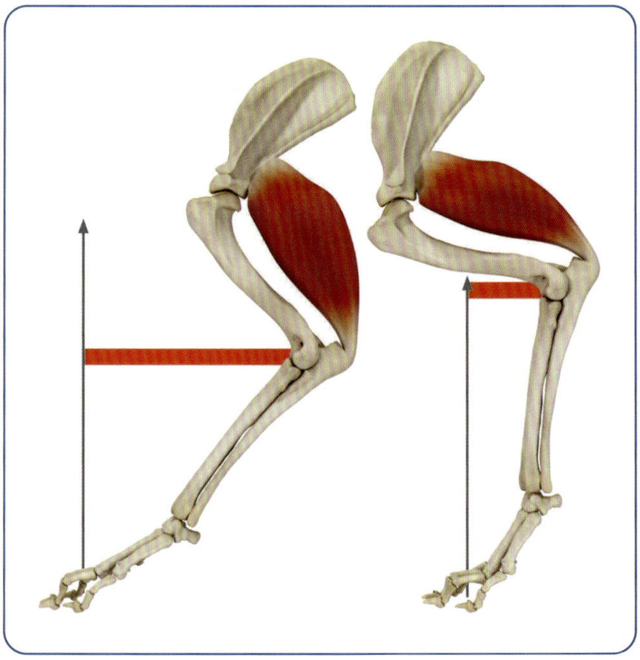

图1.37　肘关节肌肉力臂和阻力力臂的关系
阻力力臂（红色线条）在站立阶段缩短。肌肉力臂是肱三头肌作用线与肘关节旋转中心之间的垂直距离。（图源：Martin S. Fischer, Jonas Lauströer, Amir Andikfar）

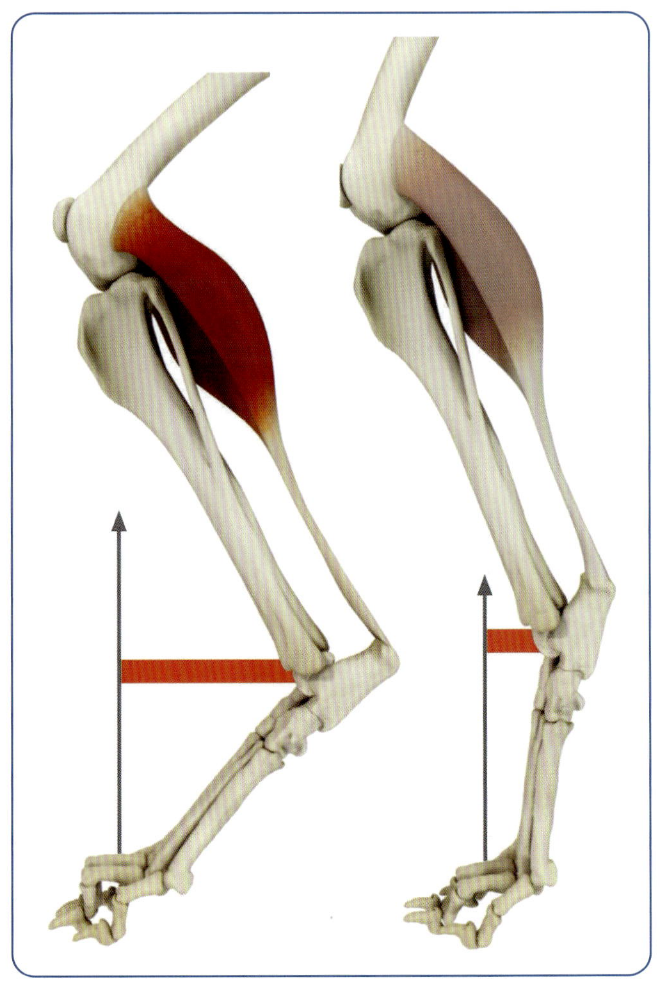

图1.38　跗关节肌肉力臂与阻力力臂的关系
阻力力臂（红色线条）在站立阶段缩短。腓肠肌肌肉力臂是腓肠肌的作用线与跗关节旋转中心之间的垂直距离。（图源：Martin S. Fischer, Jonas Lauströer, Amir Andikfar）

尺骨远端骨骺呈圆锥形（而桡骨生长板呈扁平状），使尺骨的生发区域增加了 1.5 倍。

出生后 2 ~ 5 周可见桡骨的两个骨化中心。尺骨远端骨骺在 6 ~ 8 周龄出现。桡骨和尺骨生长板在 7 ~ 11 月龄时几乎同时闭合（更精确的数值见 Flinsbach[26]）。鹰嘴骨化中心在 7 ~ 10 周龄出现；生长板在 6 ~ 10 月龄闭合。在某些犬种中，肘突有一个独立的骨化中心，在 12 ~ 14 周龄变得明显。生长板闭合表现出品种和个体相关的变异，发生在 14 ~ 20 周龄。冠状突没有独立的骨化中心。内侧冠状突骨化从基部至顶点发生，在 20 ~ 22 周龄完成。

➩ 临床应用

- 桡骨和尺骨固定在旋前位；二者之间的关节中没有主动运动。然而，某些情况下需要用到这些关节大范围的被动旋转能力，如绕弯道冲刺，这时前足和桡骨在站立阶段起到锚点作用，而尺骨和身体其他部分围绕锚点旋转。
- 鹰嘴作为杠杆臂的功能与跟骨结节的功能相对应，但后肢中的力臂关系更有利于后足产生有力的运动，因为后足比前臂和前足短得多。
- 内侧冠状突是肘关节在行进运动过程中的重要负重部位，与肱二头肌的主要止点相邻。
- 桡骨的两个骨骺是纵向生长的，尺骨远端骨骺也以纵向生长为主。桡骨和尺骨以相同的速度生长，因为尺骨远端骨骺是圆锥形的（而桡骨骨骺呈扁平状），导致尺骨生发区域增加。
- 在某些品种中，肘突有一个独立的骨化中心，在 12 ~ 14 周龄时变得明显。生长板闭合表现出品种和个体相关的变异，发生在 14 ~ 20 周龄。冠状突没有独立的骨化中心。

股骨

股骨是机体第二强壮的长骨。股骨头的形状因品种而异，股骨颈和股骨体之间的角度也不同。股骨颈与股骨体之间的夹角平均角度是 147° 。除了德国牧羊犬、拳师犬和贵宾犬外，犬的大转子通常与股骨头的高度相同。在腊肠犬中，大转子延伸到股骨头之外。大转子是臀内侧肌、臀深肌和梨状肌的重要附着点。股骨是说明后肢强劲回缩是通过各种肌肉共同作用实现的明显例证，因为股骨上留有高度可变的痕迹。尽管股二头肌并没有留下太多的痕迹线，但大转子是在臀肌施加的拉力下形成的。由于内收肌附着在粗糙面上，这些肌肉的动作会引起股骨内收和内旋，正如站立阶段的前半期所见。

近端骨化中心位于股骨头、大转子和小转子。第一个骨化中心出现在出生后 3 ~ 4 周，其他骨化中心出现在出生后 5 周。股骨远端骨骺在 3 周龄形成。骨突和骨骺生长板的闭合时间如下：股骨头 6 ~ 9 月龄、大转子 8 ~ 13 月龄、远端骨骺 6 ~ 12 月龄。

➩ 临床应用

尽管股二头肌并没有留下太多的痕迹线，但大转子是在臀肌施加的拉力下形成的。

小腿

小腿的骨骼包括胫骨和腓骨，二者紧密相连。小腿作为三节肢的中段，具有将近段（股骨）产生的推进力传递到远段后足的重要功能。膝关节屈曲或跗关节背侧屈曲的程度越小，推进的效果就越好。双关节腓肠肌形成一个纵向张力系统，沿肢体后侧通过，对整个后肢的稳定性有很大作用。除腓肠肌外，足部肌肉起点均位于胫骨和腓骨。胫骨平台以及外踝和内踝见“膝关节”一节中的描述。

胫骨有 4 个骨化中心，腓骨有 2 个（近端和远端骨骺）。胫骨骨突和骨骺生长板的融合发生在以下时间：胫骨结节 8 ~ 10 月龄、近端骨骺 6 ~ 15 月龄、远端骨骺 5 ~ 11 月龄、内踝 4 ~ 5 月龄。腓骨近端和远端骨骺分别在 6 ~ 12 月龄和 5 ~ 13 月龄闭合。

➩ 临床应用

小腿作为三节肢的中段，具有将近段（股骨）产生的推进力传递到远段后足的重要功能。

后足

跟骨结节在功能上相当于鹰嘴，尽管相关的阻力力臂要短得多。由于整个肢体回缩会导致足部回缩，因此在站立阶段的 70% 后腓肠肌只需要产生前 30% 的一半的力量。与肌肉力臂相比，改变腿部位置会导致阻力力臂不成比例地缩短（图 1.38）。

➪ 临床应用

跟骨结节在功能上相当于鹰嘴，尽管相关的阻力力臂要短得多。

1.5.2 功能性肌肉学

本章对肌肉活动的描述以各功能性肌群的肌电图研究（图 1.41 和图 1.42）为基础。肌电图测量肌肉电活动的变化；以肌电图（electromyogram，EMG）的形式记录测量部位的肌肉活动。在早期的肌电图技术中，通过在肌肉的不同深度插入单个电极针传输电信号。最近使用多电极的研究表明，肌肉很少作为一个整体被激活。某些情况下，在单块肌肉中观察到激活波，例如在循环行进运动期间肱三头肌不同区域的顺序激活。区域激活模式在连接前肢和躯干的大而扁平的肌肉中特别明显。或者，在循环行进运动过程中，富含Ⅰ型纤维的肌肉小区域活跃，而以Ⅱ型纤维主导的区域不活跃（有序补充）时，肌电图可能仅显示了非常小的活跃区域。重要的是要意识到，在肌肉收缩的开始和结束时，会发生机电延迟（根据肌肉的不同，测量值为 5 ~ 20 ms）。因此，肌肉内产生的力比 EMG 显示的开始晚且持续时间长。这就解释了在着地前肌肉激活开始时的观察结果，确保了力的及时传递。

虽然 EMG 提供了有关肌肉活动的信息（图 1.41 和图 1.42），但并未表明这种活动是否有助于或抑制运动，也就是说，EMG 不能区分等张、等长和增张收缩。当腿部的几何结构发生运动学变化时，肌肉施加的力的方向就会改变。借助建模，可由 EMG 测量的振幅或关节力矩计算确定肌肉产生的力的近似程度（图 1.39 和图 1.40）。

牵缩肌

肩胛骨被颈腹锯肌回缩，从摆动阶段的中间期到站立阶段的中间期都是活动的。该过程可能有斜方肌和菱形肌的作用支撑。胸腹锯肌可能只起支撑躯干的作用，而所有肩部外部肌肉则用于稳定肩胛骨的枢轴点。令人惊讶的是，前肢的主要动作，即肩胛骨的旋转和平移，只需要很少的肌肉工作。在平坦的地面上稳定运动时，肢体起支撑作用，从而将肩部外部肌肉的功转移到远端关节的肌肉，而远端关节的肌肉又充分利用机会从在负荷下被动拉伸的结构中恢复能量[12,13]。

目前，对背阔肌等一些肌肉的功能有了新的认识。在水平面上的循环行进运动过程中，这些肌肉的活动只在摆动阶段的后半期持续发生。像胸深肌一样，背阔肌仅在倾斜移动时回缩肢体。否则，它的作用就是制动摆动的肢体，并将其回缩，直到着地点，此时它的活动就停止了。

后肢的回缩及跟进的身体前移，主要由股二头肌前部、臀肌、半膜肌和大收肌驱动。股二头肌后部最初会制动摆动的肢体，并保持活动状态，直到膝关节通过着地点。在此之前，股肌补偿股二头肌的屈肌部分，故股二头肌一直充当牵缩肌。在通过着地点后，屈肌动作超出牵缩肌的功能。股二头肌前部和臀中肌的活动从摆动阶段结束时开始，并持续到站立阶段髋关节通过着地点时。在斜坡上跑动时，牵缩肌的活动可增加数倍；在只有 10% 的等级上，就已经比原来增加了 20 倍。在站立阶段结束时，重力作用会影响髋关节和跗关节的伸展。

摆动阶段推进肢体的牵引肌

肱二头肌和肱肌的收缩导致前肢抬起，并与胸浅肌的动作一起驱动前肢的伸展；腕关节快速屈曲产生的弹射效应有助于胸浅肌的作用。前伸由肩胛横肌和头臂肌继续驱动。屈肌的活动，特别是肱肌和肱二头肌，在快步和跑步过程中比在行走过程中更大，因为肢体相对于躯干通常从较低的起始位置被抬得更高。如前所述，背阔肌收缩以及胸深肌和胸浅肌同时收缩会制动摆动的前肢并启动其回缩。

从站立阶段接近结束时到摆动阶段早期，以下肌肉一直处于活动状态，从而驱动后肢的抬高和随后的伸展。阔筋膜张肌、耻骨肌和缝匠肌启动髋关节屈曲和四肢前伸。股二头肌后部和半腱肌及股薄肌屈曲膝关节。抬腿时跗关节的屈曲是在胫前肌和腓骨长肌的作用下发生的。在需要更多力量来推动身体前进的情况下，如上坡跑动或拖动牵遛，这些肌肉会在早期激活充当牵缩肌。从摆动阶段中期开始，通过髂腰肌、缝匠肌、趾长伸肌和股直肌的动作继续牵引，在对称步态中表现出双相活动。

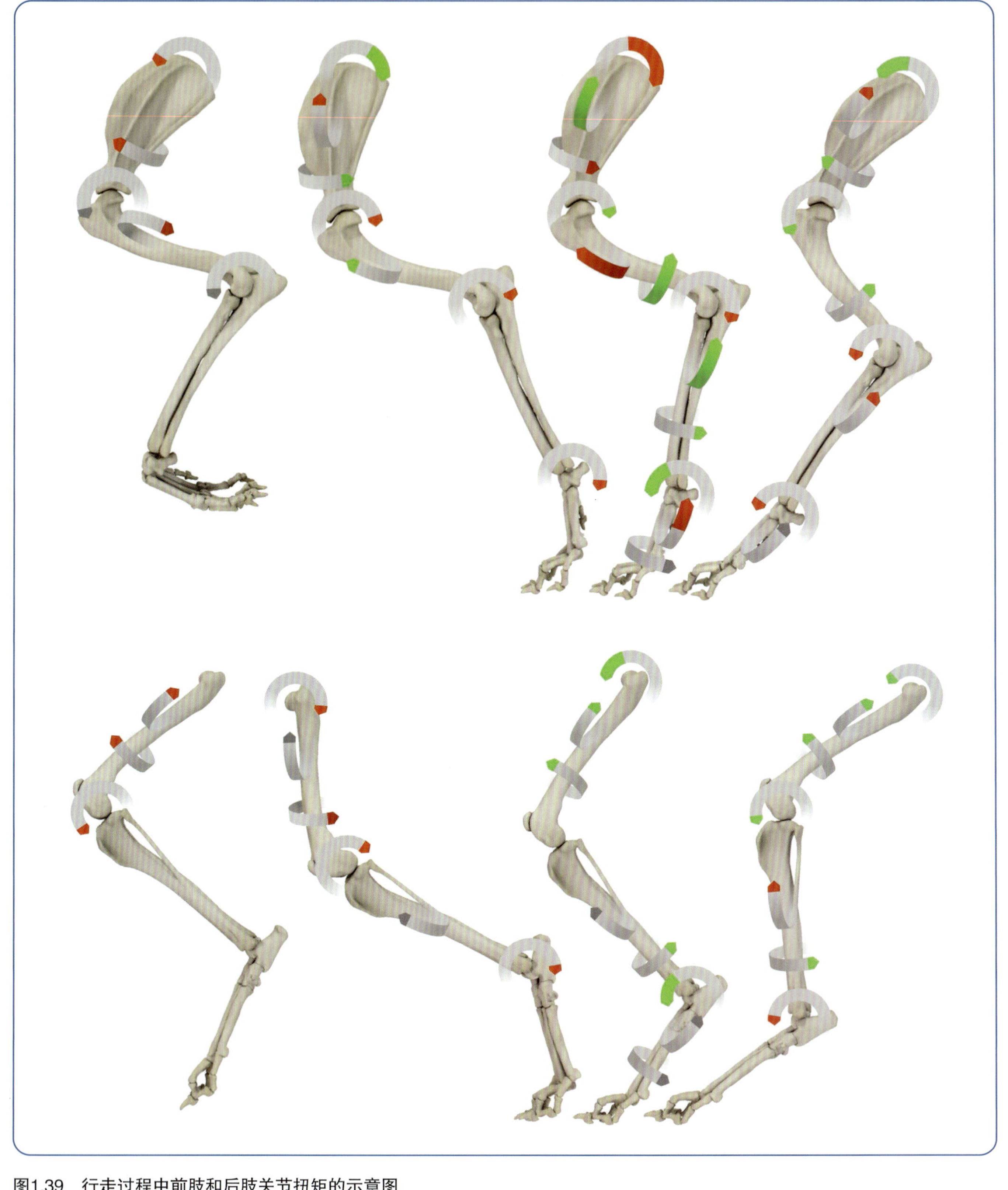

图1.39　行走过程中前肢和后肢关节扭矩的示意图

这四个位置对应着地（右）、站立阶段中期、腾空和摆动阶段中期。箭头表示关节扭矩的方向和大小。箭头彩色面积越大，净扭矩就越大。三个等级的量级表示如下：0 ~ 0.15 N m/kg、0.15 ~ 0.3 N m/kg（不含 0.15 N m/kg）和 > 0.3 N m/kg。绿色表示正向联合工作，红色表示负向联合工作，深灰色表示关节是静态的。前肢红色箭头的数量明显多于后肢。在前肢中，制动发生的时间较长，而后肢产生推进力，能量储存在跗关节中。股骨发生明显的内旋，小腿向外旋转。在站立阶段中期，肩胛骨上的顺时针箭头表示与运动方向相反的关节扭矩作用。这意味着肩胛骨收缩的减慢。在腾空时，肩胛骨就已经开始出现拉伸（绿色箭头）。（图源：Martin S. Fischer, Emanuel Andrada, Jonas Lauströer, Amir Andikfar）

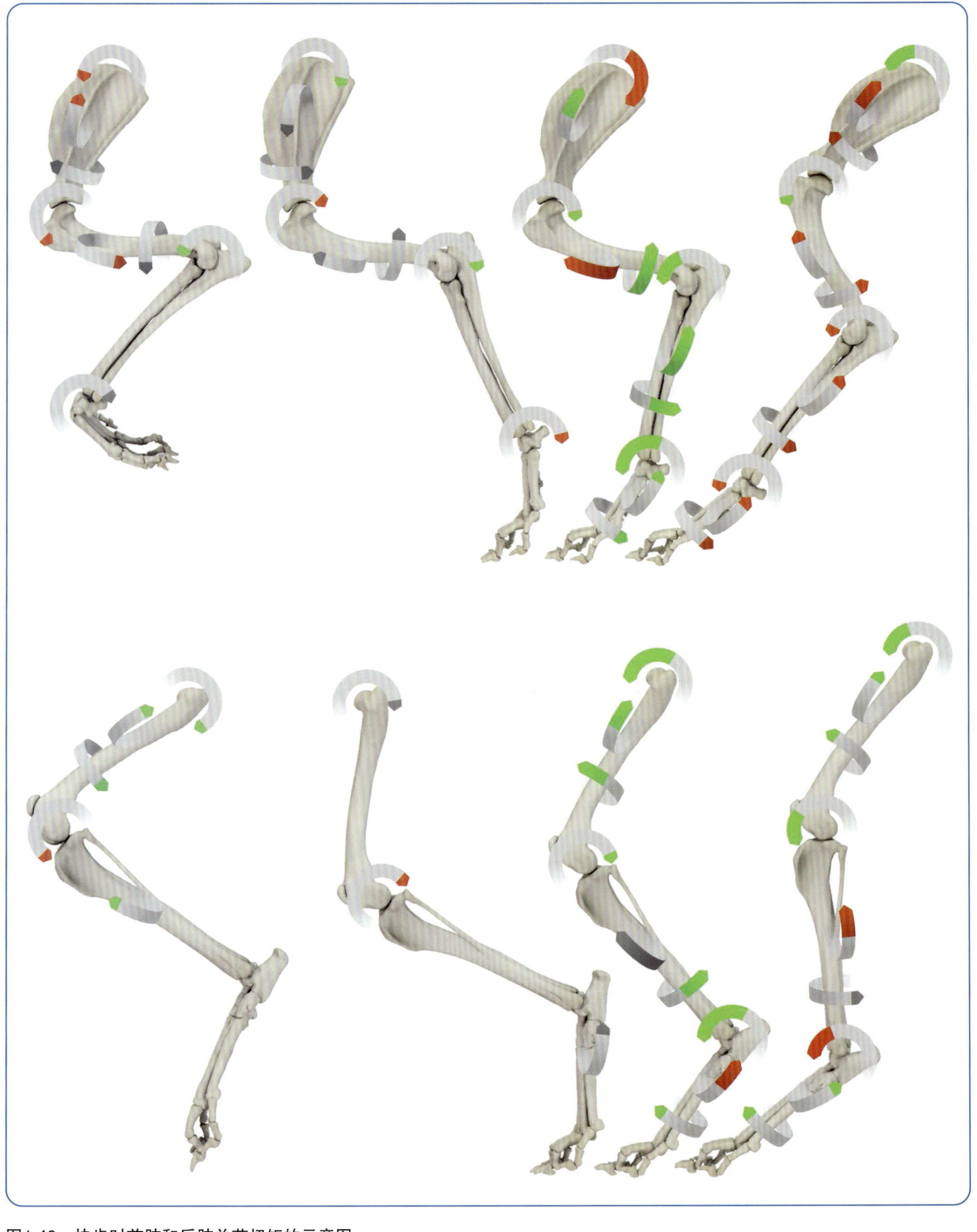

图1.40 快步时前肢和后肢关节扭矩的示意图

关于箭头解释，见图 1.39。（图源：Martin S. Fischer, Emanuel Andrada, Jonas Lauströer, Amir Andikfar）

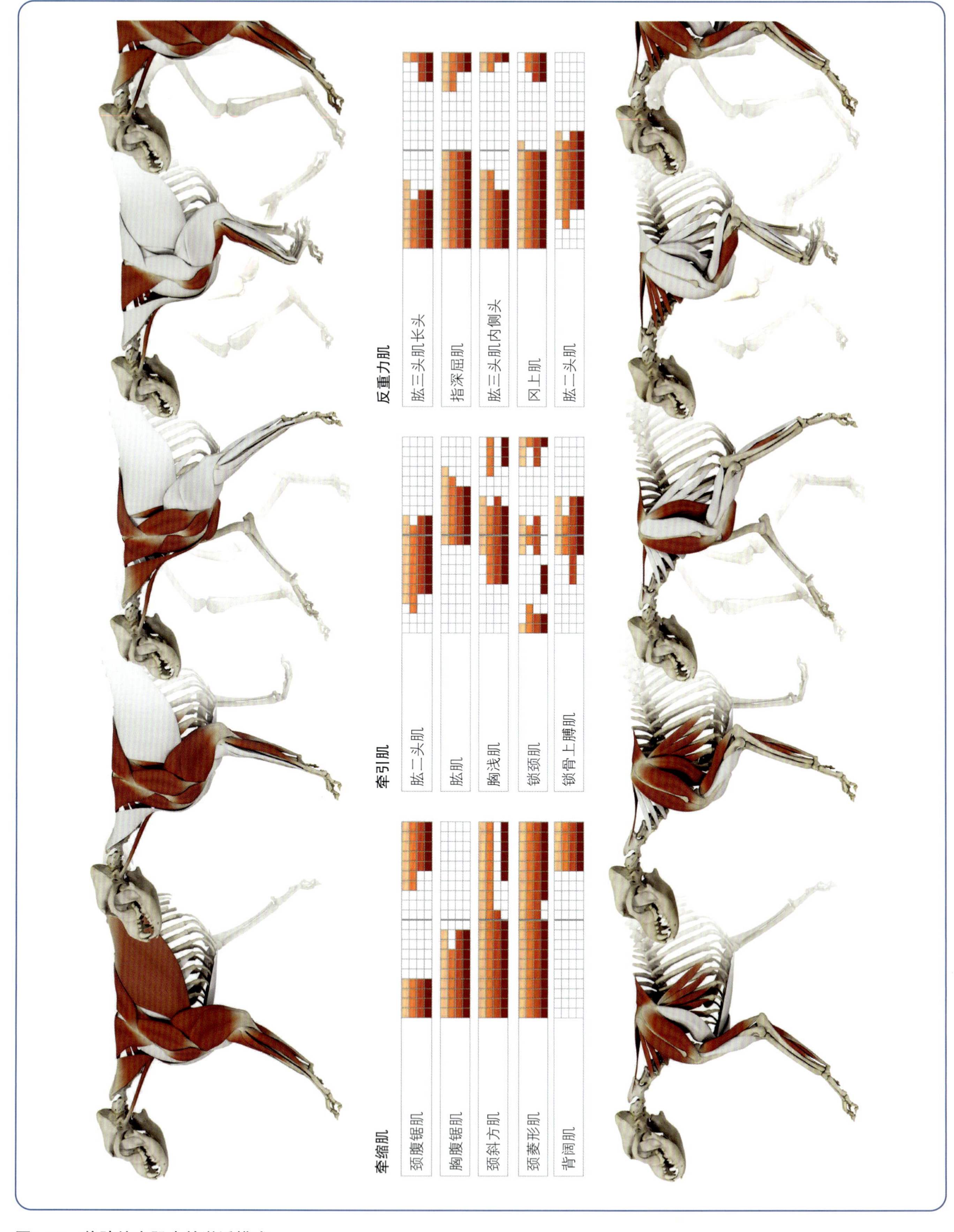

图1.41　前肢特定肌肉的激活模式

这些图片显示了行走时的肌肉活动。图中表格从上到下显示了行走、快步和跑步（后肢接着前肢）过程中每一块肌肉从着地到随后着地的正常活动。平分表格的垂线表示腾空点[12, 13, 29, 76–78]。（图源：Martin S. Fischer, Jonas Lauströer, Amir Andikfar）

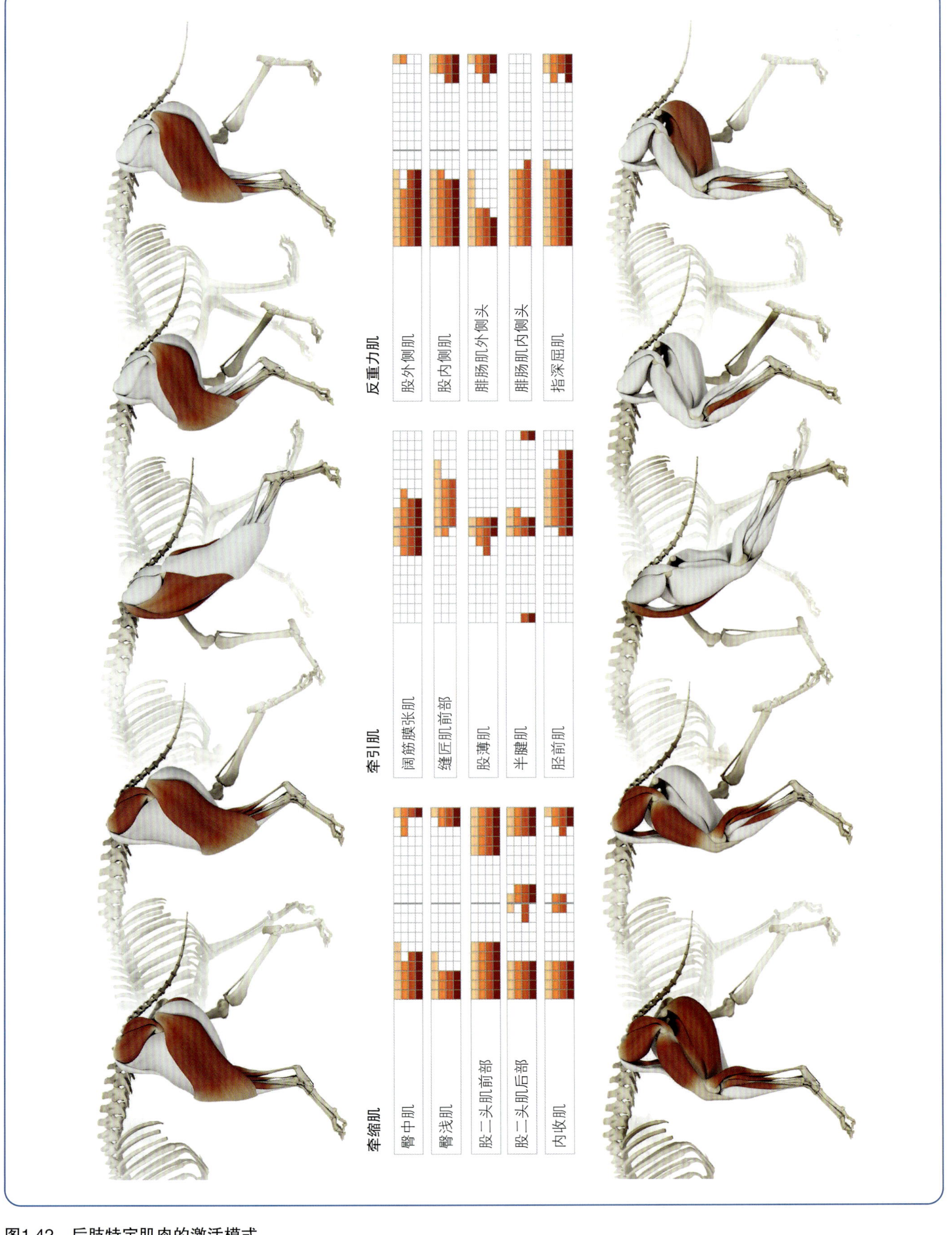

图1.42 后肢特定肌肉的激活模式

这些图片显示了行走时的肌肉活动。图中表格从上到下显示了行走、快步和跑步（后肢接着前肢）过程中每一块肌肉从着地到随后着地的正常活动。平分表格的垂线表示腾空点[13, 76–78, 82, 83]。（图源：Martin S. Fischer, Jonas Lauströer, Amir Andikfar）

➪临床应用

- 前肢的主要动作，即肩胛骨的旋转和平移，只需要很少的肌肉工作。
- 后肢的回缩及跟进的身体前移，主要由股二头肌的前部、臀肌、半膜肌和大收肌驱动。

对抗重力诱发的屈曲的肌肉

可以理解的是，在快步和跑步过程中，抵消落地时重力诱发的屈曲的肌肉活动比在行走过程中更大。在站立阶段很少有肌肉活动（冈上肌、指深屈肌）。冈上肌可防止肩关节屈曲，而由尺侧腕伸肌和尺侧腕屈肌支撑的指深屈肌可以防止腕关节背屈。从摆动阶段结束到站立阶段中期着地点通过肘关节的那一刻，肱三头肌头部都处于活动状态。此后不久，肱二头肌变得活跃，最初用于抵消被动的、重力诱发的肘关节伸展。只有在这之后，肱二头肌的活动才能使前肢抬起并伸展。

在站立阶段开始时，臀肌最初用于对抗髋关节屈曲。随后，这些肌肉导致股骨回缩。在站立阶段，膝关节仅表现出有限的有效角运动，通过股肌以及从站立阶段中期开始的股直肌稳定，对抗重力诱发的屈曲。对于跗关节，相同的功能由腓肠肌和趾浅屈肌与趾深屈肌执行；这些肌肉的活动，像上面提到的肌肉的活动一样，从摆动阶段的末期延伸到站立阶段的最后 1/3。它们的收缩本质上是等长的。股肌和腓肠肌作为伸肌来控制后肢的屈曲程度。当跗关节固定时，由于腓肠肌也是膝关节的屈肌，所以股肌也必须抵消这种作用。总体来说，股肌（25 W）比腓肠肌（9 W）更有力。

背部肌群

和其他哺乳动物一样，犬的背部肌肉由 3 个纵向系统组成：横突椎棘肌系统、最长肌和髂肋肌系统。最长肌和髂肋肌系统的肌肉节段横跨多个脊椎骨，而横突椎棘肌系统由长、短肌肉节段组成。相邻的脊椎骨主要通过靠近骨骼的深层肌肉（如旋转肌）连接。长期以来，背部肌肉在运动过程中的作用尚不清楚。迄今为止，仅对犬背部的 3 块肌肉进行了肌电图记录：腰多裂肌、胸腰最长肌和胸腰髂肋肌[57,62]。最近才发表了犬轴上肌的首次定量评估[81]。

在行走和快步过程中，这 3 块肌肉在每个步态周期中表现出 2 个活动阶段（图 1.43 和图 1.44）。这些动作发生在站立阶段的后半期和摆动阶段。同一肌肉的激活会产生 2 种不同的效应。在摆动阶段，正如预期的那样，肌肉收缩导致躯干侧向屈曲。站立阶段不会发生躯干侧向屈曲；这时，肌肉会稳定躯干抵抗扭转。因此，背部肌肉为外部肢体肌肉（源自躯干）完成的工作建立了静态基础，并补偿传递到躯干的力矩。在行走和跑步中，头部的激活早于尾部；激活沿着背部依次发生。相比之下，所有部分在快步中同时被激活。

跑步时所记录的肌肉活动可与观察到的脊柱运动轻松协调。在每个步态周期中，身体两侧的肌肉都表现出同步活动阶段。这在悬停阶段开始，即后肢着地（第一个后肢着地）前不久，并使背部伸展。当后肢抬起时，背部肌肉的活动和背部的伸展停止。

图1.43　行走时胸腰最长肌和胸腰髂肋肌的活动

（图源：Martin S. Fischer, Jonas Lauströer, Amir Andikfar）

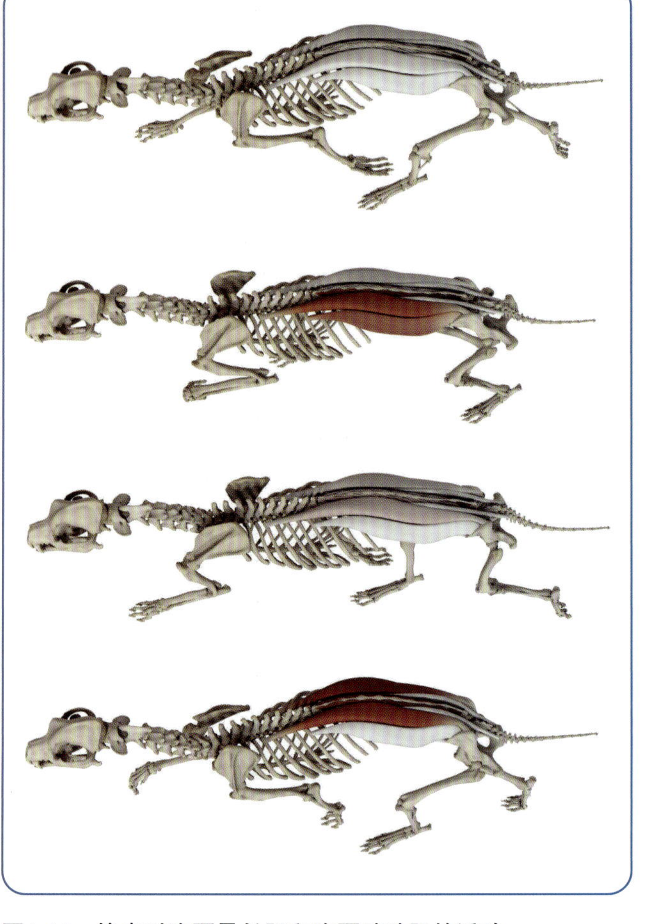

图1.44 快步时胸腰最长肌和胸腰髂肋肌的活动
（图源：Martin S. Fischer, Jonas Lauströer, Amir Andikfar）

⇨ 临床应用

站立阶段不会发生躯干屈曲；这时，肌肉会稳定躯干抵抗扭转。因此，背部肌肉为外部肢体肌肉（源自躯干）完成的工作建立了静态基础，并补偿传递到躯干的力矩。

1.5.3 功能性关节学

如前一节所述，前肢和后肢所有关节的运动包括回缩/伸展（矢状面内）、外展/内收（冠状面内），以及内旋和外旋的组合。通过对肢体肌肉的动态三维运动学、相关力矩和肢体肌肉动作的理解，现在就可以解释这些关节负荷的功能性问题了。关节局部解剖、关节囊、韧带等都包括在诊断程序中。

近端和远端的关节之间存在相当大的差异。毫无疑问，最大的差异表现为肩胛骨枢轴点处的力驱动关节；其令人印象深刻之处在于跳跃后着地时存在明显的缓冲效果。在肩关节和髋关节中观察到的大范围关节运动在更远端的位置越来越受限。肩关节和髋关节由黏附－内聚机制固定，而肘关节和跗关节主要是机械控制。从肢体近端到远端，韧带稳定变得越来越突出。肩关节和髋关节没有囊外韧带。外部支撑主要由增厚的关节囊壁组成，并通过肌袖提供额外的稳定性。肌肉运动和能量恢复在关节中的分布极不均匀。通常，在近端关节处做正功，为此必须消耗能量。而在远端关节，肌肉收缩通常仅用于抑制运动，以补偿重力的影响。

路德维希－马克西米利安－慕尼黑大学近年来开发了一种新方法，首先用在人体中，然后用在兽医解剖学中，即基于对关节软骨和软骨下骨层厚度的分析来确定关节中的长期负荷传递[15, 17, 18, 32, 41, 43, 44, 47, 56, 86]。该技术包括评估软骨厚度的分布（作为抗压负荷的反映），以及评估骨和软骨分裂线模式（指示胶原纤维的主要方向，从而指示主张力线）。上述研究极大地扩展了当前对单个关节负荷的理解，并阐明了不协调关节的功能。以下描述都是基于这项研究。

肩关节

肱骨头与肩胛骨的凹关节面构成解剖学上不协调的肩关节，后者几乎是前者的1/4。在犬的所有关节中，肩关节的活动范围最大。在存在完整关节囊的情况下，关节表面相互吻合，就像两片被流体层隔开的玻璃（黏附－内聚机制）。这是肩关节内滑液体积有限（仅含1 mL的游离液体）及其内聚特性的结果。即使关节面轻微分离也会降低关节囊内的压力，使囊壁向内收缩。在肩关节和髋关节中，这种机制可以解释为什么关节囊增厚、囊内韧带和肌腱辐射到关节囊内（“肩袖”）是囊外韧带的适当替代物。

在关节凹面，即关节盂，软骨下骨层比肱骨头厚6～7倍。由于不协调关节的特点，关节盂中心的软骨下骨密度和软骨厚度低于周围（图1.45）。在相当于50%体重的负荷下，仅有30%的关节盂面和15%的肱骨头接触；即使是4倍体重，相应的值也仅为65%和30%（所有值均来自参考文献[18]和[61]）。

根据对各犬种的评估，肩部的最大伸展角度通常为140°～150°，而腊肠犬仅为115°。报告的总运动范围的值变化很大，大多在 90° ~ 110°。外展和内收以及绕肱纵轴旋转的值明显存在很大的品种相关性变异（高达 40°）。在数个犬种标准中规定的 90° 站立肩关节角度几乎从未观察到。

在站立阶段，肱骨头在关节盂内侧从前向后滑动。站立阶段最大移动范围小于 30°，而有效角运动小于 20°；外展 / 内收和旋转范围小于 10°。此外，小负荷

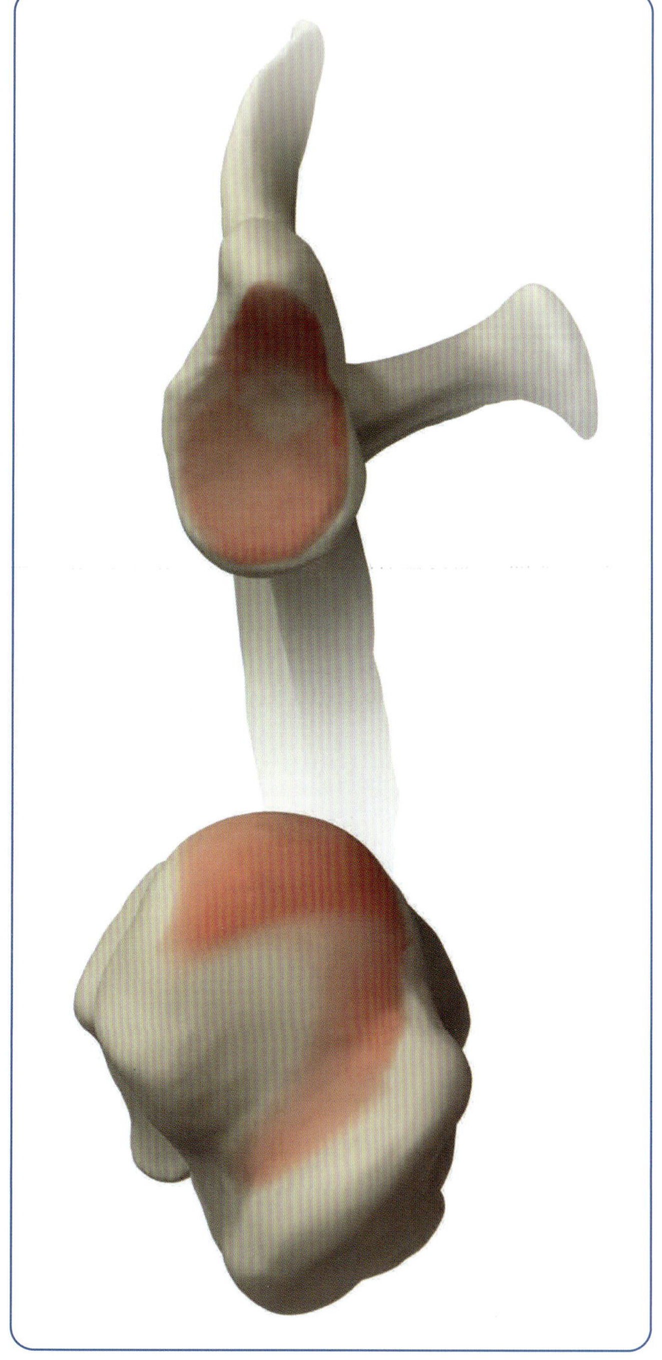

图1.45 肩关节软骨下骨密度

红色越深，骨层越致密，该部位的长期负荷越大[18]。（图源：Martin S. Fischer, Jonas Lauströer, Amir Andikfar）

在关节面上分布不均匀；通常有 2 个不同大小的接触区域，一个在关节盂的前侧区，另一个位于关节盂内侧缘的后侧。随着负荷的增加，压力分布在更大的区域。

肘关节

肘关节有 3 个组成部分：肱桡关节（肱骨头和桡骨头形成的关节）、肱尺关节（肱骨滑车和尺骨滑车切迹形成的关节）和桡尺近端关节（桡骨关节周和尺骨的桡骨切迹形成的关节）（图 5.38）。前两者形成生理上不一致的滑车关节；而桡尺关节是枢轴关节。在肘关节，特别要注意生理学上的不协调和临床兽医学中使用的术语“不协调”之间的区别。后者是指关节内存在台阶，这是尺骨在桡骨上方过度生长所致。由于尚不清楚的原因，国际兽医解剖学名词（NAV 2012）中仅包括肘关节的肱尺关节和肱桡关节，从而偏离了人类解剖学术语（1998）和传统的等效兽医解释。

虽然肘关节的总运动范围约为 130°［基于大多数品种中最大伸展角度高达约 165°（腊肠犬 140°），最大屈曲角度为 20° ~ 35°］，但无论步态如何，运动过程中的有效角运动通常小于 20°，肘关节主动稳定。

Maierl 报道，在行进运动过程中，前臂绕肘关节内侧的中心枢轴点旋转，导致肘突压迫外上髁，内侧冠状突压迫肱骨滑车[43]。除轴向力外，还会产生相当大的横向力，尤其是作用于内侧冠状突，这是与肘关节发育不良（elbow dysplasia，ED）相关的结构。

与目前认为桡骨是承重元件的观点相反，Maierl 最近的研究表明负荷主要由尺骨承担。就肱骨与桡骨 / 尺骨之间的总关节接触面积而言，尺骨的接触面积明显大于桡骨。这显然也取决于关节角度：随着屈曲增加，尺骨作用进一步增加。

➪ 临床应用

- 关节面的轻微分离也会降低关节囊内的压力，使囊壁向内收缩。在肩关节和髋关节中，这种机制可以解释为什么关节囊增厚、囊内韧带和肌腱辐射到关节囊内（“肩袖”）是囊外韧带的适当替代物。
- 根据对各犬种的评估，肩关节最大伸展角度一般为 140° ~ 150°。报告的总运动范围的值变化很大，大多在 90° ~ 110°。

尺骨上的负荷在滑车切迹内侧最大，位于肘突和内侧冠状突之间。在内侧冠状突，肘关节软骨下骨矿化和关节软骨厚度大于其他部位（图 1.46）。相比之下，外侧冠状突软骨下骨密度很小。在桡骨头，还可在内侧观察到一边界清晰的最大骨密度区，表明关节面的这一部分在较长时间内承受的负荷大于外侧和后部。

在最高为 100 N 的小负荷下，2 个上髁内侧关节面之间的接触有限，特别是在肘突和内侧冠状突附近。在较大的负荷下，这些点状接触区域扩张并合并。在有限负荷下，关节腔宽度为 0.6 mm，在重负荷下减小至 0.1 mm。

前足关节

腕关节由 15 块单骨加上籽骨和 33 个离散关节组成，共有 68 个关节面。在很大程度上，每一排腕骨构成一个功能单元（图 5.32）。腕关节可分为远端桡尺关节、前臂腕关节、腕骨间关节和腕掌关节。此外，腕骨间关节存在于每一排内的各个腕骨之间，且由副腕骨和尺腕骨形成。在重负荷下，尺侧腕屈肌中产生的张力使副腕骨压入与尺腕骨形成的关节内；这对腕关节有稳定作用。

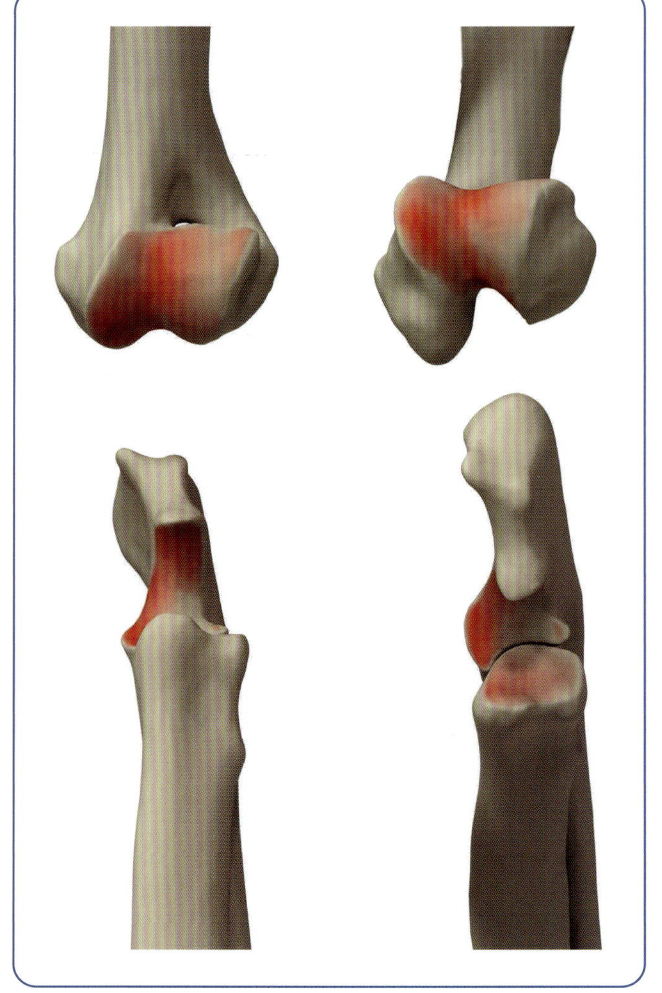

图1.46 肘关节软骨下骨的密度[43]

（图源：Martin S. Fischer, Jonas Lauströer, Amir Andikfar）

远端桡尺关节与前臂腕关节有一个共同的关节腔。与近端的对等关节一样，远端桡尺关节仅表现为被动运动。在关节远端，纤维软骨韧带在桡骨和尺骨之间形成额外的连接。

在前臂腕关节中，桡侧中间腕骨与桡骨形成关节，尺腕骨与尺骨形成关节。食肉动物在出生后第一个月内，3 块腕骨就会融合，形成桡侧中间腕骨，这是食肉动物的典型特征。凹形的桡骨关节面大约是尺骨凹面的 3 倍。在重负荷下，关节面有高达 50% 的接触[32]。前臂腕关节的最大长期负荷位于桡侧中间腕骨近端背侧边缘（图 1.47）。因此，地面反作用力主要通过桡骨传递到前臂。在前臂内，该功能转移至尺骨，尺骨将大部分负荷传递至肱骨。

腕骨间关节连接腕骨的近端和远端。桡侧中间腕骨与 4 个远端骨都接触。与第三腕骨的关节以这样一种方式排列，即桡侧中间腕骨上的小骨突起防止关节过度伸展。相比之下，尺腕骨仅与第四腕骨和第五掌骨形成关节。在重负荷下，关节面间的接触最大达到 40%[32]。腕骨间关节代表腕关节的功能边界，位于近端和远端（第二排腕骨和掌骨）实体之间。

腕掌关节由第一腕骨至第四腕骨的远端轻度凹陷的关节面和相应的掌骨轻度凸起的表面形成。这些关节只能进行非常有限的运动。

腕关节具有复杂的韧带结构和紧绷的筋膜，其运动主要限于屈曲和伸展。腕关节的活动范围超过 180°，

⇨ 临床应用

- 虽然肘关节的总运动范围约为 130°，但无论步态如何，运动过程中的有效角运动通常小于 20°。
- Maierl 报道称，在行进运动过程中，前臂绕肘关节内侧的中心枢轴点旋转，导致肘突压迫外上髁，内侧冠状突压迫肱骨滑车[43]。
- 就肱骨与桡骨 / 尺骨之间的总关节接触面积而言，尺骨的接触面积明显大于桡骨。

其中 70% 发生在前臂腕关节，25% 发生在腕骨间关节，5% 发生在腕掌关节。内翻 / 外翻角为 5° ~ 20° / 15° ~ 30°，主要发生在前臂腕关节。腕关节的灵活性有助于确保稳健行走，即使是在特技运动时。

前足的正常伸展角度约为 25° ± 10°，外翻可达 15°，不同的个体略有差异。Kaiser 通过测量 50 只体重超过 15 kg 的犬在站立姿势时的腕关节角度，发现年龄与腕关节角度大小之间有极显著的相关性 [32]。结果表明，过度伸展的程度随着年龄增长而增加；未见过度伸展与体重或品种之间的相关性。

前足软骨下骨的密度在一生中不断增加，但最大密度的位置一般是固定的 [32]。与其他关节相比，远端关节的骨密度增加更快且更高。

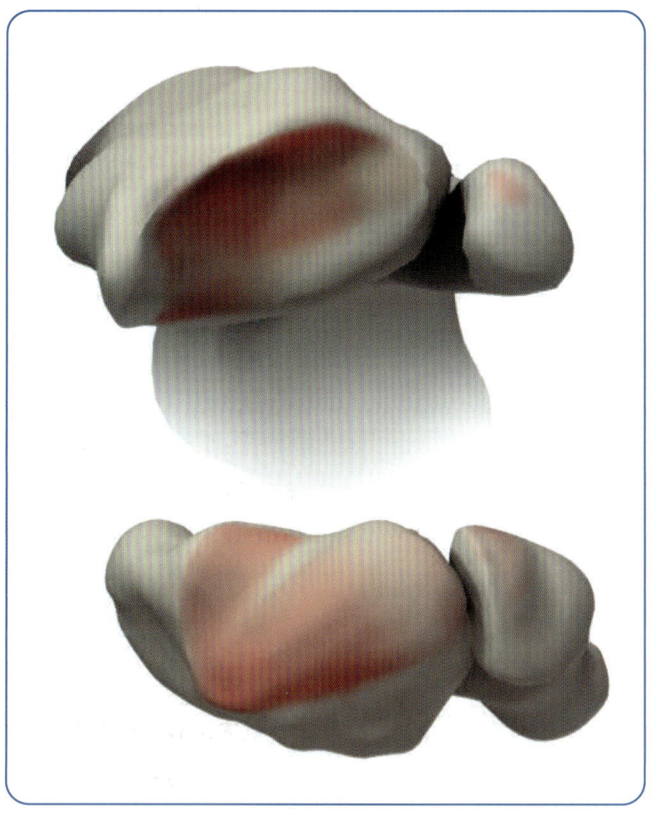

图1.47 前臂腕关节软骨下骨的密度 [32]

（图源：Martin S. Fischer, Jonas Lauströer, Amir Andikfar）

⇨ 临床应用

- 地面反作用力主要通过桡骨传递到前臂。
- 腕关节活动范围超过 180°，其中 70% 发生在前臂腕关节，25% 发生在腕骨间关节，5% 发生在腕掌关节。

髋关节

髋关节由半球形的股骨头和髋臼组成。髋臼的新月形表面呈 Ω 形。骨盆的关节表面由纤维软骨性髋臼唇扩大，关节囊产生的密封性使其黏附 – 内聚机制得以优化。股骨头几乎完全被一层关节软骨（几毫米厚）覆盖，而且比髋臼大得多。髋关节存在明显的犬种变异（图 1.48）[55]。

虽然股骨头表面是球形的，但在运动过程中只有一个带状区域受到负荷。随着负荷的增加，接触面积会增加 1 倍以上（图 1.48）。但即使承受 4 倍体重的负荷，也只有 55% 的股骨头关节面承受。由于不协调关节的特征，负荷传递主要发生在关节周边。随着负荷增加，股骨头向外分离，被迫与髋臼分开。只有在非常大的负荷下，关节面的内部边缘才会纳入接触区域 [41]。负荷对股骨内侧和外侧的影响不同。压缩力作用在内侧，而拉力作用在外侧，这可通过骨小梁的方向反映出来。软骨下骨的密度也与长期负重有关（图 1.49）。

髋关节的最大活动范围为：屈曲 70° ~ 80°、伸展 80° ~ 90°、外展 70° ~ 80°、内收 30° ~ 40°、内旋 50° ~ 60°、外旋 80° ~ 90°。在行进运动过程中，会表现出明显的品种特异性的外展和内收以及内旋和外旋模式。在观念运动（非行进运动）中可观察到特别广泛的旋转运动。

髋关节没有机械活动性韧带。附着在髋臼 Ω 切迹处的股骨头关节内 – 滑膜外韧带是发育性供应系统的残余物，几乎没有机械功能。在股骨生长过程中，股骨头由穿过韧带的骨骺动脉供应，而不是由肢体的血管供应。

膝关节

膝关节是一个多腔关节，由机械耦合的股胫关节、股髌关节和近端胫腓骨关节组成。纤维软骨性半月板位于股骨和胫骨关节面之间。这些结构弥补了凸形股骨髁和胫骨平台弱凹形髁之间的不协调性。

股髌关节是髌骨和股骨滑车之间的一个滑动关节。内侧和外侧阔筋膜以及通常来说不牢固的股髌韧带将髌骨固定在近端滑车沟。滑车关节面因髌骨边缘存在纤维软骨而扩展。股四头肌止点肌腱从髌骨到胫骨的部分称为髌韧带，它与关节囊由一大块脂肪垫隔开。髌骨改变股四头肌的拉力方向。通过增加到膝关节旋转

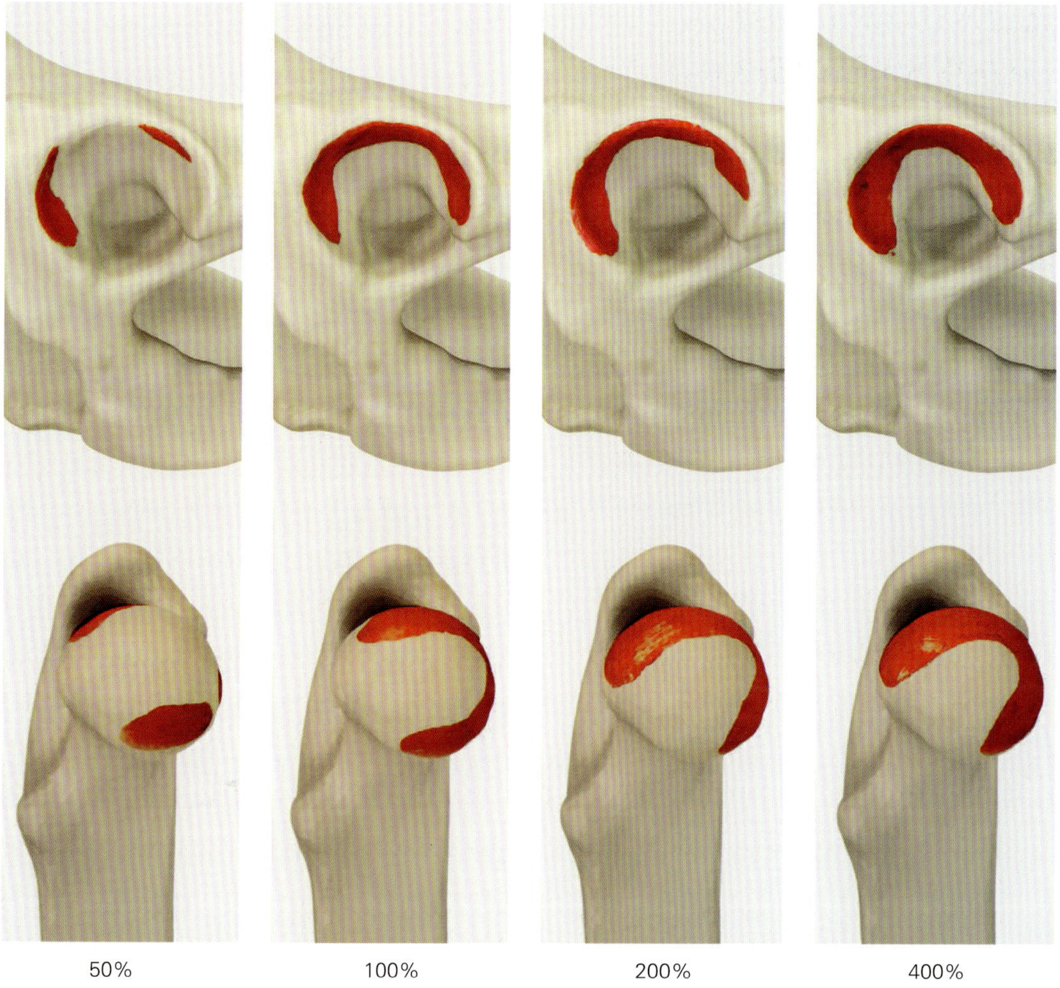

50% 100% 200% 400%

图1.48 髋关节接触面积的大小，取决于负重程度（以体重的百分比表示）[41]

（图源：Martin S. Fischer, Jonas Lauströer, Amir Andikfar）

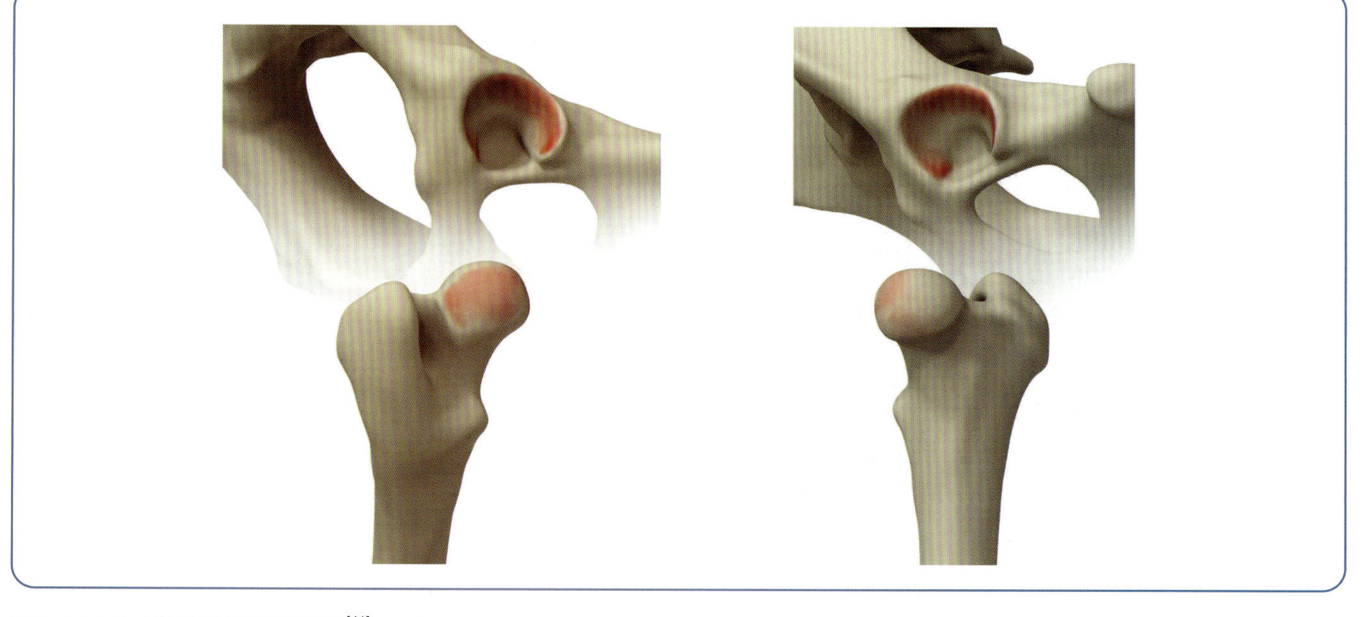

图1.49 髋关节的软骨下骨密度[41]

（图源：Martin S. Fischer, Jonas Lauströer, Amir Andikfar）

➪ 临床应用

- 虽然股骨头表面是球形的，但在行进运动过程中只有一个带状区域承受负荷。
- 在不协调关节中，负荷传递主要发生在关节周边。
- 髋关节的最大活动范围为：屈曲 70° ~ 80°、伸展 80° ~ 90°、外展 70° ~ 80°、内收 30° ~ 40°、内旋 50° ~ 60°、外旋 80° ~ 90°。

中心的距离，可增强股四头肌的杠杆作用，或减少相同杠杆作用量所需的力。根据最近的发现，髌骨并不是传统意义上的籽骨，而是机械力在股四头肌肌腱内诱发骨化，进而发展为骨突，随后与股骨形成关节[20]。

大关节囊包含 3 个连通腔，2 个在股骨和胫骨之间，1 个在髌骨下方。前两个对应于股骨和胫 / 腓骨之间最初分离的关节。关节囊内有许多感觉结构，包括游离神经末梢（伤害感受器）和 Ruffini's 小体（拉伸感受器）。正常的膝关节内只含有 0.2 ~ 2 mL 的水样滑液。在膝关节中，滑液的另一个作用是滋养无血管的半月板。

双凹面半月板由大约 2/3 的水组成，使其能有效地起到减震器的作用。剩下的 1/3 由胶原蛋白、蛋白聚糖和糖胺聚糖组成。半月板还有助于将髁突和胫骨平台之间的滑液层减少为一层薄膜，从而调节其润滑功能（用关节液润湿透明软骨）。外侧半月板比内侧半月板更大、更厚。2 个半月板背面厚，向其轴向边缘变薄。半月板（图 5.14）有一个由 6 条韧带组成的复杂支持系统。

在膝关节的伸展和屈曲过程中，半月板被迫进行滑动和滚动运动。由于内侧半月板牢固地附着在内侧副韧带和关节囊上，内侧半月板的运动更加受限。外侧副韧带允许股骨外侧髁和外侧半月板做更大的运动。此外，腘肌腱和趾长伸肌腱的起点阻止了外侧半月板和关节囊之间的附着。由于股骨和胫骨的接触区域位于胫骨功能轴和膝关节旋转轴的前面，因此当膝关节承受负荷（胫骨向前压挤）时，胫骨会向前滑动，但前十字韧带可以对抗这一作用力。

膝关节最大可移动 130°；其最大伸展角度为 150°。还可观察到姿势依赖性内翻 / 外翻成角。当膝关节伸展时，由于两个侧副韧带（特别是外侧韧带）都对抗这种运动，因此只能进行最低程度的旋转。然而，当膝关节屈曲时，外侧副韧带完全松弛，而内侧副韧带后侧部分松弛、前侧部分保持紧绷。因为外侧半月板的灵活性更大以及外侧髁更靠后侧，这就导致膝关节屈曲时胫骨被动内旋，如摆动阶段所见的那样。在伸展过程中，外侧副韧带张力的增加会“自动”逆转这种情况（“旋锁机制”）。这种伸展状态下的旋转受到侧副韧带和十字韧带的限制。在站立阶段，膝关节屈曲；在这个位置时，外侧副韧带的松弛允许股骨内旋。因此，股骨可以在胫骨外旋时内旋。股骨内旋的程度受后十字韧带的限制。

十字韧带是四足动物中最初分离股胫关节和股腓关节囊隔膜的残余物。因此，它们在关节内 – 滑膜外，这也反映在它们的动脉血管供应中。从功能的角度来看，2 个十字韧带都有 2 个组成部分，表现出不同程度的紧张。前十字韧带（cranial cruciate ligament，CrCL）的后外侧部分在关节伸展时绷紧，在关节屈曲时松弛；而前内侧部分一直处于紧张状态。在后十字韧带（caudal cruciate ligament，CdCL）中，前侧部分仅在屈曲时绷紧，而后侧部分仅在伸展时绷紧。前十字韧带限制胫骨向前运动、胫骨内旋和关节的过度伸展；后十字韧带限制胫骨的向后运动和股骨内旋。

在股骨中，滑车中心的软骨下骨密度最大（图 1.50）[56]。在髁间窝曲线的近端部分发现了一个更远、不太明显的峰值。在胫骨平台中观察到明显更高的骨密度，尽管在外侧髁中，骨密度从中心向外围呈同心圆递减。密度最大的区域大约是内侧髁的 2 倍。髌骨的骨密度分布变化很大[56]。虽然在一些标本中，顶点的密度最大，但在其他犬中该区域的密度最小。

后足关节

跗关节由 14 块单骨组成，通常包含 66 个关节面，其中 30 个与关节的 4 个横向层面相关。

胫腓骨远端关节仅表现出有限的被动运动，与距小腿关节合并为一个共同的关节囊。在肢体主动运动方面，距小腿关节是后足唯一重要的关节，因为其他所有关节都很紧密，相对不可移动。距小腿关节由胫骨隐窝和距骨滑车嵴组成。嵴向前外侧倾斜；倾斜角（高达 25°）表现出个体和品种相关的变异。在外侧，距骨滑车与腓骨内踝形成关节。在内侧，距骨滑车与胫骨内踝形成关节。两者一起形成紧密的钳形引导，

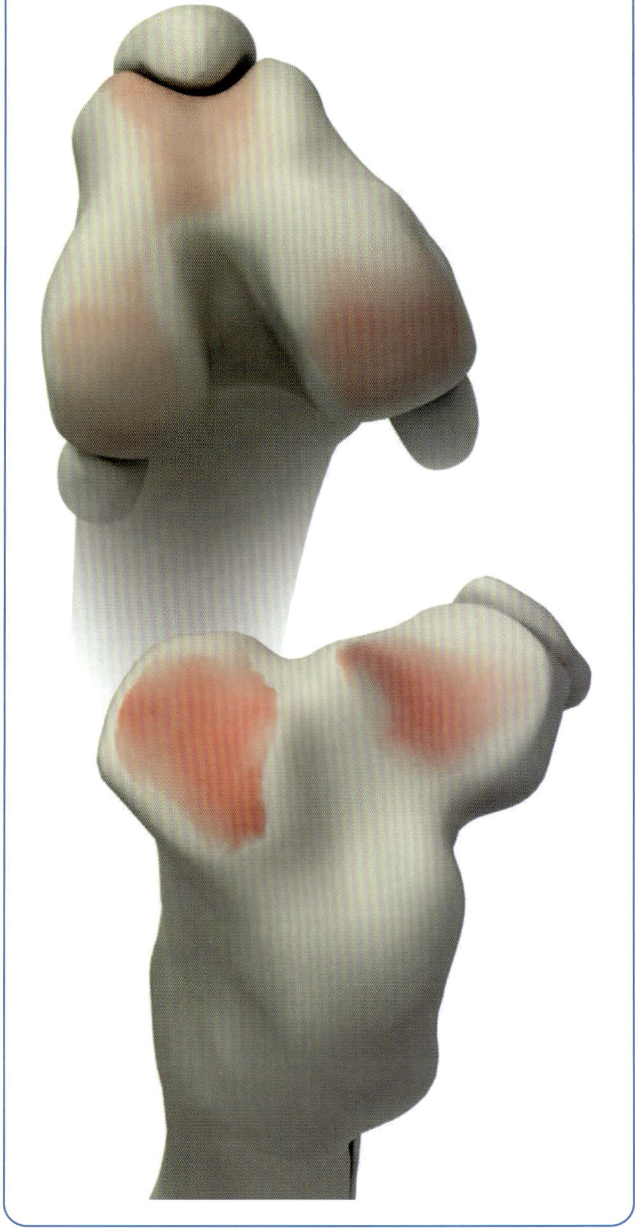

图1.50 膝关节的软骨下骨密度[56]

（图源：Martin S. Fischer, Jonas Lauströer, Amir Andikfar）

➪ 临床应用

- 在膝关节的伸展和屈曲过程中，半月板被迫进行滑动和滚动运动。
- 由于股骨和胫骨的接触区域位于胫骨功能轴和膝关节旋转轴的前面，因此当膝关节承受负荷（胫骨向前压挤）时，胫骨会向前滑动，但前十字韧带可以对抗这一作用力。
- 前十字韧带限制胫骨向前运动、胫骨内旋或股骨外旋以及关节的过度伸展；后十字韧带限制胫骨向后运动和股骨内旋。

便于形成近端跗关节。在距骨后部，2 个独立的关节面与跟骨相接，形成距跟关节。与第二排跗骨形成的关节在距骨远端和足舟骨（中央跗骨，相对于滑车的位置略有偏移）之间以及跟骨和骰骨（第四跗骨）之间。紧密的远端跗骨间关节将足舟骨（中央跗骨）与楔形骨（第一跗骨至第三跗骨）连接起来。在跖跗关节中，骰骨（第四跗骨）与第四跖骨和第五跖骨、外侧楔形骨（第三跗骨）与第三跖骨、中间楔形骨（第二跗骨）与第二跖骨之间形成关节。小的内侧楔形骨（第一跗骨）可与第一跖骨形成关节或融合。如果有，通常为第一趾发育不全。某些品种存在悬趾，并可能包含 2 个趾骨。然而，悬趾的存在并不一定表示第一跖骨的发育程度。爪形趾骨可能仅通过结缔组织与跗骨相连。

1.6 神经系统的解剖学和生理学

Daniel Koch, Martin S. Fischer

1.6.1 解剖学

脊髓

脊髓位于椎管内。在胸腰椎区域，脊髓在椎管中的比例略大于颈椎区域。脊髓与脊柱之间的间隙充满了硬膜外脂肪。在大多数犬中，脊髓起始于脑干末端，大约终止于第 6 腰椎水平处。脊髓分为以下几个节段（图 1.51）：颈段（C1–C8；虽然只有 7 节颈椎）、胸段（Th1–Th13）、腰段（L1–L7）、荐段（S1–S3）和尾段（可变）。在颈段（C6–Th2）和腰段（L4–S3）膨大处脊髓较宽，因为这些区域是支配前肢和后肢下运动神经元（lower motor neurons，LMN）的起源。脊髓由中央灰质和周围白质组成。脊神经根起源于脊髓的背角和腹角。在颈椎区域，神经根从对应数目椎体的头侧穿出脊柱；C8 从第 7 颈椎尾侧穿出。从胸椎区域开始，神经根从相应编号的椎体尾侧穿出脊柱。由于脊髓相对于脊柱的长度较短，在通过椎间孔穿出之前，后段的脊神经在椎管内移行了较长的距离。这样形成的马尾神经就被保护在椎管内的硬膜外腔内。

脊膜

脊膜包裹着中枢神经系统，由三层组成。最内层是软脊膜，直接覆盖在脊髓上。软脊膜和蛛网膜之间

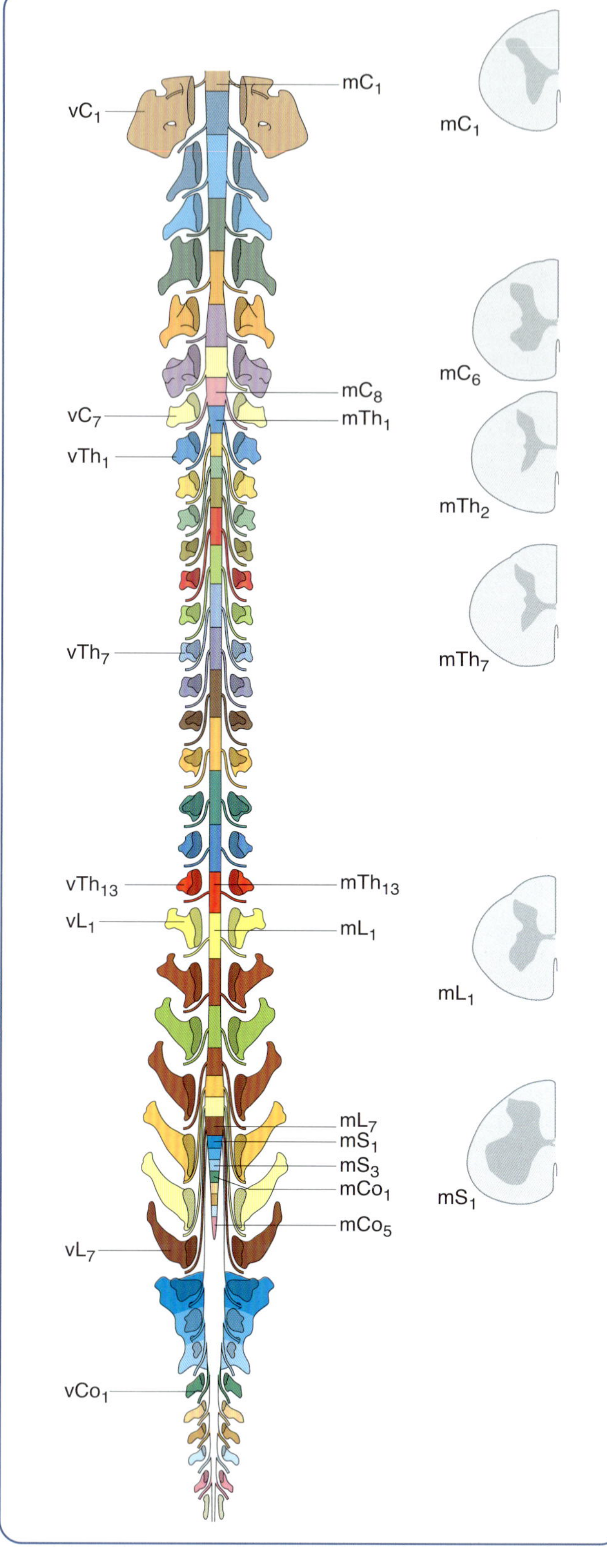

图1.51 脊髓分为颈段（C1–C8）、胸段（Th1–Th13）、腰段（L1–L7）、荐段（S1–S3）和尾段（Co1–Co5）的示意图

脊髓节段用字母“m”标识，脊椎骨用字母“v”标识。相应的脊椎骨和脊髓以相同的颜色显示，说明脊髓和脊柱的交错分布（脊髓靠前）。（图源：Stoffel MH, Geiger D, Guldimann C, Kocher M. Funktionelle Neuroanatomie für die Tiermedizin, Enke 2010）

的腔隙包含脑脊液。最外层是纤维性硬膜。脊膜囊通常止于荐椎。

脑脊液

脑脊液主要由脑的脉络丛产生。它离开脑，经尾状核，并充满蛛网膜下腔。也有少量进入脊髓中央管。在脑和脊髓中，通过蛛网膜的突起重新将脑脊液吸收到静脉中。脑脊液通常无色，含有少量蛋白质和细胞。它通过吸收冲击保护脑和脊髓、平衡压力差异、滋养中枢神经系统，并作为大脑运输介质处理废物（神经胶质细胞类淋巴系统）。

外周神经

脊神经与 12 对脑神经共同构成外周神经。犬有 8 对颈脊神经、13 对胸脊神经、7 对腰脊神经、3 对荐脊神经和大约 5 对尾脊神经。脊神经根起源于脊髓：背根有传入纤维，而腹根有传出纤维。神经根结合形成脊神经干，通过椎间孔离开椎管（图 1.52）。在前肢和后肢，脊神经的腹侧分支形成臂神经丛（图 1.53）和腰荐神经丛（图 1.54）。臂神经丛由第 6 ~ 8 对颈脊神经和前 2 对胸脊神经组成，腰荐神经丛由第 4 ~ 7 对腰脊神经和第 1 ~ 3 对荐脊神经组成。传入神经纤维支配的特定皮肤区域称为生皮节，传出神经纤维对应

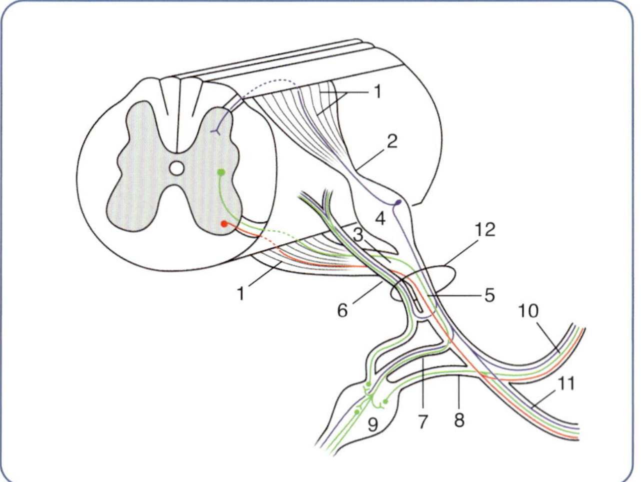

图1.52 脊髓胸腰段脊神经组成部分示意图

1. 神经根，2. 背根，3. 腹根，4. 脊神经节，5. 脊神经干，6. 脊膜支，7. 白交感支，8. 灰交感支，9. 交感神经节，10. 背支，11. 腹支，12. 椎间孔；传入纤维 = 蓝色，运动纤维 = 红色，交感纤维 = 绿色。（图源：Salomon F–V, Geyer H, Gille U. Anatomie für die Tiermedizin. 3. Auflage. Stuttgart. Enke 2015）

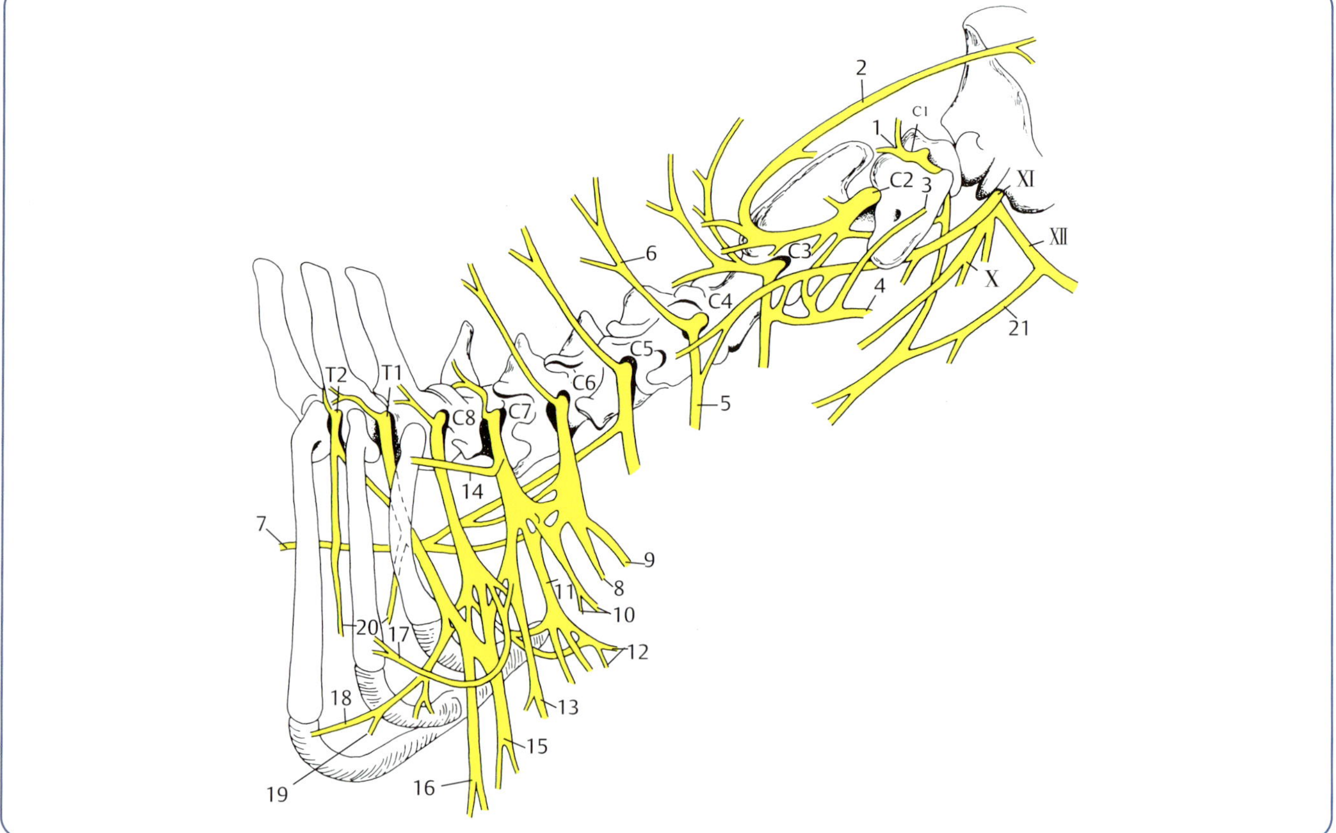

图1.53　犬颈神经和臂神经丛的简化图解

1. 枕下神经，2. 枕大神经，3. 耳大神经，4. 颈横神经，5. 腹侧神经，6. 背侧神经，7. 膈神经，8. 肩胛上神经，9. 头臂肌分支神经，10. 肩胛下神经，11. 肌皮神经，12. 胸肌前神经，13. 腋神经，14. 胸长神经，15. 桡神经，16. 正中神经和尺神经，17. 胸背神经，18. 胸外侧肌神经，19. 胸肌后神经，20. 肋间神经，21. 颈袢神经；C1–C8 = 第 1 ～ 8 颈脊神经，T1–T2 = 第 1 ～ 2 胸脊神经，Ⅹ = 迷走神经，Ⅺ = 副神经，Ⅻ = 舌下神经（Evans，1993 年）。（图源：Salomon F–V, Geyer H, Gille U. Anatomie für die Tiermedizin. 3. Auflage. Stuttgart. Enke 2015）

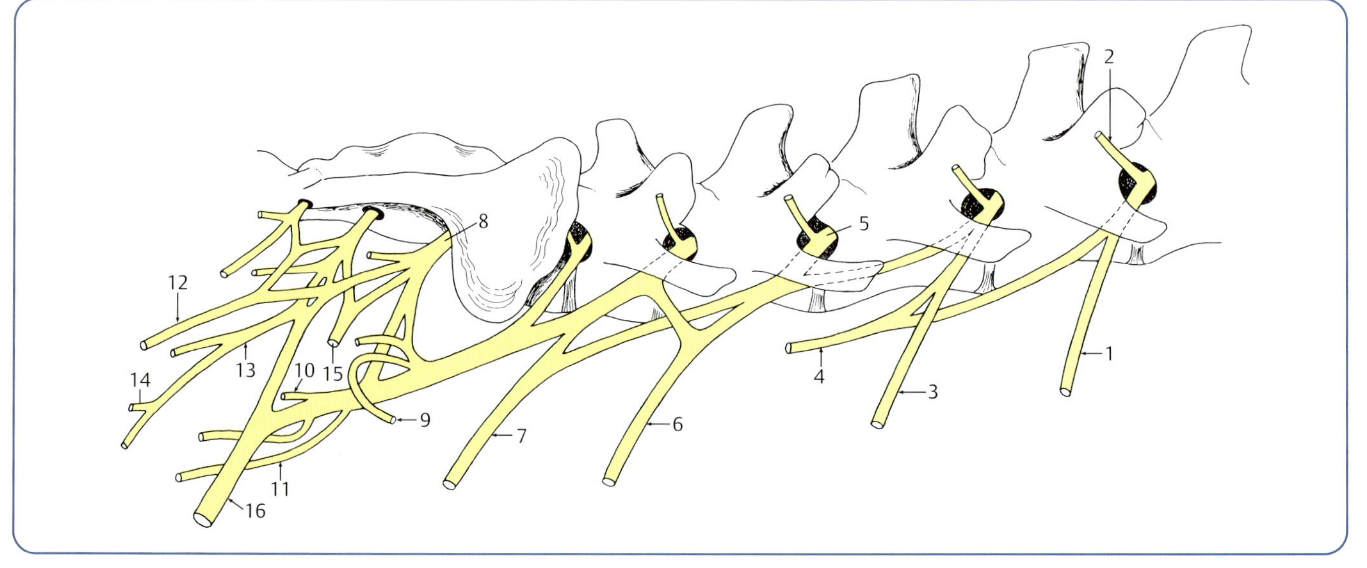

图1.54　犬腰荐神经丛的简化图解

1. 髂腹股沟神经，2. 腰脊神经背支，3. 股外侧皮神经，4. 生殖股神经，5. 第 5 腰脊神经，6. 股神经，7. 闭孔神经，8. 荐神经，9. 臀前神经，10. 臀后神经，11. 闭孔神经分支，12. 股后皮神经，13. 阴部神经，14. 直肠尾神经，15. 盆神经，16. 坐骨神经（Evans，1993 年）。（图源：Salomon F–V, Geyer H, Gille U. Anatomie für die Tiermedizin. 3. Auflage. Stuttgart. Enke 2015）

的是肌节。影响神经丛的损伤通常会导致复杂的运动和协调异常，而不是导致明确定义的神经缺损。这与位于肢体内的神经含有源自各种脊神经的纤维的观察结果一致。

1.6.2 分类

神经系统分为中枢神经系统（central nervous systems，CNS）和外周神经系统（peripheral nervous systems，PNS）。脑和脊髓属于 CNS, 而神经节、神经丛和脊神经是 PNS 的组成部分。神经由细胞核、信息接收过程（树突）和一个单一的长过程（轴突）组成，轴突通过突触和神经递质（如乙酰胆碱或儿茶酚胺）将信息传递给其他神经或肌肉。神经胶质细胞构成神经系统的支持、鞘套和滋养组织。

从功能角度看，神经系统可以分为躯体神经和内脏神经。躯体或动物神经系统负责生物体与环境之间的沟通。内脏神经系统控制植物性身体功能，如消化、体温调节、心脏功能和呼吸。对于运动异常的诊断重要性较低。

人们习惯用传入和传出这两个术语描述冲动信号传输的方向。传入神经通路起源于受体，并在外周神经内延续。传入神经信号一般包括本体感觉、疼痛等感觉输入。在脊神经节中，刺激信号被传递到进入中枢神经系统的轴突部分，随后传递到脑。传出神经元被认为是下行通路，将信息传递给效应器官，具有控制肌肉活动的功能。

1.6.3 上运动神经元、下运动神经元和反射弧

传出神经元分为两个运动神经元系统，分别为上运动神经元（UMN）和下运动神经元（LMN）。UMN 包括脑中的调节神经元和通往突触的连接通路。细胞体位于脑部。UMN 负责主动运动的有意识触发。UMN 和 LMN 在脊髓灰质的腹角进行转换（图 1.55）。从功能上讲，LMN 系统包括外周神经和肌肉。在存在脊髓深部病变时，后肢可能表现出与身体其他部位不同步的自主运动（“脊柱行走者”），因此 LMN 为了应答源自外周的冲动而表现出的基线不自主活动会更明显。

在反射弧中，外周感觉神经元通过臂神经丛或腰荐神经丛向脊髓腹角发出信号，并直接传递到 LMN，引起肌肉活动（图 1.56），该过程没有脑的主动输入。然而，在正常功能的神经系统中，脑对 LMN 活动有抑制作用。这种关系可用于检查反射。反射增强和肢体痉挛表明 UMN 受损，如椎间盘突出。如果仅累及后肢，

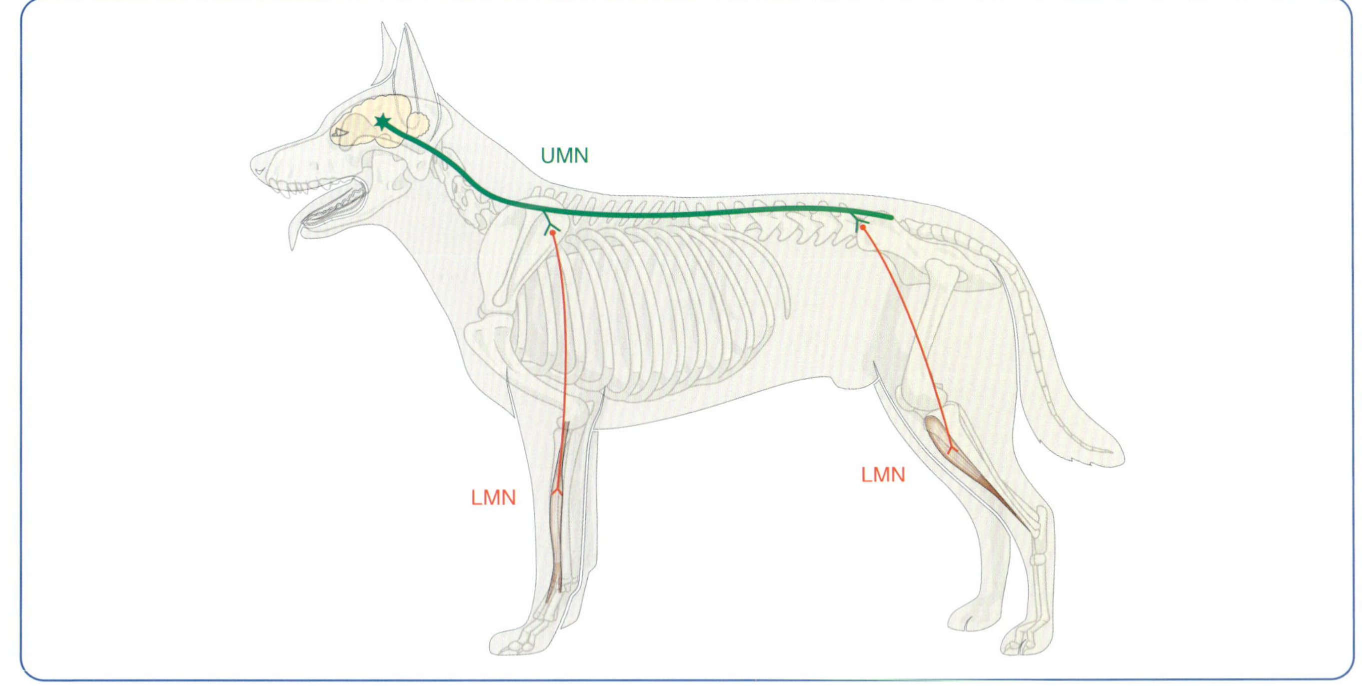

图1.55 下运动神经元（LMN）包括所有外周神经降支。上运动神经元（UMN）启动自主运动、维持肌肉活动，并对LMN的活动有轻微抑制作用

（图源：Karin Baum）

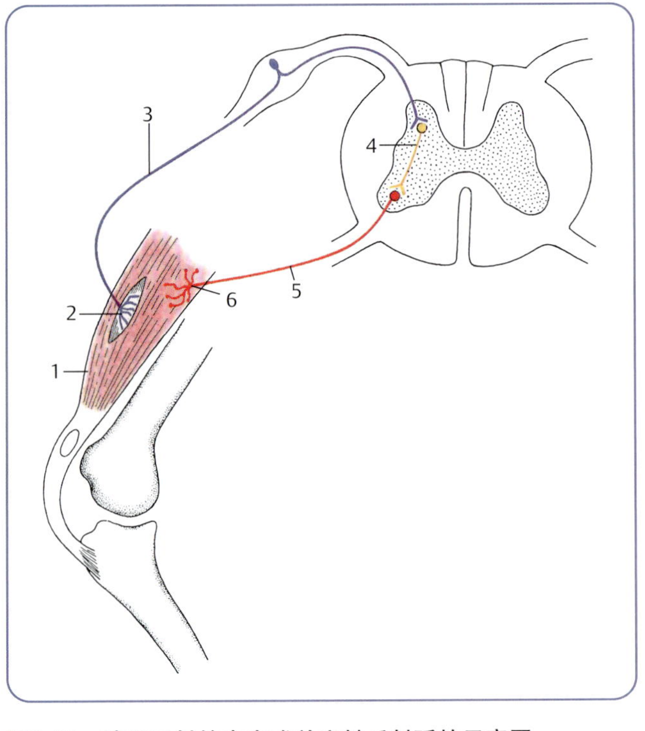

图1.56 膝跳反射的内在或单突触反射弧的示意图

1. 股直肌神经，2. 肌梭神经，3. 传入神经元，4. 中间神经元，5. 传出神经元，6. 运动终板。（图源：Salomon F-V, Geyer H, Gille U. Anatomie für die Tiermedizin. 3. Auflage. Stuttgart. Enke 2015）

则病变位于Th3-L3。四肢受累表明C1-C5病变。希夫-谢灵顿（Schiff-Sherrington）现象是一个特殊的例子，主要涉及胸腰椎脊髓的深部病变。这将导致调节前肢运动的抑制通路丧失，使前肢出现痉挛。反射减弱或消失以及四肢无力都表明LMN损伤。典型的例子包括退行性腰荐狭窄或车祸后桡神经损伤。脊髓C6-Th2和L4-S3受压导致相应肢体出现LMN缺损。

1.7 参考文献

[1] Andersson LS et al. Mutations in DMRT3 affect locomotion in horses and spinal circuit function in mice. Nature 2012; 488:642-646

[2] Andrada E, Reinhardt L, Lucas K, Fischer MS. 3D- inverse dynamics of beagles' forelimbs during walk and trot. AJVR 2017; 78: 804-817

[3] Armstrong R, Saubert ⅣC, Seeherman H et al. Distribution of fiber types in locomotory muscles of dogs. Am J Anat 1982; 163(1):87-98

[4] Benninger MI, Seiler GS, Robinson LE et al. Effects of anatomic conformation on three-dimensional motion of the caudal lumbar and lumbosacral portions of the vertebral column of dogs. Am J Vet Res 2006; 67(1):43-50

[5] Blickhan R. The spring-mass model for running and hopping. J Biomech 1989; 22(11-12):1217-1227

[6] Blickhan R, Seyfarth A, Geyer H et al. Intelligence by mechanics. Phil Trans R Soc A 2007; 365:199-220

[7] Breit S, Kunzel W. On biomechanical properties of the sacroiliac joint in purebred dogs. Ann Anat 2001; 183(2):145-150

[8] Budsberg SC, Verstraete MC. Canine center of pressure patterns during a trotting gait. Vet Surg 1993; 22(5):373-374 (Meeting Abstracts)

[9] Bürger R, Lang J. Kinetische Studie über die Lendenwirbelsäule und den lumbosakralen Übergang beim Deutschen Schäferhund. Schweizer Arch Tierheilk 1993; 135(2):35-43

[10] Caicoya AG, Illert M, Jämkie R. Monosynaptic Ia pathways at the cat shoulder. J Physiol 1999; 518:825-841

[11] Carrier D, Chase K, Lark K. Genetics of canid skeletal variation: Size and shape of the pelvis. Genome Res 2005; 15(12):1825-1830

[12] Carrier DR, Deban SM, Fischbein T. Locomotor function of the pectoral girdle 'muscular sling' in trotting dogs. J Exp Biol 2008; 209:2224-2237

[13] Carrier DR, Deban SM, Fischbein T. Locomotor function of forelimb protractor and retractor muscles of dogs: evidence of strut-like behavior at the shoulder. J Exp Biol 2008; 211(1):150-162

[14] Cetinkaya MA, Yardimci C, Sağlam M. Carpal laxity syndrome in fortythree puppies. Vet Comp Orthop Traumatol 2007; 2(02):126-130

[15] Dickomeit MJ. Anatomische und biomechanische Untersuchungen am Ellbogengelenk des Hundes (Canis familiaris) [Dissertation]. München: Ludwig-Maximilians-Universität; 2002

[16] Dobenecker B, Endres V, Kienzle E. Energy requirements of puppies of two different breeds for ideal growth from weaning to 28 weeks of age. Journal of animal physiology and animal nutrition 2013; 97(1):190-196

[17] Eckstein F, Steinlechner M, Müller-Gerbl M et al. Mechanische Beanspruchung und subchondrale Mineralisierung des menschlichen Ellbogengelenks. Unfallchirurg 1993; 96:99-104

[18] Eller D. Anatomische und biomechanische Untersuchungen am Schultergelenk (Articulatio humeri) des Hundes (Canis familiaris) [Dissertation]. München: Ludwig-Maximilians-Universität; 2003

[19] Evans HE. Miller's Anatomy of the Dog. Philadelphia: WB Saunders; 2013

[20] Eyal S, Blitz E, Shwartz Y et al. On the development of the patella. Development 2015; 142:1831-1839

[21] Fish FE, Dinenno NK. The 'dog paddle': Stereotypic swimming gait pattern in different dog breeds. SICB Meeting; 2014
[22] Fischer MS. Kinematics, EMG, and inverse dynamics of the therian forelimb – a synthetical approach. Ann Anat 1999; 238:41–54
[23] Fischer MS, Blickhan R. The tri–segmented limbs of therian mammals: kinematics, dynamics, and self–stabilization A review. J exp Zool 2006; 305A:935–952
[24] Fischer MS, Lehmann S, Andrada E. Three–dimensional kinematics of canine hind limbs: in vivo, biplanar, high–frequency fluoroscopic analysis of four breeds during walking and trotting. Scientific Rep. 2018; 8:1–22. doi:10.1038/s41598–018–34310–0
[25] Fischer MS, Lilje KE. Hunde in Bewegung. Stuttgart: Franckh–Kosmos; 2011
[26] Flinsbach S. Rö ntgenologische und sonographische Überprüfung ausgewählter Parameter des Knochenwachstums an mit Kalzium, Phosphor oder Vitamin A fehlversorgten Beagles und Foxhound–Boxer–Labrador– Mischlingen [Dissertation]. München: Ludwig–Maximilians–Universität; 2003
[27] German AJ. Promoting healthy growth in pets. Abstract International Nutritional Sciences Symposium 2016, Atlanta, USA
[28] Geyer H, Seyfarth A, Blickhan R. Compliant leg behaviour explains basic dynamics of walking and running. Proceedings of the Royal Society of London B: Biological Sciences 2006; 273(1603): 2861–2867
[29] Goslow G, Seeherman H, Taylor C et al. Electrical activity and relative length changes of dog limb muscles as a function of speed and gait. J Exp Biol 1981; 94(1):15–42
[30] Gregersen C, Silverton N, Carrier D. External work and potential for elastic storage at the limb joints of running dogs. J Exp Biol 1998; 201(23):3197–3210
[31] Hedhammar A, Wu FM, Krook L. Overnutrition and skeletal disease: an experimental study in growing Great Dane dogs. X. Discussion, Cornell veterinarian
[32] Kaiser A. Morphologische und biomechanische Eigenschaften des Karpalgelenks (Articulatio carpi) des Hundes (Canis familiaris) [Dissertation]. München: Ludwig–Maximilians–Universität; 2006
[33] Kempt T. Functional trade–offs in the limb bones of dogs selected for running versus fighting. J Exp Biol 2005; 208(18): 3475–3482
[34] Kiefer–Hecker B, Kienzle E, Dobenecker B. Effects of low phosphorus supply on the availability of calcium and phosphorus, and musculoskeletal development of growing dogs of two different breeds. Journal of animal physiology and animal nutrition 2018; 102(3): 789–798
[35] Kienzle E, Brenten T, Dobenecker B. Impact of faecal DM excretion on faecal calcium losses in dogs eating complete moist and dry pet foods–food digestibility is a major determinant of calcium requirements. Journal of nutritional science 2017; 6
[36] Kienzle E, Dobenecker B. Effect of dietary cation–anion balance on faecal calcium excretion in dogs. Abstract ESVCN Congress 2017 Cirencester, UK
[37] Klein C, Thes M, Böswald LF et al. Metabolisable energy intake and growth of privately–owned growing dogs in comparison with official recommendations on the growth curve and energy supply. J Anim Physiol Anim Nutr 2019; 103: 1952–1958
[38] Kubein–Meesenburg D, Nägerl H, Fanghänel J. Elements of a general theory of joints. 1. Basic kinematic and static function of diarthrosis. Anat Anz 1990; 170:301–308
[39] LaFlamme DP. Development and Validation of a Body Condition Score System for Cats. A Clinical Tool. Feline Practice 1997; 25:13–17
[40] LaFlamme DP, Hume E, Harrison J. Evaluation of Zoometric Measures as an Assessment of Body Composition of Dogs and Cats. Compendium 2001; 23 [Suppl gA]:88
[41] Lieser B. Morphologische und biomechanische Eigenschaften des Hüftgelenks (Articulatio coxae) des Hundes (Canis familiaris) [Dissertation]. München: Ludwig–Maximilians–Universität; 2003
[42] Mack JK, Alexander LG, Morris PJ et al. Demonstration of uniformity of calcium absorption in adult dogs and cats. J Anim Physiol Nutr (Berl.) 2015; doi: 10.1111/jpn.12294
[43] Maierl J. Zur funktionellen Anatomie und Biomechanik des Ellbogengelenks (Articulatio cubiti) des Hundes (Canis familiaris) [Habilitationsschrift]. München: Ludwig–Maximilians–Universität; 2003
[44] Maierl J, Böttcher P. Dreidimensionale Visualisierung der subchondralen Knochendichte entlang der Oberflächennormalen am Schulterund Ellbogengelenk des Hundes. Ann Anat (Suppl) 1999; 181:288
[45] Meyer H, Zentek J. Ernährung des Hundes. Stuttgart: Enke; 2013
[46] Morris PJ, Salt C, Raila J et al. Safety evaluation of vitamin A in growing dogs. Br J Nutr 2012; 108:1800–1809
[47] Müller–Gerbl M. CT–Osteoabsorptiometrie (CT–OAM) und ihr Einsatz zur Analyse der Langzeitbeanspruchung der großen Gelenke in vivo [Habilitationsschrift]. München: Ludwig–Maximilians–Universität; 1991
[48] Nanua P, Waldron KJ. Energy comparison between trot, bound, and gallop using a simple model. J Biomech 1995; 117(4):466–473
[49] Nap RC, Hazewinkel HAW, Voorhout G et al. The influence

of the Dietary Protein Content on Growth in Giant Breed Dogs. Vet Comp Orthop Traumatol 1993; 6(1):5–12
[50] Nap RC, Mol JA, Hazewinkel HAW. Age–related plasma concentrations of growth hormone (GH) and insulin–like growth factor I (IGF–I) in Grat Dane pubs fed different dietary levels of protein. Domest Anim Endocrin 1993; 10(3):237–247
[51] Oury F, Sumara G und O et al. Endocrine regulation of male fertility by the skeleton. Cell 201; 144(5):796–809
[52] Parker HG, Vonholdt BM, Quignon P et al. An expressed Fgf4 retrogene is associated with breed–defining chondrodysplasia in domestic dogs. Science 2009; 325:995–998
[53] Pasi BM, Carrier DR. Functional trade–offs n the limb muscles of dogs selected for running vs. fighting. J Evol Biol 2003; 16:324–332
[54] Pauwels F. Die Druckverteilung im Ellenbogengelenk, nebst grundsätzlichen Bemerkungen über den Gelenkdruck. 11. Beitrag zur funktionellen Anatomie und kausalen Morphologie des Stü tzapparates. Z Anat Entw–Gesch 1963; 123:643–667
[55] Richter V, Löffler K. Rassespezifische Merkmale am Becken des Hundes. Dtsch Tierärztl Wschr 1976; 83:455–461
[56] Riegert S. Anatomische und biomechanische Untersuchungen am Kniegelenk (Articulatio genus) des Hundes (Canis familiaris) [Dissertation]. München: Ludwig–Maximilians–Universität; 2004
[57] Ritter D, Nassar P, Fife M et al. Epaxial muscle function in trotting dogs. J Exp Biol 2001; 204(17):3053–3064
[58] Rode C, Siebert T, Blickhan R. Titin induced force enhancement and force depression: A 'sticky spring' mechanism in muscle contractions? J Theor Biol 2009; 259: 350–360
[59] Rode C, Tomalka A, Blickhan R, Siebert T. Myosin filament sliding through the Z–disc relates striated muscle fibre structure to function. Proc Roy Soc B 2016; 283: 20153030
[60] Salomon F–V, Geyer H, Gille U. Anatomie für die Tiermedizin. 3. Auflage. Stuttgart. Enke 2015
[61] Scherrer PK, Hillberry BM, Sickle DV. Determining the in–vivo areas of contact in the canine schoulder. J Biomech 1979; 101:271–278
[62] Schilling N, Carrier D. Function of the epaxial muscles during trotting. J Exp Biol 2009; 212(7):1053–1063
[63] Schilling N, Carrier DR. Function of the epaxial muscles in walking, trotting, and galloping dogs: Implications for the evolution of epaxial muscle funtion in tetrapods. J Exp Biol 2010; 213:1490–1502
[64] Schleip R, Findley TW, Chaitow L, Huijing PA. Lehrbuch Faszien. München: Urban & Fischer; 2014
[65] Schnapper A. Direkte Zell–Zell–Interaktionen während der Wachstums–und funktionell–adaptiven Reifungsvorgänge im Skelett des Hundes [Habilitationsschrift]. Hannover: Stiftung Tierärztliche Hochschule; 2007
[66] Seyfarth A, Geyer H, Günther M et al. A movement criterion for running. J Biomech 2002; 35(5):649–655
[67] Shahar R, Milgram J. Morphometric and anatomic study of the hind limb of a dog. Am J Vet Res 2001; 62(6):928–933
[68] Shahar R, Milgram J. Morphometric and anatomic study of the forelimb of the dog. J Morph 2005; 263(1):107–117
[69] Sharp NJ, Wheeler SJ. Small animal spinal disorders: diagnosis and surgery. Philadelphia: Elsevier Mosby; 2005
[70] Siebert T, Stutzig N, Rode C. A hill–type muscle model expansion accounting for effects of varying transverse muscle load. J Biomech 2018; 66: 57–62
[71] Siedler S, Dobenecker B. The source of phosphorus influences serum PTH, apparent digestibility and blood levels of calcium and phosphorus in dogs fed high phosphorus diets with balanced Ca/P ratio. In Proc. Waltham International Nutritional Sciences Symposium 2016, p. 21
[72] Siniscalchi M et al. Seeing Left– or Right–Asymmetric Tail Wagging Produces Different Emotional Responses in Dogs. Curr Biol 2013; 23:1–4
[73] Snow D, Billeter R, Mascarello F et al. No classical type Ⅱ B fibres in dog skeletal muscle. Histochem Cell Biol 1982; 75(1):53–65
[74] Stoffel MH. Funktionelle Neuroanatomie für die Tiermedizin. Stuttgart: Enke; 2010
[75] Thes M, Köber N, Fritz J et al. Metabolizable energy intake of client owned adult dogs. Proceedings of the WALTHAM International Nutritional Sciences Symposium 2013, October 2013, Portland, USA; P107
[76] Tokuriki M. Electromyographic and joint–mechanical studies in quadrupedal locomotion. Ⅰ. Walk. Nippon Juigaku Zasshi. Japan J Vet Sci 1973; 35(5):433–436
[77] Tokuriki M. Electromyographic and joint–mechanical studies in quadrupedal locomotion. Ⅱ. Trot. Nippon Juigaku Zasshi. Japan. J Vet Sci 1973; 35(6):525–533
[78] Tokuriki M. Electromyographic and joint–mechanical studies in quadrupedal locomotion. Ⅲ. Gallop. Nippon Juigaku Zasshi. Japan. J Vet Sci 1974; 36(2):121–132
[79] Usherwood JR, Wilson AM. Biomechanics: no force limit on greyhound sprint speed. Nature 2005; 438(7069):753–754
[80] Wachs K. Kinematische Analyse von 3D–rekonstruierten Bewegungen der Lendenwirbelsäule und des Beckens beim Beagle in Schritt und Trab [Dissertation]. Hannover: Stiftung Tierärztliche Hochschule; 2015
[81] Webster EL, Hudson PE, Channon SB. Comparative functional anatomy of the epaxial musculature of dogs (Canis familiaris) bred for sprinting vs. fighting. J Anat 2014; 225(3): 317–327
[82] Wentink G. The action of the hind limb musculature of the dog

in walking. Acta anat 1976; 96:70–80

[83] Wentink G. Biokinetical analysis of hind limb movements of the dog. Anat Embryol 1977; 151:171–181

[84] Williams SB, Wilson AM, Rhodes L et al. Functional anatomy and muscle moment arms of the pelvic limb of an elite sprinting athlete: the racing greyhound (Canis familiaris). J Anat 2008; 213(4):361–372

[85] Williams SB, Wilson AM, Daynes J et al. Functional anatomy and muscle moment arms of the thoracic limb of an elite sprinting athlete: the racing greyhound (Canis familiaris). J Anat 2008; 213(4):373–382

[86] Winhard FE. Anatomische und computertomographische Untersuchungen am gesunden und degenerativ veränderten Schulter- und Ellbogengelenk des Hundes (Canis familiaris) [Dissertation]. München: Ludwig-Maximilians-Universität; 2007

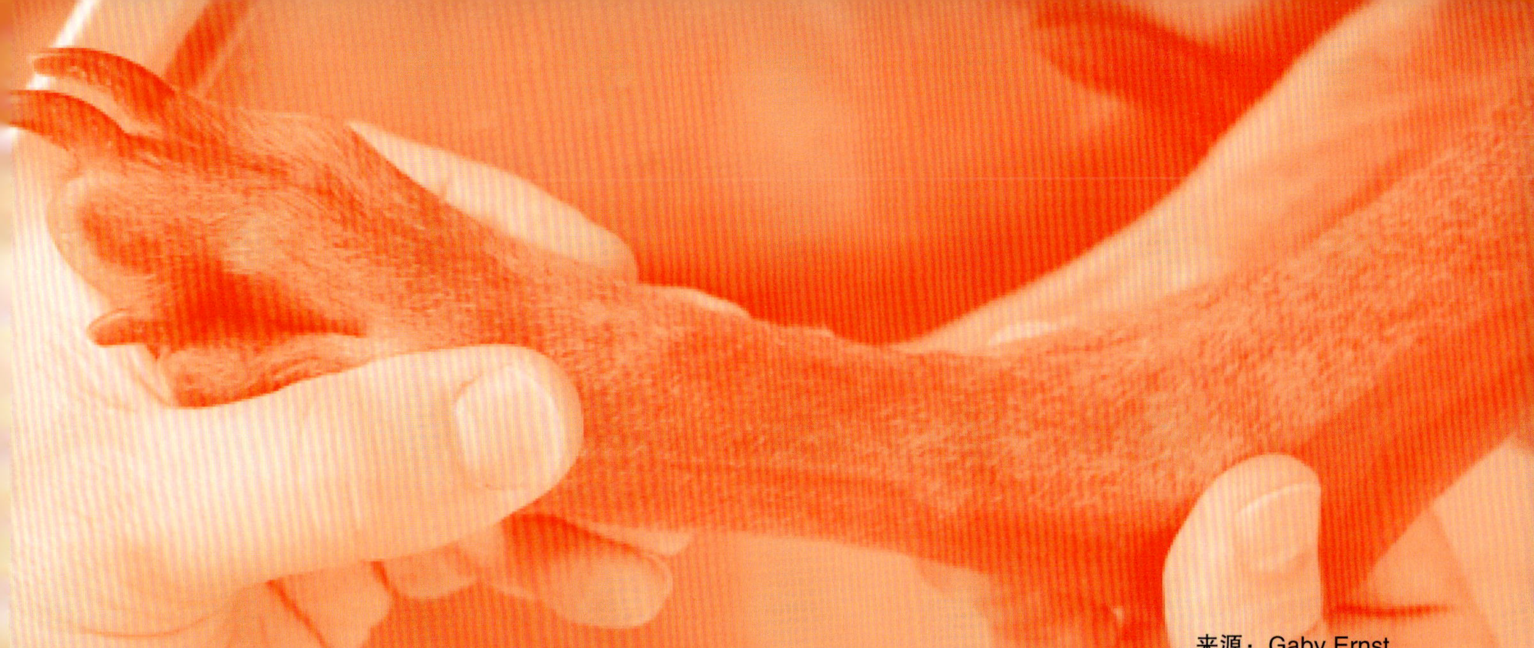

来源：Gaby Ernst

第二部分　诊断程序

第2章 引　言

Daniel Koch, Martin S. Fischer

2.1 一般介绍

进行跛行检查时，要求足够大的房间、具有防滑表面的检查台、适当的照明、助手和用于步态分析的室外区域。

跛行检查分为 4 个主要部分：

（1）既往病史（病征和病史）。

（2）视觉评估和步态分析。

（3）犬站立检查。

（4）犬侧卧检查。

步态分析用于识别患肢。受检犬站立检查，可以识别出相关的区域或关节；然后再侧卧检查，这样就可以建立初步临床诊断。

从远端到近端进行检查，并评估所有肢体，最后再检查步态分析中确定的跛行患肢。这样可以使犬习惯检查流程，并使检查者熟悉个体动物的正常特征；还能确保在检查即将完成时才进行疼痛检查。获得犬的信任是很重要的，因为犬在恐惧时通常不会表现出疼痛反应。

骨科检查需要与其他相关的评估方法相结合，如一般检查和神经学检查。其他检查方法，如 X 线检查、超声检查、血液学检查和 CT，都应在骨科检查完成后进行。

犬站立检查时，助手扶住犬的头部。侧卧检查时，助手应抓住犬侧卧时位于腹侧的靠近检查台面的两条腿。

常用的检查方法可分为视诊、触诊和肢体操作。

- 视诊：观察成角畸形、表面轮廓异常和疼痛反应。
- 触诊：检测温度升高、表面轮廓异常、波动性肿胀和疼痛反应。
- 肢体操作：确定成角畸形、捻发音、活动范围增大和活动范围减小，以及可能引发的疼痛反应。

一项检查的有效性可通过与其他检查进行比较或通过多次检查来确认[87–91]。

⇨ 检查指南

- ■ 检查流程
  - 哪个肢体受到影响?
  - 哪个区域 / 关节受到影响?
  - 初步临床诊断
- ■ 从远端到近端进行检查；要检查所有肢体，患肢最后检查
- ■ 两侧均要进行检查，并重复检查数次

2.2 参考文献

[87] Hazewinkel HAW, Meutstege FJ. Locomotieaparaat. In: Rijnberk A, De Vries H. Anamnese en lichamelijk onderzoek bij gezelschapsdieren. Houten, Bohn, Stafleu, Van Loghum, 1990: 175–200

[88] Krämer M. Der klinisch–orthopädische Untersuchungsgang der Gliedmasse, demonstriert am gesunden Hund. Ein Videofilm [Dissertation]. Zürich: Universität; 1998

[89] Scharvogel S. Klinisch–orthopädischer Untersuchungsgang. In: Kramer M, Hrsg. Kompendium der Allgemeinen Veterinärchirurgie. Hannover: Schlütersche; 2004: 20–36

[90] Piermattei DL, Flo GL, DeCamp CE. Brinker, Piermattei and Flo's Handbook of Small Animal Orthopedics and Fracture Repair. Philadelphia: WB Saunders; 2006

[91] Brunnberg L, Waibl H, Lehmann J. Lahmheit beim Hund. Kleinmachnow: Procane Claudo; 2015

第 3 章　既往病史

Daniel Koch, Martin S. Fischer

3.1　病征

跛行患犬最初是通过电话预约就诊的。根据病征，检查者可以整理思路，识别临床可疑因素。骨科相关的特征包括品种、年龄和性别。

⇨ 病征的解读

品种倾向

- ■ 大型犬
  - ● 肘关节发育不良
  - ● 髋关节发育不良
  - ● 全骨炎
  - ● 十字韧带断裂
- ■ 小型犬
  - ● 髌骨脱位
  - ● 股骨头无菌性坏死
- ■ 獒犬、格斗犬
  - ● 十字韧带断裂
- ■ 软骨营养障碍品种
  - ● 脊髓疾病
  - ● 前肢生长障碍

年龄倾向

- ■ 幼犬和 1 岁以下的犬
  - ● 髌骨脱位
  - ● 肘关节发育不良
  - ● 髋关节发育不良
  - ● 生长障碍（全骨炎）、肥大性骨营养不良
  - ● 生长板损伤后的失准直
- ■ 1 岁以上的犬
  - ● 肿瘤
  - ● 十字韧带断裂
  - ● 引起骨关节炎的疾病

性别倾向

与母犬相比，公犬的体型更大、体重增长更快，因此生长障碍和各种类型的发育不良更常见。

3.2　病史

病史提供了关于跛行的重要信息。这给了宠物主人一个从他们的角度描述问题的机会，医生要在不打断他们的情况下倾听描述。医生的提问是病史调查的第二阶段。开放式问题之后是封闭式问题。

下面是一个获得病史记录的示例：

（1）你如何描述这个问题？

（2）当患犬起身 / 跳进车厢 / 上楼梯 / 下楼梯时，你观察到了什么？

（3）以前接受过治疗吗？疗效如何？

（4）平常的饮食是什么？

（5）你有关于同窝小伙伴的任何消息吗？

（6）患犬有什么特殊用途吗？

（7）患犬还有其他疾病吗？

（8）患犬走路的时候会在地面上拖曳脚趾吗？

（9）开始行走时会比行走一段时间后更严重吗？

（10）患犬在不平坦的路上行走更吃力吗？

（11）你觉得还有什么需要补充的吗？

（12）其他问题。

⇨ 既往病史的解读

- ■ 犬热身后跛行改善（休息后暂时跛行）
  - ● 关节疾病
- ■ 犬热身后跛行没有改善
  - ● 肌肉疾病
  - ● 神经障碍
- ■ 爬山 / 上楼梯困难
  - ● 后肢受累
- ■ 下山 / 下楼梯困难
  - ● 前肢受累
- ■ 表演犬
  - ● 肌肉疾病
  - ● 颈椎疾病
- ■ 指 / 趾拖曳
  - ● 神经障碍
  - ● 髋关节疾病
  - ● 由内科疾病引起的疲劳
- ■ 轮换性跛行
  - ● 全骨炎
  - ● 多关节炎
- ■ 不平坦地面上跛行加重
  - ● 肢体远端的疾病

第 4 章　视觉评估和步态分析

Daniel Koch, Martin S. Fischer

4.1　休息时的视觉评估

观察犬的站姿和坐姿，要特别注意关节上的重量分布（后 – 前，左 – 右）、关节的角度（内旋、外旋、外翻、内翻）、身体各部分之间的关系，以及体形。

➪ 姿态的解读

- ■ 头部伸展
  - ● 减轻后肢压力
- ■ 弓背
  - ● 椎间盘疾病、腹部疼痛
- ■ 膝关节位于身体下方
  - ● 膝关节伸展疼痛
- ■ 前肢外旋
  - ● 肘关节或肩关节疾病
  - ● 生长板提前闭合
  - ● 桡尺骨生长不同步
- ■ 跖行 / 掌行站立
  - ● 跖侧或掌侧韧带断裂
  - ● 胶原蛋白缺陷
- ■ 完全跖行
  - ● 跟腱断裂
  - ● 跗关节损伤
  - ● 腓肠肌撕脱
- ■ 整个前肢外展
  - ● 缓解压力的站立，提示肘关节或腕关节异常
- ■ 距小腿关节伸展过度
  - ● 后肢肌肉过多
  - ● 生长障碍
- ■ 身体中心的侧向偏移
  - ● 影响身体另一侧的疾病
- ■ 低尾姿势
  - ● 马尾神经压迫综合征
  - ● 背部疾病

4.2　步态分析

步态分析用于核对病史中提供的信息、识别患肢，并从步态模式中深入了解疾病的本质。在理想情况下，步态分析应在远离其他犬、汽车和行人等干扰因素的开阔地进行，包括平坦或不平坦的地面和楼梯。

4.2.1 起身时的评估

当患犬被要求起身时，我们就会获得对其运动功能的初步印象。观看患犬站立的好机会是在候诊室打招呼时和病史记录过程结束时。在这两种情况下，患犬可能已经躺了几分钟。休息后的任何暂时跛行，在起身后的最初几步中会比在步态分析中更明显。

4.2.2 从后面、前面和侧面进行评估

为了从步态分析中获得尽可能多的信息，当患犬由主人或助理在平坦地面牵遛行走时，应在边长为 20 m 的三角形区域内从后面、前面和侧面进行观察（图 4.1）。如果没有这样的区域，检查者可以从不同的位置观察犬。

图4.1　室外环境中的步态分析

犬由助理或主人在不同的场地上牵遛行走。所有的步态都从前面、后面和侧面观察。

跛行在快步时最明显。为了发现即使是非常轻微的暂时跛行，步态分析应从快步开始检查。在犬快步时，从后面观察后肢，从侧面检查步长，从前面观察前肢。然后在行走和跑步时重复这样的检查。

如果出现疼痛或功能异常，患肢比对侧肢承重轻，或与地面接触时间短。这就导致负重转移到健侧。健肢的站立阶段明显较长，由此可以识别健肢；如果存在前肢疾病，则可通过头部向健侧偏移来识别。这就是所谓的负重跛行（支撑肢）。非负重跛行（摆动肢）相对罕见，但很容易识别，因其触地是间歇性的或不能触地。跛行可分为不同的等级。一般来说，远端病变会导致明显的、潜在的非负重跛行，而由近端病变引起的临床症状往往不明显。近端关节周围发育良好的肌肉具有内在的稳定作用，但强烈疼痛（如骨肉瘤）和神经功能缺陷除外。

很少通过跑步进行步态分析。然而，在前肢跛行的情况下，跟随好的、负重大的肢体是健肢；背部或髋关节疼痛时，可能表现为后肢同时着地，而不是交错着地。

4.2.3 在不平坦地面上的评估

由肢体远端结构引起的跛行，包括指 / 趾、脚垫或掌骨 / 跖骨，在不平坦的地面（如砾石路或土路）上会变得更加明显。因此，应该在这些地面和草地上进行步态分析（图 4.2）。在不同类型的地面上，如果跛行程度相似，提示膝关节或肘关节以上的肢体近端有病变。

4.2.4 上下楼梯的评估

评估犬上下楼梯的能力应从病史调查时开始。这是因为在步态分析过程中，犬可能在热身后再上下楼梯时，就不再表现跛行症状。患犬应短绳牵遛。下楼梯时，重心转移到前肢；而在上楼梯时，重心转移到后肢。因此，在平地上可能察觉不到的跛行，在楼梯上就会变得明显，表现为延迟着地或着地时疼痛。在斜道和山坡上也会出现类似表现；这些都可以根据病史确认。

图4.2 在不平坦地面上进行步态分析时，肢体远端的异常比在柔软地面上更明显

4.2.5 跳跃的评估

跨越障碍物或进入车厢的能力取决于脚和尾椎之间是否存在功能正常的骨科和神经通路。犬通常可以通过将体重转移到对侧来非常有效地补偿膝关节远端的骨科疾病。因此，不愿跳或不能跳得足够高，表明异常更可能涉及髋关节、骨盆或脊柱，以及相应的神经肌肉。要看着犬跳上主人的车，这对评估非常有用。当犬再次跳出来时，可以在着地时观察前肢。由于这种形式的评估很费力，如果问题很明显或者犬表现出疼痛，应避免这种评估，以防进一步的组织损伤。

4.2.6 跛行分级

根据 Brunnberg 的跛行分级如下：

- 1 级：几乎不受影响
- 2 级：受影响，但持续负重
- 3 级：受影响，负重不一致
- 4 级：受影响，非负重跛行

⇨ 步态分析的解读

- ■ 起身困难
  - ● 后肢疾病
  - ● 腰部疾病
  - ● 颈椎脊髓病
- ■ 热身后跛行改善（休息后暂时跛行）
  - ● 关节疾病
- ■ 肢体屈曲
  - ● 对侧肢体疾病
- ■ 后肢步长短
  - ● 关节疾病
  - ● 髋关节受累
- ■ 后肢单脚跳
  - ● 髌骨脱位
- ■ 间歇性非负重跛行
  - ● 髌骨脱位
- ■ 肢体废用
  - ● 损伤
  - ● 全骨炎
  - ● 肿瘤
  - ● 十字韧带断裂伴半月板损伤
- ■ 后肢脚趾触地
  - ● 十字韧带断裂
- ■ 后膝关节内旋，并在摆动阶段并发跗关节外旋
  - ● 股薄肌纤维化
- ■ 在不平坦地面上行走困难
  - ● 肢体远端疾病

请参阅视频4.1，查看步态分析。

视频4.1 步态分析

该视频显示了健康犬的完整步态分析：从前面、后面和侧面评估行走、快步和跑步状态，评估在不同地面的运动以及跳进跳出车厢和上下楼梯。（视频来源：Tele D, Diessenhofen, Switzerland）

第 5 章　犬站立检查

Daniel Koch, Martin S. Fischer

5.1　初步检查

5.1.1 全身检查

在进行进一步的骨科检查前，要先进行一次全身检查（视频 5.1），包括：

- 呼吸
- 脉搏
- 体温
- 毛细血管再充盈时间
- 黏膜颜色

⇨ **全身检查的解读**

- ■ 体温升高
  - 肥大性骨营养不良
  - 全骨炎
  - 多关节炎急性发作
- ■ 几乎触诊不到脉搏
  - 血栓
- ■ 区域淋巴结肿大
  - 肿瘤
  - 损伤
  - 感染

视频5.1　简单的全身检查
该视频包括站立对称性、脉搏评估、心血管系统检查（包括毛细血管再充盈时间）和体温评估。（视频来源：Tele D, Diessenhofen, Switzerland）

- 淋巴结
- 心脏听诊
- 皮肤
- 整体体形

5.1.2 简单的神经学检查

跛行不能直接归因于骨科疾病。在进行骨科检查时，应进行简单的神经学检查，以排除神经性病因（视频 5.2），包括：

- 整个脊柱的深部触诊
- 向各个方向转动头部
- 检查本体感受缺失
- 简单评估脑神经功能
- 检查主要的肢体反射

如果简单的神经学检查显示与正常有异，则进行全面的神经学检查，详细描述和演示见“神经学检查”。

5.2　犬站立骨科检查

将犬放在有防滑表面的检查台上进行检查。助理按要求保定患犬，应允许犬移动头部和肢体，以便能够看出检查过程中的疼痛。

5.2　简单的神经学检查

视频5.2　简单的神经学检查
该视频包括位置反应的评估、脊柱触诊和疼痛检查。（视频来源：Tele D, Diessenhofen, Switzerland）

当患犬站立检查时，用双手同时评估左、右肢，从而识别两侧的差异。双脚在检查台上的位置应相似。后肢从后面检查，前肢从前面检查。

检查的重点包括：

- 对称性（骨骼、肌肉和关节轮廓）
- 热
- 关节积液
- 肿物及其性质
- 疼痛

从远端到近端进行检查，要检查所有结构，如骨骼、关节、肌腱、韧带、肌肉、皮肤和皮下组织。

5.3　后肢

5.3.1 趾骨、跖骨和跗骨

站立对称性

医生站在犬的身后，双手抓住双后肢的跖骨。站立对称性是通过向后牵拉跖骨进行评估的，理想情况下是双侧用力相等。在该检查中，趾应保持在检查台上（图 5.1）。

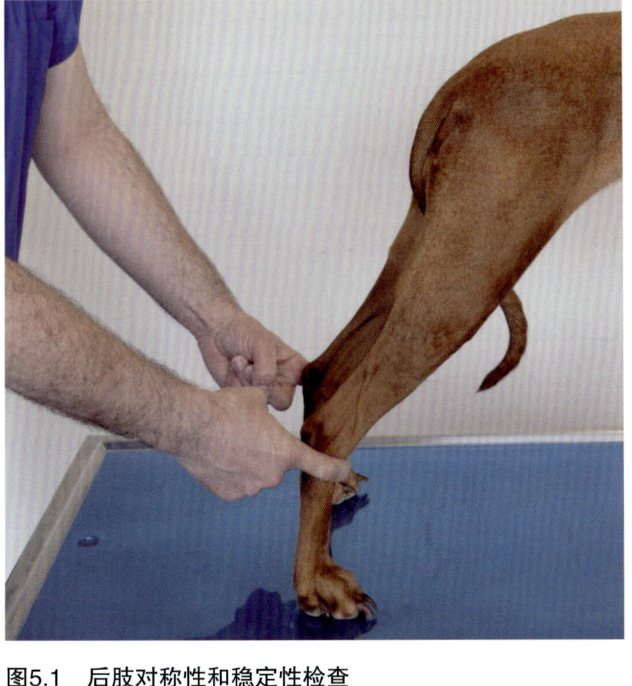

图5.1　后肢对称性和稳定性检查

检查者用手将双后肢向后牵拉。（图源：Gaby Ernst, Saland, Switzerland）

⇨ 结果和鉴别诊断

- ■ 一侧后肢更容易拉回
  - 更容易拉回的那侧患肢广泛性无力

解剖学

- ■ 犬的肌肉质量约占体重的 60%。肌肉组织集中在近端，远端肌肉较少。检查应评估活动性和可能的肌肉异常，以及骨骼和关节。
- ■ 下面的解剖描述和图示涉及与骨科检查相关的结构。这些视图不能代表传统的局部解剖学。它们与经典解剖学的表述方式不同，但提供了所选结构的最佳视图（图 5.2）。

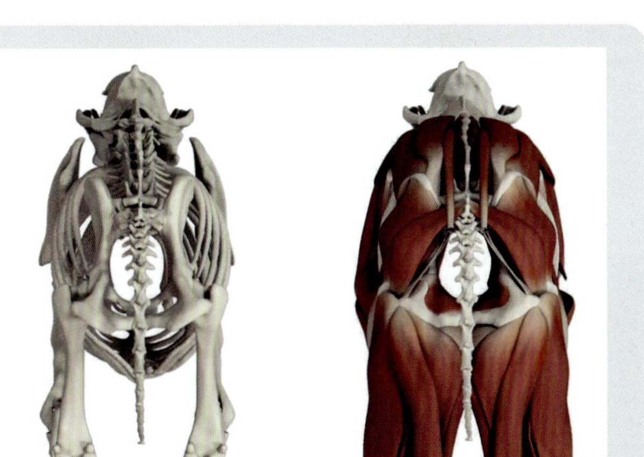

图5.2　犬的骨骼和肌肉组织，后侧观

（图源：Martin S. Fischer, Jonas Lauströer, Amir Andikfar）

肢体远端的疼痛检查

检查者站在犬的身后，紧握跖骨，将后肢压在检查台面上，检查疼痛反应（图 5.3）。

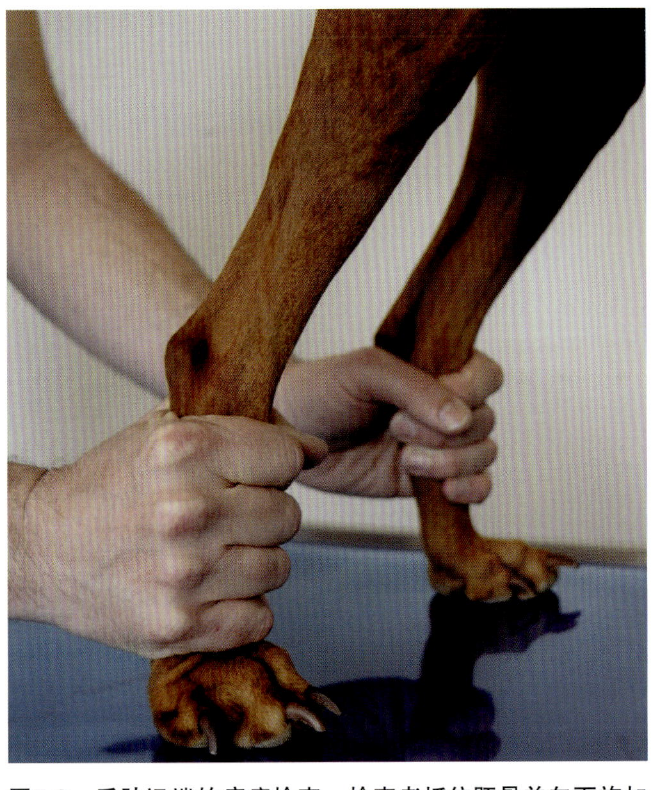

图5.3 后肢远端的疼痛检查：检查者抓住跖骨并向下施加压力

（图源：Gaby Ernst, Saland, Switzerland）

➩ 结果与鉴别诊断

- 施加压力后，爪部抬起或表现出疼痛反应提示肢体远端异常，例如：
  - 趾关节肿胀
  - 趾骨骨折
  - 跖骨骨折
  - 跗骨异常
- 趾背侧屈曲
  - 趾屈肌断裂（后肢罕见）

解剖学

- 犬呈趾行姿势。后肢由趾屈肌的长肌腱保持张力。趾浅屈肌穿过跟骨粗隆时形成一个帽。深屈肌腱是由趾外侧屈肌和趾内侧屈肌（又称趾长屈肌）的肌腱结合而成（图 5.4）。

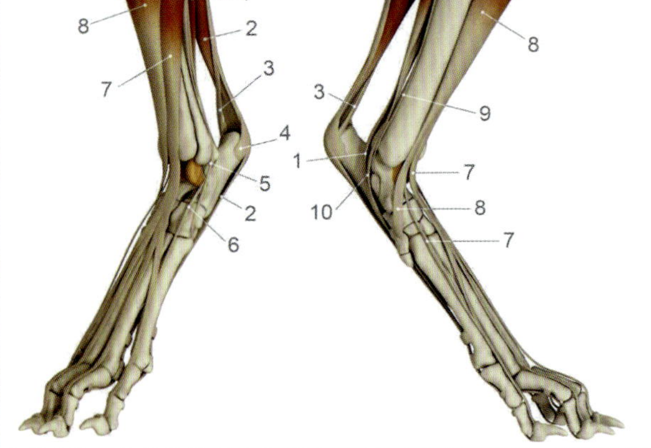

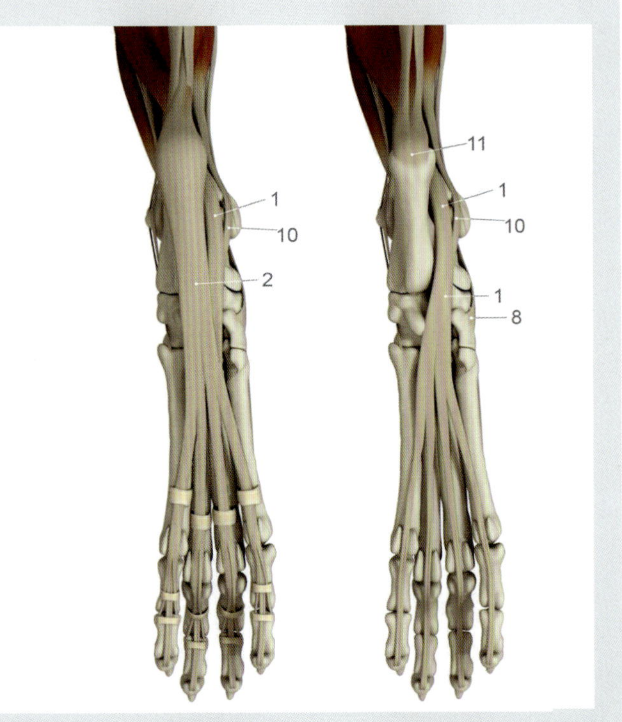

图5.4 跗骨和小腿相关的肌肉

1. 趾深屈肌，2. 趾浅屈肌，3. 股二头肌（后部），4. 跟骨帽，5. 腓长肌，6. 趾外侧伸肌，7. 趾长伸肌，8. 胫前肌，9. 胫后肌，10. 趾长屈肌，11. 跟腱。（图源：Martin S. Fischer, Jonas Lauströer, Amir Andikfar）

跗骨

站在犬的身后，检查者对其跖骨和跗骨进行比较触诊（图 5.5）。几乎不活动的跖跗关节和跗骨间关节不用触诊，因为这些关节即使损伤也很少产生滑液。

⇨ 结果与鉴别诊断

- ■ 成角畸形
  - ● 跗骨骨折、跗骨间或跗跖韧带损伤 / 异常
  - ● 跟骨骨折
- ■ 跖面轮廓异常（肿胀）
  - ● 陈旧伤
  - ● 老年犬、柯利犬及其相关品种的病理性跟骨骨折或自发性跗骨间韧带断裂

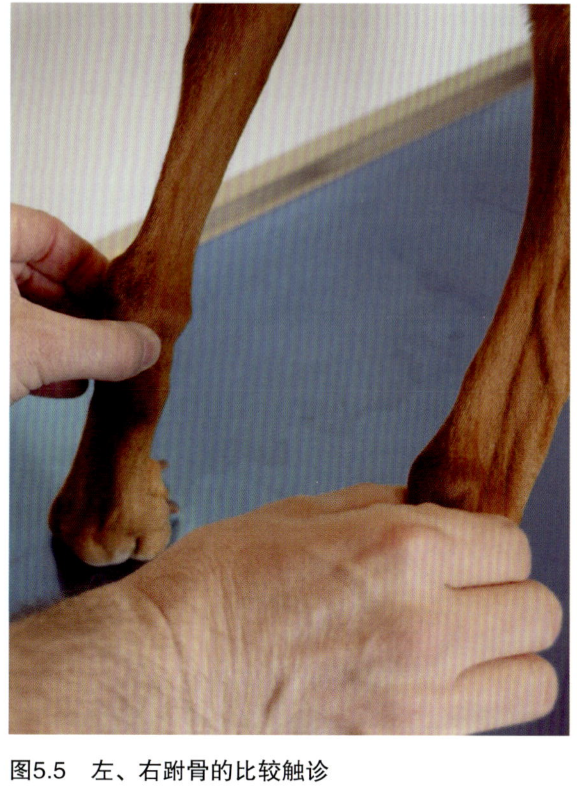

图5.5 左、右跗骨的比较触诊

（图源：Gaby Ernst, Saland, Switzerland）

解剖学

- ■ 长侧副韧带和短侧副韧带（图 5.6）。
- ■ 长侧副韧带：从外踝或内踝到跖骨，并附着在跗骨上。
- ■ 短侧副韧带：从外踝或内踝到距骨、跟骨，然后到跖骨。
- ■ 扇形跗骨背侧韧带：从距骨到第三跗骨和第四跗骨。
- ■ 跗骨间韧带：通过中央跗骨、第三跗骨和第四跗骨之间。
- ■ 跖侧长韧带：从跟骨到跖骨。
- ■ 跖跗短韧带：从远端跗骨到跖骨。

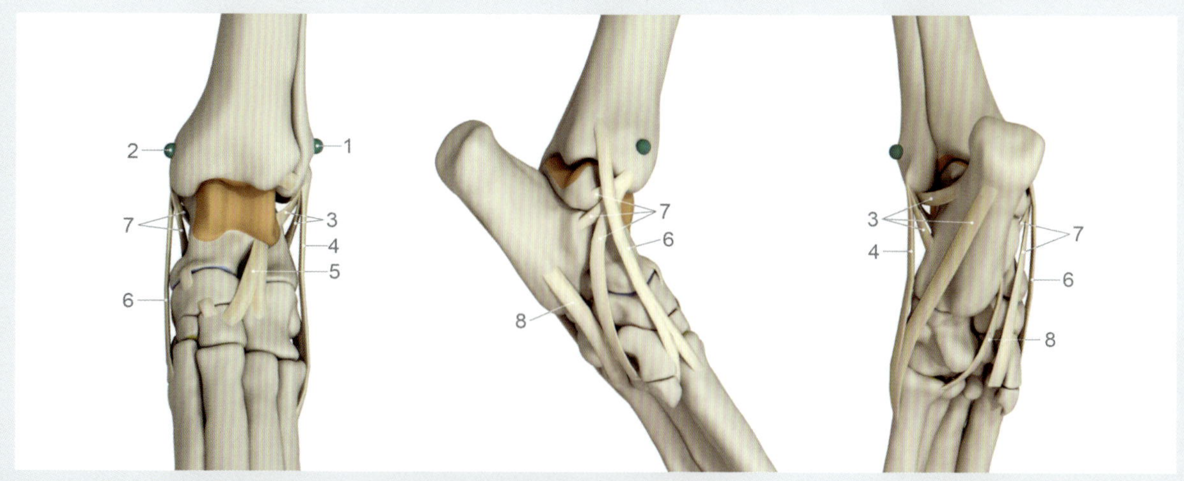

图5.6 跗骨及其相关韧带，前侧、内后侧和后外侧观

1. 外踝（可触及），2. 内踝（可触及），3. 跗骨外侧短副韧带，4. 跗骨外侧长副韧带，5. 跗骨背侧韧带，6. 跗骨内侧长副韧带，7. 跗骨内侧短副韧带，8. 跗跖侧长韧带。（图源：Martin S. Fischer, Jonas Lauströer, Amir Andikfar）

5.3.2 跗关节

关节触诊

检查者站在犬的身后，以内踝和外踝作为参考点。用拇指和食指沿镰刀状线触诊关节的前侧、远端和后侧。内侧和外侧副韧带各有两个组成部分，是从踝部向前和向后延伸的绷紧结构（图 5.7）。

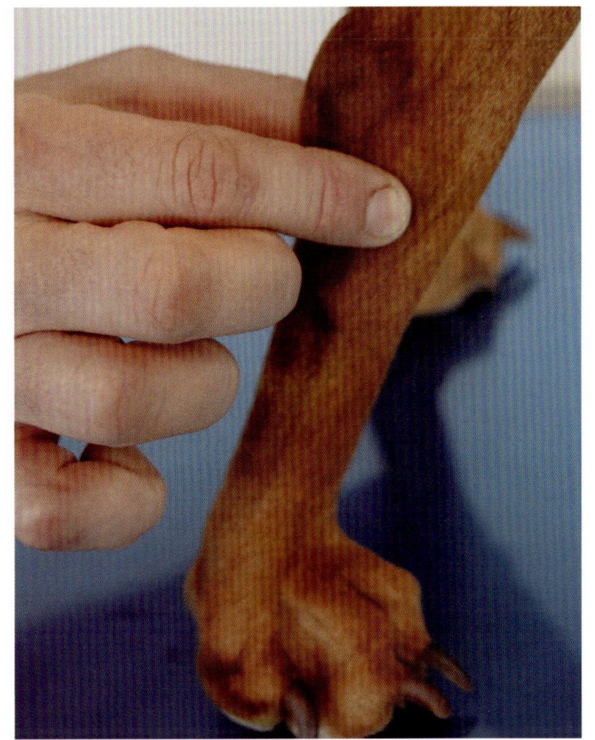

图5.7 沿内踝和外踝的半圆轨迹触诊距小腿关节
正常关节可触及一条狭窄缝隙。（图源：Gaby Ernst, Saland, Switzerland）

⇨ 结果与鉴别诊断

■ 跗关节积液、热和（或）疼痛
- 距骨骨折
- 骨软骨病
- 多关节炎
- 侧副韧带断裂
- 踝骨折

■ 外侧或内侧轴向移位
- 侧副韧带断裂
- 胫骨失准直

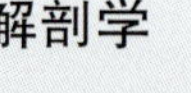

解剖学

■ 跗关节在横断面上有 4 个水平（图 5.8）：
- 距小腿关节（胫跗关节，橙色）
- 近端跗骨间关节（蓝色）
- 远端跗骨间关节（红色）
- 跖跗关节（黄色）

■ 远端胫腓关节和距小腿关节有一个共同的关节囊。

■ 内踝和外踝为距小腿关节形成钳形引导。在距骨后侧缘，有 2 个独立的关节面与跟骨成关节（距小腿关节）。

■ 可触及的特征：外踝和内踝。

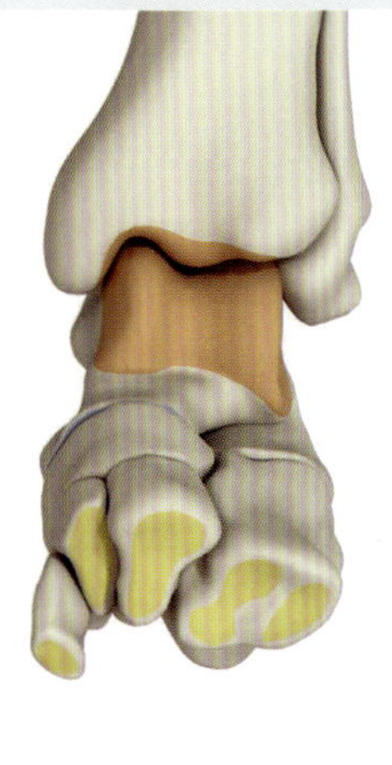
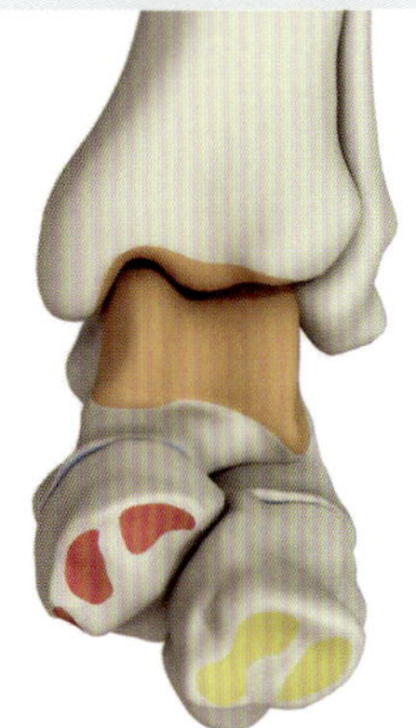
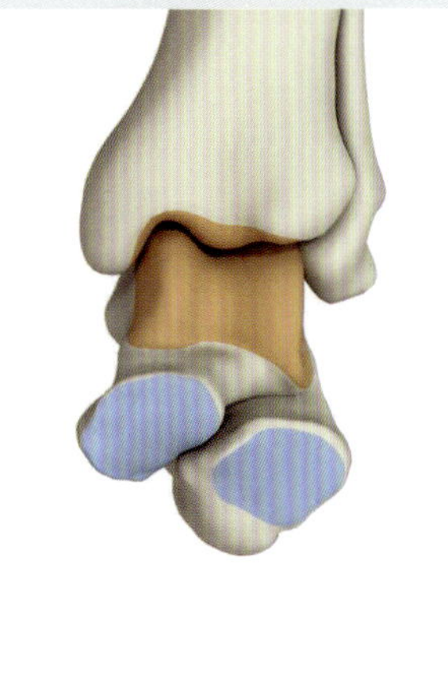

图5.8 跗关节在横断面上的水平
（图源：Martin S. Fischer, Jonas Lauströer, Amir Andikfar）

跟腱

检查者站在犬的身后，首先触诊跟腱的远端部分。跟腱嵌在跟骨上，当犬站立时，跟腱通常处于相当大的张力下。随后检查跟骨粗隆后侧的跟骨帽（趾浅屈肌）（图 5.9）。

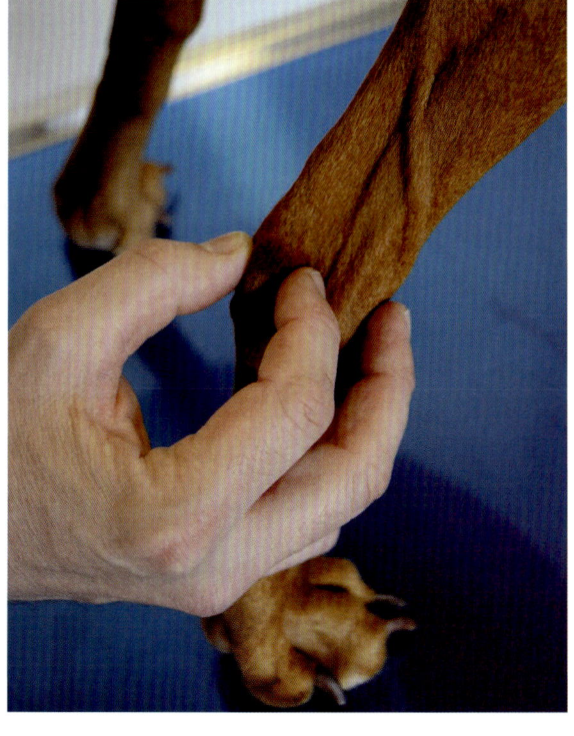

图5.9　跟腱清晰可见，在跟骨近端可以触及

（图源：Gaby Ernst, Saland, Switzerland）

结果与鉴别诊断

- ■ 跟骨与检查台面接触
  - ● 跟腱断裂
  - ● 腓肠肌内侧头或外侧头从股骨上撕脱
  - ● 跟骨骨折
- ■ 跟腱附着点坚实肿胀
  - ● 跟腱部分断裂
- ■ 跟骨帽活动性增大
  - ● 喜乐蒂牧羊犬跟骨帽外侧脱位（内侧脱位不常见）

解剖学

- ■ 犬与人的跟腱不同，人的跟腱由腓肠肌和比目鱼肌的肌腱形成。犬没有比目鱼肌。
- ■ 犬的跟腱由以下肌肉形成：腓肠肌（主要部分）、股二头肌（后部）、半腱肌、股薄肌（加强部）。这些肌肉附着在不同的位置（图 5.10 和图 1.29）。
- ■ 腓肠肌止点肌腱不是附着在跟骨粗隆的背侧，而是通过跟腱囊连接在跟骨粗隆的远端边缘。
- ■ 源自股二头肌的跟腱部分附着在跟骨粗隆的背内侧边缘。
- ■ 趾浅屈肌形成跟骨帽，通过结缔组织与跟骨粗隆相连。短肌腱起源于肌肉两侧，与跟骨粗隆背侧相连。

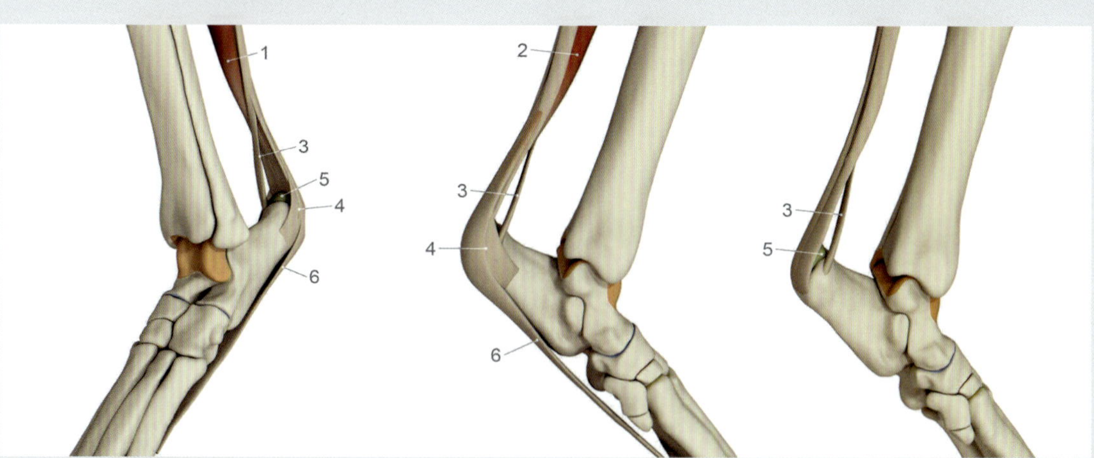

图5.10　跟腱各部分的附着部位

1. 腓肠肌外侧头，2. 腓肠肌内侧头，3. 股二头肌（后部），4. 跟骨帽，5. 跟腱囊，6. 趾浅屈肌。（图源：Martin S. Fischer, Jonas Lauströer, Amir Andikfar）

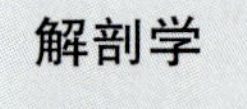

5.3.3 小腿

从远端到近端触诊胫骨和腓骨。腓骨可触及的特征是远端为外踝，近端为腓骨头。胫骨体的内侧（皮平面）沿其长度可以触及。通过指压可以检查小腿肌肉的肿胀和疼痛。创伤引起的肿胀多发生在外侧部，即胫前肌附着的位置（图 5.11）。

⇨ 结果与鉴别诊断

- ■ 肿胀
  - ● 肿瘤
  - ● 血肿
  - ● 筋膜室综合征
- ■ 捻发音
  - ● 骨折
- ■ 轴向偏移
  - ● 骨折
  - ● 准直不良
- ■ 疼痛
  - ● 骨折
  - ● 肿瘤
  - ● 全骨炎
  - ● 筋膜室综合征

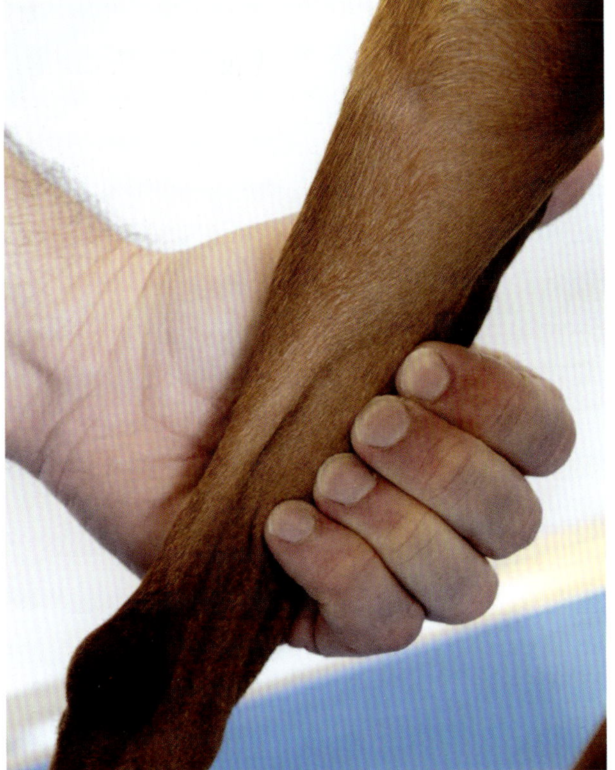

图5.11　胫骨体内侧面（皮平面）表面轮廓异常和指压疼痛的评估

（图源：Gaby Ernst, Saland, Switzerland）

解剖学

■ 胫骨皮平面将伸肌和屈肌分开。在大多数情况下，这些肌肉在小腿的下半部分形成长肌腱（图 5.12）。

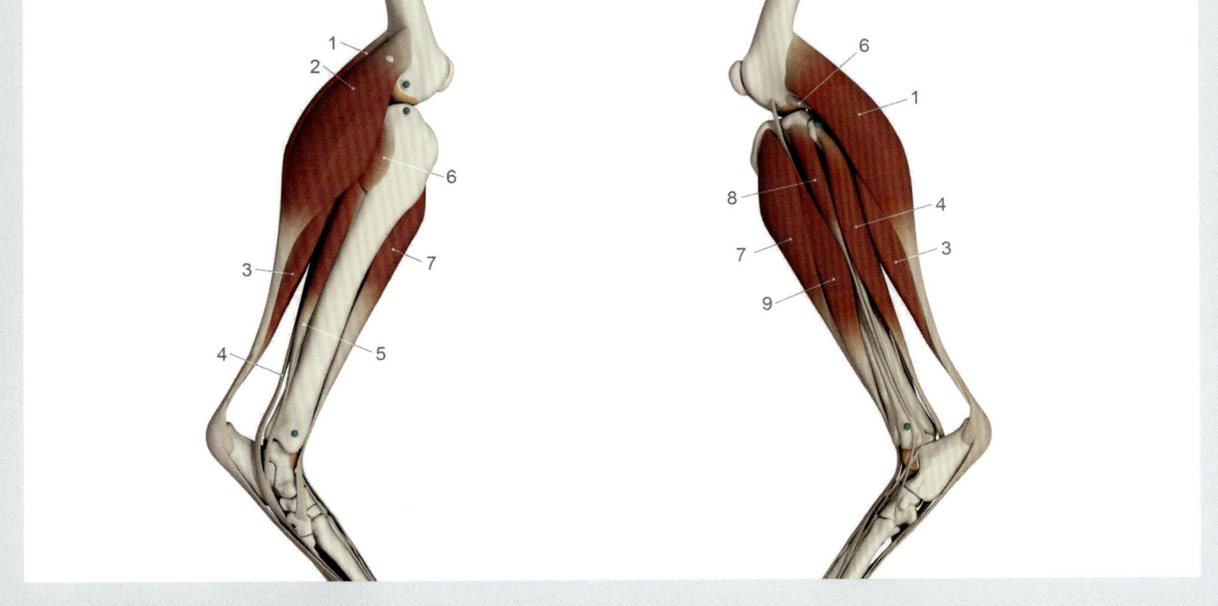

图5.12　小腿的肌肉，内侧观和外侧观

1. 腓肠肌外侧头，2. 腓肠肌内侧头，3. 趾浅屈肌，4. 趾深屈肌，5. 趾长屈肌，6. 腘肌，7. 胫前肌，8. 腓骨长肌，9. 趾外侧伸肌。（图源：Martin S. Fischer, Jonas Lauströer, Amir Andikfar）

5.3.4 膝关节

关节触诊

检查者站在犬的身后，用左手和右手同时检查膝关节（图 5.13）。用拇指和食指评估髌骨和胫骨平台之间的区域（即髌韧带后方）是否有积液、热和疼痛。在健康犬中，可以清楚地区分髌韧带与后侧关节。

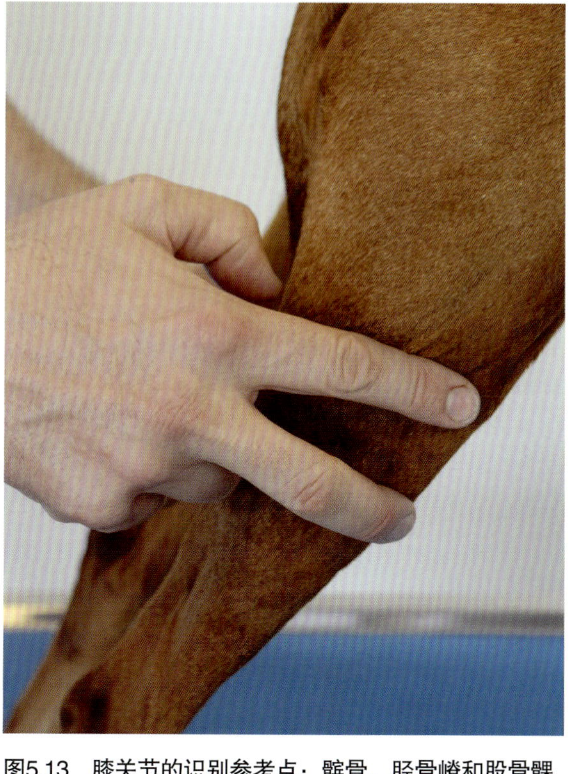

图5.13 膝关节的识别参考点：髌骨、胫骨嵴和股骨髁

（图源：Gaby Ernst, Saland, Switzerland）

⇨ 结果与鉴别诊断

- ■ 跟骨与检查台面接触
  - ● 肿胀、热和（或）疼痛
  - ● 十字韧带断裂 / 十字韧带部分断裂
  - ● 半月板损伤
  - ● 趾外侧伸肌撕脱
  - ● 肿瘤
  - ● 髌骨脱位
  - ● 骨软骨病
- ■ 波动性肿胀
  - ● 急性创伤
  - ● 关节骨折

解剖学

- ■ 膝关节包含 3 个关节（图 5.14）：
  - ● 股胫关节
  - ● 股髌关节
  - ● 近端胫腓关节
- ■ 外侧半月板比内侧半月板更大、更厚，二者的背面都很厚，向轴向边缘逐渐变薄。膝关节的伸展和屈曲迫使半月板进行滚动和滑动。内侧半月板附着在周围结构上，活动较少。
- ■ 半月板由 6 条韧带固定，但外侧半月板与股骨之间只有 1 条韧带相连。
- ■ 膝关节周围有 3 块籽骨，分别位于腓肠肌外侧头和内侧头（腓肠豆）与腘肌的起点肌腱内。根据最近的发现，髌骨不是传统意义上的籽骨，是机械力导致股四头肌腱的骨化，然后形成骨突，随后与股骨成关节[20]。

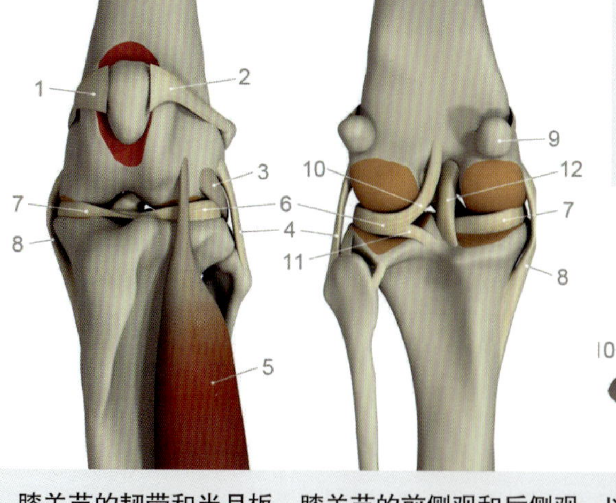

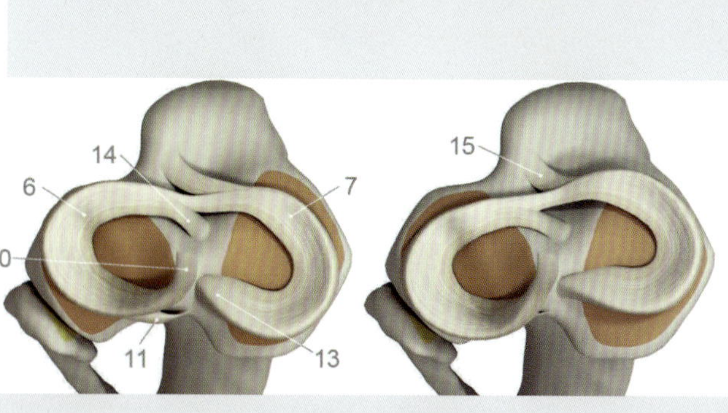

图5.14 膝关节的韧带和半月板。膝关节的前侧观和后侧观，以及伸展和屈曲关节时半月板的示意图

1. 内侧股髌韧带，2. 外侧股髌韧带，3. 腘肌，4. 外侧副韧带，5. 趾长伸肌，6. 外侧半月板，7. 内侧半月板，8. 内侧副韧带，9. 腓肠豆，10. 半月板股骨韧带，11. 外侧胫骨后半月板韧带，12. 后十字韧带，13. 内侧胫骨后半月板韧带，14. 外侧胫骨前半月板韧带，15. 内侧胫骨前半月板韧带。（图源：Martin S. Fischer, Jonas Lauströer, Amir Andikfar）

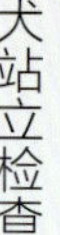

骨骼轮廓

沿关节边缘评估胫骨、髌骨和股骨远端，排查触诊疼痛和骨赘（图 5.15）。

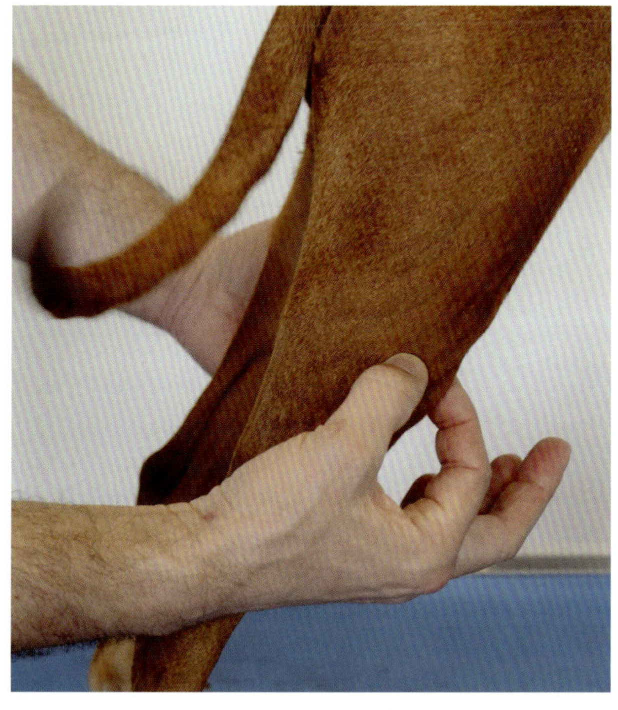

图5.15　骨赘发生于关节边缘，可以触及，特别是股骨上的骨赘

（图源：Gaby Ernst, Saland, Switzerland）

➪ 结果与鉴别诊断

- ■ 骨骼轮廓异常
  - ● 股骨远端或胫骨近端骨肉瘤
  - ● 重度骨关节炎

解剖学

- ■ 大关节囊在股骨和胫骨之间、髌骨下方形成 3 个连通腔（图 5.16）。
- ■ 膝关节有 15 条韧带，其中 6 条附着在半月板上。半月板韧带将半月板连接到胫骨上，也将外侧半月板连接到股骨上。它们通常称为内侧和外侧半月板前韧带和后韧带、半月板股骨韧带和横韧带。
- ■ 外侧副韧带（LCL）：从外上髁（紧靠腘肌起点）连接到腓骨头；与关节囊松散连接。
- ■ 内侧副韧带（MCL）：从胫骨内上髁延伸到胫骨近端的广阔区域附着。黏液囊位于附着部位附近。MCL 大约比 LCL 长 1/3。
- ■ 伸展时，绷紧的韧带会阻止关节的旋转运动；屈曲时，外侧副韧带松弛，允许关节内旋，但十字韧带会抵消这一作用。外旋仅由外侧副韧带阻止。

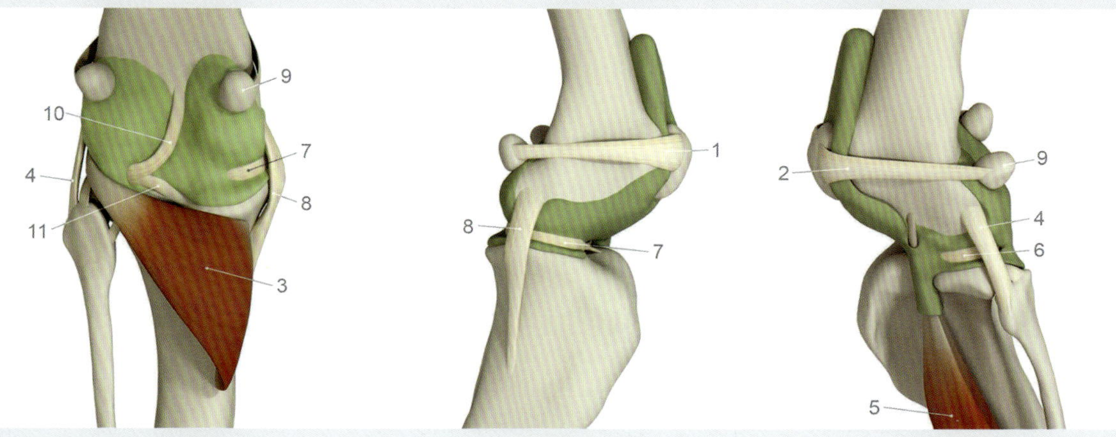

图5.16　膝关节的韧带和关节囊（绿色），后侧、内侧和外侧观

1. 内侧股髌韧带，2. 外侧股髌韧带，3. 腘肌，4. 外侧副韧带，5. 趾长伸肌，6. 外侧半月板，7. 内侧半月板，8. 内侧副韧带，9. 腓肠豆，10. 半月板股骨后韧带，11. 半月板胫骨后韧带。（图源：Martin S. Fischer, Jonas Lauströer, Amir Andikfar）

髌骨的位置

评估髌骨的位置。髌骨应位于股骨远端中部，稳固地位于滑车沟内。用拇指和食指尝试将髌骨向内侧和外侧脱位（图 5.17）。可通过在一定程度上减少股四头肌的张力来促进脱位。为了做到这一点，检查者把患犬的膝关节放在大腿下面，减轻肢体的负重。

⇨ 结果与鉴别诊断

- ■ 髌骨活动性增加
  - ● 髌骨内侧或外侧脱位
- ■ 髌骨活动性减少
  - ● 股四头肌挛缩
- ■ 髌骨和髌韧带触诊疼痛
  - ● 软骨磨损
  - ● 多关节炎
  - ● 髌韧带止点处的牵引性骨软骨炎

图5.17　髌骨相对于股骨的位置评估和髌骨脱位的初步检查

（图源：Gaby Ernst, Saland, Switzerland）

解剖学

- ■ 髌骨被外侧和内侧阔筋膜以及股髌韧带固定在滑车沟的近端部分（图 5.18）。
- ■ 髌韧带：股四头肌止点肌腱的组成部分，从髌骨延伸到胫骨，由脂肪垫与关节囊分开。
- ■ 十字韧带在关节内，但在滑膜外。
- ■ 前十字韧带（CrCL）：从外侧髁的后内侧区延伸到胫骨的前侧髁间区，沿其路线扭转；限制颅骨的运动和胫骨的内部旋转。
- ■ 后十字韧带（CdCL）：从内侧髁外侧（CrCL 内侧）延伸到腘肌切迹；抵抗股骨内旋和胫骨外旋。
- ■ 每根十字韧带有 2 个功能组分，表现出不同的张力状态。

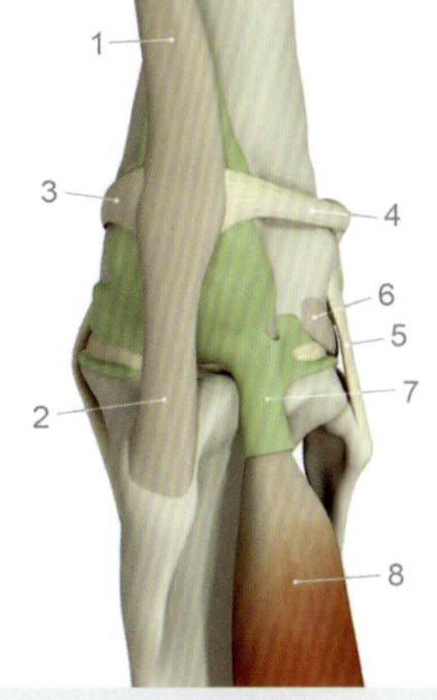

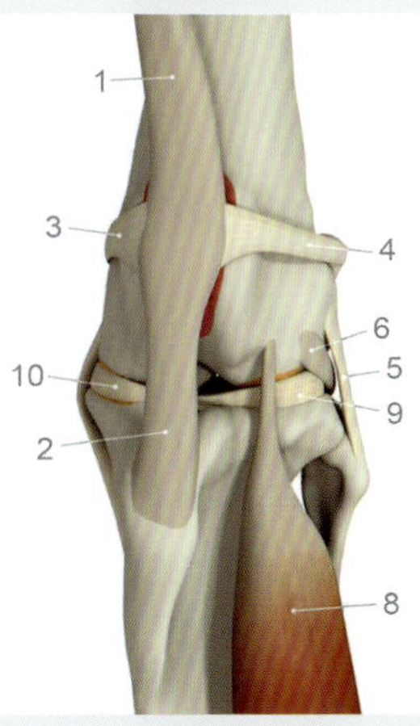

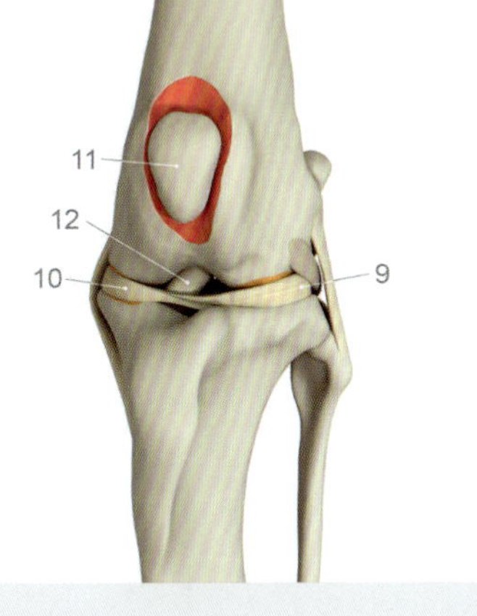

图5.18　膝关节和髌骨，前侧观

1. 股四头肌止点肌腱，2. 髌韧带，3. 内侧股髌韧带，4. 外侧股髌韧带，5. 外侧副韧带，6. 腘肌，7. 趾长伸肌的滑膜鞘，8. 趾长伸肌，9. 外侧半月板，10. 内侧半月板，11. 髌骨，12. 前十字韧带。（图源：Martin S. Fischer, Jonas Lauströer, Amir Andikfar）

5.3.5 大腿

从远端到近端触诊大腿肌肉，记录其位置、方向和大小，以及是否疼痛。大腿肌肉组织的总周长可通过卷尺、绳子或检查者的手来确定。为获得可靠的结果，应将手或卷尺放在腹股沟水平处测量腹股沟附近的大腿周长（图 5.19）。

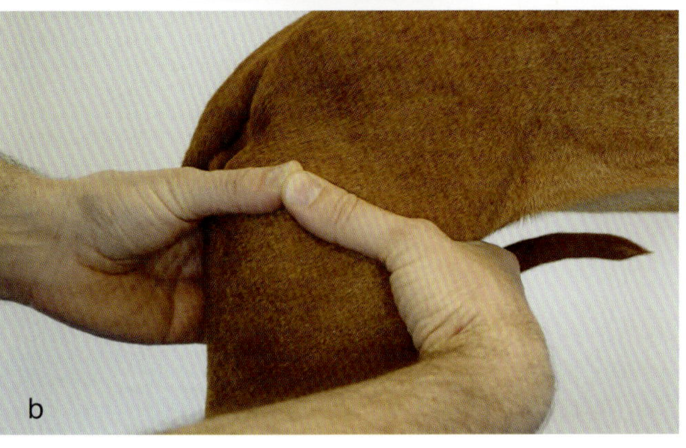

图5.19 大腿肌肉的周长评估

a，使用卷尺评估；b，使用手评估。（图源：Gaby Ernst, Saland, Switzerland）

⇨ 结果与鉴别诊断

- ■ 大腿后部肌肉疼痛或活动性降低
  - ● 股后肌群（腘绳肌）纤维化
- ■ 与对侧肢体相比，大腿肌肉周长减小
  - ● 肢体负重的慢性减小，肢体或脊柱偏侧的疾病
- ■ 股四头肌疼痛或肿胀
  - ● 股四头肌挛缩
- ■ 耻骨肌疼痛
  - ● 髋关节发育不良或髋股关节骨关节炎

解剖学

■ 股后肌群（腘绳肌）由股二头肌、半腱肌和半膜肌组成（图 5.20）。

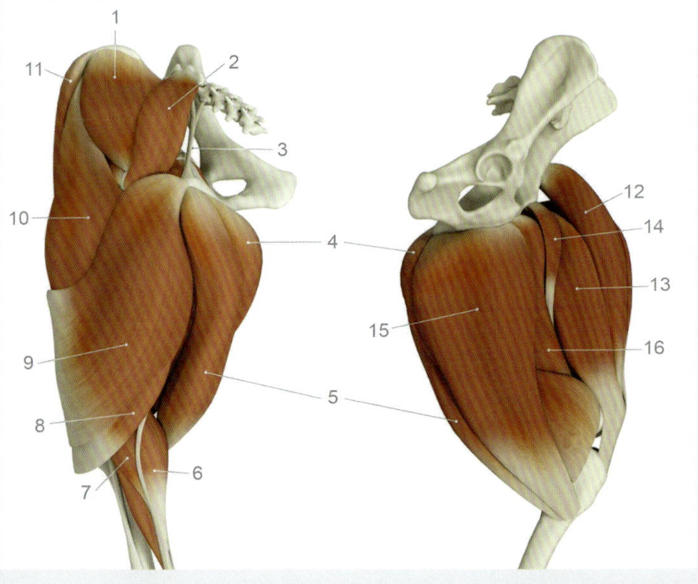

图5.20 后肢近端可触及的特征

大腿肌肉：1. 臀中肌，2. 臀浅肌，3. 荐结节韧带，4. 半膜肌，5. 半腱肌，6. 腓肠肌内侧头，7. 腓肠肌外侧头，8. 股二头肌后部，9. 股二头肌前部，10. 阔筋膜张肌，11. 缝匠肌前部，12. 股直肌，13. 股内侧肌，14. 耻骨肌，15. 股薄肌，16. 内收肌。（图源：Martin S. Fischer, Jonas Lauströer, Amir Andikfar）

5.3.6 髋关节

髋关节的位置

用拇指、食指和中指触摸坐骨结节、大转子和髂骨嵴的位置（图 5.21）。这些点应在左、右两侧形成相似的三角形。

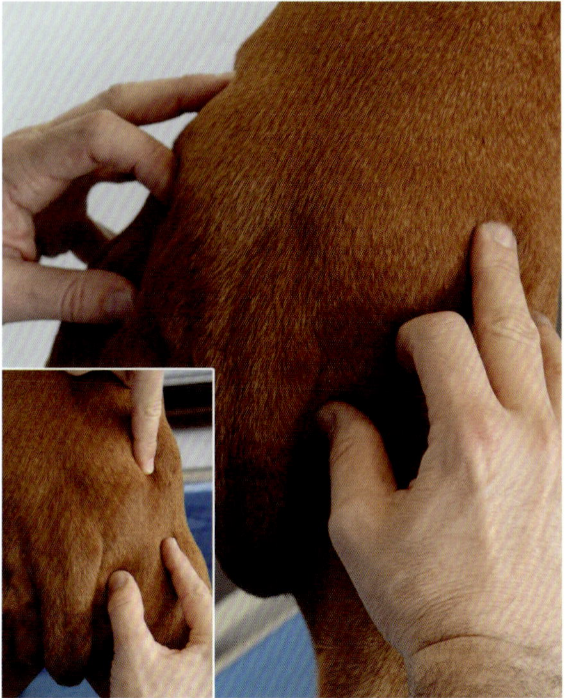

图5.21 3个骨突（坐骨结节、大转子和髂骨嵴）的触诊，用于诊断股骨头脱位
（图源：Gaby Ernst, Saland, Switzerland）

⇨ 结果与鉴别诊断

- ■ 大转子位置异常或无法触及
  - ● 髋关节向前背侧、后腹侧或前腹侧脱位

解剖学

■ 后肢产生的力通过骨盆和荐骨传递到腰椎，然后再传递到躯干。后段脊柱的运动是由肢体运动促发的。通过骨盆的框架状结构即可反映出来。荐髂关节在很大程度上起缓冲作用，用于吸收负荷峰值（图 5.22）。在大型犬中，荐髂关节承受的压力和拉力不成比例地高。

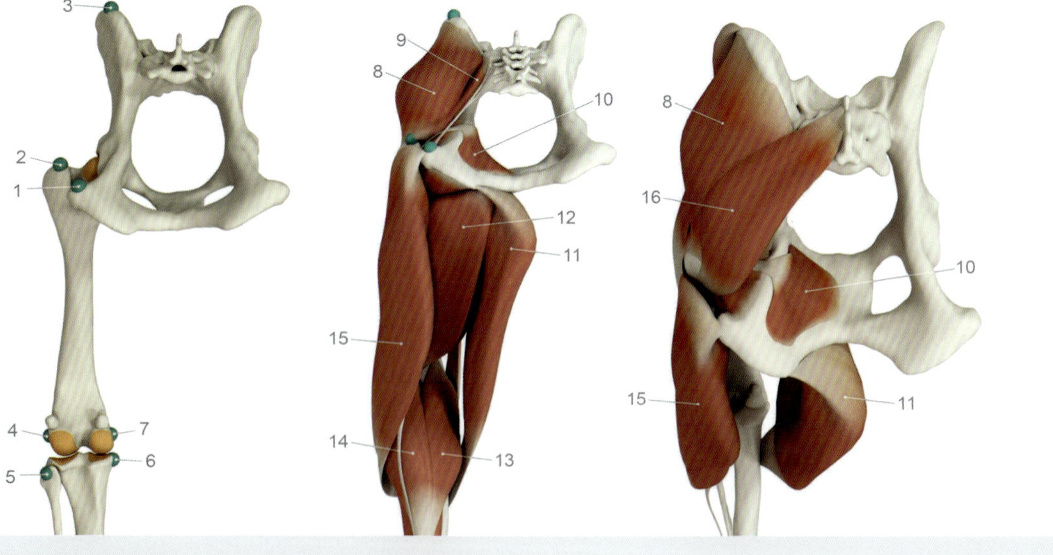

图5.22 后肢近端可触及的特征
股后深部肌群和臀部肌肉：1. 坐骨结节，2. 大转子，3. 髂骨嵴，4. 外上髁，5. 腓骨头，6. 内侧髁，7. 内上髁，8. 臀中肌，9. 梨状肌，10. 闭孔内肌，11. 股薄肌，12. 内收肌，13. 腓肠肌内侧头，14. 腓肠肌外侧头，15. 股二头肌，16. 臀浅肌。（图源：Martin S. Fischer, Jonas Lauströer, Amir Andikfar）

髋关节的操作

一只手抓住股骨远端，另一只手放在大转子上，伸展、屈曲和外展双侧髋关节。在操作过程中，患犬仅用对侧肢站立。在这些操作中，股骨应能伸展到水平位置（图 5.23）。

➪ 结果与鉴别诊断

- ■ 髋关节活动范围广泛性减小
  - ● 髋股关节骨关节炎
  - ● 髋关节发育不良
  - ● 髋关节脱位
  - ● 肿瘤
- ■ 仅髋关节伸展时疼痛
  - ● 髋股关节骨关节炎
  - ● 髋关节发育不良
  - ● 马尾神经压迫
  - ● 脊椎关节强硬
  - ● 椎间盘疾病
- ■ 捻发音和疼痛
  - ● 髋股关节骨关节炎
  - ● 肿瘤

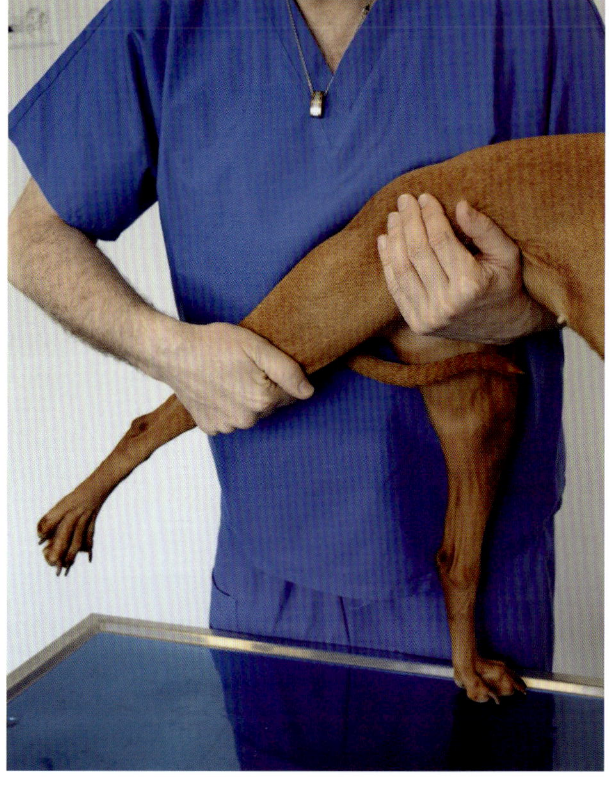

图5.23 髋关节的最大伸展

该操作会对髋关节、髂腰肌和腰椎施压，可能引起疼痛反应。（图源：Gaby Ernst, Saland, Switzerland）

解剖学

- ■ 在髋关节中，股骨的半球形头与髋臼的 Ω 形半月面成关节。关节的骨盆侧由纤维软骨性的髋臼唇扩大（图 5.24）。
- ■ 髋关节内没有机械性功能韧带。股骨头的关节内滑膜外韧带通过髋臼的 Ω 形隐窝。髋臼横韧带连接在半月面的尖端，从而桥连髋臼切迹。
- ■ 宽敞的关节囊附着在髋臼唇边缘的近端和股骨头下方靠近软骨衬里的关节面。背侧（轮匝肌）与前侧和后侧的囊壁存在关节囊增厚。髋关节肌的纤维向关节囊的外层辐射，可以对关节囊施加张力。

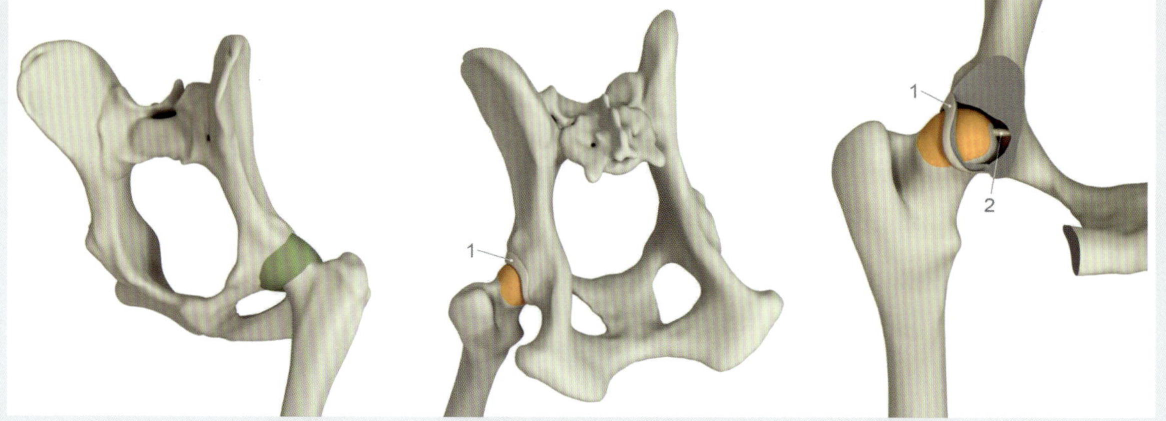

图5.24 髋关节的关节囊（绿色）、髋臼唇，以及移除髋臼背侧显示的股骨头韧带

1. 髋臼唇，2. 股骨头韧带。（图源：Martin S. Fischer, Jonas Lauströer, Amir Andikfar）

髂腰肌检查

股骨完全伸展时再向内旋转，可使髂腰肌最大限度地拉伸（图 5.25）。然后，在脊柱腹侧，从外侧指压髂腰肌的中前部分。体重在 25 kg 以下的患犬，可在直肠内、髂骨前触诊髂腰肌。

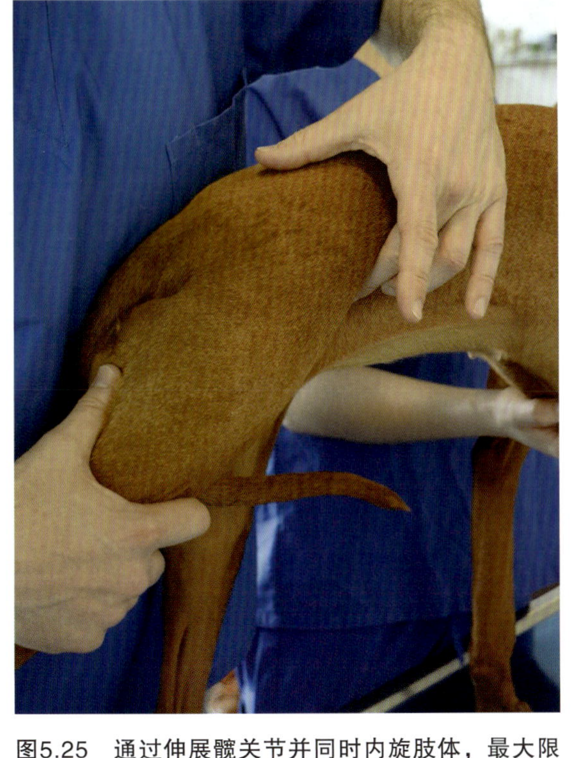

图5.25 通过伸展髋关节并同时内旋肢体，最大限度地拉伸髂腰肌

（图源：Gaby Ernst, Saland, Switzerland）

➪ 结果与鉴别诊断

- ■ 仅在髋关节完全伸展并内旋股骨时才会引发疼痛反应
  - ● 髂腰肌劳损
  - ● 髋股关节骨关节炎
- ■ 压迫髂腰肌引起疼痛
  - ● 髂腰肌劳损

解剖学

■ 髂腰肌由腰大肌和髂肌并置形成（图 5.26）。这些肌肉独立走行，向后附着在小转子上。腰大肌起源于 L2 和 L3 的横突，通过 L3 和 L4 的腱膜以及 L4–L7 的腹侧面。髂肌起源于髂骨的后内面。

■ 在患犬行走过程中，髂腰肌在站立阶段结束时和摆动阶段活跃。在快步和跑步过程中，髂腰肌在站立阶段的前 1/3 就开始活跃，从而有助于肢体的稳定。

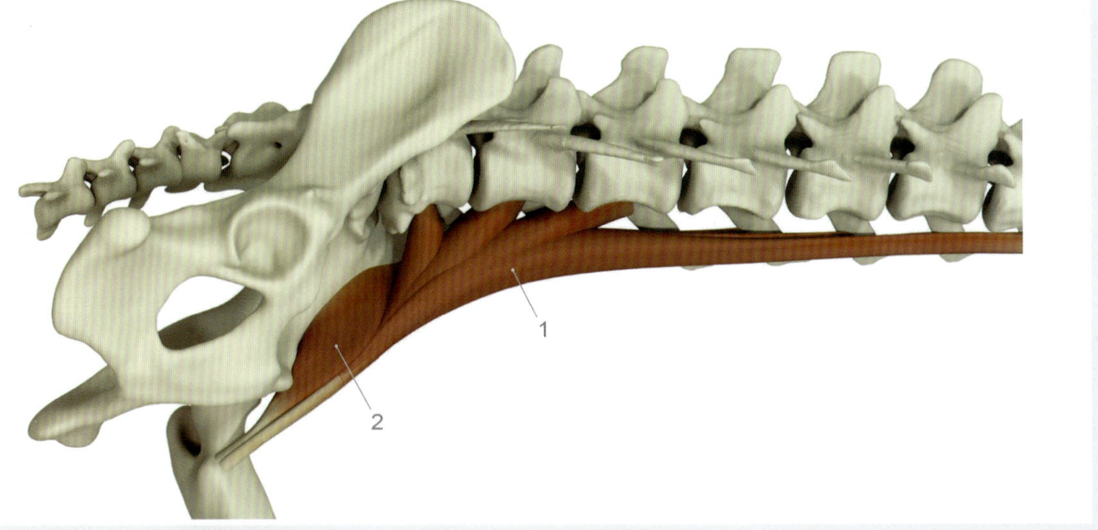

图5.26 腰大肌（1）和髂肌（2）的内侧观

（图源：Martin S. Fischer, Jonas Lauströer, Amir Andikfar）

5.3.7 常见鉴别诊断概述和检查视频

表 5.1 概述了最重要的鉴别诊断。

表5.1 鉴别诊断概述

病变部位	主要鉴别诊断
趾骨、跖骨和跗骨	●多关节炎 ●骨折 ●肿瘤
跗关节	●不稳定 ●距骨骨软骨病 ●跟腱断裂或部分断裂
小腿	●全骨炎 ●肿瘤
膝关节	●十字韧带断裂 ●十字韧带部分断裂 ●髌骨脱位
大腿	●肿瘤 ●全骨炎 ●肌肉硬化 / 纤维化
髋关节	●髋关节发育不良 / 骨关节炎 ●髋关节脱位 ●股骨头坏死

参阅视频 5.3，查看犬站立的后肢检查。

视频5.3 犬站立的后肢检查

该视频包括：站立对称性、四肢远端疼痛检查、跖骨和跗骨触诊、跗关节触诊、跟腱触诊、小腿触诊、膝关节和髌骨触诊、前抽屉试验、股骨和腘绳肌触诊、髋关节触诊和检查，以及髂腰肌检查。（视频来源：Tele D, Diessenhofen, Switzerland）

5.4 前肢

5.4.1 指骨、掌骨和腕骨

站立对称性

检查者站在犬的前面，将食指放在每侧腕关节的副腕骨水平周围，双侧等力向前牵拉，评估站立对称性（图 5.27）。

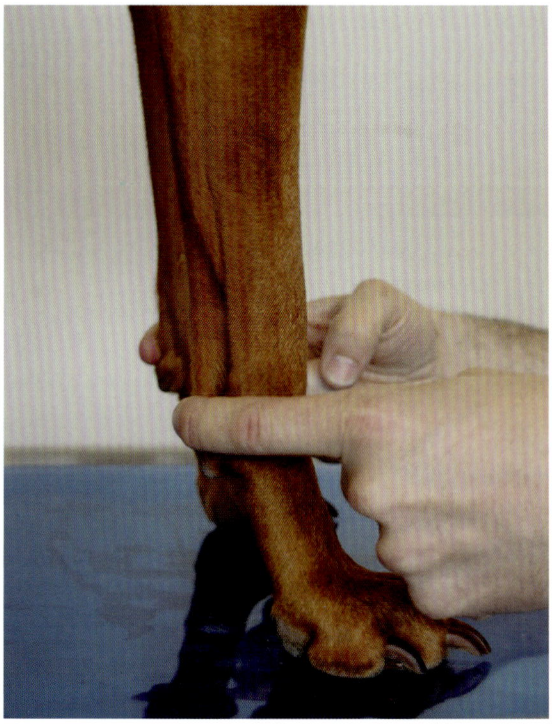

图5.27 通过牵拉副腕骨水平的前肢来评估前肢的对称性和稳定性

（图源：Gaby Ernst, Saland, Switzerland）

⇨ 结果与鉴别诊断

- 一侧前肢更容易向前拉
  - 容易向前拉的那侧前肢广泛性无力

解剖学

- 前肢肌肉量和后肢肌肉量近似均匀分布（图 5.28 和图 5.2）。二者的总生理横断面积（据此可以推断肌肉所产生的力的近似值）也几乎相同。前肢通常承担 60% 的垂直负荷。随着加速度的增加，身体垂直负荷更多地分布到后肢。后肢的水平力更高，可以产生更多的推进力，而前肢产生更长且更强的制动力。

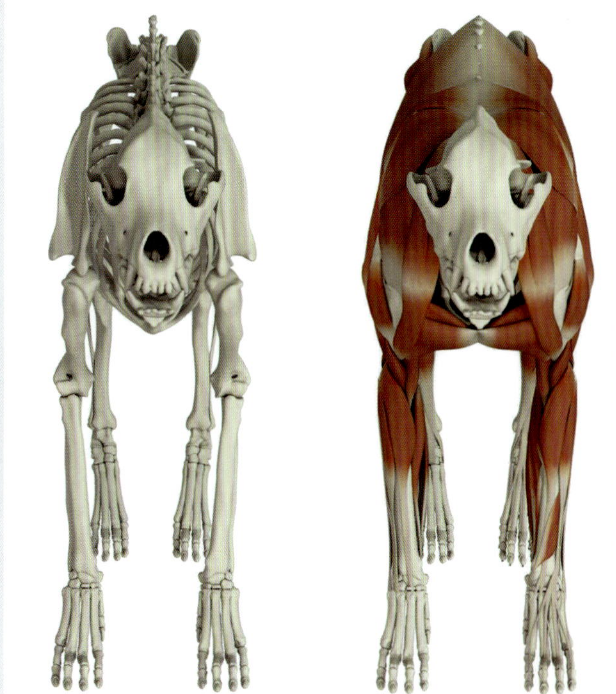

图5.28 犬的骨骼和肌肉组织的前侧观

（图源：Martin S. Fischer, Jonas Lauströer, Amir Andikfar）

肢体远端的疼痛检查

在腕关节近端紧握双前肢，压在检查台面上，检查有无疼痛迹象（图 5.29）。

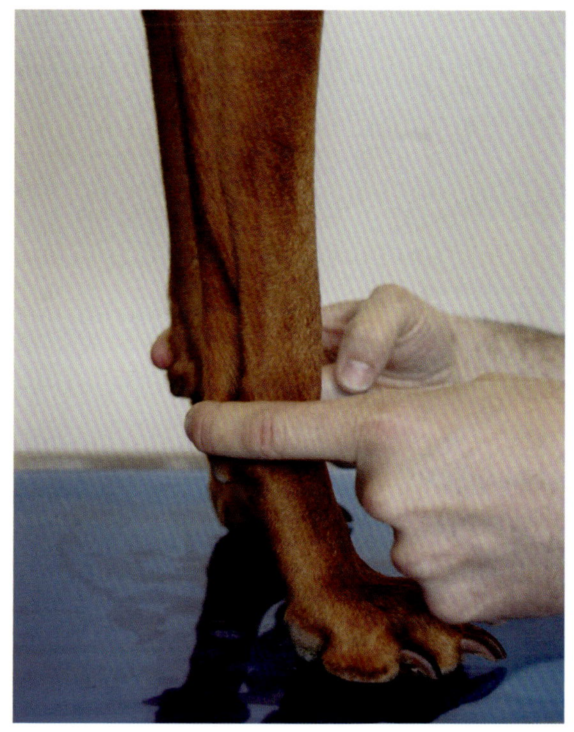

图5.29 检查前肢远端疼痛的操作与后肢相似
紧握前臂远端，压在检查台面上。（图源：Gaby Ernst, Saland, Switzerland）

⇨ 结果与鉴别诊断

- ■ 疼痛反应和（或）检查后抬起前爪，提示肢体远端疾病
  - ● 指关节肿胀
  - ● 指骨骨折
  - ● 掌骨骨折
  - ● 腕关节疾病
- ■ 指背侧屈曲
  - ● 指屈肌断裂

解剖学

- ■ 与后脚一样，前脚由指浅屈肌和指深屈肌的肌腱承受张力（图 5.30）。在这些肌腱中，储存的弹性能量会在抬腿负荷消失时产生弹射效应。
- ■ 腕管由屈肌支持带（腕深筋膜的加强部分）和关节囊的掌侧部分形成。指深屈肌腱、动脉、静脉、尺神经和正中神经穿过腕管。

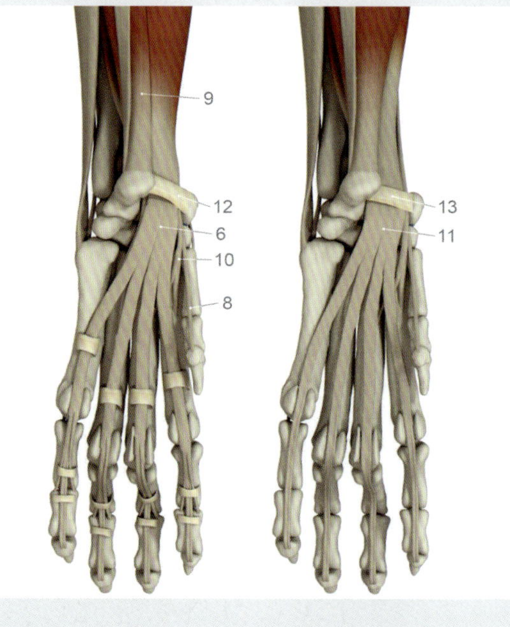

图5.30 腕骨和前臂相关的肌肉
1. 尺侧腕伸肌，2. 指外侧伸肌，3. 指总伸肌，4. 桡侧腕伸肌，5. 拇长展肌，6. 指浅屈肌，7. 指深屈肌肱骨头，8. 指深屈肌桡骨头，9. 尺侧腕屈肌，10. 桡侧腕屈肌，11. 指深屈肌止点总腱，12. 腕筋膜（更掌侧的），13. 屈肌支持带。a，前外侧和前内侧观；b，后侧观，图示浅屈肌和深屈肌。（图源：Martin S. Fischer, Jonas Lauströer, Amir Andikfar）

腕骨

通过比较触诊来评估掌骨和腕骨。可触及副腕骨位于腕关节的后外侧位置（图 5.31）。

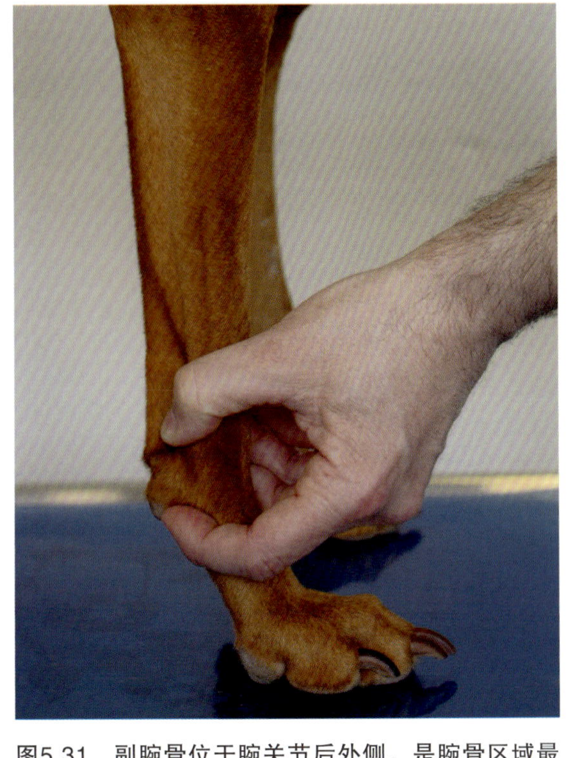

图5.31 副腕骨位于腕关节后外侧，是腕骨区域最容易辨认的骨

（图源：Gaby Ernst, Saland, Switzerland）

➪ 结果与鉴别诊断

- ■ 轴向偏移、掌行
  - ● 腕骨或掌骨骨折，或腕间或腕韧带异常，尤其是掌侧的韧带
  - ● 副腕骨骨折
  - ● 腕关节侧副韧带断裂
- ■ 掌侧区域轮廓异常（肿胀）
  - ● 陈旧伤
  - ● 由伸展过度性损伤造成的肿胀
- ■ 副腕骨捻发音或移位
  - ● 副腕骨骨折
  - ● 韧带断裂或腕屈肌腱断裂

解剖学

- ■ 15 块腕骨（图 5.32）形成 33 个独立的关节。每一排腕骨构成一个功能单位。主要的关节如下：
  - ● 桡尺远端关节（红色）
  - ● 前臂腕关节（橙色）
  - ● 腕中关节
  - ● 腕掌关节
- ■ 桡尺远端关节和前臂腕关节有一个共同的关节腔。
- ■ 桡骨的凹形关节面比尺骨的弱凹形关节面大 3 倍左右。

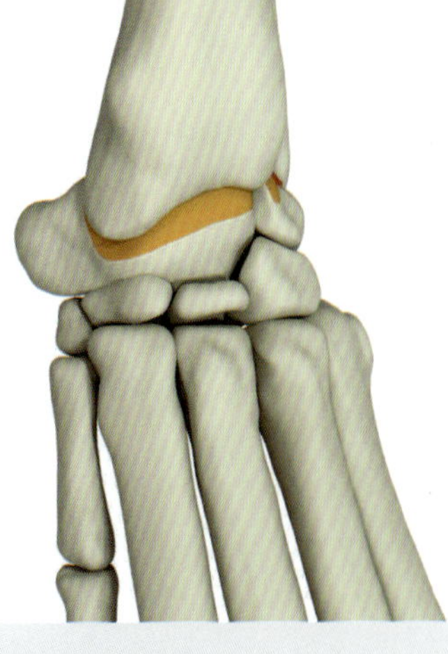
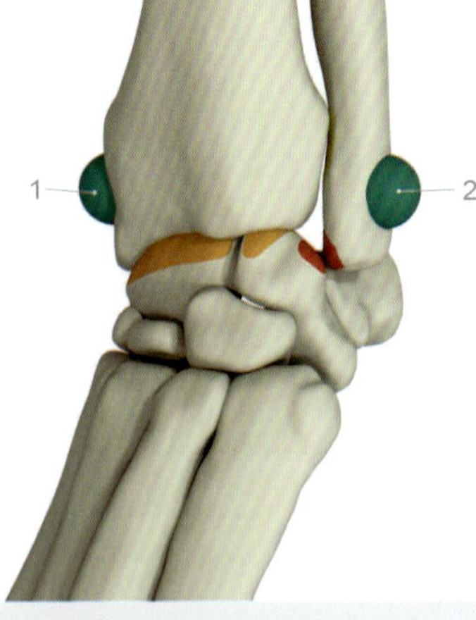

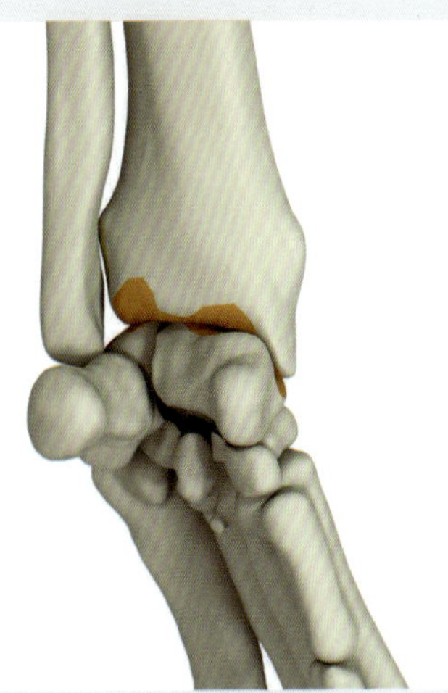

图5.32 腕骨可触及的特征

1. 内侧茎突，2. 外侧茎突。（图源：Martin S. Fischer, Jonas Lauströer, Amir Andikfar）

5.4.2 腕关节

可在茎突之间触及前臂腕关节的前缘（图 5.33）。

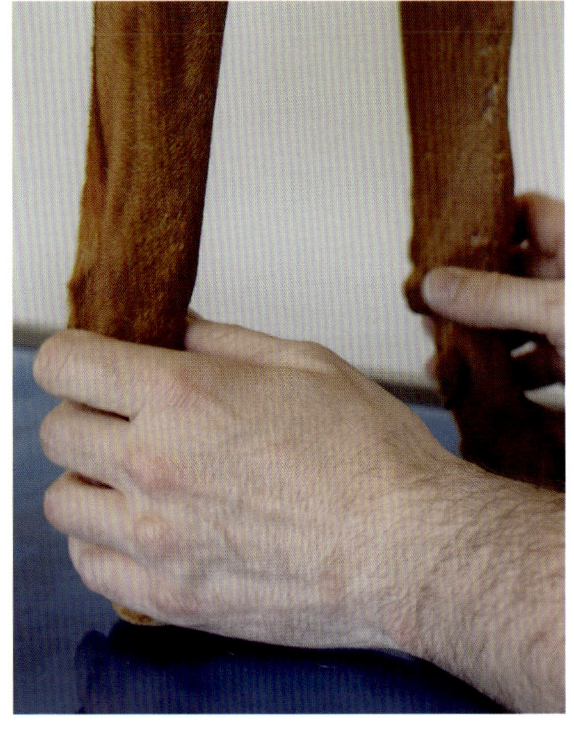

图5.33 正常腕关节含少量滑液。任何关节肿胀都可以在茎突间关节前缘发现
（图源：Gaby Ernst, Saland, Switzerland）

➪ 结果与鉴别诊断

- ■ 积液、热和（或）疼痛
  - ● 多关节炎
  - ● 侧副韧带断裂
  - ● 关节骨折
  - ● 桡骨远端肿瘤
- ■ 腕外翻
  - ● 内侧副韧带断裂
  - ● 桡骨和尺骨生长不同步
- ■ 关节内侧表面轮廓异常
  - ● 慢性韧带损伤
  - ● 拇长展肌腱鞘炎

解剖学

■ 由于腕关节有复杂的韧带和拉紧的筋膜覆盖，腕关节的运动仅限于屈曲和伸展（图 5.34）。在正常关节中，过度伸展的角度为 25° ±10°，外翻角度为 15°。

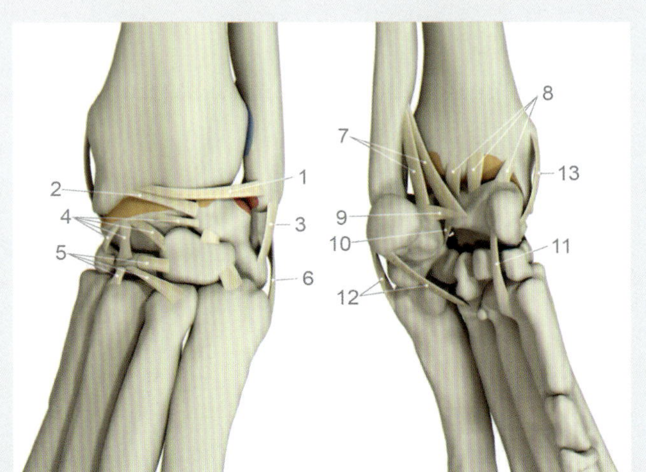

图5.34 腕关节韧带

1. 桡尺骨韧带，2. 桡腕骨背侧，3. 腕桡侧副韧带，4. 腕骨间背侧韧带，5. 腕掌背侧韧带，6. 副腕掌韧带，7. 尺腕掌韧带，8. 桡腕掌韧带，9. 副腕尺韧带，10. 腕间掌韧带，11. 腕掌掌侧韧带，12. 副腕掌韧带，13. 腕内侧副韧带。（图源：Martin S. Fischer, Jonas Lauströer, Amir Andikfar）

5.4.3 前臂部

从远端向近端，触诊和指压桡骨和尺骨皮下可触及的部分。应特别注意茎突、桡骨头和鹰嘴（图 5.35）。

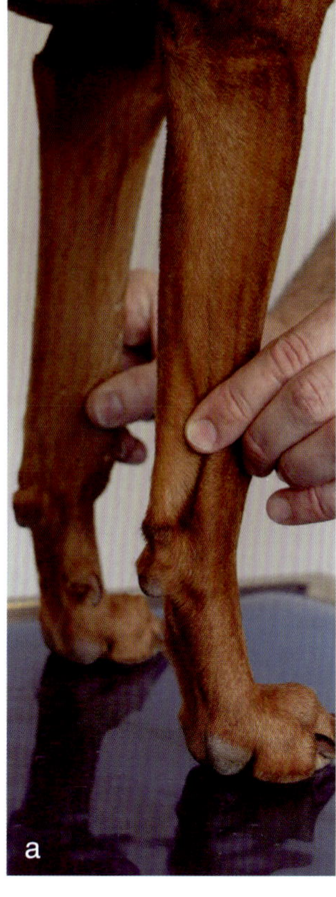
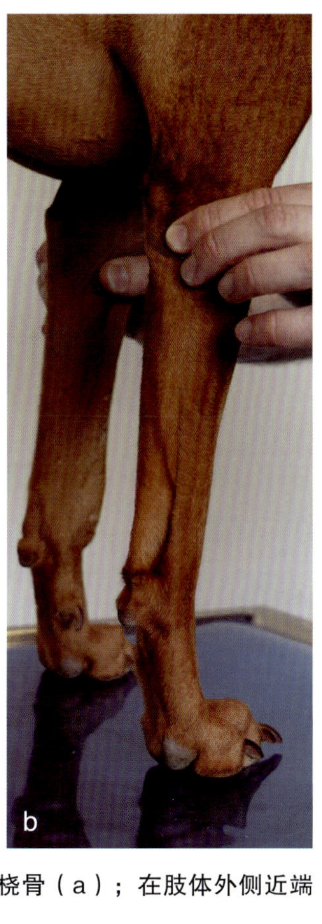

图5.35 在肢体内侧远端触诊桡骨（a）；在肢体外侧近端和鹰嘴处触诊尺骨（b）

（图源：Gaby Ernst, Saland, Switzerland）

⇨ 结果与鉴别诊断

- 桡骨向前弯曲，前臂外翻和外旋（桡骨和尺骨生长不同步）
  - 尺骨远端生长板提前闭合，可能导致桡骨远端失准直
- 桡骨远端 1/3 处疼痛
  - 桡骨肿瘤
- 骨干和鹰嘴疼痛
  - 全骨炎
  - 骨折
- 外侧伸肌群或内侧屈肌群肿胀
  - 筋膜室综合征
- 整个前臂肿胀、热和疼痛
  - 肥大性骨营养不良

解剖学

- 桡骨和尺骨（图 5.36）相互交叉。它们通过骨间韧带（厚度可达 2 mm）进行旋前固定，尽管在弯道快速奔跑时会发生广泛的被动旋转。
- 籽骨软骨可能存在于由旋后肌起点肌腱、外侧副韧带和桡骨环形韧带形成的结缔组织网的外侧，特别是在大型犬和巨型犬中。

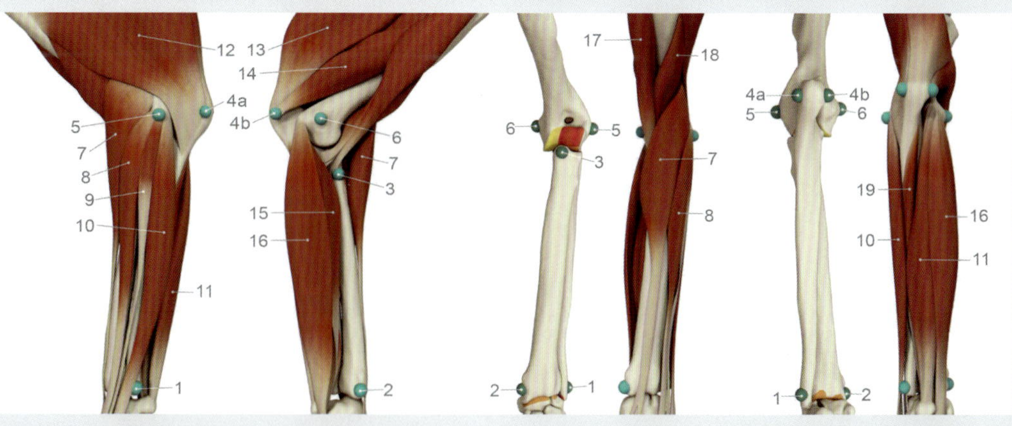

图5.36 前臂部及其相关的肌肉组织

前臂部可触及的结构：1. 外侧茎突，2. 内侧茎突，3. 桡骨头，4a 和 4b. 鹰嘴和鹰嘴结节，5. 肱骨外上髁，6. 肱骨内上髁。前臂肌肉：7. 桡侧腕伸肌，8. 指总伸肌，9. 指外侧伸肌，10. 尺侧腕伸肌，11. 尺侧腕屈肌，12. 肱三头肌外侧头，13. 肱三头肌长头，14. 肱三头肌内侧头，15. 指深屈肌肱骨头，16. 指浅屈肌，17. 肱二头肌，18. 肱肌，19. 指深屈肌尺骨头。（图源：Martin S. Fischer, Jonas Lauströer, Amir Andikfar）

5.4.4 肘关节

肘关节触诊

在肱骨内、外上髁远端的半圆形区域可触及肘关节的关节囊。它从近端后侧延伸到肘突（图 5.37）。

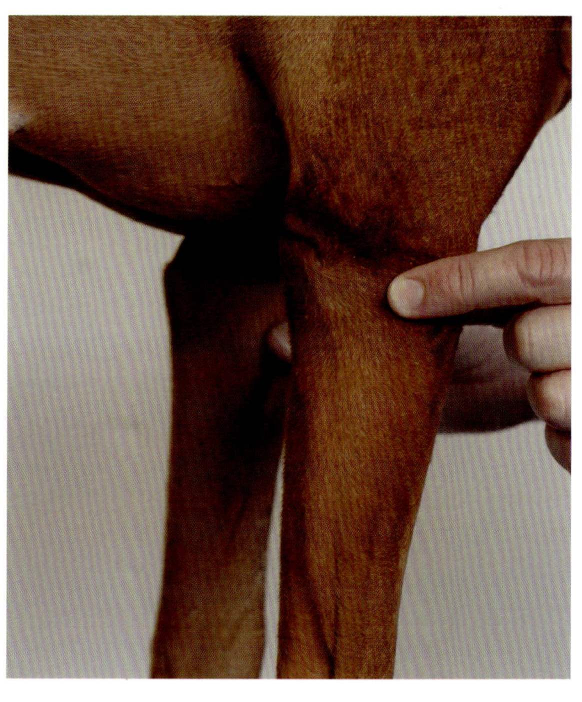

图5.37 肘关节的检查

在肱骨上髁（参考点）远端，可以在从肘突到内侧和外侧冠状突的半圆形区域上触诊肘关节。（图源：Gaby Ernst, Saland, Switzerland）

➪ 结果与鉴别诊断

- ■ 肘关节积液、热
  - ● 肘关节发育不良
  - ● 肘关节骨关节炎

肘关节外侧部明显积液

  - ● 肘突骨折或不闭合

解剖学

- ■ 肱尺关节（黄色 / 橙色）和肱桡关节（红色）形成生理上不协调的滑车关节（图 5.38）。肱尺关节具有较大的关节面，并将力传递到肱骨。
- ■ 关节囊在屈肌面由斜纤维加强。
- ■ 肱二头肌和指总伸肌下有 4 个囊袋，鹰嘴窝后侧有 2 个囊袋。
- ■ 桡尺关节是肘关节的一部分，合并在关节囊内。它允许尺骨和桡骨被动旋转。
- ■ 尺骨的最大负荷发生在滑车切迹的内侧，在肘突和内侧冠状突之间。
- ■ 滑车切迹与肱骨滑车成关节。中小型犬的关节面是连续的。相比之下，在大型犬的关节软骨中，滑车切迹的最深处常观察到关节软骨减少。在巨型犬中，关节软骨通常只出现在关节面的内侧。

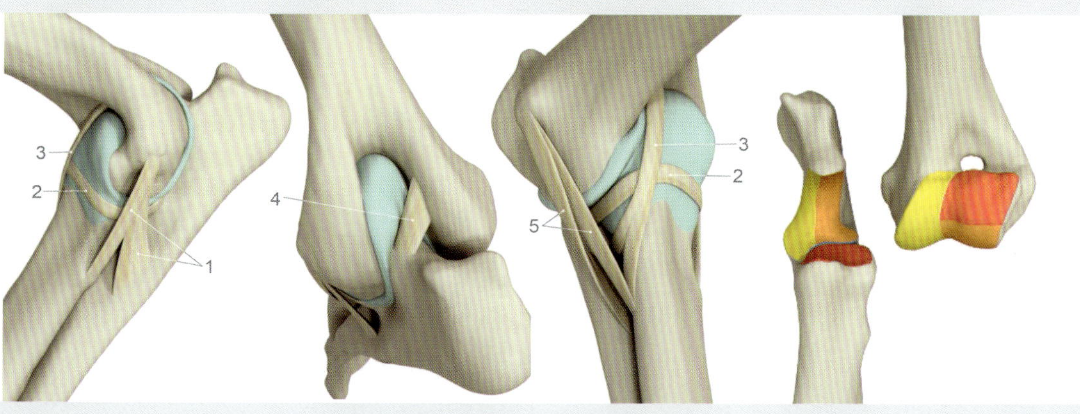

图5.38 肘关节的关节囊及其相关韧带。肱尺关节（黄色/橙色）和肱桡关节（红色）的示意图

1. 外侧副韧带，2. 桡骨环状韧带，3. 斜韧带，4. 鹰嘴韧带，5. 内侧副韧带。（图源：Martin S. Fischer, Jonas Lauströer, Amir Andikfar）

侧副韧带

可触及内侧和外侧副韧带。从肱骨到桡骨头（外侧）和从肱骨到尺骨（内侧）的路径中，侧副韧带都是拉紧的。通过内收 / 外展与肘关节屈曲和伸展时前臂部的旋前 / 旋后进一步检查韧带的稳定性（图 5.39）。

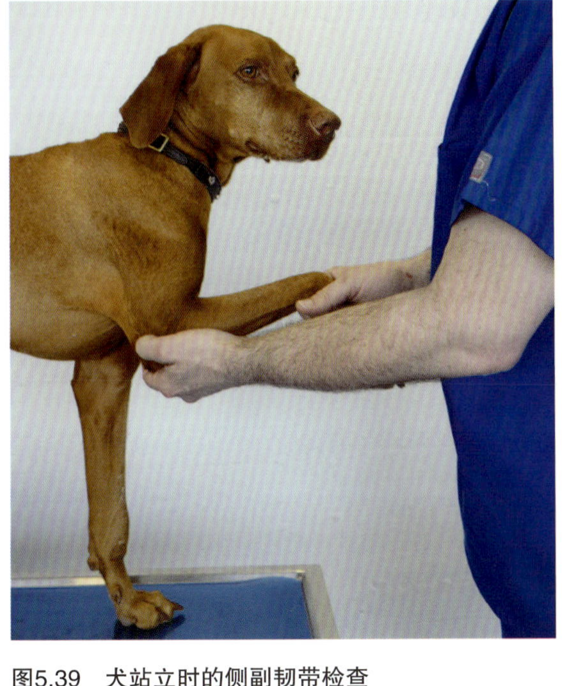

图5.39 犬站立时的侧副韧带检查

旋前增加表示内侧副韧带损伤；旋后增加表示外侧副韧带损伤。（图源：Gaby Ernst, Saland, Switzerland）

⇨ 结果与鉴别诊断

- 外展超过 30°
  - 内侧副韧带撕裂
- 桡骨头外侧移位
  - 前臂部外侧脱位（肘关节外侧脱位）
- 旋后增加
  - 外侧不稳定
- 旋前增加
  - 内侧不稳定

解剖学

- 外侧和内侧副韧带大约在桡骨环状韧带水平分开（图 5.40）。由于侧副韧带的附着位置相对于肘关节的旋转轴是偏心的，因此从肘关节中间位置的任意一侧都能准确地触及（最大张力处）。
- 桡骨环状韧带：从内侧冠状突到外侧副韧带（LCL）和外侧冠状突。
- 斜韧带：从滑车上孔外侧缘到桡骨内侧和内侧副韧带。
- 鹰嘴韧带：从滑车上孔后侧到肘突和鹰嘴前嵴。

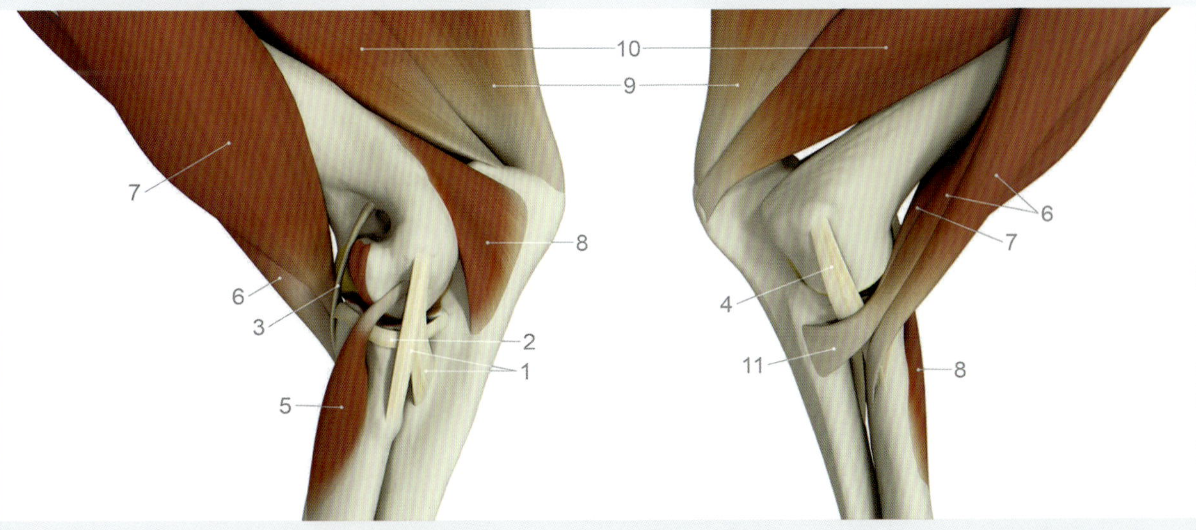

图5.40 肘关节及其相关韧带和肌肉

1. 外侧副韧带，2. 桡骨环状韧带，3. 斜韧带，4. 内侧副韧带，5. 旋后肌，6. 肱二头肌，7. 肱肌，8. 肘肌，9. 肱三头肌长头，10. 肱三头肌内侧头，11. 肱二头肌和肱肌的止点总腱。（图源：Martin S. Fischer, Jonas Lauströer, Amir Andikfar）

5.4.5 臂部

从远端到近端触诊臂部的肌腹（图 5.41）。应注意肱二头肌的桡侧止点，并通过向后牵拉肱二头肌来检查疼痛。可触及肱三头肌的走向和肱骨附着点。肱骨只能在臂部远端 1/3 处直接触诊。在近端，检查臂部前侧是否存在疼痛。

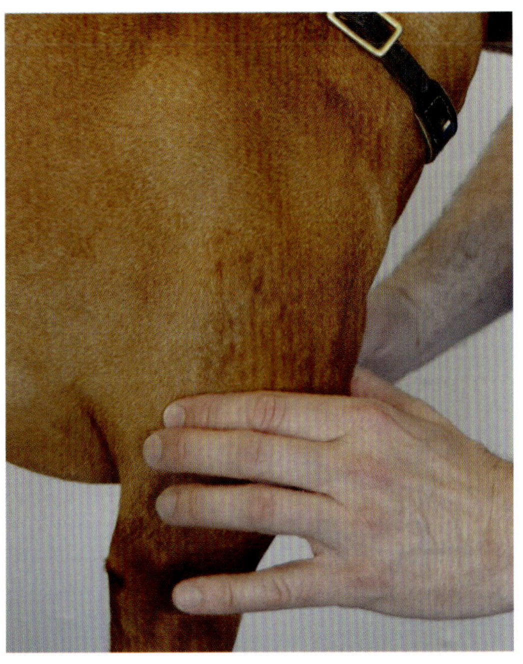

图5.41 经过肩关节的前内侧缘后，肱二头肌在通过远端之前被横带固定在小结节和大结节之间。可触及肱二头肌的近端部分

（图源：Gaby Ernst, Saland, Switzerland）

⇨ 结果与鉴别诊断

- ■ 肱二头肌疼痛
  - ● 肱二头肌肌腱炎
- ■ 肱三头肌连接处肿胀
  - ● 肱三头肌部分或完全撕裂
  - ● 鹰嘴骨折
- ■ 肱骨疼痛
  - ● 肿瘤

解剖学

- ■ 肱二头肌起源于盂上结节，环绕肱骨骨干，止于桡骨结节和内侧冠状突远端（图 5.42）。
- ■ 喙肱肌起源于肩胛骨喙突的肌腱。肌腱在腱鞘内穿过肩关节的内侧缘。肌肉止于小结节嵴。
- ■ 肱三头肌长头是肢体最强壮的肌肉。

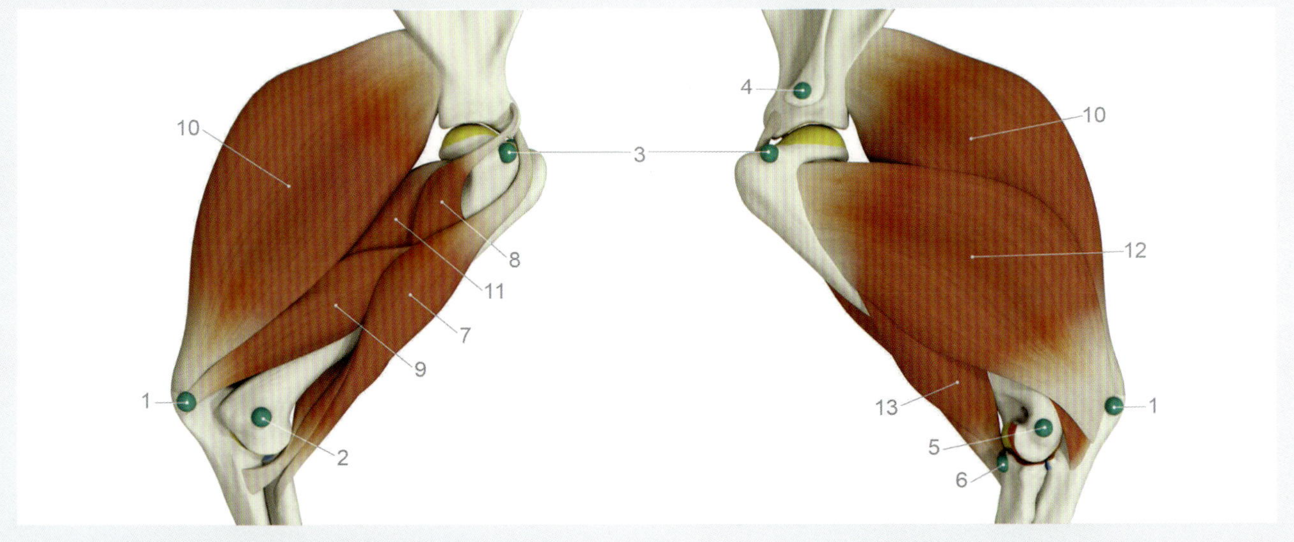

图5.42 臂部、肩关节和肘关节及其相关肌肉

可触及的结构：1. 鹰嘴，2. 肱骨内上髁，3. 大结节，4. 肩峰，5. 肱骨外上髁，6. 桡骨头，7. 肱二头肌，8. 喙肱肌，9. 肱三头肌内侧头，10. 肱三头肌长头，11. 肱三头肌副头，12. 肱三头肌外侧头，13. 肱肌。（图源：Martin S. Fischer, Jonas Lauströer, Amir Andikfar）

5.4.6 肩关节

关节触诊

肩关节深藏在肌肉组织之下，只能在其前内侧直接触诊，肱二头肌穿过该部位（图 5.43）。触诊时，也要操作肩关节。

➩ 结果与鉴别诊断

- ■ 疼痛和热
  - ● 骨软骨病
  - ● 肱二头肌肌腱炎
  - ● 肩关节不稳定
- ■ 捻发音
  - ● 慢性骨软骨病
  - ● 骨折
  - ● 肩关节脱位
  - ● 肿瘤
  - ● 肱二头肌从盂上结节撕脱

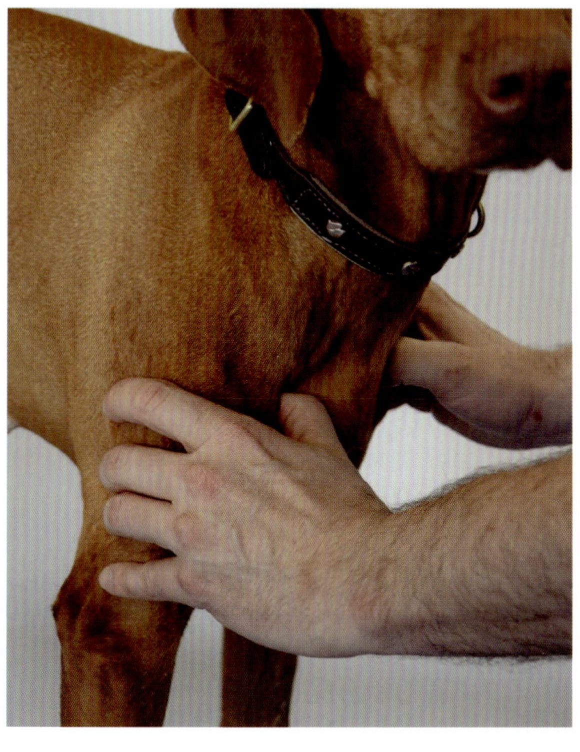

图5.43 肩关节位于肩部肌肉下方，只能在其前侧直接触诊

（图源：Gaby Ernst, Saland, Switzerland）

解剖学

- ■ 存在囊内韧带；内侧盂肱韧带是一个离散的韧带，而不仅仅是关节囊增厚（图 5.44）。
- ■ 肱二头肌的近端部在腱鞘内。纤维软骨嵌入肌腱的滑动部分。肱骨头在肌腱下移动；而肌腱本身不动。原始肌腱的抗拉强度和负重能力随年龄的增长而降低。相对于体重较轻的犬，重型犬的拉伸负荷能力较低。

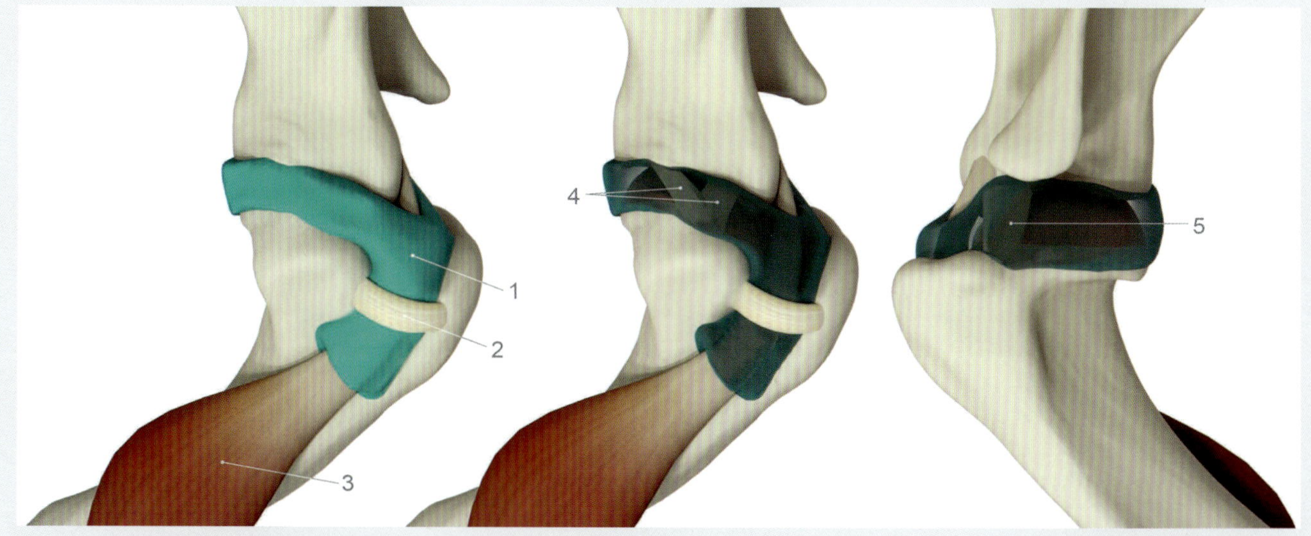

图5.44 肩关节的关节囊和囊内韧带

关节囊呈半透明状，显示肱二头肌起源肌腱在腱鞘内的走向。1. 结节间滑膜鞘，2. 肱骨横韧带，3. 肱二头肌，4. 盂肱内侧韧带，5. 外侧关节囊壁增厚。（图源：Martin S. Fischer, Jonas Lauströer, Amir Andikfar）

肩关节稳定性评估

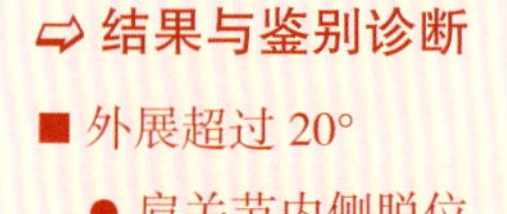

充分伸展肘关节和肩关节，外展肢体，评估肩关节的整个活动范围（图 5.45）。

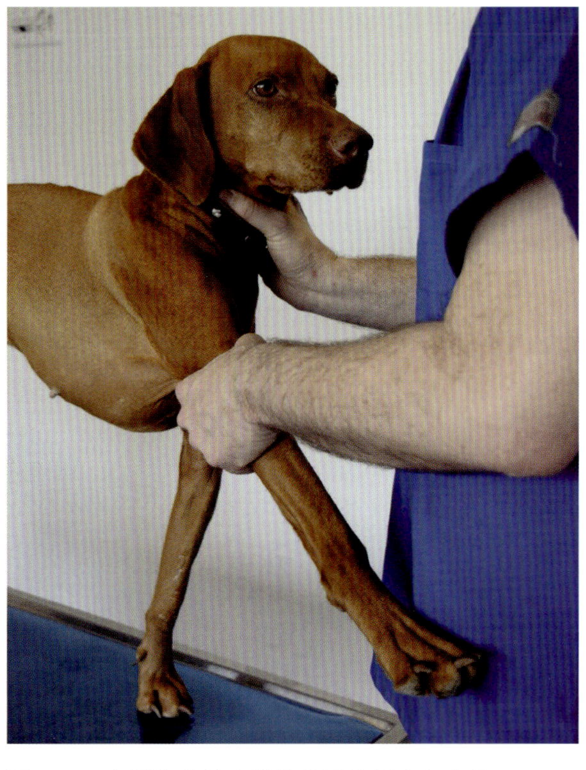

图5.45 内侧稳定的肩关节外展的最大角度为20°（图源：Gaby Ernst, Saland, Switzerland）

⇨ 结果与鉴别诊断

- 外展超过 20°
  - 肩关节内侧脱位
  - 冈下肌挛缩
- 操作疼痛
  - 骨软骨病
  - 肱二头肌肌腱炎
  - 前侧或后侧脱位
  - 冈下肌挛缩
- 活动性增加
  - 前侧或外侧脱位
  - 肩关节发育不良

解剖学

- 肩关节的活动范围很大，可伸展 140° ~ 150°，外展 / 内收和纵向旋转具有高度的品种特异性。
- 肩关节由黏附 – 内聚机制和肩袖固定。
- 关节囊在肩关节周围形成肩袖，其中放射分布若干肌肉止点肌腱（肩胛下肌，内侧；冈下肌；冈上肌；小圆肌，外侧）。有时也用“动态韧带”描述这种类型的稳定（图 5.46）。

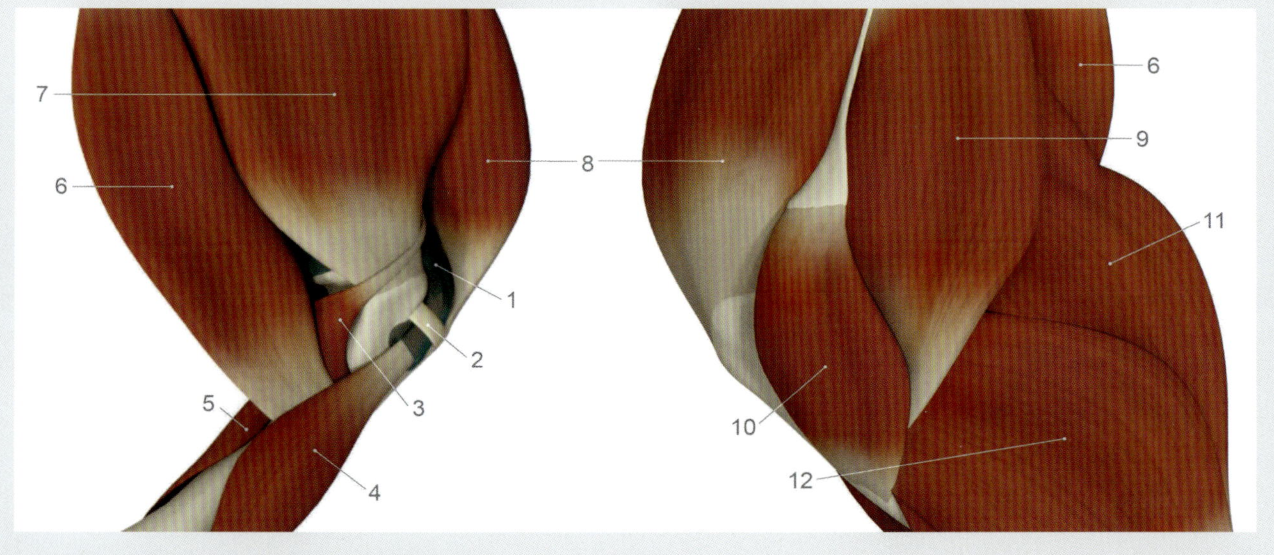

图5.46 肩关节及其相关肌肉的外侧观和内侧观

1. 结节间滑膜鞘，2. 肱骨横韧带，3. 喙肱肌，4. 肱二头肌，5. 肱肌，6. 大圆肌，7. 肩胛下肌，8. 冈上肌，9. 三角肌肩胛部，10. 三角肌肩峰部，11. 肱三头肌长头，12. 肱三头肌外侧头。（图源：Martin S. Fischer, Jonas Lauströer, Amir Andikfar）

5.4.7 肩胛骨

肩胛骨可沿其前缘和后缘触诊。评估肩峰和肩胛冈的解剖位置（正确与不正确）以及是否存在疼痛。评估左侧和右侧肩胛冈的前后侧肌群的相对体积（图 5.47）。

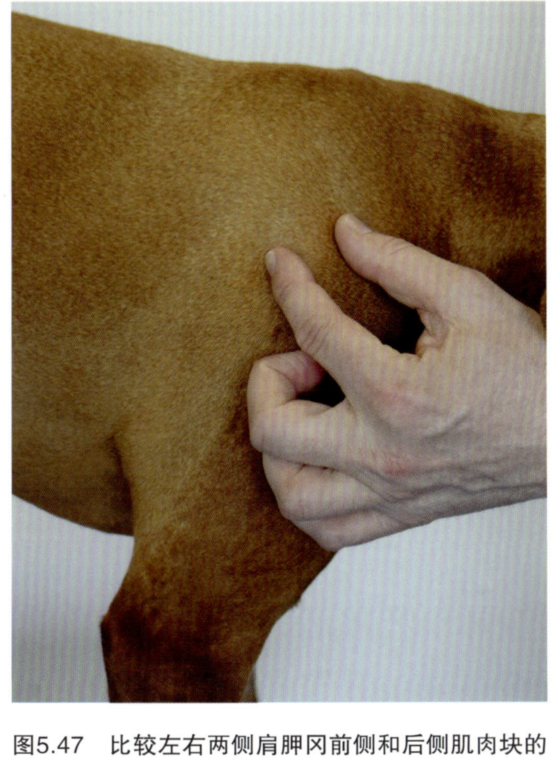

图5.47 比较左右两侧肩胛冈前侧和后侧肌肉块的大小，有助于识别患肢

（图源：Gaby Ernst, Saland, Switzerland）

⇨ 结果与鉴别诊断

- 相对于对侧肢，肩部肌肉减少
  - 前肢负荷慢性减少
  - 肢体内或偏侧颈椎疾病
- 肩胛骨触诊疼痛
  - 骨折
  - 肿瘤

解剖学

- 肩胛骨在功能上相当于股骨，对前肢步长的贡献最大。
- 整个前肢运动的枢轴点位于肩胛骨背侧 1/3 处。
- 肩胛骨关节盂的关节面只有肱骨头关节面的 1/3（图 5.48）。肩关节的生理活动范围受被动和主动方式、部分黏附－内聚机制和肌肉肩袖的调节。

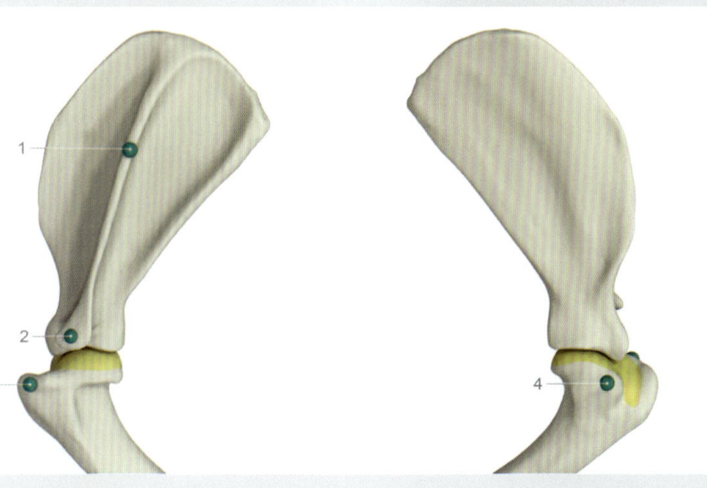

图5.48 肩关节的关节面与肱骨和肩胛骨可触及的结构

1. 肩胛冈，2. 肩峰，3. 大结节，4. 小结节。（图源：Martin S. Fischer, Jonas Lauströer, Amir Andikfar）

5.4.8 常见鉴别诊断概述和检查视频

表 5.2 概述了最重要的鉴别诊断。

表5.2 鉴别诊断概述

病变部位	主要鉴别诊断
指骨、掌骨和腕骨	● 多关节炎 ● 骨折 ● 籽骨疾病
腕关节	● 过度伸展性损伤 ● 拇长展肌腱鞘炎 ● 多关节炎
前臂部	● 肿瘤 ● 全骨炎 ● 桡骨和尺骨生长不同步
肘关节	● 肘关节发育不良 / 骨关节炎 ● 肘关节脱位
臂部	● 肿瘤 ● 全骨炎 ● 肱二头肌腱鞘炎
肩关节	● 骨软骨病 ● 内侧不稳定 ● 挛缩

参阅视频 5.4，查看犬站立的前肢检查。

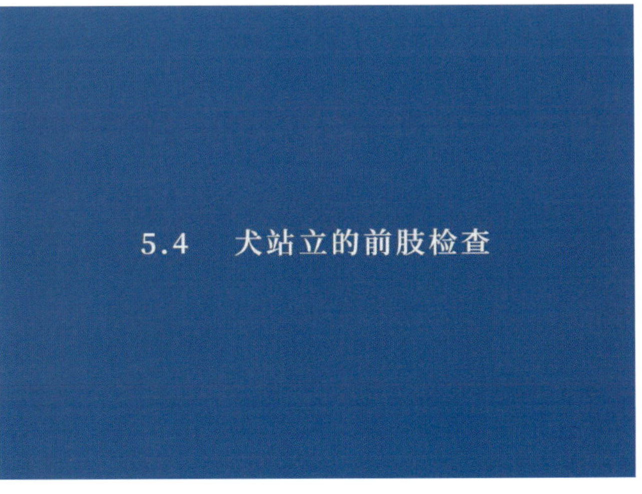

视频5.4 犬站立的前肢检查
该视频包括：站立对称性、肢体远端疼痛检查、掌骨和腕骨触诊、桡骨和尺骨触诊、肘关节触诊和检查、肱骨和肱三头肌触诊、肩关节触诊和检查，以及肩胛骨触诊。（视频来源：Tele D, Diessenhofen, Switzerland）

第 6 章　犬侧卧检查

Daniel Koch, Martin S. Fischer

6.1　犬侧卧骨科检查

犬侧卧，助理抓住犬靠近检查台面肢体的腕关节和跗关节近端，并用肘部限制犬的头部运动，以保定犬。保定的程度根据反抗和痛苦的情况调整，在此期间建议主人站在犬的头部旁。

犬侧卧检查的目的是建立初步的临床诊断。虽然可以通过步态分析和犬站立检查确定损伤部位，但也应在患犬侧卧的情况下检查所有肢体，注意最后检查患肢。通过与对侧肢体的比较，可以发现患肢的细微异常。但也可能是多肢受累，如患有全骨炎、多关节炎、大多数发育不良和十字韧带断裂的病例。

应注意以下任何异常情况：

- 外观轮廓变化或肿胀
- 热和（或）疼痛
- 活动性减小
- 活动性增大
- 捻发音
- 脱位
- 不稳定

6.2　后肢

6.2.1 趾骨、跖骨和跗骨

整体评估

检查爪子和趾间区域的皮肤，并触诊趾垫，然后抓住趾骨和跖骨做内－外触压，检查疼痛反应。检查爪子、关节和跖骨表面轮廓的变化（图 6.1 和图 6.2）。

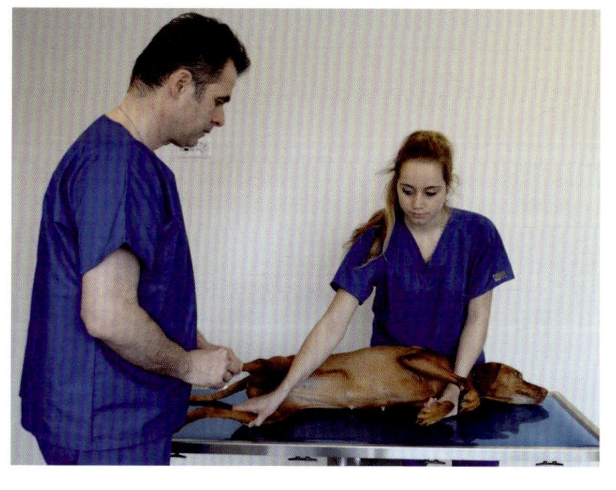

图6.1　犬侧卧检查

助理抓住靠近检查台面的肢体保定犬。（图源：Gaby Ernst, Saland, Switzerland）

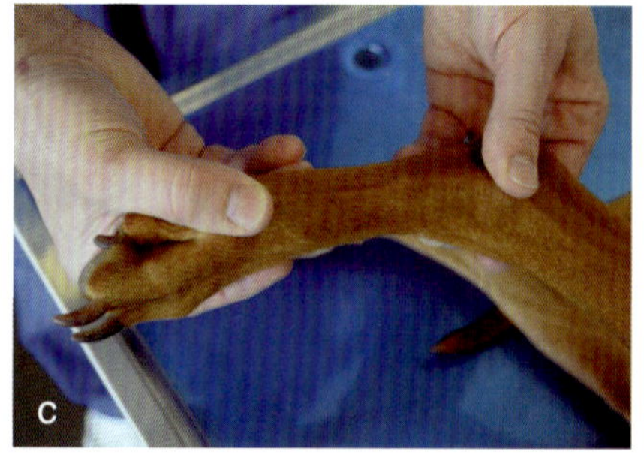

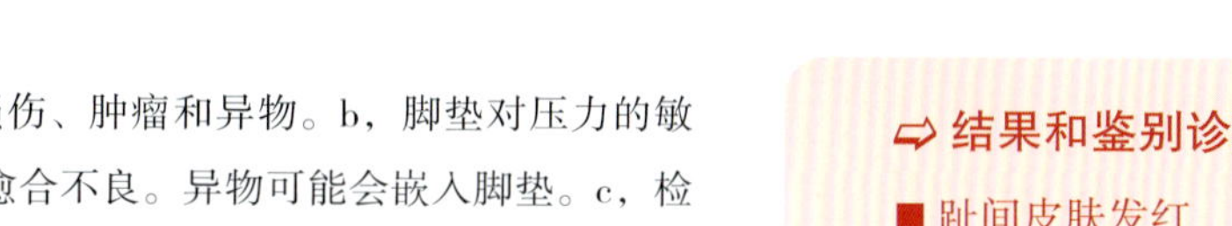

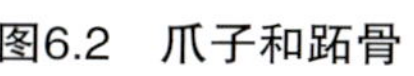

图6.2　爪子和跖骨

a，检查趾间皮肤是否有损伤、肿瘤和异物。b，脚垫对压力的敏感性很高，一旦损伤将会愈合不良。异物可能会嵌入脚垫。c，检查跖骨的结构稳定性。（图源：Gaby Ernst, Saland, Switzerland）

⇨ 结果和鉴别诊断

- ■ 趾间皮肤发红
  - 过敏
- ■ 表面轮廓异常
  - 肿瘤
- ■ 疼痛、热
  - 肿瘤
  - 骨折
  - 脱位
  - 异物

趾关节检查

检查趾关节是否存在热或表面不规则的现象。每个关节都要逐一进行屈曲、伸展、内收和外展检查（图 6.3）。一只手检查关节活动性，另一只手检查热、肿胀、捻发音、轴向偏移、活动性减小和活动性增大。应注意疼痛反应。通过过度伸展跖趾关节检查屈肌腱的籽骨（图 6.4）。

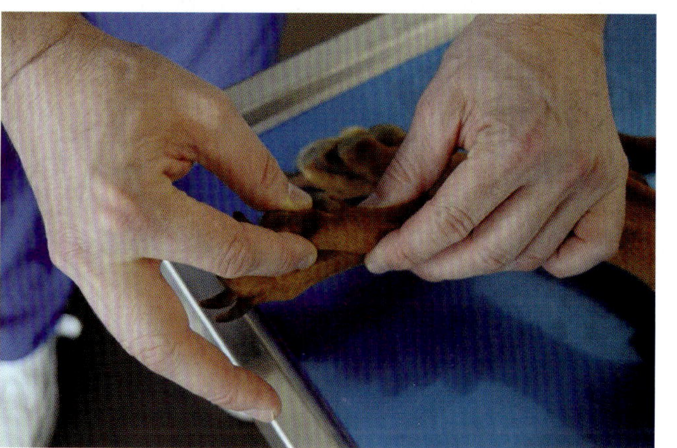

图6.3　逐一检查趾关节

（图源：Gaby Ernst, Saland, Switzerland）

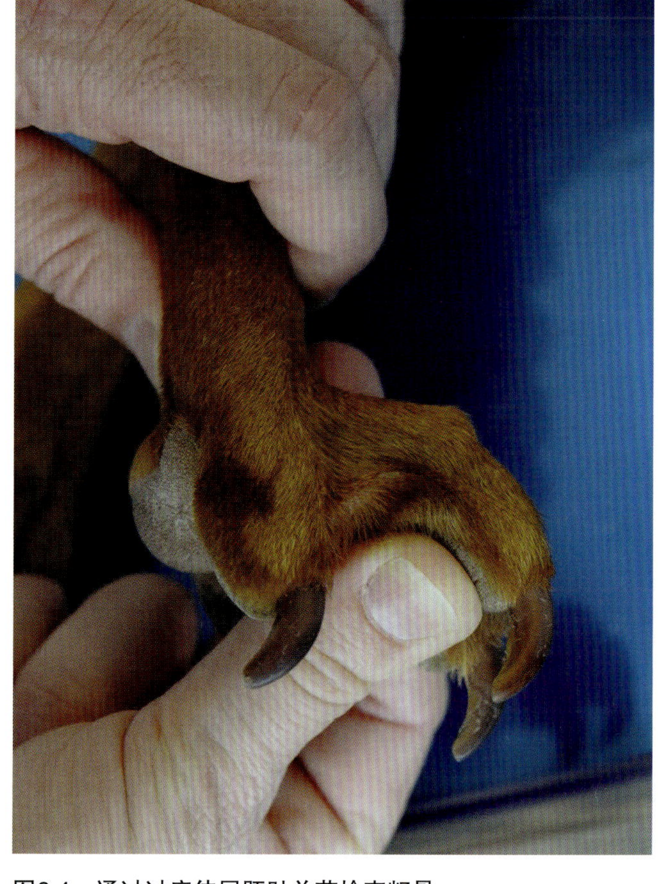

图6.4　通过过度伸展跖趾关节检查籽骨

一只手抓住脚趾，另一只手检查疼痛和关节捻发音。每个跖趾关节的跖侧面都有 2 块籽骨。（图源：Gaby Ernst, Saland, Switzerland）

⇨ 结果和鉴别诊断

- ■ 捻发音
  - ● 关节骨折
- ■ 热
  - ● 多关节炎
  - ● 过敏
- ■ 轴向偏移
  - ● 侧副韧带断裂
  - ● 骨折
- ■ 活动性减小
  - ● 籽骨病
  - ● 慢性关节疾病
- ■ 活动性增大
  - ● 屈肌或伸肌肌腱断裂
  - ● 关节囊撕裂
  - ● 神经损伤
- ■ 疼痛
  - ● 关节骨折
  - ● 多关节炎
  - ● 籽骨病
  - ● 关节囊 / 韧带损伤

跗骨

跗骨正常是不动的。触诊每一块骨骼，并通过关节伸展、屈曲、外展和内收检查短韧带（图 6.5 和图 6.6）。

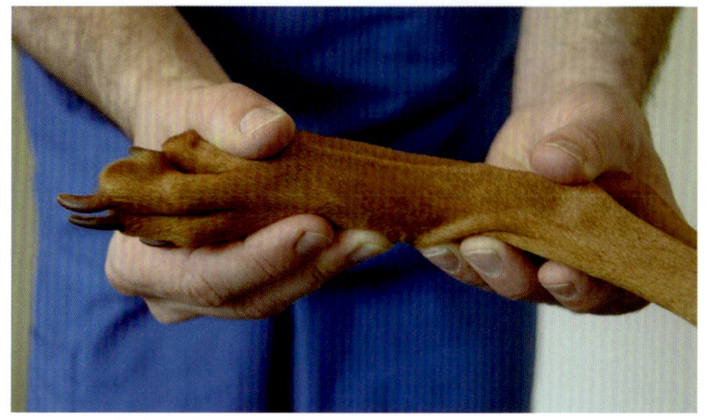

图6.5 跗骨外侧副韧带的评估

（图源：Gaby Ernst, Saland, Switzerland）

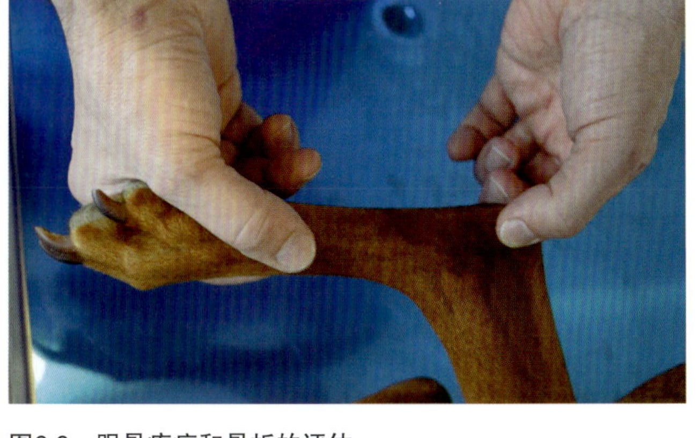

图6.6 跟骨疼痛和骨折的评估

（图源：Gaby Ernst, Saland, Switzerland）

⇨ 结果和鉴别诊断

- 活动性增大
  - 脱位
  - 骨折
- 跟骨腹侧面轮廓异常
  - 跟骨病理性骨折
- 肿胀、分泌物
  - 德国牧羊犬跖骨瘘

常见结果概述和视频演示

表 6.1 概述了该区域的常见结果。

表6.1 结果概述

病变定位 / 检查	结果	诊断	发生率
整体评估	轮廓异常	● 肿瘤	+
	热和（或）疼痛	● 肿瘤	+
		● 骨折	++
		● 脱位	+
		● 异物	+
趾间区域	皮肤发红	● 过敏	++
趾关节	轮廓异常	● 骨折	+
	热和（或）疼痛	● 多关节炎	++
		● 关节骨折	++
		● 籽骨病	+
		● 关节囊 / 韧带损伤	++
	活动性减小	● 籽骨病	+
		● 慢性关节疾病	+
	活动性增大	● 关节囊撕裂	+
		● 神经损伤	+
	捻发音	● 骨折	++
	不稳定	● 侧副韧带断裂	++
		● 骨折	++
跗关节	轮廓异常	● 跟骨骨折	+
	热和（或）疼痛	● 跖骨瘘（GSD）	+
	活动性减小	● 脱位	++
		● 骨折	++

参阅视频 6.1，查看犬侧卧的后肢趾骨到跗骨的检查。

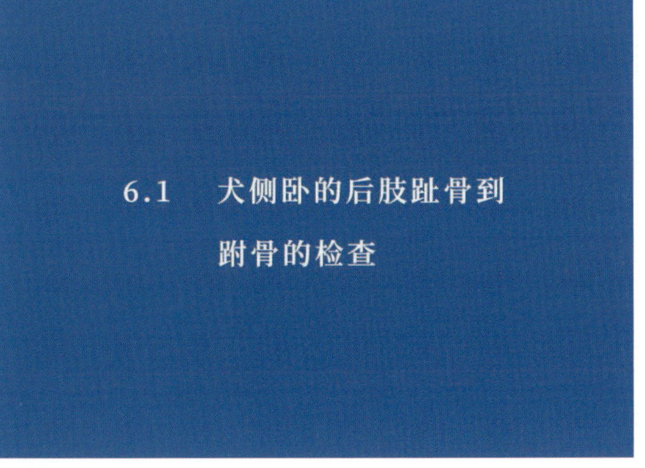

视频6.1 犬侧卧的后肢趾骨到跗骨的检查

该视频演示的是趾骨和趾关节（包括籽骨）的触诊和评估，以及跖骨和跟腱的触诊。（视频来源：Tele D, Diessenhofen, Switzerland）

6.2.2 跗关节

距小腿关节

对关节进行屈曲和伸展检查，查看是否存在捻发音、热、疼痛和波动性肿胀。一只手放在关节上，另一只手通过跖骨操纵跗关节（图 6.7 ~ 图 6.9）。在茎突远端的半月形区域可触及距小腿关节。

通过关节伸展、屈曲、外展和内收检查侧副韧带。伸展关节的正常活动度为 5° ~ 8°，屈曲时为 8° ~ 12°。

距小腿关节屈曲时，可用旋转运动评估侧副韧带的短部。

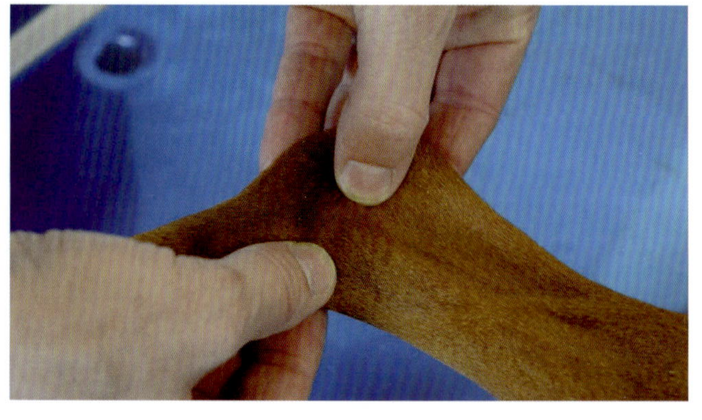

图6.7 触诊距小腿关节，检查有无捻发音、热、波动性肿胀和疼痛

（图源：Gaby Ernst, Saland, Switzerland）

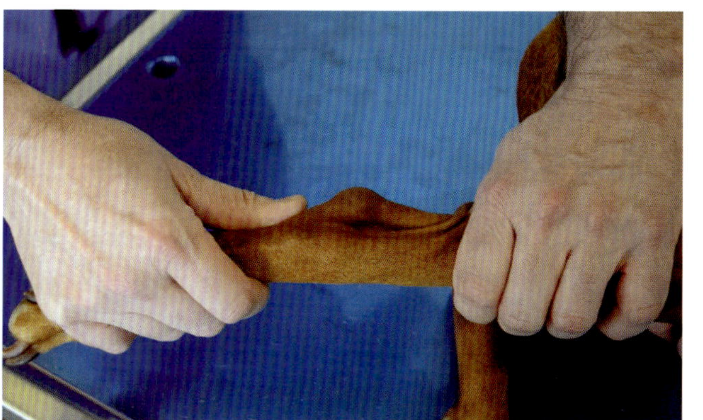

图6.8 跗关节伸展时，评估外侧韧带的结构稳定性

（图源：Gaby Ernst, Saland, Switzerland）

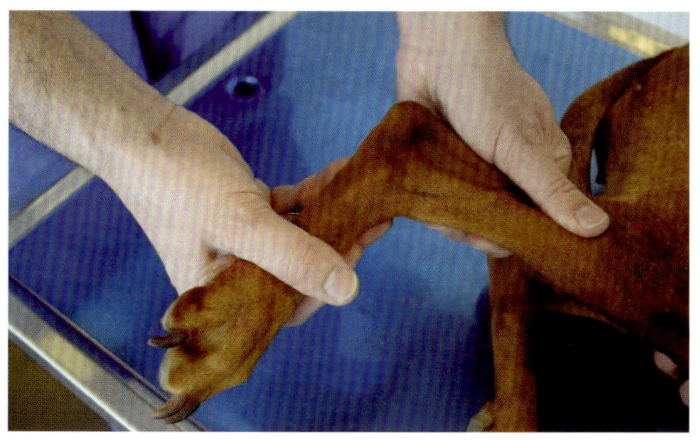

图6.9 跗关节屈曲时，评估外侧韧带的结构稳定性

（图源：Gaby Ernst, Saland, Switzerland）

⇨ 结果和鉴别诊断

- ■ 外展和内收活动性增大
  - 侧副韧带断裂
  - 脱位
- ■ 屈曲和伸展活动性增大
  - 关节附近骨折
  - 脱位
- ■ 活动性减小
  - 骨折后距小腿关节骨关节炎
  - 脱位或骨软骨病
  - 肿瘤
- ■ 屈曲的距小腿关节旋转不稳定
  - 外侧副韧带的后侧短部或其他韧带断裂
- ■ 关节热、疼痛和捻发音
  - 关节骨折
  - 距骨滑车嵴骨软骨病
  - 肿瘤

跟腱

从跟骨附着点向近端移动，评估跟腱是否表面轮廓异常或存在由断裂引起的残端。肌腱的完整性是由膝关节的伸展和距小腿关节的屈曲来确定的（图6.10）。

起源于趾浅屈肌的肌腱部分经过跟骨。在易感犬中，可能会向外侧脱位，或在创伤后向任意方向脱位。可用拇指轻轻按压跟骨帽评估。

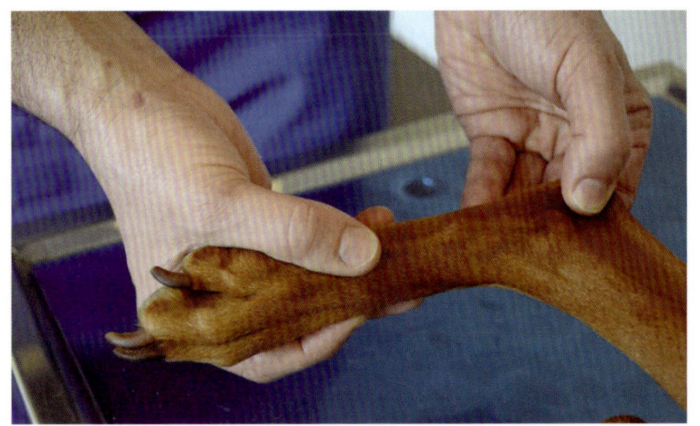

图6.10　在跟腱与跟骨附着处按压，评估跟腱的完整性

可在不同程度的屈曲和伸展下进行评估。（图源：Gaby Ernst, Saland, Switzerland）

⇨ 结果和鉴别诊断

- ■ 跟腱远端表面轮廓异常
  - ● 跟腱部分断裂
- ■ 跟腱无法触及
  - ● 跟腱部分断裂
- ■ 跟腱没有张力
  - ● 跟腱部分断裂
  - ● 腓肠肌从股骨撕脱
  - ● 跟骨骨折或跗骨间关节脱位
  - ● 距小腿关节脱位
- ■ 跟骨帽活动性增大
  - ● 跟骨帽外侧脱位，尤其是在喜乐蒂牧羊犬中

常见结果概述和视频演示

表 6.2 概述了该区域的常见结果。

表6.2　结果概述

病变定位 / 检查	结果	诊断	发生率
距小腿关节	热和（或）疼痛	● 关节骨折	+
		● 距骨滑车嵴骨软骨病	+
		● 肿瘤	+
	活动性减小	● 骨折后距小腿关节骨关节炎	+
		● 脱位或骨软骨病	+
		● 肿瘤	+
	屈曲和伸展活动性增大	● 关节附近骨折	++
		● 脱位	++
	外展和内收活动性增大	● 侧副韧带断裂	+
		● 脱位	+
	捻发音	● 关节骨折	+
		● 距骨滑车嵴骨软骨病	+
		● 肿瘤	+
	屈曲的距小腿关节旋转时不稳定	● 外侧副韧带的后侧短部或其他韧带断裂	+
跟腱	轮廓异常	● 跟腱部分断裂	++
	跟腱无法触及	● 跟腱断裂	+
	跟腱没有张力	● 跟腱断裂	+
		● 腓肠肌从股骨撕脱	+
		● 跟骨骨折或跗骨间关节脱位	+
		● 距小腿关节脱位	+
	跟骨帽活动性增大	● 跟骨帽外侧脱位，尤其是在喜乐蒂牧羊犬中	+

参阅视频 6.2，查看犬侧卧的后肢跗关节检查。

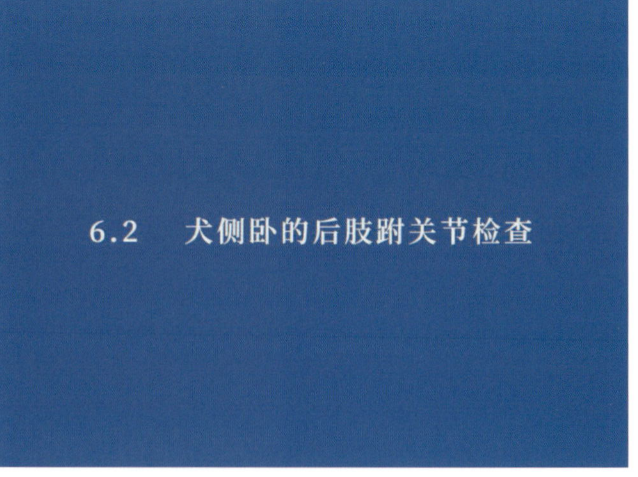

视频6.2　犬侧卧的后肢跗关节检查

该视频演示的是跗关节的触诊和检查。（视频来源：Tele D, Diessenhofen, Switzerland）

6.2.3 小腿

从远端到近端触诊双后肢的小腿区域。外侧肌腹（胫前肌和趾外侧伸肌）可以特别明显地触及。可触及腓骨的踝部和腓骨头，以及胫骨的胫骨体内侧面（皮下平面）（图 6.11 和图 6.12）。

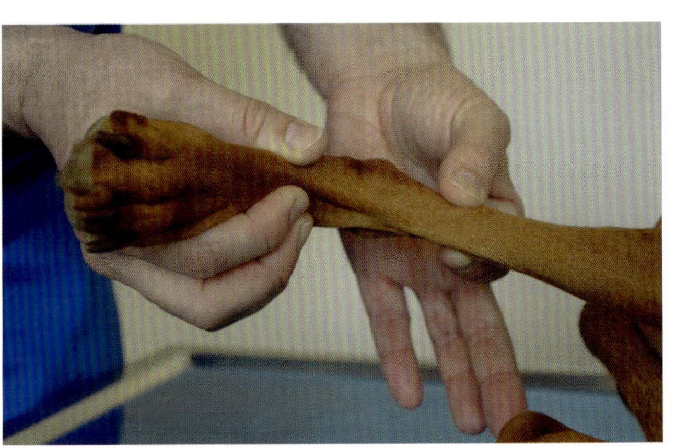

图6.11　触诊胫骨和腓骨的远端

（图源：Gaby Ernst, Saland, Switzerland）

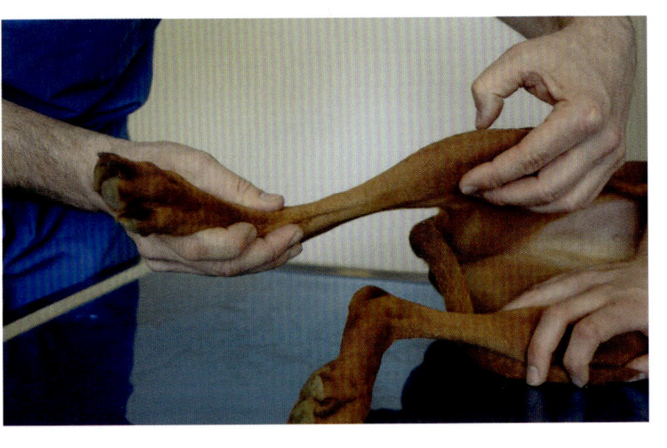

图6.12　胫骨近端可能发生肿瘤

（图源：Gaby Ernst, Saland, Switzerland）

⇨ 结果和鉴别诊断

- ■ 肿胀
  - ● 肿瘤
  - ● 血肿
  - ● 筋膜室综合征
- ■ 捻发音
  - ● 骨折
  - ● 肿瘤
- ■ 远端生长板疼痛
  - ● 踝骨折
  - ● 涉及生长板的骨折
  - ● 生长障碍，如肥大性骨营养不良
- ■ 骨干疼痛
  - ● 骨折
  - ● 肿瘤
  - ● 全骨炎
- ■ 近端生长板疼痛
  - ● 涉及生长板的骨折
  - ● 胫骨粗隆骨软骨病（幼年大型犬）
  - ● 肿瘤
  - ● 胫骨粗隆撕脱性骨折
- ■ 肌腹疼痛
  - ● 筋膜室综合征

常见结果概述和视频演示

表 6.3 概述了该区域的常见结果。

表6.3 结果概述

病变定位	结果	诊断	发生率
—	轮廓异常	● 肿瘤	+
		● 血肿	+
		● 筋膜室综合征	+
远端生长板	热和（或）疼痛	● 踝骨折	++
		● 涉及生长板的骨折	+
		● 生长障碍，如肥大性骨营养不良	+
骨干	热和（或）疼痛	● 骨折	++
		● 肿瘤	+
		● 全骨炎	+
近端生长板	热和（或）疼痛	● 涉及生长板的骨折	+
		● 胫骨粗隆骨软骨病（幼年大型犬）	+
		● 肿瘤	++
		● 胫骨粗隆撕脱性骨折	+
肌腹	热和（或）疼痛	● 筋膜室综合征	+
—	捻发音	● 骨折	++
		● 肿瘤	+

参阅视频 6.3，查看犬侧卧的后肢小腿区域检查。

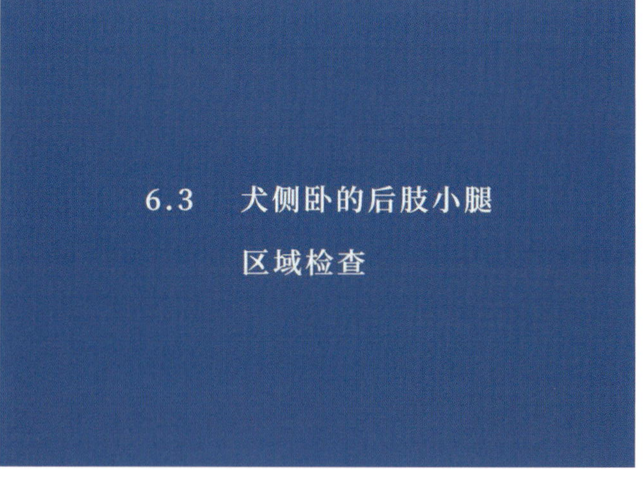

视频6.3 犬侧卧的后肢小腿区域检查

该视频演示的是胫骨和腓骨、茎突、皮下平面和胫前肌、趾外侧伸肌和腓肠肌的小腿区域触诊。（视频来源：Tele D, Diessenhofen, Switzerland）

6.2.4 膝关节

伸展和屈曲

触诊识别胫骨粗隆、髌韧带和髌骨（图 6.13），并伸展和屈曲膝关节。操作关节时，用拇指和食指评估关节前部是否有热、波动、肿胀和捻发音（图 6.14）。当存在关节病变时，关节最大伸展时很可能引发疼痛。几乎所有的膝关节异常都会导致明显的肿胀，但低级别髌骨脱位可能是例外。

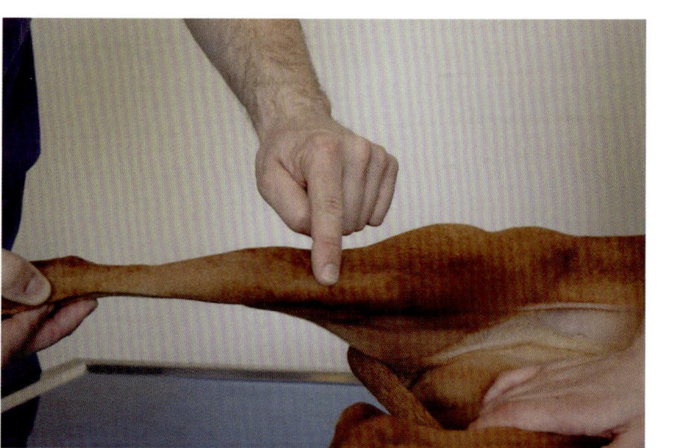

图6.13　膝关节检查的参考点是胫骨粗隆前缘

（图源：Gaby Ernst, Saland, Switzerland）

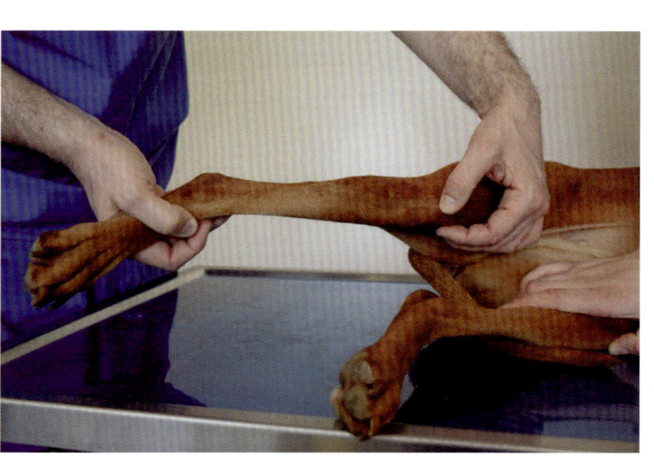

图6.14　膝关节检查：右手操作跗关节屈曲和伸展膝关节，左手放在膝关节上检查捻发音和肿胀

（图源：Gaby Ernst, Saland, Switzerland）

⇨ 结果和鉴别诊断

■ 膝关节肿胀
- 十字韧带断裂
- 十字韧带部分断裂（特别是在内旋时疼痛）
- 十字韧带断裂后的半月板损伤
- 关节骨折
- 咬伤
- 趾外侧伸肌撕脱
- 股骨外侧踝骨软骨病（通常是幼犬）
- 止点髌腱炎，称为胫骨粗隆骨软骨病（通常影响幼犬）
- 髌骨脱位
- 多关节炎

■ 捻发音
- 十字韧带断裂或慢性十字韧带部分断裂
- 关节骨折愈合不良
- 未经治疗的骨软骨病
- 德国牧羊犬的关节侵蚀
- 髌骨骨折

侧副韧带评估

伸展膝关节评估侧副韧带。相对于股骨，胫骨外展、内收和旋转（图 6.15 和图 6.16）。正常膝关节的运动范围为 5° ~ 10° 。

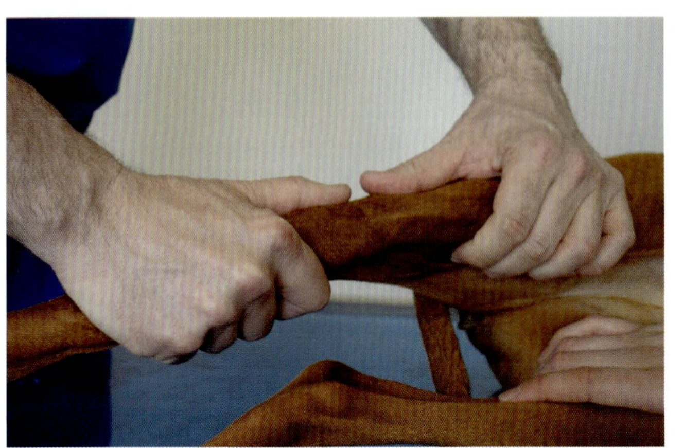

图6.15 膝关节侧副韧带的外侧稳定性评估

（图源：Gaby Ernst, Saland, Switzerland）

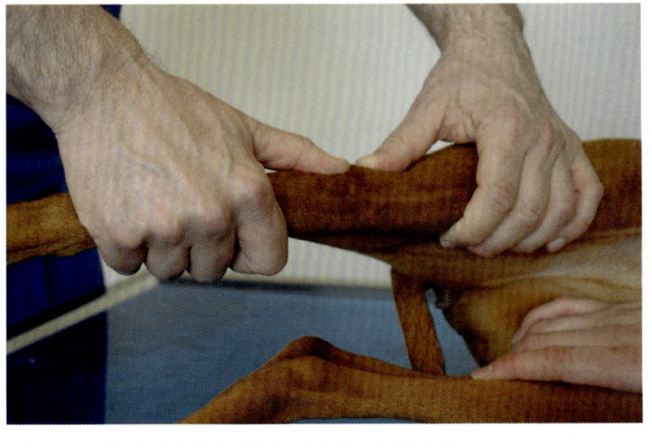

图6.16 膝关节侧副韧带的内侧稳定性评估

（图源：Gaby Ernst, Saland, Switzerland）

⇨ 结果和鉴别诊断

- 内侧活动性增大
  - 通常发生股骨上的内侧副韧带断裂、分离；在小型犬中，前十字韧带断裂也可能导致内侧不稳定性增加
- 外侧活动性增大
  - 外侧副韧带断裂
  - 腓骨头骨折

髌骨脱位检查

髌骨脱位和复位的评估应在正常后肢位置和关节角度范围内进行。一只手放在髌骨上，另一只手抓住跗骨处的腿用于屈曲和伸展并内旋和外旋。

首先确定髌骨的放松位置（图 6.17）。如果髌骨处于正常位置，检查者可尝试将其向内侧和外侧脱位。由于解剖学原因，当伸展髋关节和膝关节并内旋胫骨时，最容易诱发髌骨内侧脱位（图 6.18）；当屈曲髋关节和膝关节并外旋胫骨时，最容易诱发髌骨外侧脱位（图 6.19）。

髌骨复位后，对肢体进行各种运动和操作。

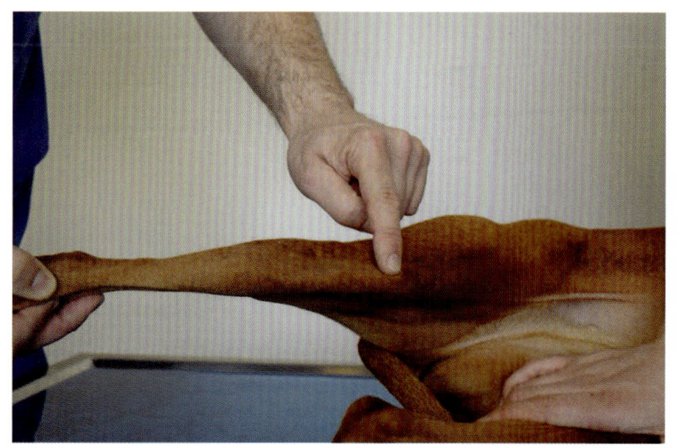

图6.17 确定髌骨的位置

（图源：Gaby Ernst, Saland, Switzerland）

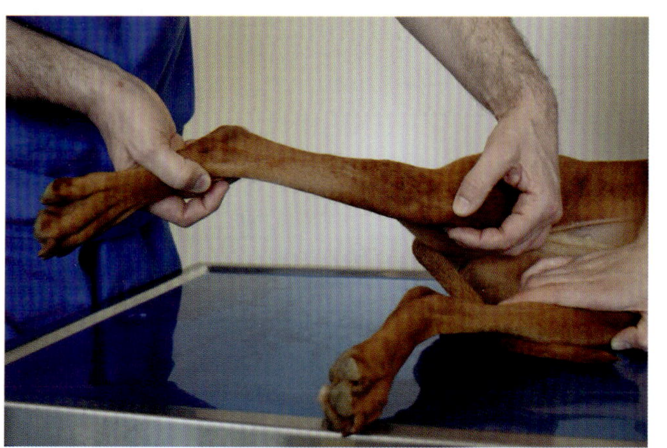

图6.18 髌骨内侧脱位：伸展髋关节和膝关节并内旋肢体时，最容易诱发髌骨内侧脱位

（图源：Gaby Ernst, Saland, Switzerland）

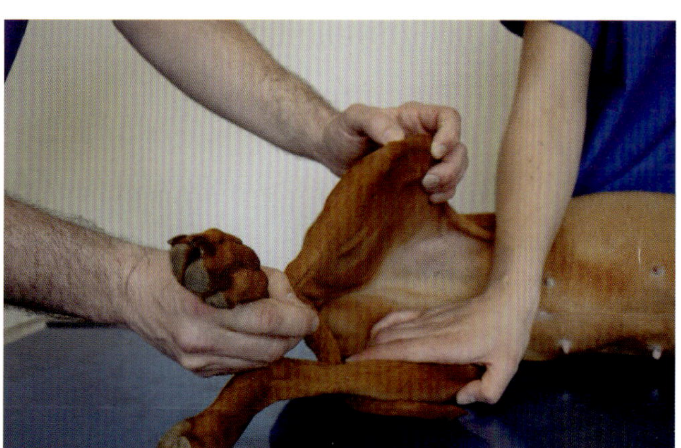

图6.19 髌骨外侧脱位：屈曲髋关节和膝关节并外旋肢体时，最容易诱发髌骨外侧脱位

（图源：Gaby Ernst, Saland, Switzerland）

⇨ 结果

为了获得有意义的数据（表 6.4 和图 8.38），应注意以下事项：

- 犬应在正常生理姿势下（站立，侧卧，正常范围的屈曲、伸展和旋转）进行检查
- 施加在肢体上诱发脱位的力应在正常生理范围内
- 根据表 6.4，记录的结果应符合观察到的最高异常等级
- 如果髌骨能被推向滑车嵴，但不能完全脱位（所谓的骑行髌骨），结果记录为“0”
- 内侧和外侧脱位都必须进行尝试[92]

表6.4 结果

结果	髌骨的位置	诱发髌骨内侧 / 外侧脱位	髌骨复位
PL 0	在滑车内	不能	—
PL 1	在滑车内	可能	自然复位
PL 2	在滑车内	可能	操作肢体时，髌骨会弹回滑车（胫骨旋转、关节屈曲和伸展）
PL 3	在滑车外	已脱位	操作肢体时，髌骨仍然脱位，只能手工复位
PL 4	在滑车外	已脱位	髌骨不能通过肢体操作或手工复位回到滑车内

前抽屉试验

用一只手的食指和拇指分别抓住髌骨和腓肠肌外侧籽骨周围区域，另一只手抓住胫骨粗隆和腓骨头，进行前抽屉试验（图 6.20）。前抽屉试验应在关节轻微屈曲（5° ~ 15°）的情况下进行，而不是完全伸展。将胫骨向前推，不要屈曲或伸展膝关节。评估胫骨相对于股骨的运动，并注意疼痛反应（图 6.21）。

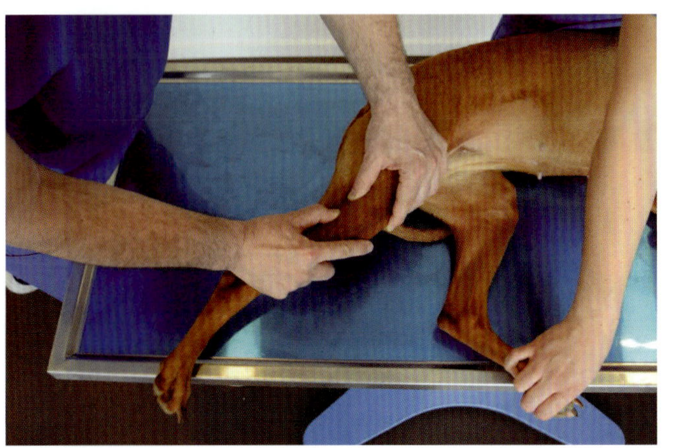

图6.20 进行前抽屉试验诊断十字韧带断裂的手和手指位置

（图源：Gaby Ernst, Saland, Switzerland）

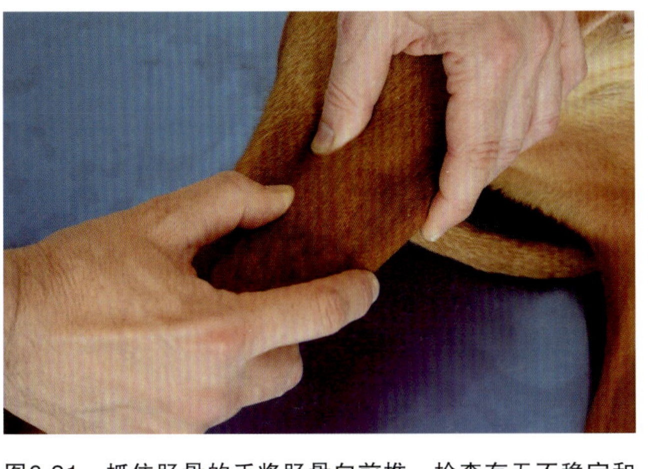

图6.21 抓住胫骨的手将胫骨向前推，检查有无不稳定和疼痛

（图源：Gaby Ernst, Saland, Switzerland）

⇨ 结果和鉴别诊断

- ■ 不稳定：胫骨相对于股骨的运动
  - ● 前十字韧带或后十字韧带断裂
- ■ 不稳定，胫骨前移限制减小
  - ● 前十字韧带断裂
- ■ 不稳定，胫骨前移突然受限
  - ● 后十字韧带断裂
- ■ 关节稳定，但进行前抽屉试验并轻微内旋胫骨时，会引起疼痛
  - ● 前十字韧带部分断裂
  - ● 十字韧带完全断裂并伴半月板交锁

胫骨压挤试验

前抽屉试验的替代方法是胫骨压挤试验。一只手压在髌骨上，食指尖放在胫骨粗隆的前缘上，另一只手抓住跖骨（图 6.22）。膝关节和跗关节完全伸展后，屈曲跗关节。由于小腿的前部和后部肌肉相互排列，跗关节屈曲使胫骨受到压挤，如果前十字韧带断裂，食指尖可以感受到胫骨近端前移（图 6.23）。

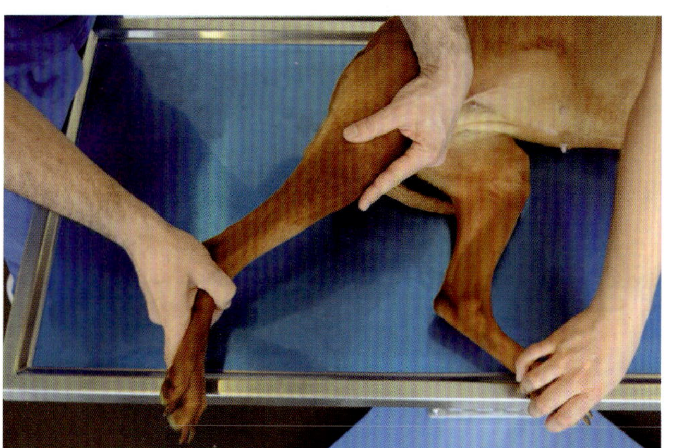

图6.22 进行胫骨压挤试验诊断前十字韧带断裂的手和手指位置；跗关节和膝关节伸展，然后屈曲跗关节

（图源：Gaby Ernst, Saland, Switzerland）

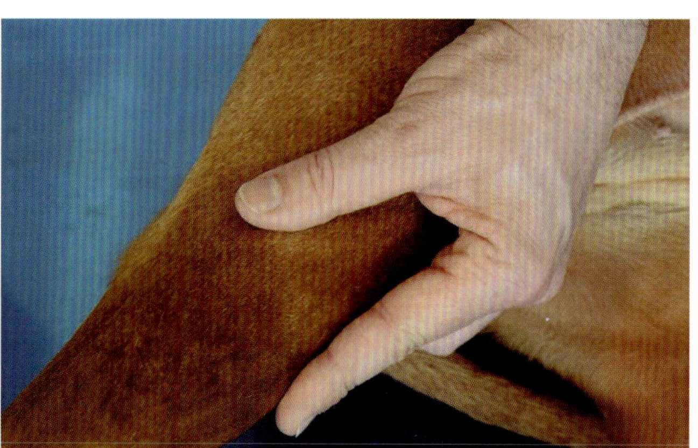

图6.23 胫骨压挤试验：如果前十字韧带断裂，屈曲跗关节会使胫骨近端前移

（图源：Gaby Ernst, Saland, Switzerland）

⇨ 结果和鉴别诊断

- ■ 胫骨向前移动
  - ● 前十字韧带断裂
- ■ 胫骨不向前移动
  - ● 正常膝关节
  - ● 十字韧带部分断裂
  - ● 后十字韧带断裂
  - ● 前十字韧带断裂伴半月板交锁
  - ● 关节囊广泛性纤维化

半月板评估

胫骨和股骨之间的深部触诊有助于发现半月板病变（图 6.24）。半月板的折叠会导致膝关节在屈曲和伸展时反复出现捻发音和疼痛，而且始终在相同的关节角度下发生。没有典型的半月板咔嗒声不能证明半月板是正常的。

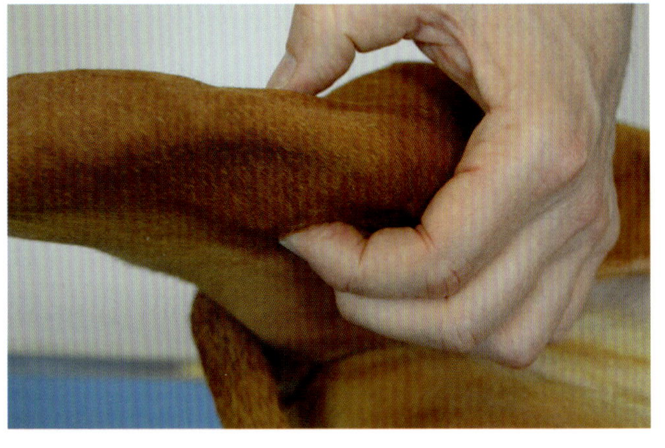

图6.24 半月板的触诊

十字韧带断裂后，特别容易引发内侧半月板损伤。（图源：Gaby Ernst, Saland, Switzerland）

⇨ 结果和鉴别诊断

- ■ 捻发音和疼痛
  - ● 内侧半月板后角折叠或交锁

常见结果概述和视频演示

表 6.5 概述了该区域的常见结果。

表6.5 结果概述

病变定位 / 检查	结果	诊断	发生率
屈曲和伸展	肿胀	● 十字韧带断裂	+++
		● 十字韧带部分断裂（特别是在内旋时疼痛）	+++
		● 十字韧带断裂后半月板损伤	++
		● 关节骨折	+
		● 咬伤	+
		● 趾外侧伸肌撕脱	+
		● 股骨外侧髁骨软骨病（通常是幼犬）	+
		● 插入性髌腱炎（胫骨粗隆骨软骨病，通常影响幼犬）	+
		● 髌骨脱位	+++
		● 多关节炎	+
	捻发音	● 十字韧带断裂或慢性前十字韧带部分断裂	+++
		● 关节骨折愈合不良	+
		● 未经治疗的骨软骨病	+
		● 德国牧羊犬的关节侵蚀	+
		● 髌骨骨折	+
侧副韧带评估	内侧活动性增大	● 内侧副韧带断裂，通常是在股骨处	+
		● 在小型犬中，前十字韧带断裂也会导致内侧不稳定性增加	+
	外侧活动性增大	● 外侧副韧带断裂	+
		● 腓骨头骨折	+
前抽屉试验	前抽屉试验伴胫骨轻微内旋时疼痛	● 十字韧带部分断裂	+++
		● 前十字韧带完全断裂伴半月板损伤	+++
	不稳定，胫骨相对股骨移位	● 前十字韧带或后十字韧带断裂	+++
	不稳定，胫骨前移限制减小	● 前十字韧带断裂	+++
	不稳定，胫骨前移受限	● 后十字韧带断裂	+
胫骨压挤试验	胫骨前移	● 前十字韧带断裂	+++
	胫骨没有前移	● 正常膝关节	
		● 十字韧带部分断裂	+++
		● 后十字韧带断裂	+++
		● 前十字韧带断裂伴半月板损伤	+++
		● 关节囊广泛性纤维化	++
半月板评估	捻发音和疼痛	● 内侧半月板后角折叠或交锁	++

参阅视频 6.4，查看犬侧卧的后肢膝关节检查。

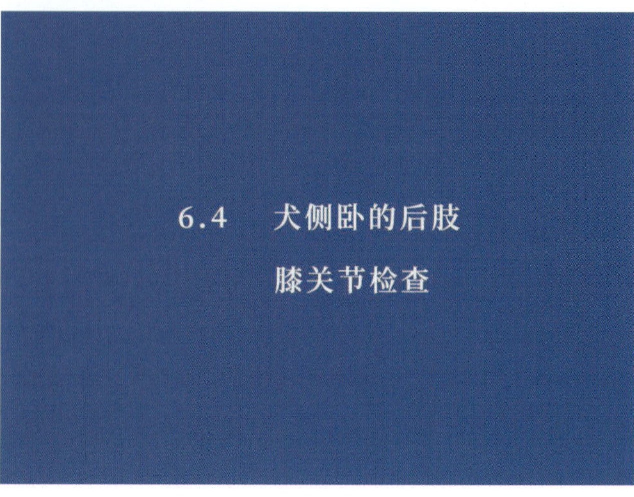

视频6.4　犬侧卧的后肢膝关节检查

该视频演示的是膝关节（包括侧副韧带、半月板和髌骨，以及髌骨人为脱位、前抽屉试验和胫骨压挤试验）的病变定位和评估。（视频来源：Tele D, Diessenhofen, Switzerland）

6.2.5 股骨

从远端向近端触诊检查股骨。股骨的远端和内侧很容易触及；在股骨近端，可在外侧触及大转子（图6.25）。

触诊股四头肌和股后肌群（腘绳肌），排查硬结和疼痛（图6.26）。

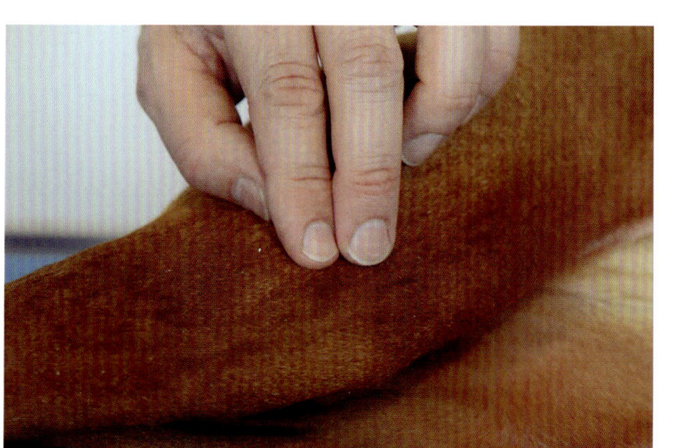

图6.25 只有股骨远端容易触诊

（图源：Gaby Ernst, Saland, Switzerland）

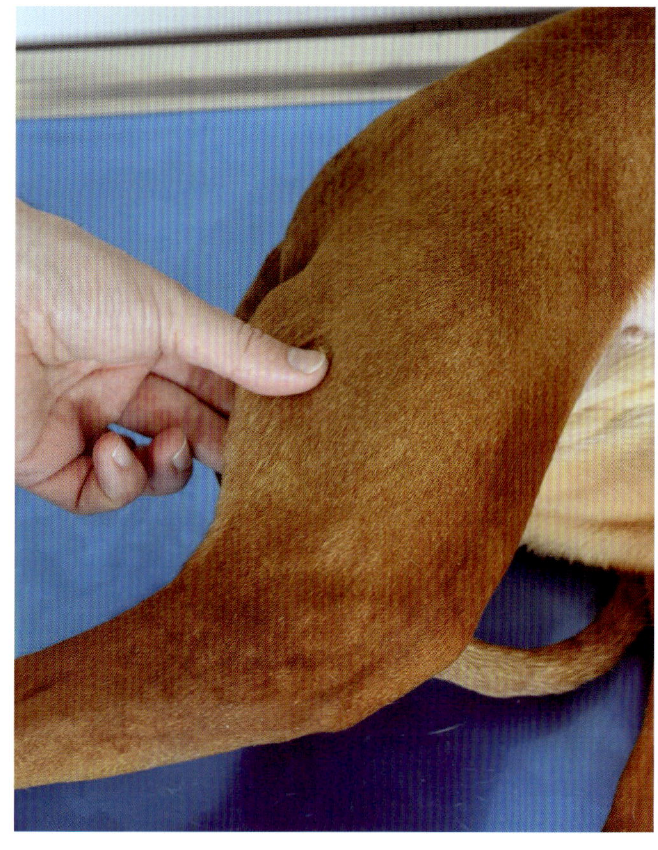

图6.26 股后肌群（腘绳肌）纤维化导致硬结和疼痛

该病在德国牧羊犬中尤其常见。（图源：Gaby Ernst, Saland, Switzerland）

⇨ 结果和鉴别诊断

- ■ 疼痛和捻发音
  - ● 骨折
  - ● 肿瘤
- ■ 疼痛
  - ● 全骨炎
  - ● 肥大性骨营养不良
- ■ 肌肉硬结
  - ● 创伤后挛缩
  - ● 股后肌群（腘绳肌）纤维化
  - ● 筋膜室综合征

常见发现和视频演示概述

表 6.6 概述了该区域的常见结果。

表6.6 结果概述

病变定位	结果	诊断	发生率
股骨	疼痛	● 全骨炎	+
		● 肥大性骨营养不良	+
	疼痛和捻发音	● 骨折	+++
		● 肿瘤	++
	肌肉硬结	● 创伤后挛缩	+
		● 股后肌群（腘绳肌）纤维化	+
		● 筋膜室综合征	+

参阅视频 6.5，查看犬侧卧的后肢股骨检查。

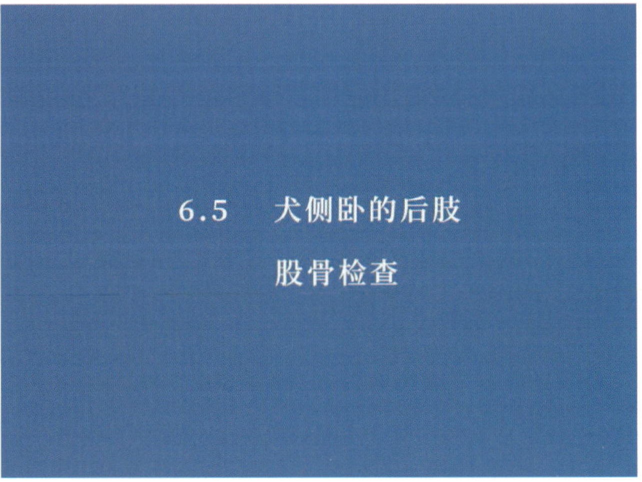

视频6.5 犬侧卧的后肢股骨检查

该视频演示的是股部肌群［如半膜肌和半腱肌（“腘绳肌”）］、股二头肌和股四头肌，以及股骨的触诊。（视频来源：Tele D, Diessenhofen, Switzerland）

6.2.6 髋关节

髋关节屈曲和伸展

一只手放在髋关节上，另一只手抓住股骨远端，向各个方向活动髋关节（图 6.28 和图 6.29）。髋关节应可以伸展和屈曲到股骨几乎与脊柱平行的程度。操作关节的同时可以触诊耻骨肌（图 6.27）。

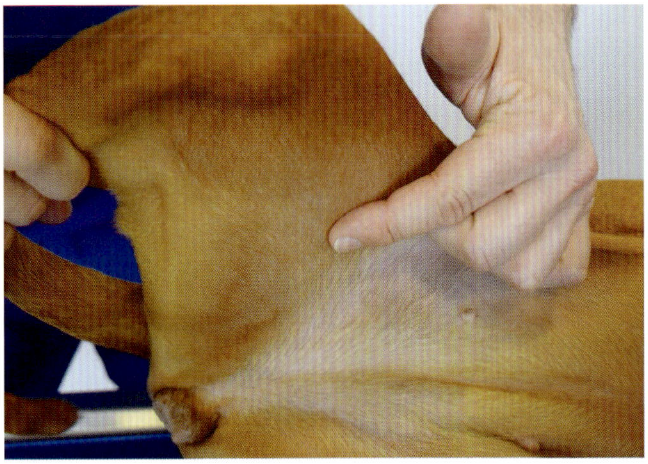

图6.27　耻骨肌触诊

髋股关节骨关节炎或髋关节发育不良会继发耻骨肌挛缩，从而导致髋关节活动范围受限，直接触诊时引发疼痛。（图源：Gaby Ernst, Saland, Switzerland）

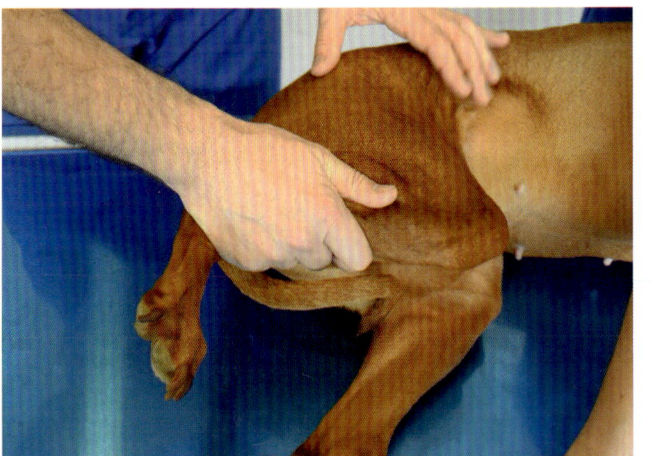

图6.28　髋关节屈曲。检查者的拇指放在大转子上，评估操作时髋关节的反应

（图源：Gaby Ernst, Saland, Switzerland）

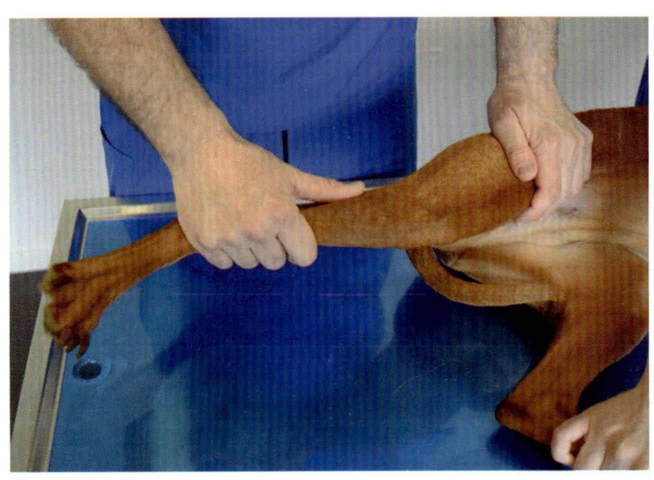

图6.29　在健康犬中，髋关节完全伸展时，股骨与后背线基本平行

（图源：Gaby Ernst, Saland, Switzerland）

➪ 结果和鉴别诊断

- 活动性减小、疼痛
  - 髋关节发育不良
  - 累－佩氏病
  - 脱位
  - 肿瘤
  - 髂腰肌劳损
  - 马尾神经压迫综合征
  - 腰椎椎间盘疾病
- 捻发音
  - 髋股关节骨关节炎
  - 关节骨折
  - 股骨颈骨折
  - 肿瘤
  - 脱位
- 耻骨肌疼痛
  - 髋关节发育不良
  - 髋股关节骨关节炎

股骨旋转

股骨干与骨盆纵轴成 90°，股骨内旋 45° 和外旋 90°（图 6.30 和图 6.31），都应可以将股骨外展至与桌面呈 90°。

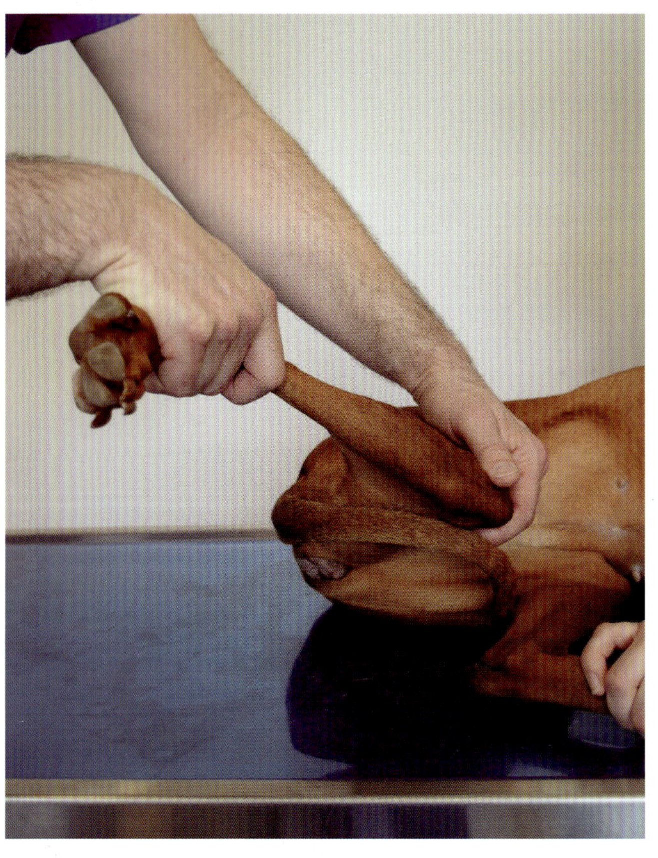

图6.30　股骨内旋，评估髋关节的活动性

股骨与桌面呈 45°。（图源：Gaby Ernst, Saland, Switzerland）

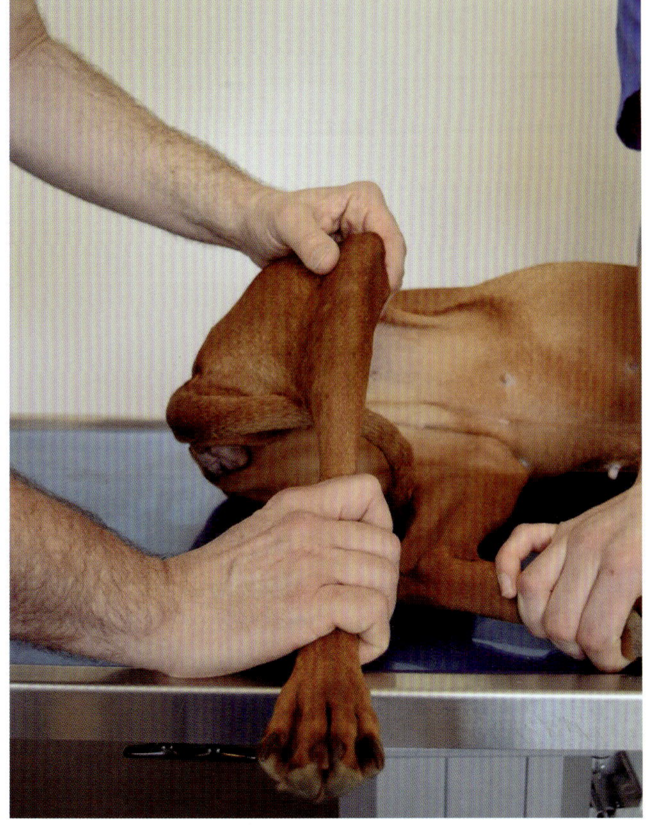

图6.31　股骨外旋，评估髋关节的活动性

股骨与桌面呈 90°。（图源：Gaby Ernst, Saland, Switzerland）

⇨ 结果和鉴别诊断

- ■ 旋转减小
  - ● 髋股关节骨关节炎
  - ● 累 – 佩氏病
  - ● 肿瘤
- ■ 旋转过度
  - ● 髋关节脱位
  - ● 股骨头骨折

脱位检查

检查者将拇指放在大转子和坐骨结节之间的小凹陷处，然后外旋股骨。如果髋关节没有脱位，两个骨突会靠拢，将检查者的拇指夹在中间；如果髋关节前背侧脱位，股骨头可以向前移动，检查者的拇指不会受到压力（图 6.32）。

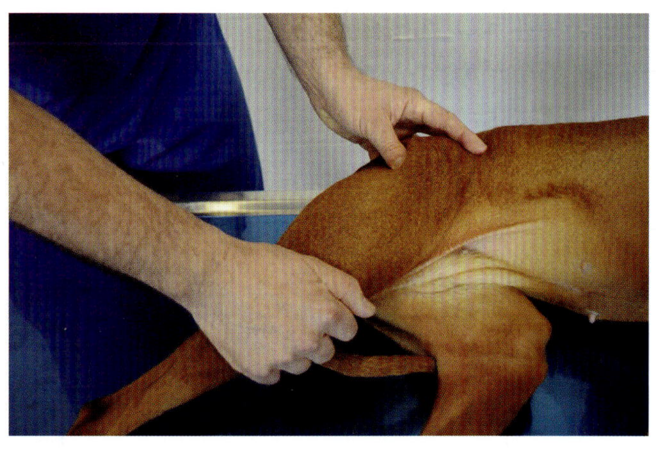

图6.32 检查者手的位置，用于排查髋关节脱位
（图源：Gaby Ernst, Saland, Switzerland）

⇨ 结果和鉴别诊断

- ■ 大转子和坐骨结节的间隙保持不变或增大
  - ● 前背侧脱位
  - ● 股骨头骨折
- ■ 大转子和坐骨结节的间隙减小，检查者的拇指可感受到压力
  - ● 没有脱位

欧特兰尼（Ortolani）检查

欧特兰尼检查用于评估髋臼的深度和形态，以及股骨头的协调性。首先将股骨摆放至与骨盆纵轴呈 90° 的位置，检查者将一只手的拇指放在大转子上，以检查与脱位相关的活动。另一只手在膝关节处抓住股骨引导腿活动。

股骨最大限度地内收，然后用手在膝关节上施力，试图使股骨向背侧脱位。如果关节在背侧引导力的作用下半脱位，保持施加在股骨长轴上的力，然后缓慢外展股骨，直到股骨头弹回髋臼（图 6.33 和图 6.34，视频 6.6）。放在大转子上的手可以感受到股骨头的这种活动。

欧特兰尼检查会对髋臼背侧缘造成相当大的压力，因此禁用于 5 月龄以下关节缘脆弱的犬。

6.6 犬侧卧的后肢

欧特兰尼检查

视频6.6 犬侧卧的后肢欧特兰尼检查

该视频演示的是使用骨骼模型进行欧特兰尼检查的原理。（视频来源：Tele D, Diessenhofen, Switzerland）

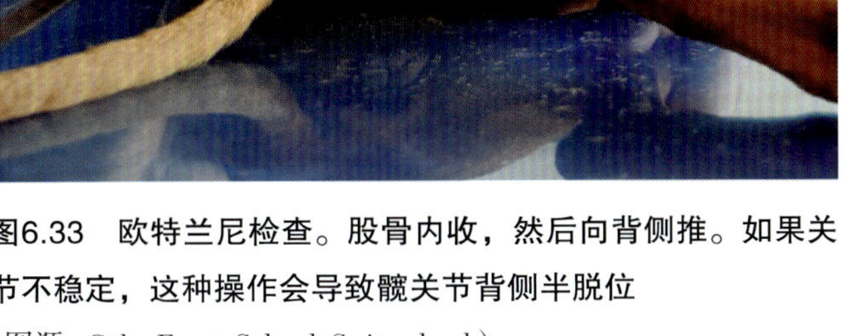

图6.33 欧特兰尼检查。股骨内收，然后向背侧推。如果关节不稳定，这种操作会导致髋关节背侧半脱位

（图源：Gaby Ernst, Saland, Switzerland）

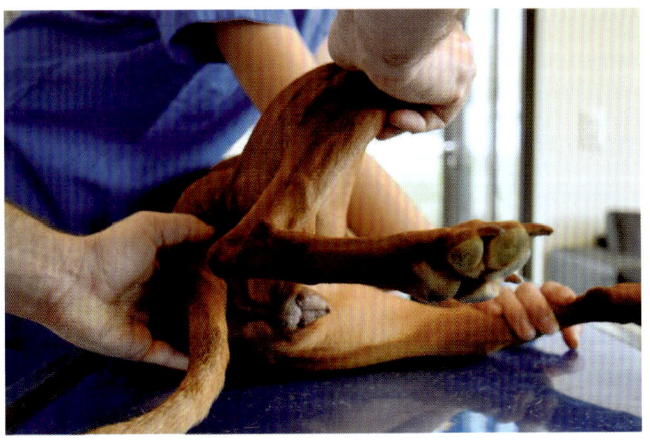

图6.34 欧特兰尼检查。股骨在轴向压力下外展，直到股骨头弹回髋臼

（图源：Gaby Ernst, Saland, Switzerland）

⇨ 结果和鉴别诊断

- ■ 股骨头无明显的复位感，也没有疼痛，而且关节活动范围正常
  - ● 正常髋关节
- ■ 股骨头无明显的复位感，但疼痛，而且关节活动性减小
  - ● 低级髋关节发育不良
  - ● 髋股关节骨关节炎
- ■ 股骨头有明显的复位感
  - ● 髋关节发育不良

巴登斯（Bardens）检查

5 月龄以下犬的欧特兰尼检查需用巴登斯检查替代。犬的初始摆位与欧特兰尼检查相同，即股骨与骨盆纵轴呈 90°。检查者双手环绕大腿近端 1/3 处的肌肉（图 6.35），并垂直抬起大腿，尝试将股骨头向上拉出髋关节（图 6.36）。

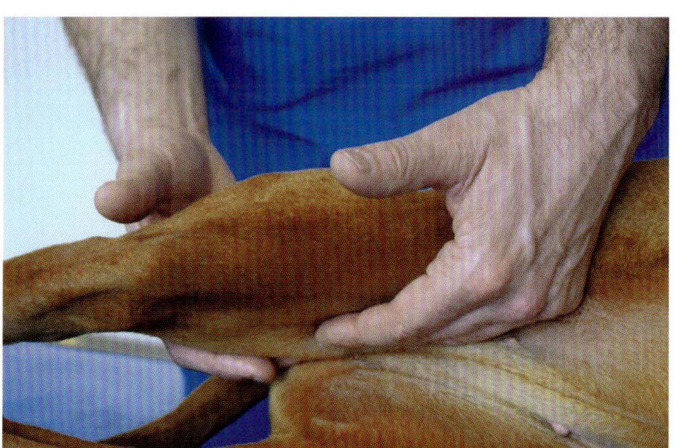

图6.35　巴登斯检查。检查者双手环绕大腿近端1/3处的肌肉
（图源：Gaby Ernst, Saland, Switzerland）

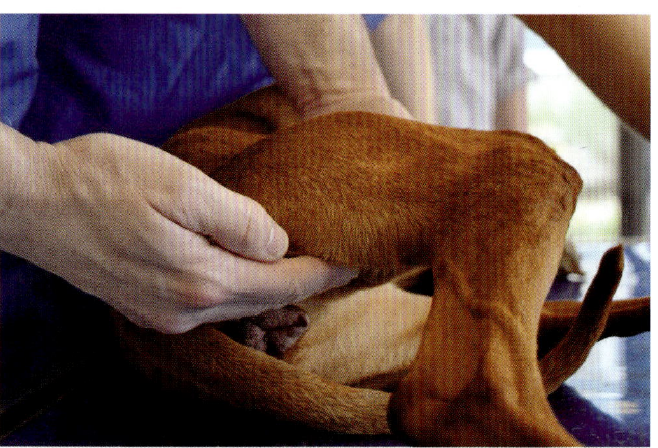

图6.36　巴登斯检查。检查者抬起大腿，尝试将股骨头从髋臼内拉出
（图源：Gaby Ernst, Saland, Switzerland）

⇨ 结果和鉴别诊断

- ■ 无提示脱位的移动
  - ● 正常髋关节
  - ● 低级髋关节发育不良
- ■ 有提示脱位的移动
  - ● 髋关节发育不良

常见结果概述和视频演示

表 6.7 概述了该区域的常见结果。

表6.7 结果概述

病变定位 / 检查	结果	诊断	疾病发生率
髋关节	耻骨肌疼痛	● 髋关节发育不良	+++
		● 髋股关节骨关节炎	+++
	疼痛和（或）热	● 髋关节发育不良	+++
		● 累 – 佩氏病	+
		● 脱位	++
		● 肿瘤	+
		● 髂腰肌劳损	+
		● 马尾神经压迫综合征	+++
		● 腰椎椎间盘疾病	+
	活动性减小	● 髋关节发育不良	+++
		● 累 – 佩氏病	+
		● 脱位	++
		● 肿瘤	+
		● 髂腰肌劳损	+
		● 马尾神经压迫综合征	+++
		● 腰椎椎间盘疾病	+
	捻发音	● 髋股关节骨关节炎	+++
		● 关节骨折	+
		● 股骨颈骨折	++
		● 肿瘤	+
		● 脱位	++
脱位检查	大转子和坐骨结节的间隙保持不变或增大	● 前背侧脱位	++
		● 股骨头骨折	+
	大转子与坐骨结节的间隙减小，检查者的拇指可感受到压力	● 没有脱位	
欧特兰尼检查	股骨头无明显的复位感，也没有疼痛，而且关节活动范围正常	● 正常髋关节	
	股骨头无明显的复位感，但疼痛，而且关节活动性减小	● 低级髋关节发育不良	+++
		● 髋股关节骨关节炎	+++
	股骨头明显的复位感，疼痛而且关节活动性减小	● 髋关节发育不良	+++
巴登斯检查	无提示脱位的移动	● 正常髋关节	
		● 低级髋关节发育不良	+++
	有提示脱位的移动	● 髋关节发育不良	+++

参阅视频 6.7，查看犬侧卧的后肢髋关节检查。

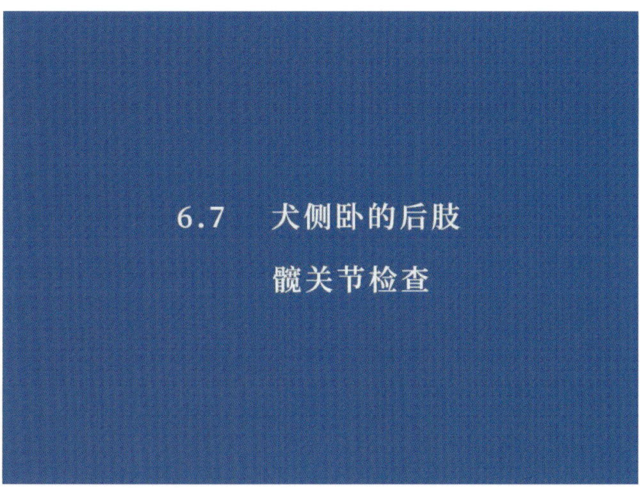

视频6.7 犬侧卧的后肢髋关节检查

该视频演示的是髋关节稳定性评估（引导性脱位检查）、耻骨肌触诊、髋关节发育不良的欧特兰尼检查和巴登斯检查。（视频来源：Tele D, Diessenhofen, Switzerland）

6.3 前肢

6.3.1 指骨、掌骨和腕骨

整体评估

检查爪子和指间区域的皮肤，并触诊指垫（图 6.37），然后抓住指骨和掌骨并做内－外触压，检查疼痛反应。检查爪子、关节和掌骨表面轮廓的变化（图 6.38）。

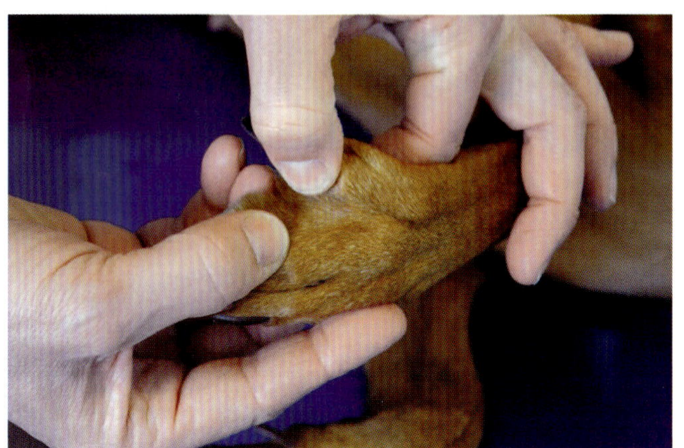

图6.37 前脚皮肤和指间区域检查

（图源：Gaby Ernst, Saland, Switzerland）

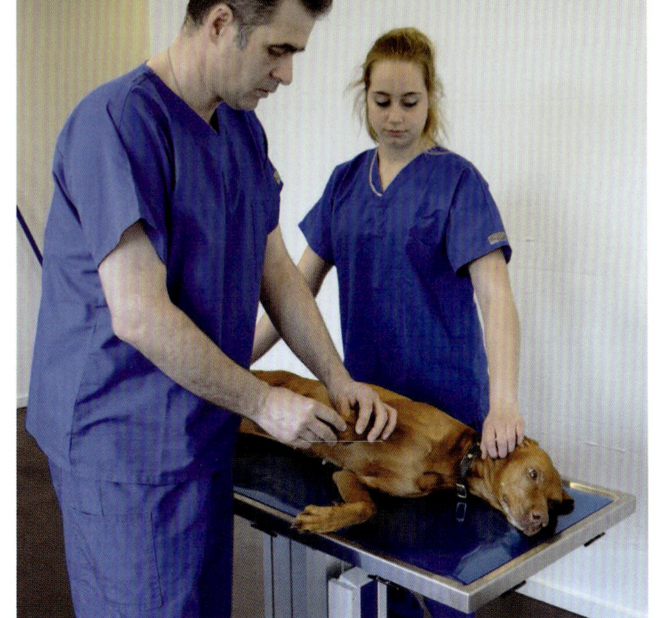

图6.38 评估掌骨是否存在疼痛、热和表面轮廓异常

（图源：Gaby Ernst, Saland, Switzerland）

➪ 结果和鉴别诊断

- ■ 指间皮肤发红
  - ● 过敏
- ■ 表面轮廓异常
  - ● 肿瘤
- ■ 疼痛、热
  - ● 肿瘤
  - ● 骨折
  - ● 脱位
  - ● 异物

指关节检查

检查指关节是否存在热和表面不规则的现象。每个关节都逐一进行屈曲、伸展、内收和外展（图 6.39）。一只手检查关节活动性，另一只手检查热、肿胀、捻发音、轴向偏移、活动性减小和活动性增大的情况。应注意疼痛反应。通过过度伸展掌指关节检查屈肌腱的籽骨（图 6.40）。

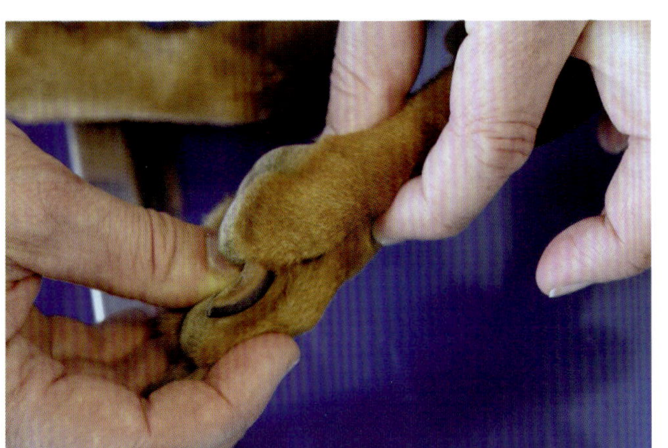

图6.39 使用与后肢相同的技术检查指关节
（图源：Gaby Ernst, Saland, Switzerland）

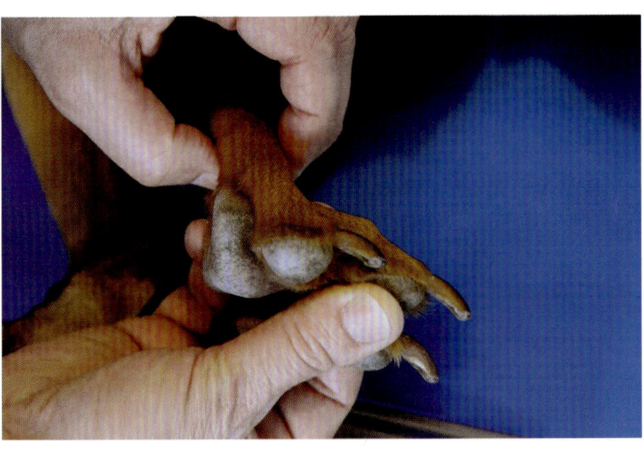

图6.40 与后肢一样，检查前肢屈肌腱的每块籽骨。通过掌指关节过度伸展检查疼痛反应
（图源：Gaby Ernst, Saland, Switzerland）

⇨ 结果和鉴别诊断

- ■ 捻发音
  - 关节骨折
- ■ 热
  - 多关节炎
  - 过敏
- ■ 轴向偏移
  - 侧副韧带断裂
  - 骨折
- ■ 活动性减小
  - 籽骨病
  - 慢性关节疾病
- ■ 活动性增大
  - 屈肌或伸肌肌腱断裂
  - 关节囊撕裂
  - 神经损伤
- ■ 疼痛
  - 关节骨折
  - 多关节炎
  - 籽骨病
  - 关节囊 / 韧带创伤

腕骨

腕骨在正常情况下是活动的。触诊每一块骨骼，并通过关节伸展、屈曲、外展和内收检查评估短韧带（图 6.41）。

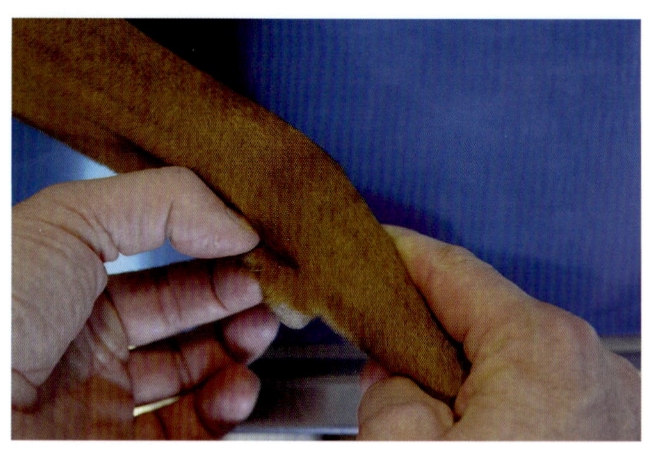

图6.41 腕骨的检查

（图源：Gaby Ernst, Saland, Switzerland）

⇨ 结果和鉴别诊断

- ■ 活动性增大
  - ● 脱位
  - ● 骨折
- ■ 疼痛、副腕骨不稳定
  - ● 副腕骨骨折

常见结果概述和视频演示

表 6.8 概述了该区域的常见结果。

表6.8 结果概述

病变定位 / 检查	结果	诊断	发生率
整体评估	指间皮肤发红	● 过敏	+
	表面轮廓异常	● 肿瘤	+
	疼痛、热	● 肿瘤	+
		● 骨折	++
		● 脱位	+
		● 异物	++
指关节检查	热	● 多关节炎	++
		● 过敏	+
	疼痛	● 关节骨折	++
		● 多关节炎	++
		● 籽骨病	+
		● 关节囊 / 韧带损伤	++
	副腕骨疼痛和不稳定	● 副腕骨骨折	+
	活动性减小	● 籽骨碎裂	+
		● 慢性关节疾病	+
	活动性增大	● 屈肌或伸肌肌腱断裂	+
		● 关节囊撕裂	++
		● 神经损伤	+
	捻发音	● 关节骨折	++
	轴向偏移	● 侧副韧带断裂	++
		● 骨折	++
腕骨	活动性增大	● 脱位	+
		● 骨折	++

参阅视频 6.8，查看犬侧卧的前肢指骨到腕骨的检查。

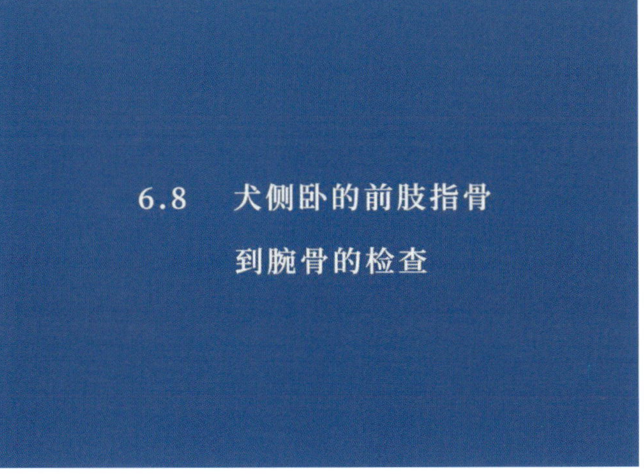

视频6.8 犬侧卧的前肢指骨到腕骨的检查

该视频演示的是指骨和指关节（包括籽骨）的触诊和评估，以及掌骨的触诊。（视频来源：Tele D, Diessenhofen, Switzerland）

6.3.2 腕关节

前臂腕关节

前臂腕关节主要由短的侧副韧带组成，可在关节伸展时评估这些韧带。外展和内收的正常范围为 8°～12°。

然后对关节进行最大限度地屈曲和伸展。

小的斜韧带将桡骨茎突和中间内侧桡腕骨的掌侧面连接起来。使用类似于膝关节检查的抽屉试验进行评估，从外侧开始，一只手抓住前臂远端，另一只手抓住腕骨，将关节保持 180°，然后将抓握腕骨的手向前推（图 6.42～图 6.45）。正常犬不能引起抽屉运动。

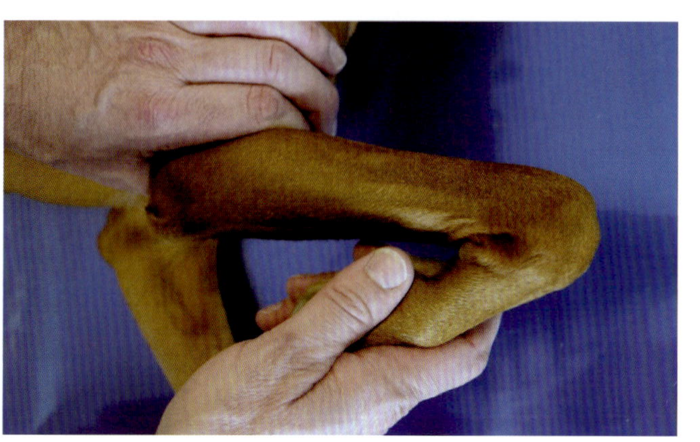

图6.42 腕关节屈曲检查

肘关节同时屈曲时，前臂腕关节的活动范围增大。（图源：Gaby Ernst, Saland, Switzerland）

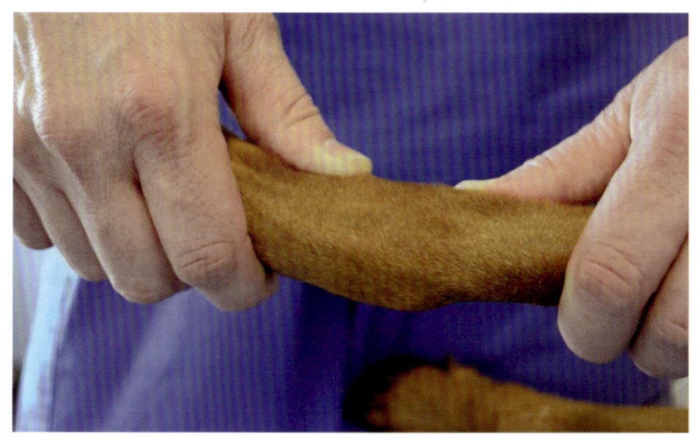

图6.44 通过腕关节外展和内收评估侧副韧带的结构完整性

（图源：Gaby Ernst, Saland, Switzerland）

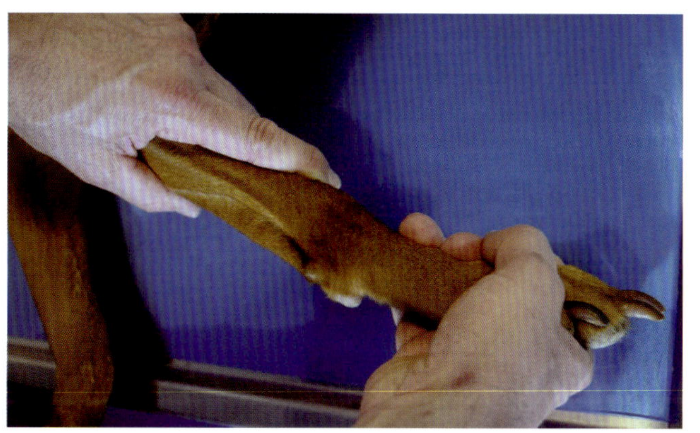

图6.43 腕关节最大伸展检查

（图源：Gaby Ernst, Saland, Switzerland）

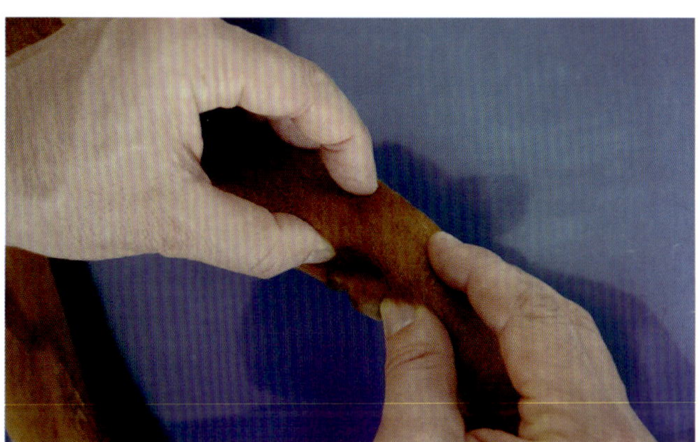

图6.45 内侧副韧带斜部的腕关节抽屉试验评估

（图源：Gaby Ernst, Saland, Switzerland）

⇨ 结果和鉴别诊断

- ■ 活动性增大
  - ● 侧副韧带断裂
  - ● 茎突或腕骨骨折，腕掌或腕骨间关节韧带损伤
  - ● 过度伸展性损伤后的不稳定
- ■ 伸展 / 屈曲活动性减小
  - ● 以前的韧带创伤
  - ● 骨折
- ■ 抽屉试验阳性
  - ● 内侧副韧带斜部断裂

拇长展肌腱的评估

拇长展肌的止点肌腱位于桡骨前内侧的腱鞘内，穿过桡腕关节，位于侧副韧带下方。

通过直接触诊来评估是否存在热、肿胀和疼痛。

在一种类似用于人医的芬克尔斯坦（Finkelstein）检查的操作中，通过腕关节最大限度地屈曲和外展（图 6.46 和图 6.47）将肌腱置于最大张力下，可能会引起肌腱的疼痛反应。

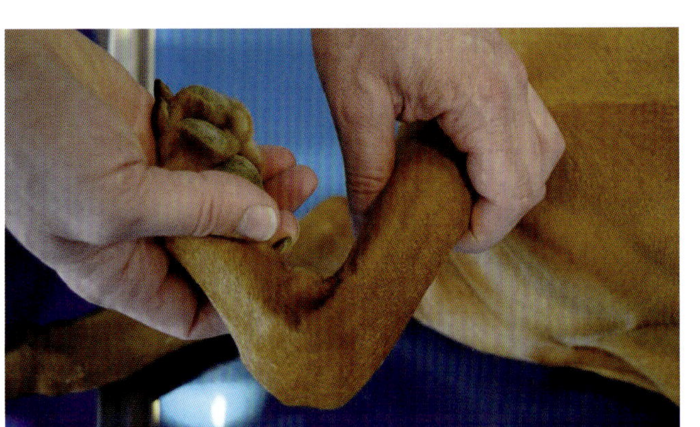

图6.46　通过同时屈曲和外展腕关节，对拇长展肌的止点肌腱施加最大张力

（图源：Gaby Ernst, Saland, Switzerland）

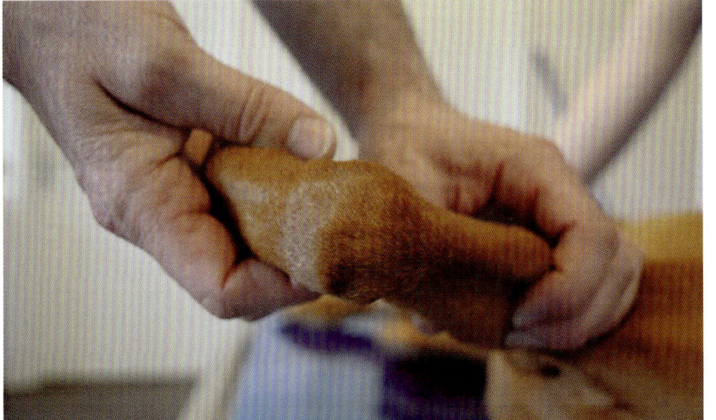

图6.47　评估拇长展肌的前视观

（图源：Gaby Ernst, Saland, Switzerland）

⇨ 结果和鉴别诊断

- ■ 桡骨远端内侧 1/4 处疼痛、热和肿胀
  - ● 拇长展肌腱鞘炎
  - ● 桡骨远端骨肉瘤
- ■ 改良芬克尔斯坦检查引发疼痛
  - ● 拇长展肌腱鞘炎

常见结果概述和视频演示

表 6.9 概述了该区域的常见结果。

表6.9 结果概述

病变定位 / 检查	结果	诊断	发生率
前臂腕关节	伸展 / 屈曲活动性减小	● 以前的韧带损伤	+
		● 骨折	+
	活动性增大	● 侧副韧带断裂	++
		● 茎突或腕骨骨折，腕掌或腕骨间关节韧带损伤	+
		● 过度伸展性损伤后的不稳定	++
拇长展肌的评估	桡骨远端内侧 1/4 处疼痛、热和肿胀	● 拇长展肌腱鞘炎	++
		● 桡骨远端骨肉瘤	++
	改良芬克尔斯坦检查引发疼痛	● 拇长展肌腱鞘炎	++
	抽屉试验阳性	● 内侧副韧带斜部断裂	+

参阅视频 6.9，查看犬侧卧的前肢腕关节检查。

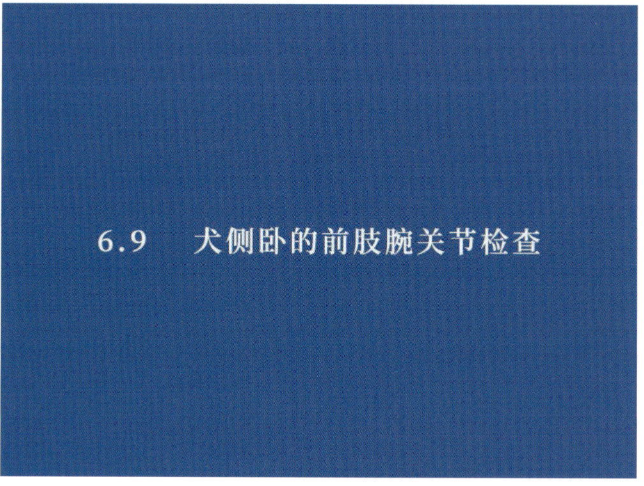

视频6.9 犬侧卧的前肢腕关节检查

该视频演示的是腕关节（尺腕骨、中间内侧桡骨、副腕骨）的触诊和评估，还包括抽屉试验与拇长展肌的触诊和评估。（视频来源：Tele D, Diessenhofen, Switzerland）

6.3.3 桡骨和尺骨

可在桡骨远端内侧触诊茎突，在桡骨近端触诊桡骨头外侧面；可在尺骨远端外侧触诊茎突，在尺骨近端触诊鹰嘴。通过桡骨和尺骨的触诊与捻发音进行疼痛检查，并旋转前臂确定 2 块骨骼的相对活动性（图 6.48 ~图 6.50）。

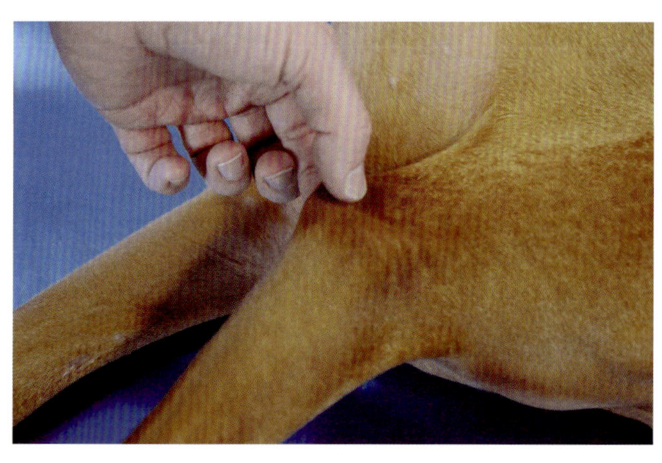

图6.48 全骨炎常影响鹰嘴

（图源：Gaby Ernst, Saland, Switzerland）

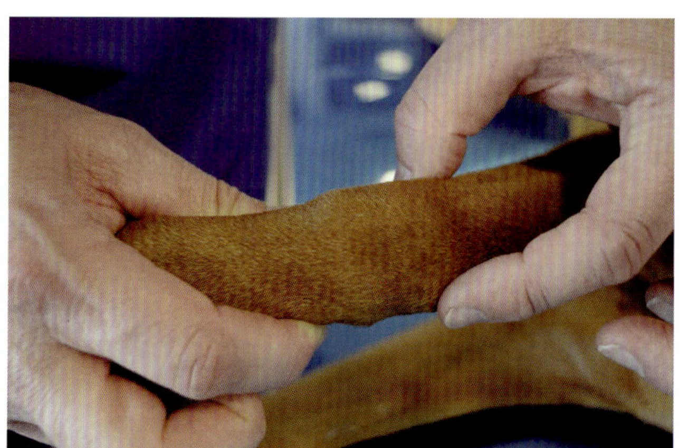

图6.49 用拇指和食指触诊茎突的内侧和外侧

（图源：Gaby Ernst, Saland, Switzerland）

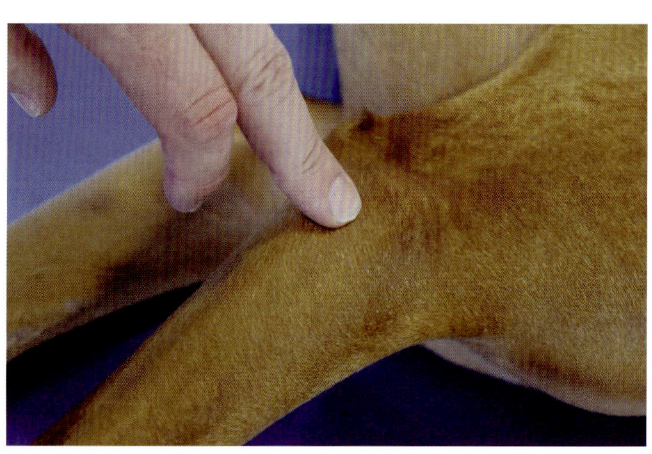

图6.50 桡骨近端伸肌群的位置

（图源：Gaby Ernst, Saland, Switzerland）

➪ 结果和鉴别诊断

- ■ 骨骼远端 1/3 触诊疼痛
  - ● 骨肉瘤
  - ● 肥大性骨营养不良
  - ● 软骨核残留
- ■ 骨干触诊疼痛
  - ● 全骨炎
  - ● 生长障碍
  - ● 肥大性骨病［肢端肥厚、副肿瘤综合征（肺肿瘤）］
- ■ 骨骼近端 1/3 触诊疼痛
  - ● 全骨炎
  - ● 肘关节发育不良
- ■ 桡骨外翻、外旋和凸状弯曲
  - ● 远端生长板提前闭合致桡骨和尺骨生长不同步

常见结果概述和视频演示

表 6.10 概述了该区域的常见结果。

表6.10 结果概述

病变定位	结果	诊断	发生率
桡骨和尺骨	骨骼远端 1/3 触诊疼痛	● 骨肉瘤	++
		● 肥大性骨营养不良	+
		● 软骨核残留	+
	骨干触诊疼痛	● 全骨炎	+++
		● 生长障碍	+
		● 肥大性骨病	+
	骨骼近端 1/3 触诊疼痛	● 全骨炎	+++
		● 肘关节发育不良	+++
	桡骨外翻、外旋和凸状弯曲	● 远端生长板提前闭合致桡骨和尺骨生长不同步	+

参阅视频 6.10，查看犬侧卧的前肢桡骨和尺骨检查。

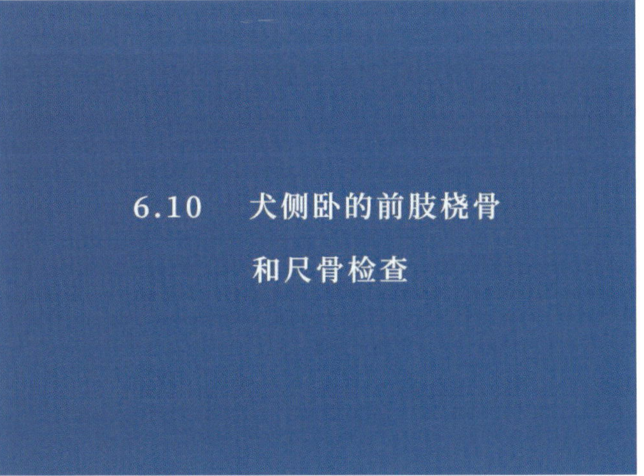

视频6.10 犬侧卧的前肢桡骨和尺骨检查

该视频演示的是前臂（包括茎突和肌肉组织）的触诊。（视频来源：Tele D, Diessenhofen, Switzerland）

6.3.4 肘关节

屈曲和伸展

肘关节完全屈曲和伸展（图 6.51 和图 6.52）。操作关节时，另一只手放在肘关节周围，以感受关节内的变化。最大伸展会比屈曲引起的疼痛更强烈。当关节最大屈曲时可从外侧触及肘突（图 6.53）。

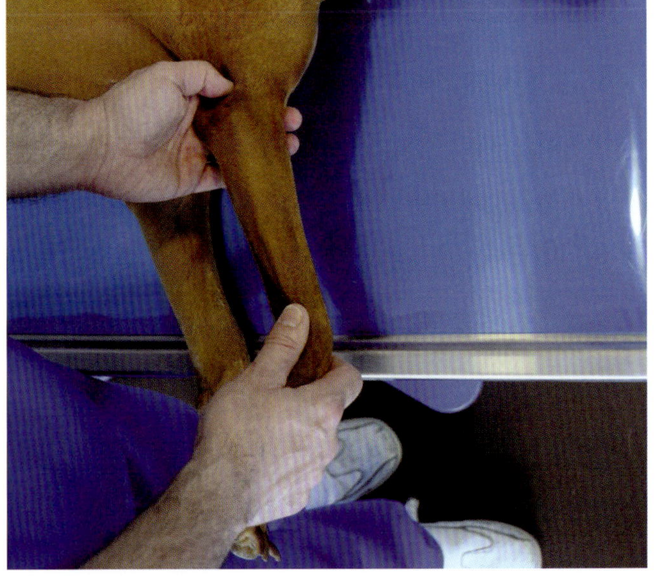

图6.51 肘关节伸展检查

（图源：Gaby Ernst, Saland, Switzerland）

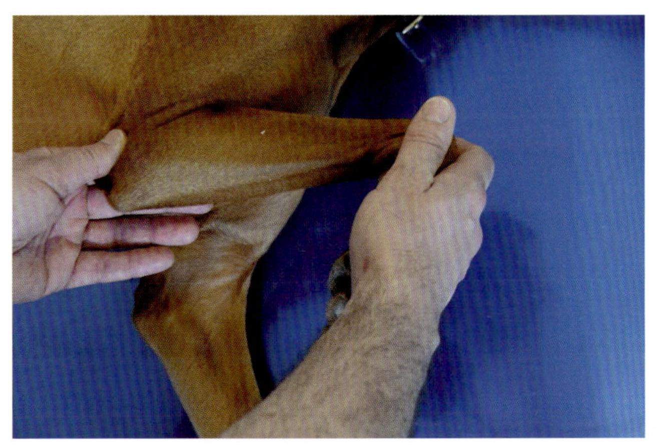

图6.52 肘关节屈曲检查

通过腕关节操作肘关节。（图源：Gaby Ernst, Saland, Switzerland）

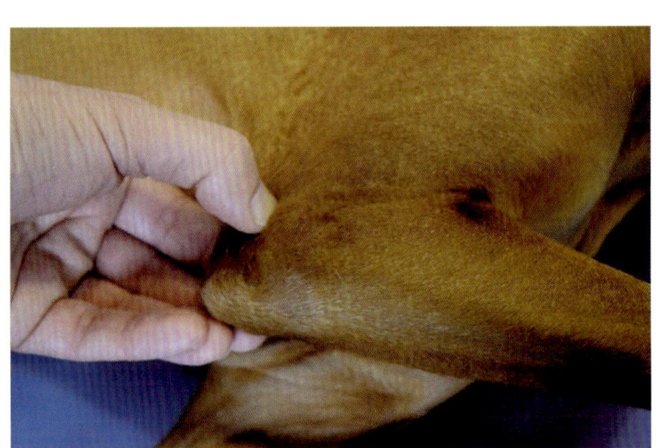

图6.53 只有肘关节最大屈曲时才能评估肘突

（图源：Gaby Ernst, Saland, Switzerland）

➪ 结果和鉴别诊断

- ■ 捻发音
  - ● 肘关节骨关节炎
  - ● 关节骨折
  - ● 不协调
- ■ 疼痛、热
  - ● 肘关节发育不良
  - ● 肘关节骨关节炎
- ■ 外侧部大量积液
  - ● 肘突不闭合
  - ● 外上髁骨折（Salter–Harris 4 型骨折）

侧副韧带的评估

侧副韧带可以通过肘关节的伸展和屈曲进行评估（图 6.54）。关节伸展时，外展和内收最大不超过 10°。当关节弯曲时，桡骨和尺骨相互交叉。在这个位置，外旋和内旋分别受到内侧副韧带和外侧副韧带的限制。这对于评估关节的稳定性很有用。

在大多数侧副韧带断裂的病例中，以内侧副韧带为主。偶见桡骨头外侧脱位，表现为表面轮廓异常（图 6.55 和图 6.56）。

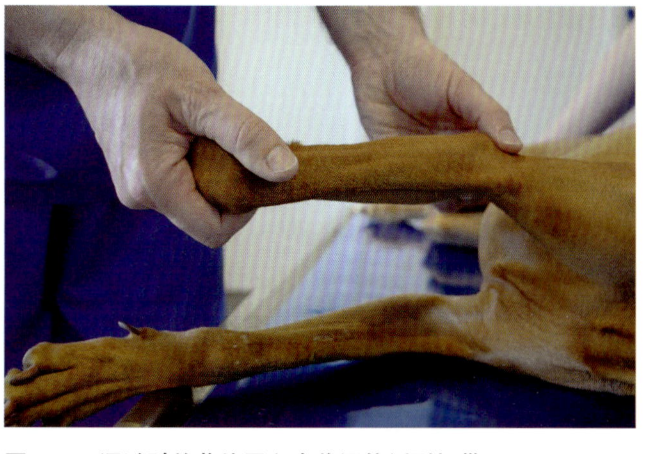

图6.54　通过肘关节外展和内收评估侧副韧带
（图源：Gaby Ernst, Saland, Switzerland）

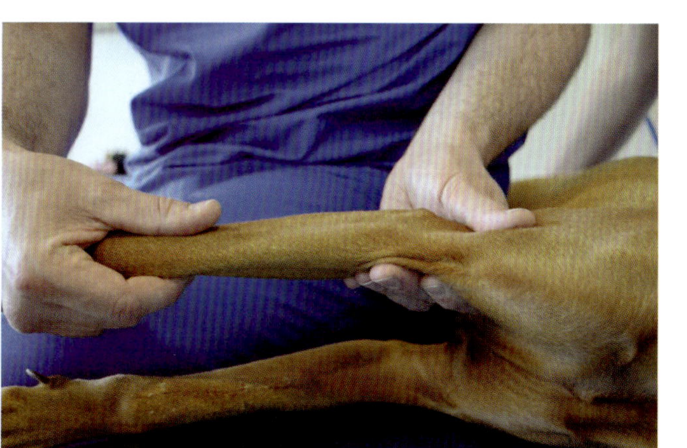

图6.55　内旋程度增大提示外侧副韧带断裂
（图源：Gaby Ernst, Saland, Switzerland）

图6.56　外旋程度增大提示内侧副韧带断裂
（图源：Gaby Ernst, Saland, Switzerland）

⇨ 结果和鉴别诊断

- ■ 肘关节屈曲时外旋程度增大而伸展时外翻
  - ● 侧副韧带断裂
- ■ 肘关节屈曲时内旋程度增大而伸展时内翻
  - ● 外侧副韧带断裂（罕见）
- ■ 桡骨头位于肱骨上髁外侧，肘关节活动性减小伴捻发音
  - ● 肘关节外侧脱位

肘关节内侧部的评估

肘关节发育不良 3 种常见类型中的 2 种（冠状突碎裂和肱骨内侧髁骨软骨病）及其相关的继发性病变（肱骨内侧髁“吻样”病灶、骨关节炎）发生在肘关节内侧部。这些异常通常统称为内侧部综合征。

通过直接指压内侧冠状突评估内侧部（图 6.57）。然后，伸展肘关节，向内旋转桡骨和尺骨。如果内侧副韧带完好，这种操作会使内侧冠状突与肱骨髁直接接触。应注意受压后引起的冠状突疼痛（图 6.58）。

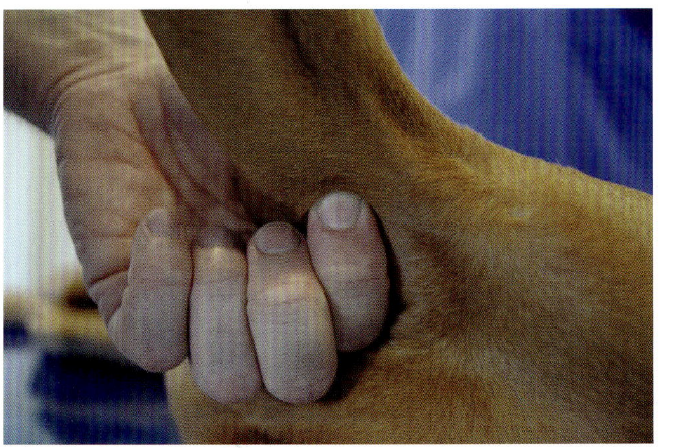

图6.57 用食指直接触诊内侧冠状突

（图源：Gaby Ernst, Saland, Switzerland）

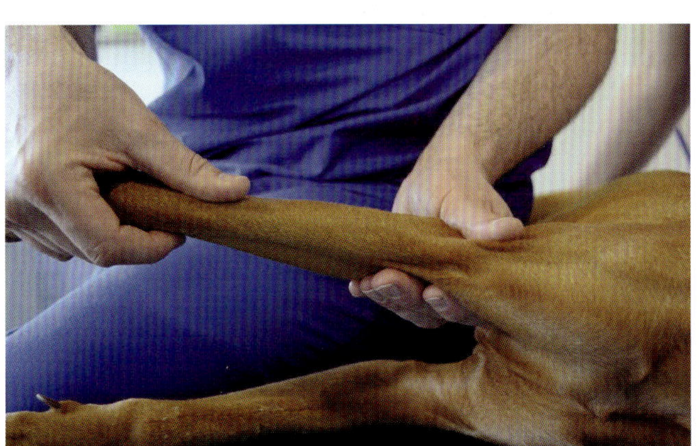

图6.58 在肘关节伸展时，通过内旋桡骨和尺骨，对内侧冠状突施压

（图源：Gaby Ernst, Saland, Switzerland）

➪ 结果和鉴别诊断

■ 内侧冠状突直接触诊时疼痛
- 肘关节发育不良（内侧部综合征）
- 内侧冠状突骨折
- 肘关节骨关节炎

■ 肘关节伸展时桡骨 / 尺骨内旋疼痛
- 内侧冠状突碎裂
- 肱骨内侧髁骨软骨病
- 肘关节骨关节炎
- 关节骨折
- 肘关节不协调

常见结果概述和视频演示

表 6.11 概述了该区域的常见结果。

表6.11 结果概述

病变定位 / 检查	结果	诊断	发生率
屈曲和伸展	疼痛、热	● 肘关节发育不良	+++
		● 肘关节骨关节炎	+++
	捻发音	● 肘关节骨关节炎	+++
		● 关节骨折	+
		● 不协调	++
	外侧部大量积液	● 肘突不闭合	++
		● 外上髁骨折（Salter– Harris 4 型骨折）	+
侧副韧带的评估	肘关节屈曲时外旋程度增大而伸展时外翻	● 内侧副韧带断裂	++
	肘关节屈曲时内旋程度增大而伸展时内翻	● 外侧副韧带断裂（罕见）	+
	桡骨头位于肱骨上髁外侧，肘关节活动性减小伴捻发音	● 肘关节外侧脱位	+
肘关节内侧部的评估	内侧冠状突直接触诊时疼痛	● 肘关节发育不良（内侧部综合征）	+++
		● 内侧冠状突骨折	+
		● 肘关节骨关节炎	+++
	桡骨 / 尺骨内旋疼痛	● 内侧冠状突碎裂	+++
		● 肱骨内侧髁骨软骨病	+++
		● 肘关节骨关节炎	+++
		● 关节骨折	+
		● 肘关节不协调	++

参阅视频 6.11，查看犬侧卧的前肢肘关节检查。

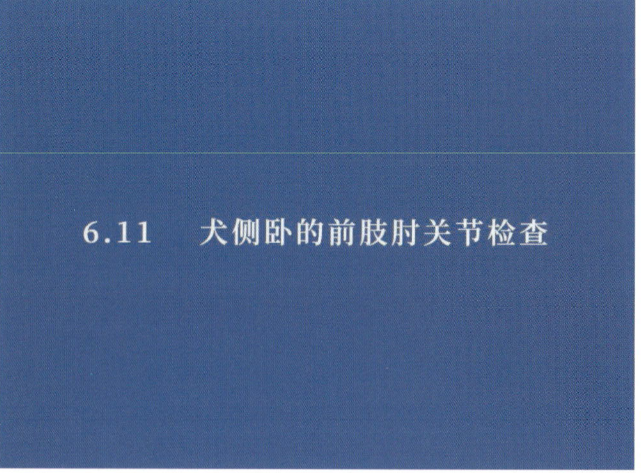

视频6.11 犬侧卧的前肢肘关节检查

该视频演示的是通过触诊肱骨上髁确定肘关节的位置，以及关节的评估（包括侧副韧带）。（视频来源：Tele D, Diessenhofen, Switzerland）

6.3.5 肱骨

从远端向近端触诊肱骨（图 6.59 和图 6.60）。桡神经从肱骨外侧面穿过。在近端，可触及肱骨大结节和肱骨干近端。

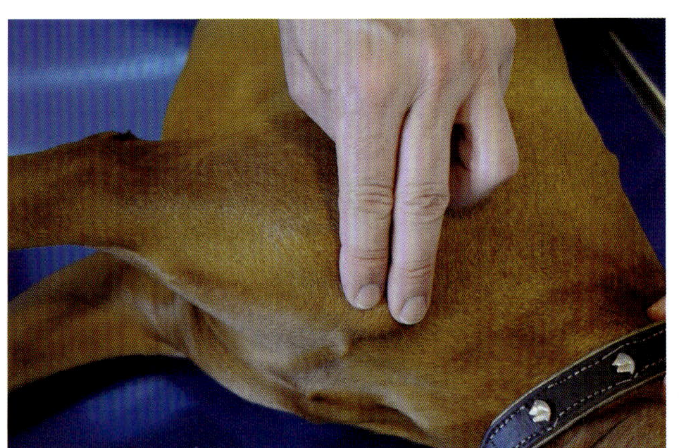

图6.59　在肱骨远端，可直接触及肱骨
（图源：Gaby Ernst, Saland, Switzerland）

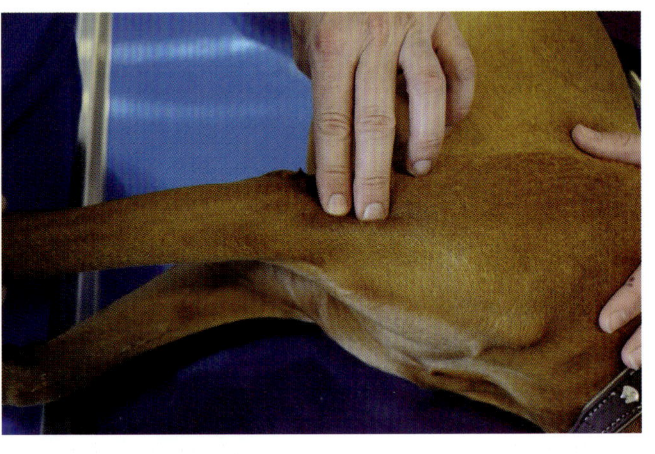

图6.60　大结节很容易触及
（图源：Gaby Ernst, Saland, Switzerland）

➪ 结果和鉴别诊断

- ■ 触诊疼痛
  - ● 骨折
  - ● 肱骨近端肿瘤
  - ● 全骨炎
  - ● 桡神经损伤
- ■ 捻发音
  - ● 骨折

常见结果概述和视频演示

表 6.12 概述了该区域的常见结果。

表6.12 结果概述

病变定位 / 检查	结果	诊断	发生率
肱骨	触诊疼痛	● 骨折	+
		● 肱骨近端肿瘤	+ + +
		● 全骨炎	+
		● 桡神经损伤	+
	捻发音	● 骨折	+

参阅视频 6.12，查看犬侧卧的前肢肱骨检查。

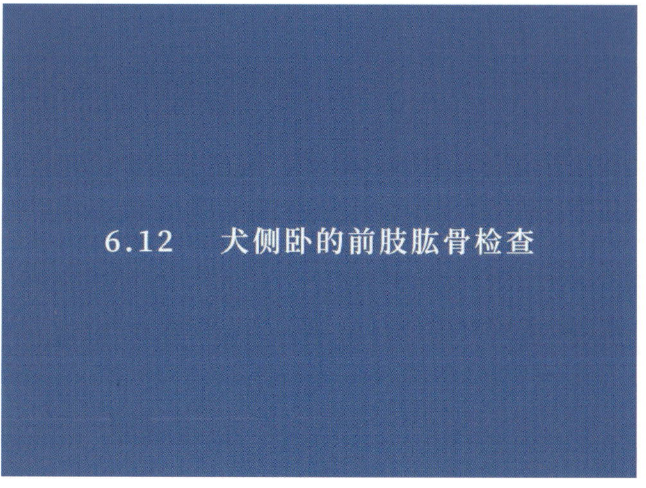

视频6.12 犬侧卧的前肢肱骨检查

该视频演示的是肱骨、肱三头肌和肱二头肌的触诊，以及肱二头肌腱腱鞘炎的评估。（视频来源：Tele D, Diessenhofen, Switzerland）

6.3.6 肩关节

肩关节

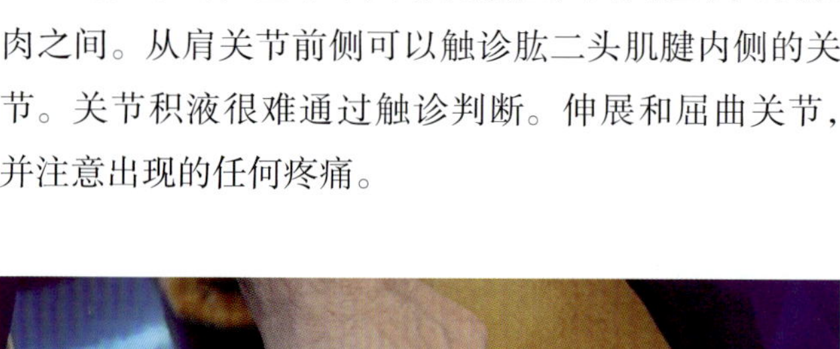

肩关节的检查非常具有挑战性，因其位于几块肌肉之间。从肩关节前侧可以触诊肱二头肌腱内侧的关节。关节积液很难通过触诊判断。伸展和屈曲关节，并注意出现的任何疼痛。

通过轻微伸展肩关节并内旋肱骨，可以发现肱骨头后缘存在的骨软骨病病灶。将肱骨头向外侧移动，以便从其上面覆盖的肌肉层间接检查（图 6.61 和图 6.62）。

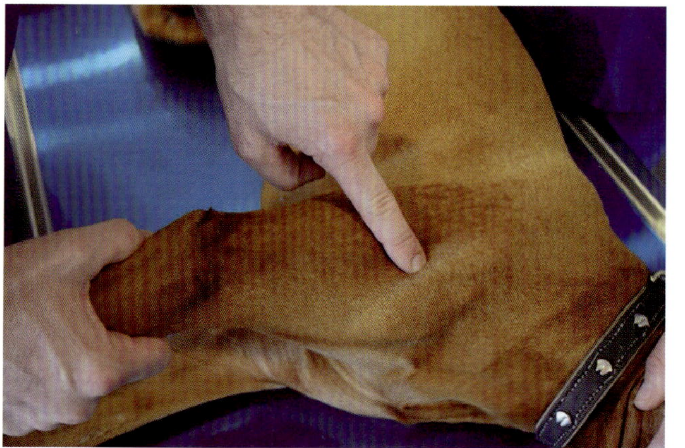

图6.61　肩关节紧靠肩峰内侧。肱骨内旋，将肱骨头移向皮肤，从而可以评估骨软骨病病灶（食指指示处）

（图源：Gaby Ernst, Saland, Switzerland）

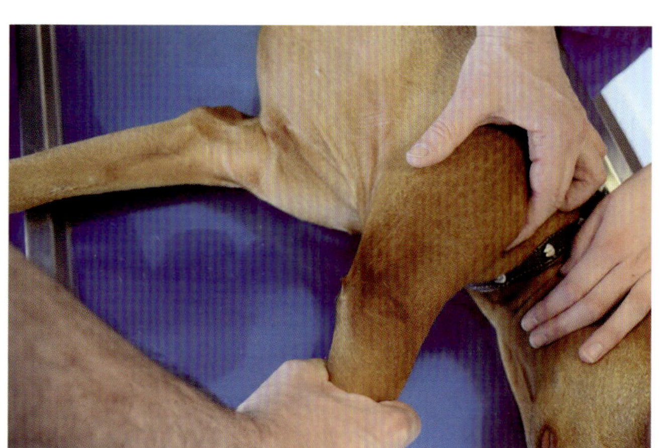

图6.62　屈曲和伸展肩关节评估捻发音和稳定性

（图源：Gaby Ernst, Saland, Switzerland）

⇨ 结果和鉴别诊断

- ■ 肱骨头后缘触诊疼痛
  - ● 骨软骨病病灶
- ■ 关节前缘肿胀和疼痛
  - ● 肱二头肌撕脱
  - ● 肱二头肌肌腱炎
  - ● 盂上结节骨折
  - ● 肩关节不稳定或发育不良
  - ● 肱骨近端肿瘤
- ■ 大结节明显位于肩峰远端和内侧
  - ● 肩关节内侧脱位
- ■ 肩关节活动性减小
  - ● 肩关节脱位
  - ● 关节骨折
  - ● 骨软骨病病灶
  - ● 肱二头肌肌腱炎
- ■ 肩关节外翻失准直
  - ● 冈下肌 / 冈上肌挛缩

肱二头肌腱的评估

肱二头肌可在肱骨大结节和小结节之间的结节间韧带下方直接触及，也可以在肩关节的更近端和结节间沟的更远端触及。

通过屈曲肩关节和伸展肘关节，将肌腱置于最大张力下，另一只手用来按压肩关节附近的肱二头肌腱（图 6.63 和图 6.64）。

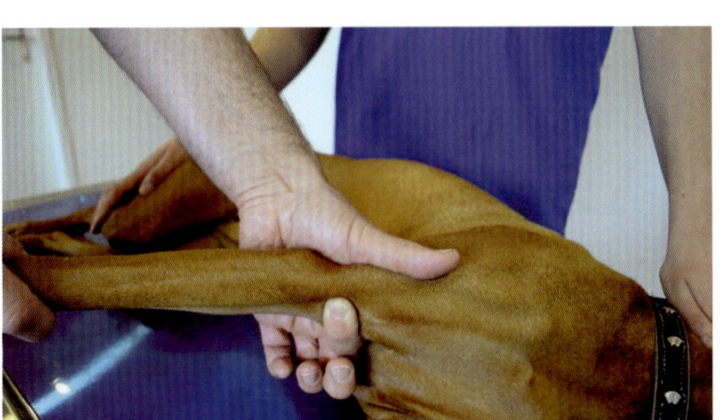

图6.63 肱二头肌腱的止点位于桡骨。肩关节屈曲时，如果在食指的位置牵拉肌腱，肌腱的近端部分也会受到张力

（图源：Gaby Ernst, Saland, Switzerland）

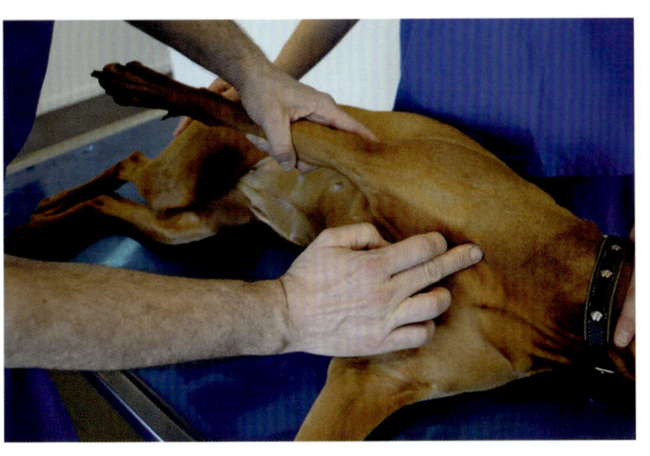

图6.64 屈曲和伸展肩关节时触诊肱二头肌腱评估疼痛

（图源：Gaby Ernst, Saland, Switzerland）

⇨ 结果和鉴别诊断

■ 直接按压疼痛
- 肱二头肌肌腱炎
- 肱二头肌腱在肩关节处撕脱

常见结果概述和视频演示

表 6.13 概述了该区域的常见结果。

表6.13 结果概述

病变定位 / 检查	结果	诊断	发生率
肩关节	关节前缘肿胀和疼痛	● 肱二头肌撕脱	+
		● 肱二头肌肌腱炎	++
		● 盂上结节骨折	+
		● 肩关节不稳定或发育不良	+
		● 肱骨近端肿瘤	+++
	肱骨头后缘触诊疼痛	● 骨软骨病病灶	+++
	活动性减小	● 肩关节脱位	+
		● 关节骨折	+
		● 骨软骨病病灶	+++
		● 肱二头肌肌腱炎	++
	大结节明显位于肩峰远端和内侧	● 肩关节内侧脱位	+
	肩关节外翻失准直	● 冈下肌 / 冈上肌挛缩	+
肱二头肌腱检查	直接按压疼痛	● 肱二头肌肌腱炎	++
		● 肱二头肌腱在肩关节处撕脱	+

参阅视频 6.13，查看犬侧卧的前肢肩关节检查。

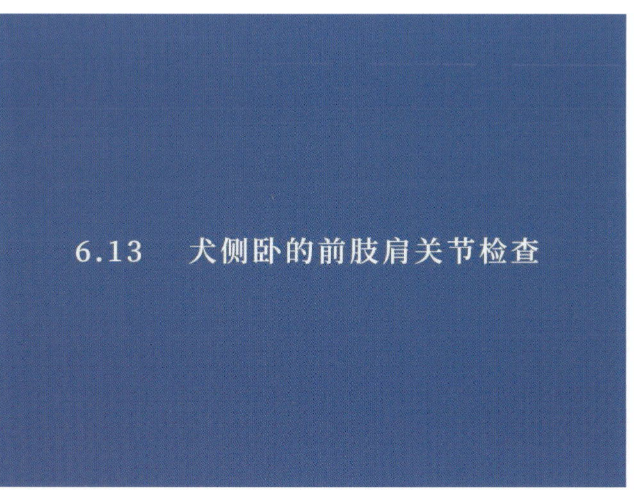

视频6.13 犬侧卧的前肢肩关节检查

该视频演示的是肩关节（包括肱骨骨软骨病的检查）的触诊和评估。（视频来源：Tele D, Diessenhofen, Switzerland）

6.3.7 肩胛骨

肩胛骨

沿肩胛骨边缘触诊肩胛骨，评估肩胛冈和肩峰的结构稳定性（图 6.65 和图 6.66）。

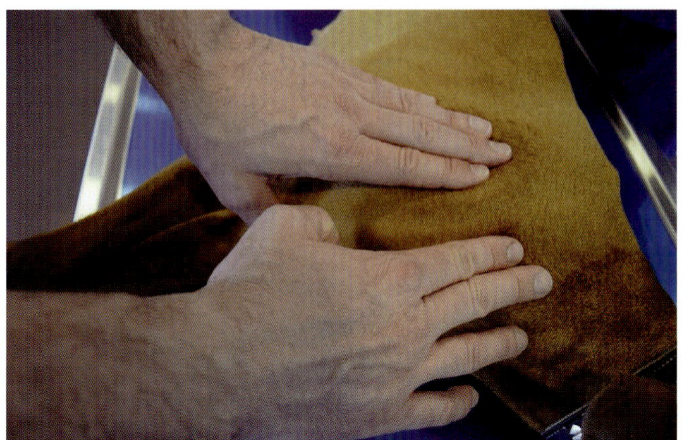

图6.65 沿肩胛冈前后检查，排查是否存在肌肉萎缩及萎缩程度

（图源：Gaby Ernst, Saland, Switzerland）

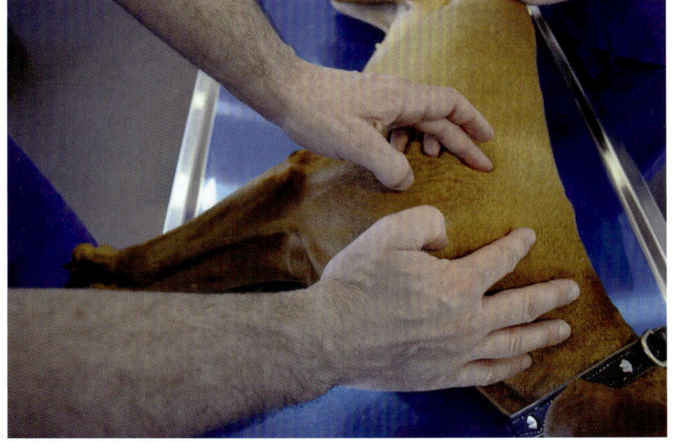

图6.66 沿肩胛骨边界触诊肩胛骨

（图源：Gaby Ernst, Saland, Switzerland）

⇨ 结果和鉴别诊断

- ■ 疼痛、捻发音
  - ● 骨折
- ■ 疼痛、肿胀
  - ● 肿瘤
- ■ 轴向偏移
  - ● 骨折愈合
- ■ 肌肉僵硬和疼痛
  - ● 挛缩

肩胛下区域

臂神经丛直接位于肩胛骨下方，可用指尖直接触及臂神经丛前缘（图 6.67）。

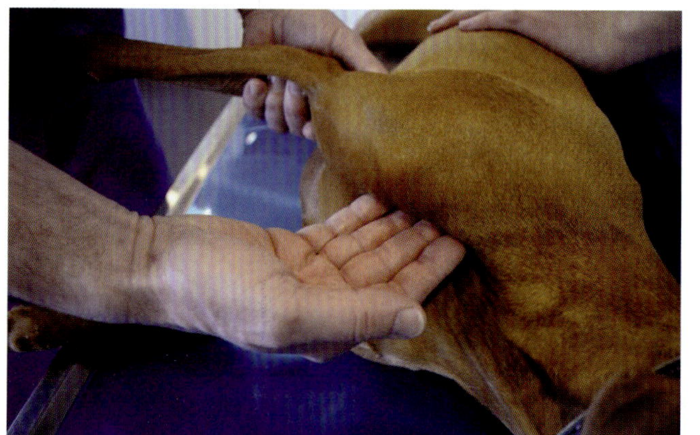

图6.67 部分臂神经丛可用指尖触及
（图源：Gaby Ernst, Saland, Switzerland）

⇨ 结果和鉴别诊断

- ■ 肩胛下触诊疼痛
  - ● 臂神经丛创伤
  - ● 臂神经丛肿瘤

常见结果概述和视频演示

表 6.14 概述了该区域的常见结果。

表6.14 结果概述

病变定位	结果	诊断	发生率
肩胛骨	疼痛、肿胀	肿瘤	+
	疼痛、捻发音	骨折	+
	肌肉僵硬和疼痛	挛缩	+
	轴向偏移	骨折愈合	+
肩胛下区域	肩胛下触诊疼痛	臂神经丛创伤	++
		臂神经丛肿瘤	+

参阅视频 6.14，查看犬侧卧的前肢肩胛骨检查。

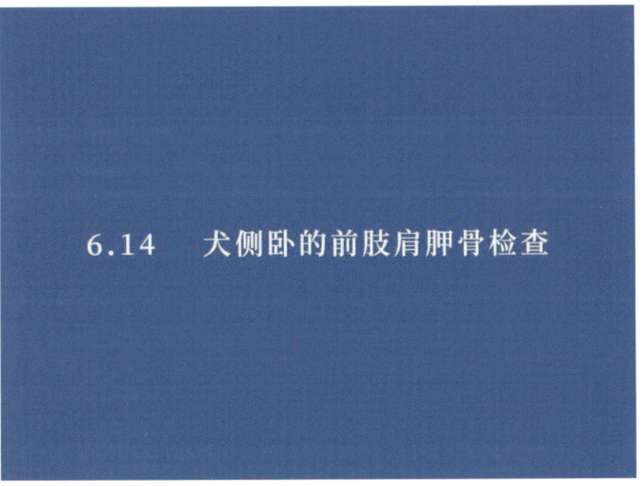

视频6.14 犬侧卧的前肢肩胛骨检查

该视频演示的是肩胛骨和臂神经丛的触诊。（视频来源：Tele D, Diessenhofen, Switzerland）

6.4 参考文献

[92] Koch DA, Grundmann S, Savoldelli D et al. Die Diagnostik der Patellaluxation des Kleintieres. Schw Arch Tierheilk 1998; 371–374

第 7 章　神经学检查

Daniel Koch, Martin S. Fischer

7.1　引言

检查跛行患犬时，区分跛行和轻瘫非常重要。神经学检查包括一系列结构化检查，旨在建立定位诊断。首先，病变应定位在中枢或外周神经系统。通过临床检查可以做出更准确的定位。在许多情况下，检查必须辅以影像学诊断（如 X 线检查、CT 和 MRI）与电诊断检查。

每次检查时，都要按相同的顺序进行神经学检查。患犬最好在安静的环境中进行检查。对于焦虑的患病动物，尤其是在评估惊吓反应或痛觉检查时，为避免错误判断评估结果，应在其他时间或不同条件下重新检查。检查时，动物须尽量配合，而且不能镇静，这样才能更好地区分正常和异常反应。所有检查结果都应书面记录。

以下检查顺序是基于 Jaggy 的建议进行的[93]。

7.2　既往病史

7.2.1 病征

某些品种犬好发特定的神经系统疾病。这些疾病包括软骨营养障碍品种（和老年犬）的椎间盘变性、杜宾犬和大丹犬的颈椎脊髓病，以及德国牧羊犬的退行性脊髓病和退行性腰荐关节疾病。

⇨ 病征的解读

- 软骨营养障碍品种：椎间盘疾病
- 杜宾犬、大丹犬：颈椎脊髓病
- 德国牧羊犬：DLSS、DM
- 玩具品种：寰枢椎半脱位、脑积水、脑脊液流出受损
- 罗得西亚脊背犬：皮样窦
- 美国斯塔福德㹴：丘脑小脑变性
- 斗牛犬、巴哥犬：蛛网膜下腔憩室、退行性和先天性椎管狭窄

7.2.2 病史

根据主诉，记录病史，要重点关注以下内容：

（1）病程（急性、慢性、进行性、复发性）。

（2）行进运动、楼梯上的运动、拖曳脚趾等情况。

（3）颈部和尾部的摆动、身体形状的变化（尤其是背线）。

（4）损伤和事故。

（5）对人和动物的行为、行为变化、攻击性、认知障碍。

（6）对正常刺激的反应、通过熟悉和不熟悉的地形或在黑暗中定位的能力。

（7）从地上捡起食物的能力、正常进食的能力、食物是否会从口中掉落。

（8）排便行为。

（9）既往病史和现有疾病。

（10）同窝其他幼犬是否发病。

（11）对药物的治疗反应。

（12）疫苗接种情况及是否有疫苗反应。

⇨ 病征的解读

- 超急性发作、中型犬、无创伤史
  - 纤维软骨栓塞 / 脊髓梗死
- 急性发作、后肢麻痹、疼痛
  - 椎间盘疾病
  - 其他硬膜外压迫
  - 脊柱损伤
- 拖尾、边走边排便、大便失禁
  - DLSS
  - 慢性压迫性脊髓病
- 从地面上进食困难
  - 椎间盘疾病
  - 摇摆综合征
  - 寰枢椎半脱位
- 精神状态改变
  - 脑损伤

7.3 精神状态和行为

应在安静的环境中观察患犬，最好是在室外，远离其他犬、人和车辆等会分散患犬注意力的干扰因素。如果患犬对特定的刺激（如呼叫、命令、拍手或揉捏）能做出适当或有针对性的反应，则认为其精神状态正常。

⇨ 行为的解读

- ■ 攻击、激越、定向障碍、刻板动作
  - ● 肿瘤性或退行性脑病
  - ● 代谢紊乱（如肝性脑病）
  - ● 强迫性行为障碍
- ■ 淡漠、木僵或昏迷
  - ● 脑部创伤、肿瘤或感染
  - ● 代谢紊乱

7.4 姿态

姿态评估也应在室外或低刺激环境下进行（图 7.1）。通常与步态分析一起进行；当评估犬的步态时，首先要注意它的姿态。肢体、躯干、颈部及颅颈轴应处于适当位置。应对动物进行全面触诊，排查任何肌肉异常，如萎缩、肥大或疼痛。可通过对动物颈部、躯干和肢体的肌肉短暂施加适度的压力进行评估。重要的是，使患犬在整个过程中保持放松，以避免对反应的错误判断。可通过头部被动地向侧面、背侧和腹侧移动，以评估动物颅颈轴的灵活性。尾巴应该是可移动的，其姿态符合品种特征。

图7.1 在安静的环境中评估姿态和行为
（图源：Nicole Hollenstein, Tierfotografie）

⇨ 姿态的解读

- ■ 希夫－谢灵顿现象（前肢痉挛性伸展、后肢通常无力）
  - ● 胸腰椎脊髓深部创伤
- ■ 角弓反张
  - ● 中脑病变
- ■ 肌阵挛
  - ● 犬瘟热
  - ● 脑脊髓炎（各种病因）
- ■ 震颤
  - ● 小脑病变
  - ● 中毒
  - ● 代谢紊乱，如低钙血症
- ■ 脊柱腹凸、背凸和侧凸
  - ● 脊椎畸形
  - ● 椎间盘疾病
  - ● 脊髓空洞症
- ■ 头倾斜
  - ● 前庭疾病（外周和中枢）

7.5 步态分析

进步运动（或称行进运动）涉及将重心向前、向后或在单侧方向上重新定位。这一过程在神经生理学上受上行脊髓－皮质通路、下行皮质－脊髓通路和行进运动中枢的调节。

犬通常呈现对角线步态，即一个后肢和对侧前肢同时屈曲，然后对侧对角线肢体随之伸展。偏离这种对角线顺序的动作称为步态不协调或共济失调。

在助理带领下，患犬呈现行走、快步和跑步步态（图 7.2）。评估每种步态是否变化，以便发现跛行；跛行可能发生在 1 个、2 个或所有肢体。根据病变定位，将步态障碍描述为脊髓性共济失调、小脑性共济失调、前庭性共济失调或皮质性共济失调。根据病变程度，共济失调分为轻度、中度和重度。在许多情况下，更有挑战性的运动形式会加剧临床症状，如在不平坦的地面行走、上 / 下楼梯和跨越障碍。

跳跃对于观察功能性运动间的相互作用特别有用。

➪ 步态分析解读

- ■ 辨距过大、震颤
  - ● 小脑疾病
- ■ 偏瘫
  - ● 脑干病变
  - ● 脑损伤
- ■ 绊倒、指背着地 / 负重、拖曳、后躯蹒跚（脊髓性共济失调）
  - ● DM
  - ● Th3–L3 压迫性脊髓病
- ■ 宽基步、肢体痉挛、辨距过大、头部震颤（小脑性共济失调）
  - ● 肿瘤、小脑炎症
  - ● 小脑退行性疾病和贮积病
- ■ 头倾斜、转圈、平衡缺失（前庭性共济失调）
  - ● 内耳炎症
  - ● 老年前庭综合征
  - ● 肿瘤
- ■ 运动功能完全丧失（麻痹；偏瘫、截瘫、四肢瘫或单肢瘫）
  - ● 重度上运动神经元或下运动神经元病变
- ■ 自主运动减弱（轻瘫）
  - ● 中度上运动神经元或下运动神经元病变
- ■ 强迫性运动（转圈、靠墙行走）
  - ● 局灶性或弥散性脑病变（肿瘤、畸形）
- ■ 踱步步态
  - ● 无病态归因
  - ● 通常认为正常

参阅视频 7.1，查看行为、姿态和步态的评估。

7.1　犬的神经学检查：行为、姿态和步态的评估

视频7.1　犬的神经学检查：行为、姿态和步态的评估
（视频来源：Nicole Hollenstein, Tierfotografie）

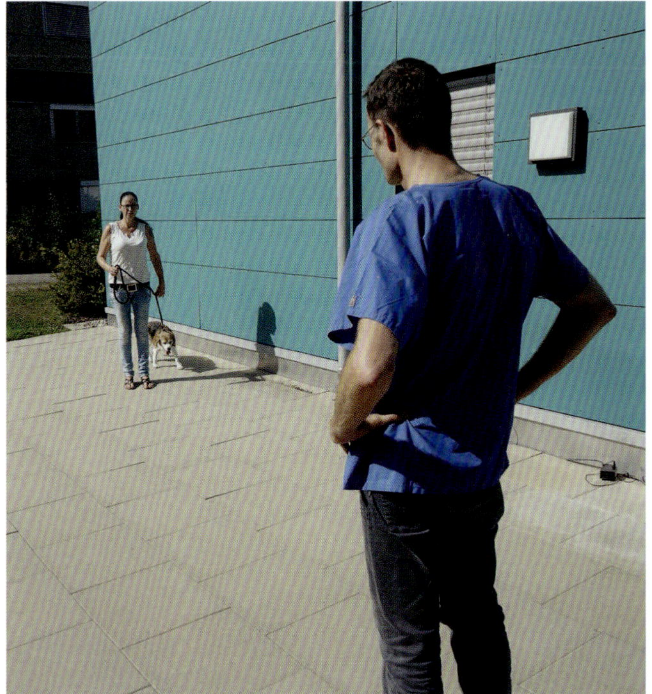

图7.2　步态分析
主人带领患犬行走、快步和跑步，检查者评估步态异常、共济失调或其他协调障碍。（图源：Nicole Hollenstein, Tierfotografie）

7.6　姿势反应和本体感受检查

可通过评估姿势反应和本体感受检查细微的运动障碍，以便帮助定位通路中断的位置，并识别身体左、右两侧之间的差异。除本体感受检查外，以下检查仅适用于中等体型患犬和配合良好的患犬。

7.6.1 位置反应

可通过诊室的检查台或室外区域类似高度的墙壁进行位置反应评估。举起动物，并将其朝向桌面进行视觉位置评估。正常动物在靠近桌子时，前肢和后肢都会放在桌面上。进行触觉位置检查时，将动物眼睛闭上或盖上后抱向桌子，爪子与桌面的轻微接触会触发前肢和后肢放置在桌面上（图 7.3）。

➪ 位置反应的解读

- ■ 爪子放置缺失或明显延迟
  - ● 感觉通路病变
  - ● 中脑病变
  - ● 失明

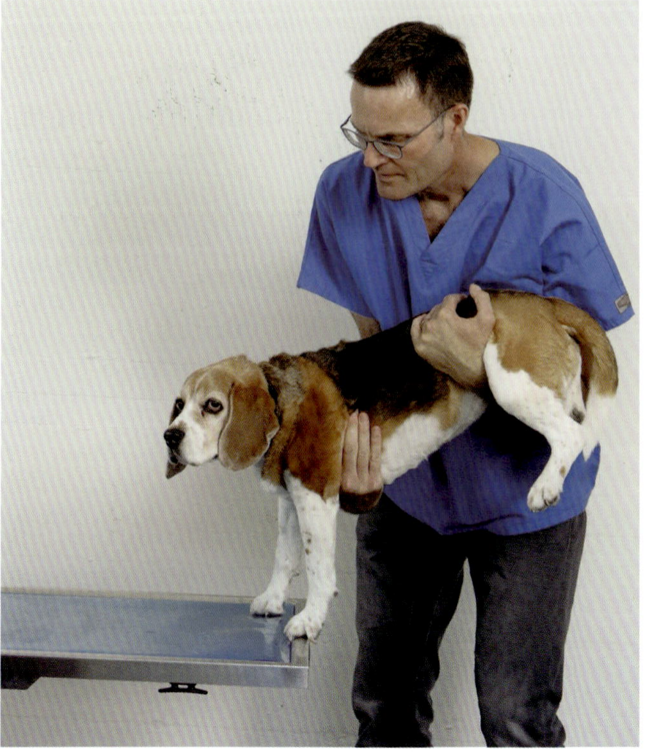

图7.3 位置反应

小心将患犬抱起，靠近桌面；评估患犬接触桌面时脚的放置。（图源：Nicole Hollenstein, Tierfotografie）

7.6.2 伸肌蹬踏反应

伸肌蹬踏反应的检查方法是将犬放低到地面上，前肢和后肢自由下垂，轻触地面。正常反应为肢体伸展和僵硬，以及放置好脚（图 7.4）。

图7.4 伸肌蹬踏反应

当犬的肢体接触地面时，应保持伸展。（图源：Nicole Hollenstein, Tierfotografie）

➪ **伸肌蹬踏反应的解读**

■ 接触地面时运动缺失或延迟
- 脊髓病变
- 局灶性大脑病变（对侧缺失）
- 前庭病变（同侧缺失）

7.6.3 本体感受位置反应

本体感受位置反应可在地面上或检查台上进行评估。当动物处于站立姿势时，肢体被放置成不正常的姿势，如将爪子翻转使其背部着地。在正常情况下，犬的反应是迅速纠正脚的位置，并采取正常站姿（图 7.5）。与其他检查一样，要比较左、右两侧与前肢和后肢的反应。

➪ **本体感受位置反应的解读**

■ 纠正反应延迟
- 皮质、小脑、脑干、脑桥、延髓、脊髓、外周神经或肌肉病变

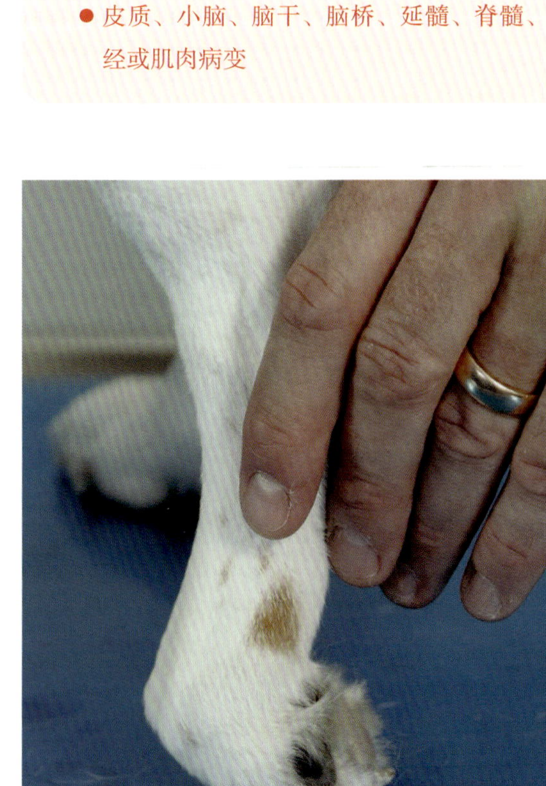

图7.5 本体感受位置反应

正常犬的反应是立即纠正脚的位置。（图源：Nicole Hollenstein, Tierfotografie）

7.6.4 翻正反应

在地面上评估翻正反应。检查人员使犬悬空，抓住犬的大腿（小型犬）或胸廓周围（大型犬）。当小心地将犬放低到地面时，它应先抬头（图 7.6），同时向背侧屈曲颈部，然后伸展前肢。

⇨ 翻正反应的解读

- ■ 头部腹侧屈曲
  - ● 前庭疾病

图7.6 翻正反应

将健康犬放低接触地面时犬会抬起头。（图源：Nicole Hollenstein, Tierfotografie）

7.6.5 半边走

通过抬起身体一侧的肢体评估动物半边走（或同侧肢体站立行走）的能力（图 7.7）。为避免引起疼痛，应在近端抓住肢体，不要外展腿。该检查也是在地面上进行。最初，检查者需观察动物身体是如何由触地脚支撑的。然后将犬的身体侧向移动，观察支撑肢体的协调性。对比左、右两侧。

⇨ 半边走的解读

- ■ 不协调的半边走
  - ● 皮质病变

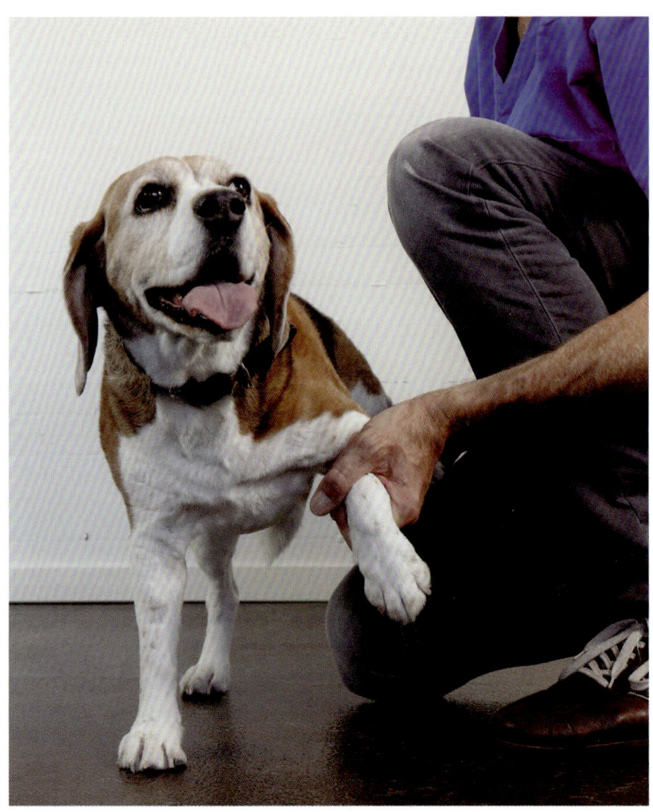

图7.7 半边走：评估同侧肢体的协调性

（图源：Nicole Hollenstein, Tierfotografie）

7.6.6 单脚跳

单脚跳的评估是通过抬起患犬的三条腿并向不同方向移动进行的。正常的反应是在同侧协调支撑动物体重的跳跃动作（图 7.8）。再做一次，将左侧与右侧进行比较。

⇨ 单脚跳的解读

- ■ 单脚跳过程中绊倒、无力或虚脱；步伐过小或过大
  - ● 大脑、脑干、小脑或脊髓病变或缺损

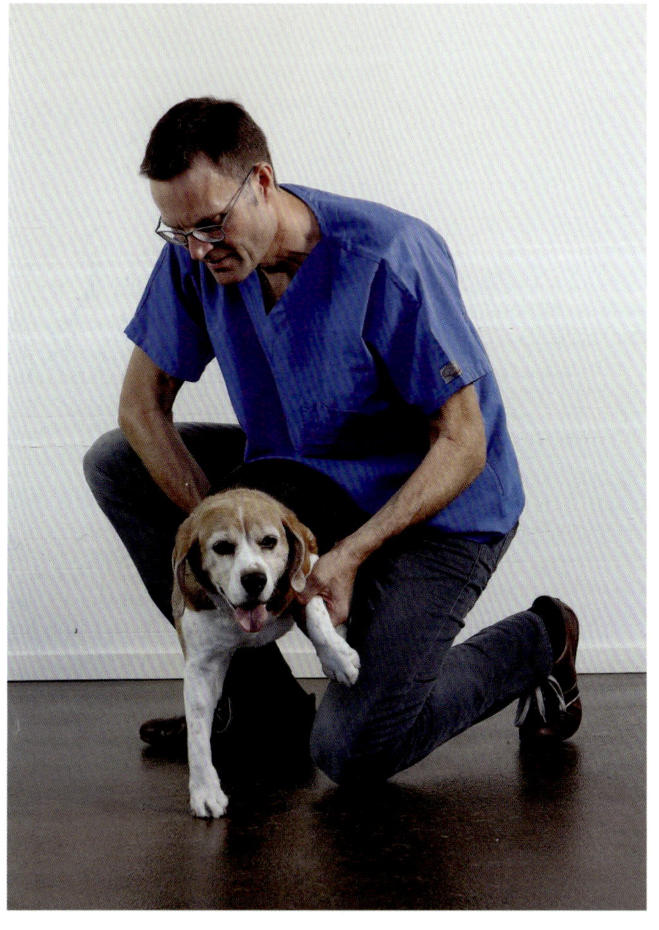

图7.8　单脚跳
犬应有用一条腿支撑重量的能力。（图源：Nicole Hollenstein, Tierfotografie）

7.6.7 独轮车检查

在独轮车检查中，患犬用前肢站立或行走。小心抬起患犬的后肢，轻轻地向前推患犬。犬应有以协调的方式站立和用前肢行走的能力（图 7.9）。

为了发现细微的神经缺损，当抬起动物后肢时，可以轻微屈曲颈部，消除视觉辅助。

⇨ 独轮车检查的解读

- ■ 检查期间保持低头
  - ● 颈部脊髓疾病
- ■ 辨距过大
  - ● 脑干后部或小脑病变
- ■ 走路不稳、摔倒、跌倒、共济失调
  - ● 颈部脊髓疾病
  - ● 臂神经丛病变

图7.9　独轮车检查：评估前肢协调性
（图源：Nicole Hollenstein, Tierfotografie）

7.6.8 视频演示

参阅视频 7.2，查看姿势反应和本体感受反应的评估。

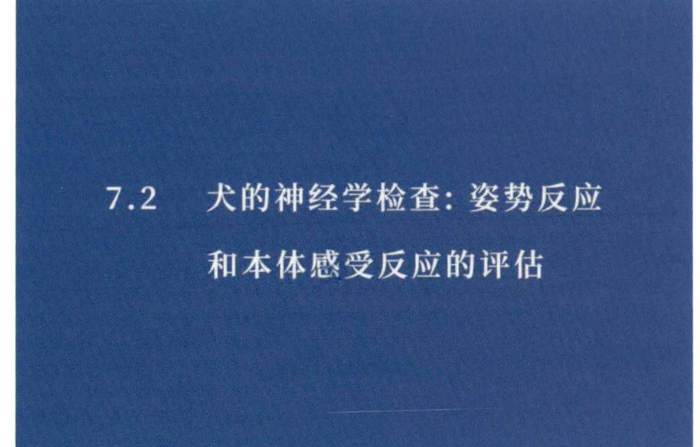

视频7.2　犬的神经学检查：姿势反应和本体感受反应的评估
（视频来源：Nicole Hollenstein, Tierfotografie）

7.7 脊髓反射

正常的脊髓反射功能主要取决于运动神经和感觉神经、肌肉与相应脊髓节段灰质的完整性。脊髓反射检查可用于评估灰质的特定节段及其相关的神经根和神经。在伸肌（肌伸张）反射中，肌肉及其神经肌肉纺锤体被动伸展，引发信号通过感觉神经传递到灰质，然后到达运动神经，引起相关肌肉收缩。在表面反射中，肌肉收缩是由皮肤刺激触发的。对脚垫或指 / 趾间区施压会导致肢体反射性屈曲，即所谓的屈肌（回缩）反射。

7.7.1 膝跳反射

膝跳反射的反射中枢位于 L2–L6。将犬放置在检查台上侧卧保定，后肢松散支撑，使其远端不与检查台接触。使用叩诊锤轻击胫骨粗隆和髌骨之间的髌韧带中部，触发股四头肌收缩，从而使膝关节和跗关节伸展（图 7.10）。

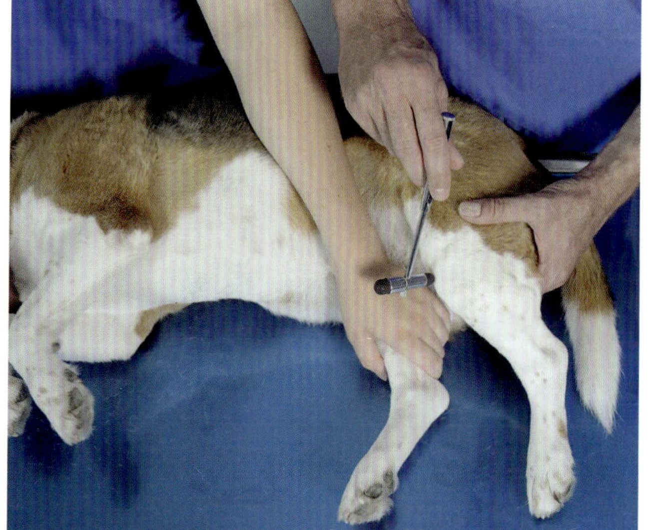

图7.10　膝跳反射

轻击髌韧带触发肢体伸展。（图源：Nicole Hollenstein, Tierfotografie）

7.7.2 胫前肌反射

胫前肌反射的反射中枢位于 L6–S2。使犬保持与膝跳反射检查相同的体位，用叩诊锤轻击胫前肌，恰位于腓骨头远端的位置（图 7.11）。正常反射为跗关节屈曲。

⇨ 后肢脊髓反射的解读

- ■ 反射增强
  - ● L4–L6 前的上运动神经元病变
- ■ 反射减弱
  - ● 下运动神经元损伤（神经根、神经丛和外周神经）
  - ● 肌肉损伤

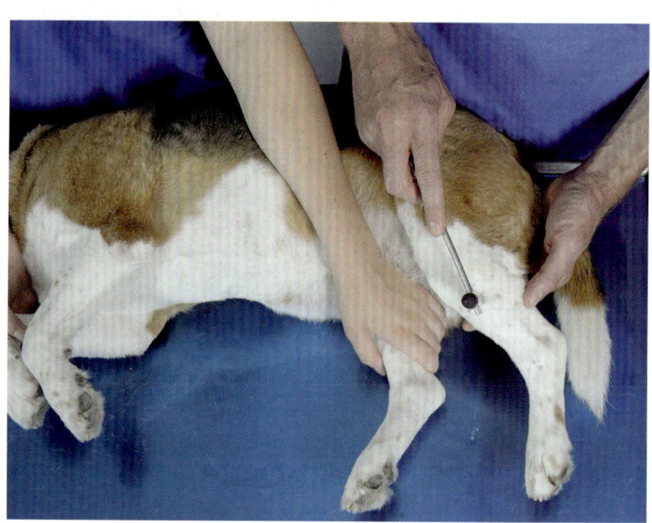

图7.11　胫前肌反射

轻击胫前肌触发跗关节屈曲。（图源：Nicole Hollenstein, Tierfotografie）

7.7.3 后肢屈肌（回缩）反射

后肢屈肌反射的反射中枢位于 L4–S3。犬侧卧保定。掐捏脚趾、脚垫或趾间皮肤，会触发整个后肢突然屈曲（回缩）（图 7.12）。

⇨ 后肢屈肌（回缩）反射的解读

- ■ 无屈曲 / 回缩
  - ● 外周神经病变
- ■ 屈肌反射触发引起对侧肢体伸展
  - ● 上运动神经元病变

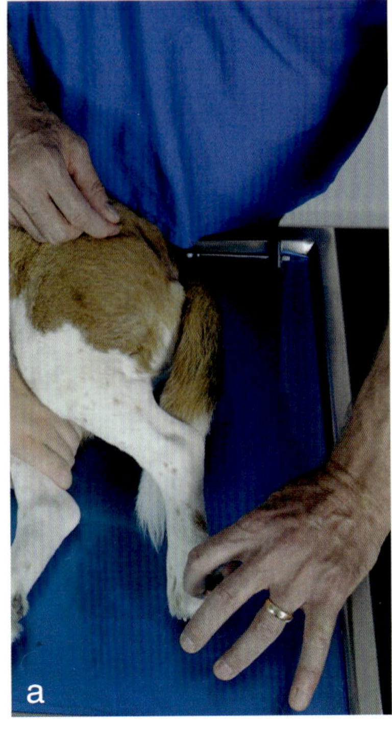

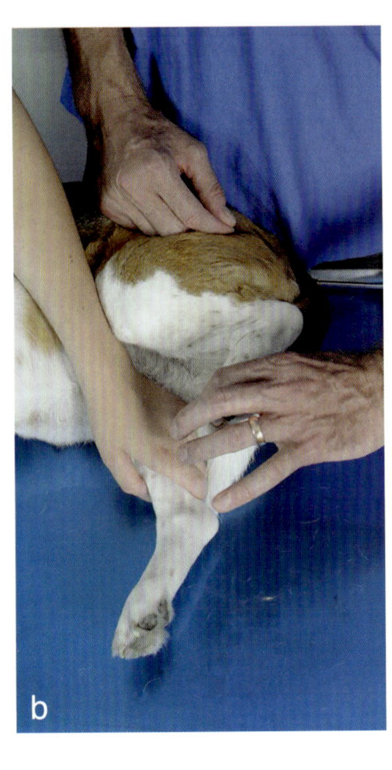

图7.12 后肢屈肌（回缩）反射

a，通过掐捏脚垫触发后肢屈肌反射；b，正常反应：肢体受刺激后屈曲。（图源：Nicole Hollenstein, Tierfotografie）

7.7.4 桡侧腕伸肌反射

桡侧腕伸肌反射的反射中枢位于 C7–Th1。肢体由肘关节支撑。用叩诊锤轻击肘关节下方的桡侧腕伸肌，触发腕关节轻微伸展（图 7.13）。

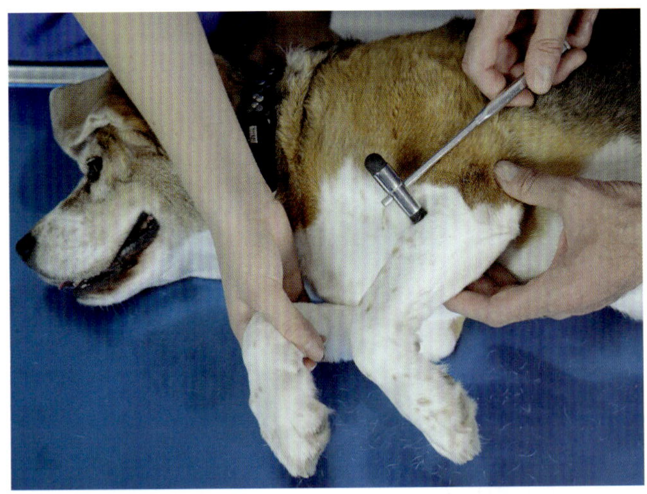

图7.13 桡侧腕伸肌反射

轻击桡骨头下方的桡侧腕伸肌触发肢体伸展。（图源：Nicole Hollenstein, Tierfotografie）

➪ 前肢脊髓反射的解读

- ■ 反射增强
  - ● C5 前的上运动神经元病变
- ■ 反射减弱
  - ● 下运动神经元病变（C5–T2，包括神经根、神经丛和外周神经）
  - ● 肌肉损伤

7.7.5 前肢屈肌（回缩）反射

前肢屈肌反射的反射中枢位于 C6–Th2。犬侧卧保定，掐捏脚趾、脚垫或指间皮肤，会触发肢体突然屈曲（回缩）（图 7.14）。为了确定左、右两侧之间的差异，应检查四肢的脊髓反射。

➪ 前肢屈肌（回缩）反射的解读

- ■ 无屈曲（回缩）
  - ● 外周神经病变
- ■ 屈肌反射触发引起对侧肢体伸展
  - ● 上运动神经元病变

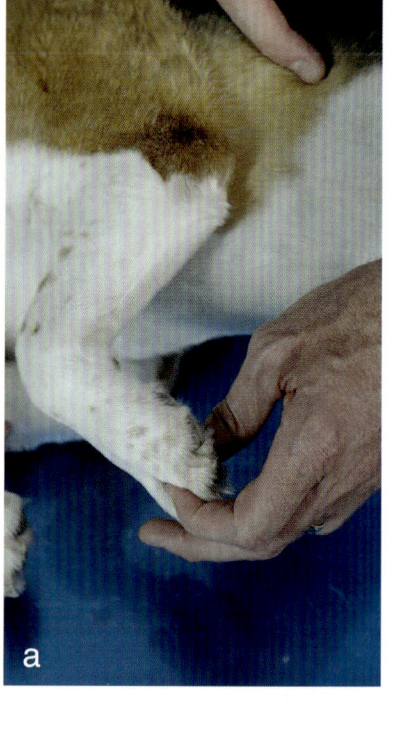

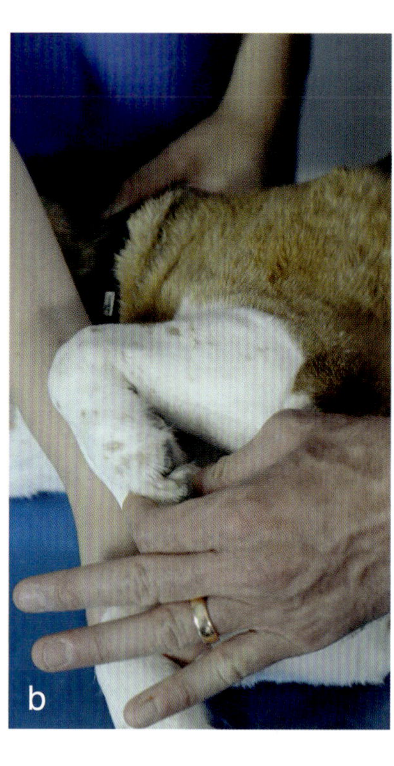

图7.14 前肢屈肌反射

a，通过掐捏脚垫触发前肢屈肌反射；b，正常反应：前肢屈曲。（图源：Nicole Hollenstein, Tierfotografie）

7.7.6 会阴反射

会阴反射中枢位于 S1–S3。评估时，犬以站立姿势，尾巴稍微抬高。用止血钳触碰或轻夹会阴部，会触发肛门括约肌收缩（图 7.15）和尾部凹陷。

➩ 会阴反射的解读

- ■ 肛门反射减弱、肛门开放、大便失禁
  - ● S1–S3、阴部神经或盆神经病变

➩ 膜反射的解读

- ■ 膜反射减弱
  - ● 检查区域前的脊髓病变

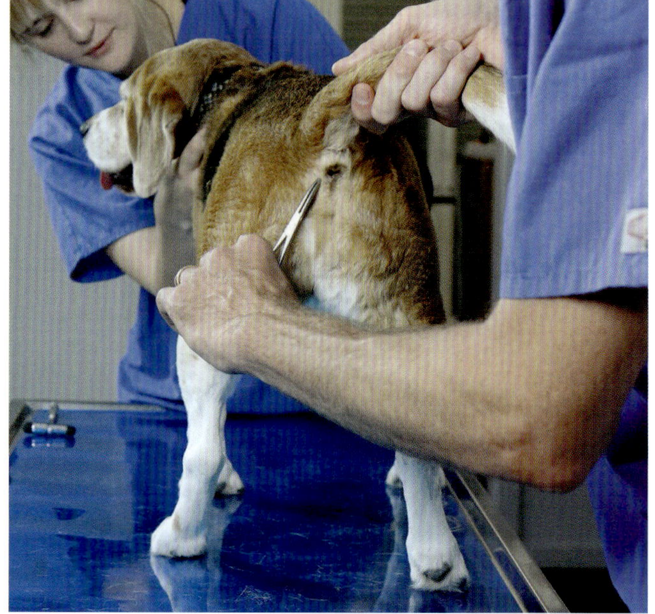

图7.15 检查会阴反射，评估S1–S3的荐椎脊髓

正常反应是肛门括约肌收缩。（图源：Nicole Hollenstein, Tierfotografie）

7.7.7 膜反射

刺激皮肤中的伤害感受器产生的信号通过感觉神经纤维传递到脊髓。上行通路通过白质将刺激传递到 C8–Th2 水平的运动反射中枢。运动神经元通过胸神经将收缩冲动传递给躯干肌肉。

犬以站姿或坐姿接受检查。用止血钳或粗针刺激或轻夹皮肤，会触发皮肌收缩（图 7.16）。检查从 L6 水平开始，由后向前。和其他脊髓反射检查一样，对比左、右两侧的差异。脊髓损伤可导致损伤部位后的反射弧中断。

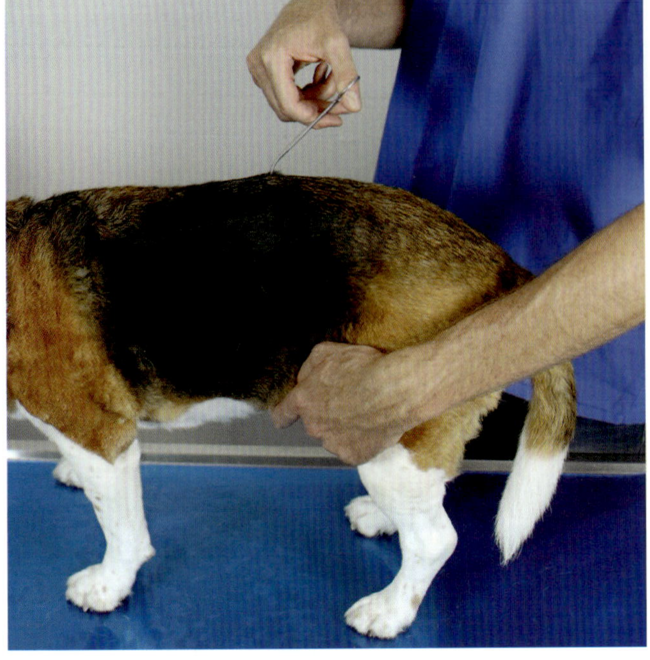

图7.16 使用止血钳检查膜反射
（图源：Nicole Hollenstein, Tierfotografie）

7.7.8 视频演示

参阅视频 7.3，查看脊髓反射的评估。

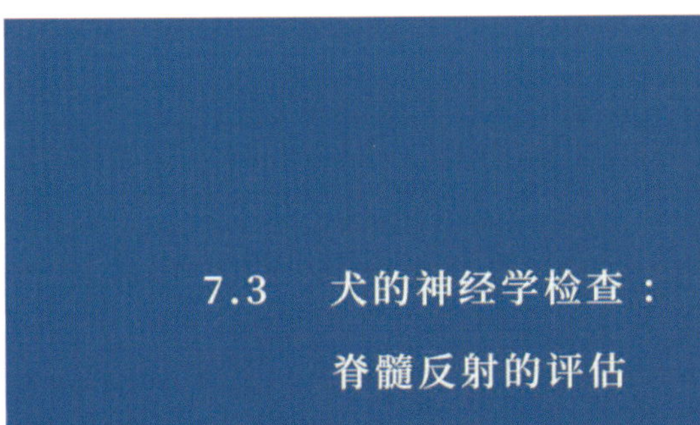

视频7.3 犬的神经学检查：脊髓反射的评估
（视频来源：Nicole Hollenstein, Tierfotografie）

7.8 脑神经

检查脑神经功能时，患犬需要保持安静。焦虑的动物应在后期重新检查。这对于评估惊吓反应尤其重要。

可以用相对简单的检查评估脑神经功能。除脑神经Ⅰ和脑神经Ⅱ外，其他神经核均位于中脑、脑桥和延髓。因此，脑干损伤可导致一对或多对脑神经受损。

最好将患犬放在检查台上再进行脑神经检查。

7.8.1 眼睑反射（Ⅴ、Ⅶ）

触碰眼周皮肤，可触发眼睑反射（图 7.17）。眼睑闭合是正常反应。反射弧由三叉神经、脑干和面神经组成。

➩ 眼睑反射的解读

■ 眼睑反射缺失或减弱
- 三叉神经或面神经病变
- 脑干或大脑皮质病变

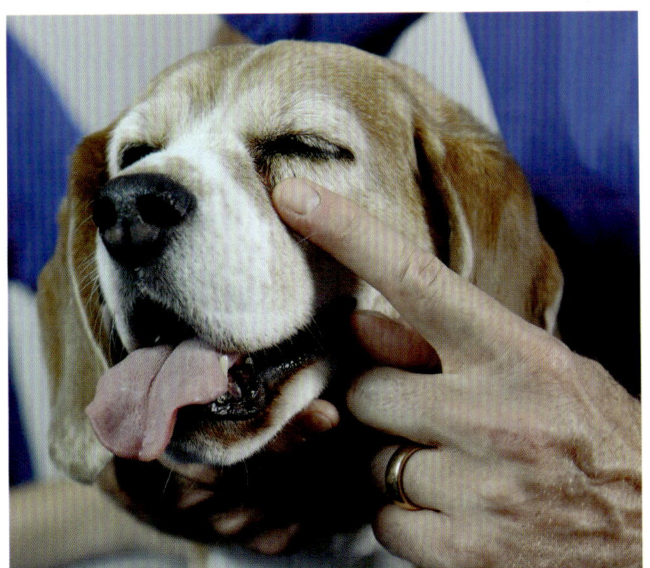

图7.17 通过触碰眼周皮肤评估眼睑反射
（图源：Nicole Hollenstein, Tierfotografie）

7.8.2 惊吓反应（Ⅱ、Ⅷ）

突然用手朝向眼睛做一个手势，即为惊吓反应（图 7.18）。正常的反应是眼睑闭合。惊吓反应的神经通路组成是视神经、大脑皮质、小脑、脑干和面神经。

➩ 惊吓反应的解读

■ 眼睑在威胁性手势下没有闭合
- 被测眼失明
- 面神经损伤

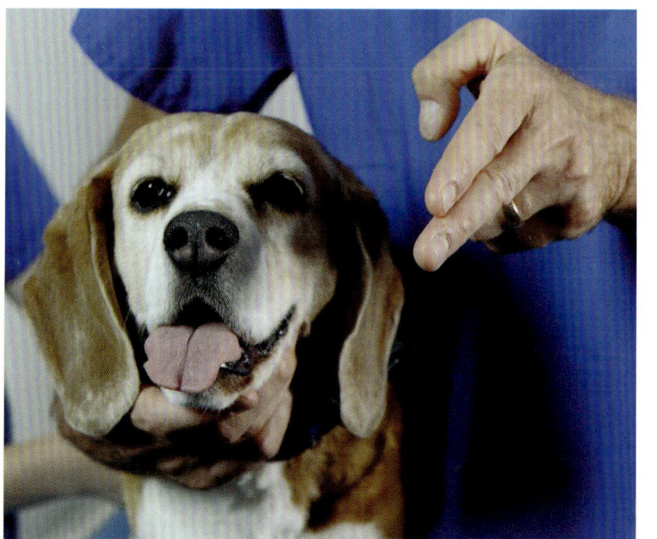

图7.18　将手指快速朝向眼睛运动，评估惊吓反应
（图源：Nicole Hollenstein, Tierfotografie）

7.8.3 棉球试验

通过棉球试验可进一步评估视力。在该检查中，将棉球落入动物的视野内。正常的反应是动物通过移动眼睛或头部来跟随棉球的轨迹。这种反应取决于视神经和大脑皮质的完整性。

⇨ 棉球试验的解读

- ■ 惊吓反应检查时眼睑闭合缺失以及棉球试验呈阴性反应
  - ● 失明

7.8.4 头部感觉（V、X）

通过手指轻触或轻击头部检查头部区域的感觉（图 7.19）。刺激由三叉神经传递，最终经感觉皮质传递到脑干。正常情况下，动物通常会做出防御性动作。在耳廓附近，感觉由迷走神经支配（图 7.19b）。

⇨ 头部感觉的解读

- ■ 缺乏防御性动作
  - ● 三叉神经或迷走神经病变

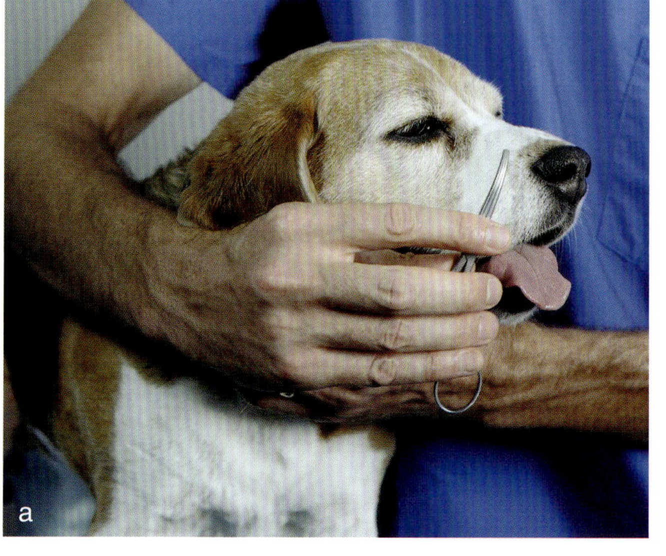

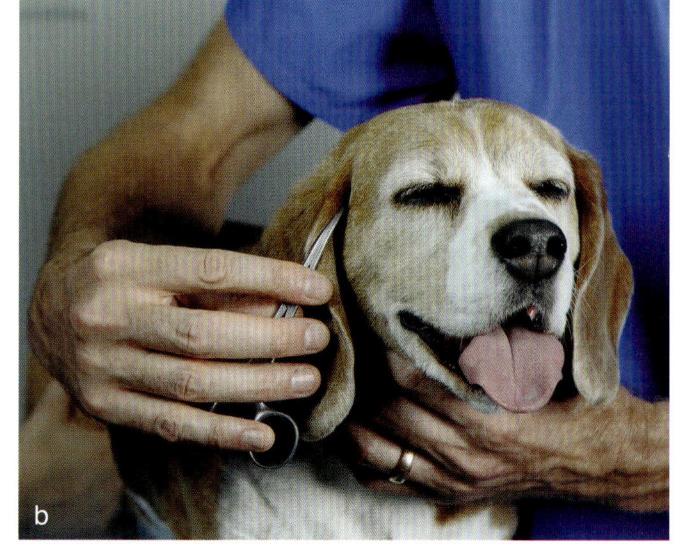

图7.19　评估三叉神经和迷走神经的感觉支，进而评估头部感觉
a，评估三叉神经；b，评估迷走神经。（图源：Nicole Hollenstein, Tierfotografie）

7.8.5 下颌张力（Ⅴ）和舌运动功能（Ⅻ）

通过轻轻掰开下颌，评估下颌张力（图 7.20）。打开下颌时，应遇到阻力。应评估舌下神经支配的舌运动功能。

⇨ 下颌张力和舌运动功能的解读

- ■ 舌位置不对称，喝水时舌运动不协调
  - ● 舌附近的神经损伤（舌歪向瘫痪侧）
  - ● 脑干损伤
- ■ 下颌麻痹、颞肌萎缩
  - ● 三叉神经运动支缺损

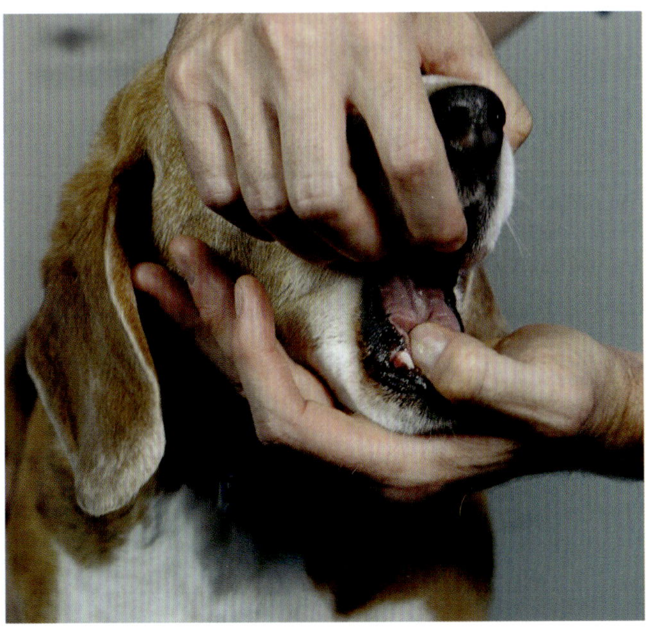

图7.20　轻掰下颌评估下颌张力和舌运动功能

（图源：Nicole Hollenstein, Tierfotografie）

7.8.6 吞咽（逆呕）反射（Ⅸ / Ⅹ）

轻轻按压咽部，可诱发吞咽反射（图 7.21）。这种反射由舌咽神经和迷走神经介导。

⇨ 吞咽反射的解读

- ■ 吞咽反射减弱或消失
  - ● 肌无力
  - ● 狂犬病
  - ● 肿瘤
  - ● 异物导致外周神经损伤
  - ● 脑干病变

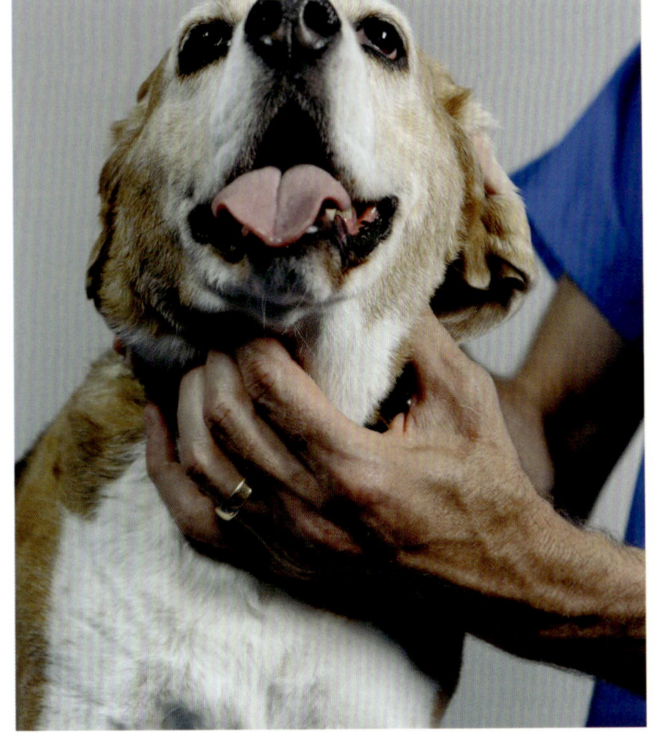

图7.21　轻轻按压咽部评估吞咽反射

（图源：Nicole Hollenstein, Tierfotografie）

7.8.7 面部表情（Ⅶ）

面神经的功能包括支配面部表情肌。可通过评估头部整体形状和触诊头部肌肉进行评估（图 7.22）。

⇨ 面部表情的解读

- ■ 上眼睑下垂、瞳孔缩小、眼球内陷、第三眼睑突出（霍纳综合征）
  - ● 交感神经支配受损
  - ● 下丘脑病变
  - ● 涉及 T1–T3 的神经根损伤
  - ● 中耳病变
- ■ 眼睑位置、鼻孔或耳朵不对称
  - ● 面神经病变（尤其是耳道附近）

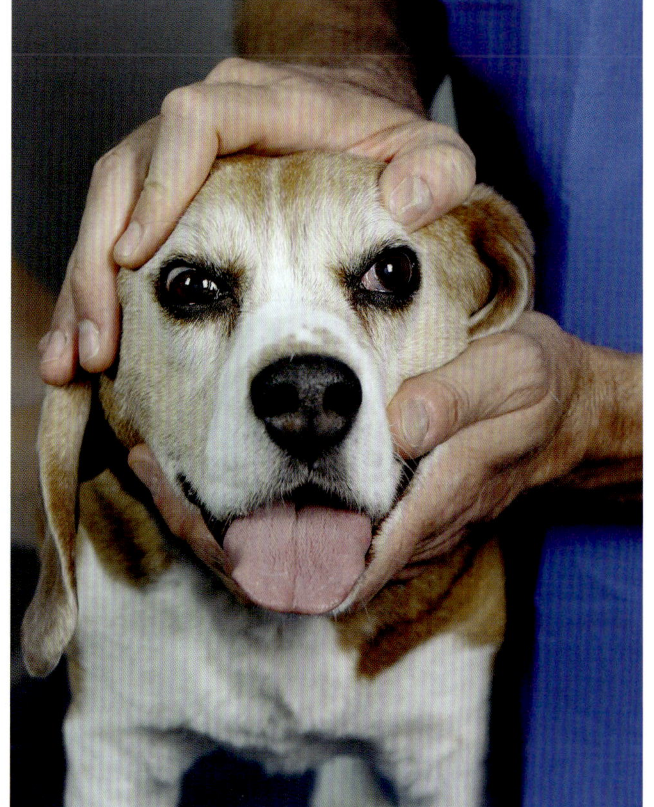

图7.22　评估面部表情

（图源：Nicole Hollenstein, Tierfotografie）

7.8.8 眼球运动（Ⅲ、Ⅳ、Ⅵ）和眼球震颤（Ⅷ）

左右移动头部可诱发生理性眼球震颤（图 7.23）。还应评估眼睛位置是否对称。眼球位置异常称为斜视。

➪ 眼球运动和眼球震颤的解读

- 腹外侧斜视
  - 脑神经Ⅲ麻痹
- 内侧斜视
  - 脑神经Ⅵ麻痹
- 眼球旋转
  - 脑神经Ⅳ麻痹

7.8.9 瞳孔对光反射（Ⅱ / Ⅲ）

动眼神经中的纤维负责虹膜的副交感神经支配。细胞核通过光学通路接受来自两侧的刺激。这会导致虹膜括约肌收缩。瞳孔在受照侧（直接瞳孔对光反射）和对侧（间接瞳孔对光反射）收缩。将光直接照射眼睛评估瞳孔对光反射（图 7.24）。正常反应是受照眼和对侧眼的瞳孔都收缩。光源越强，收缩程度越大。

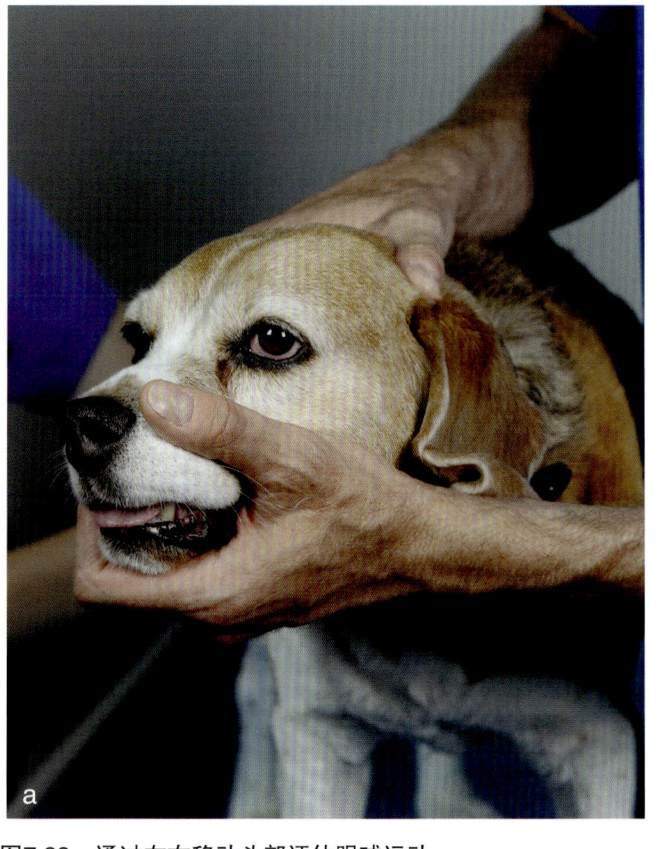

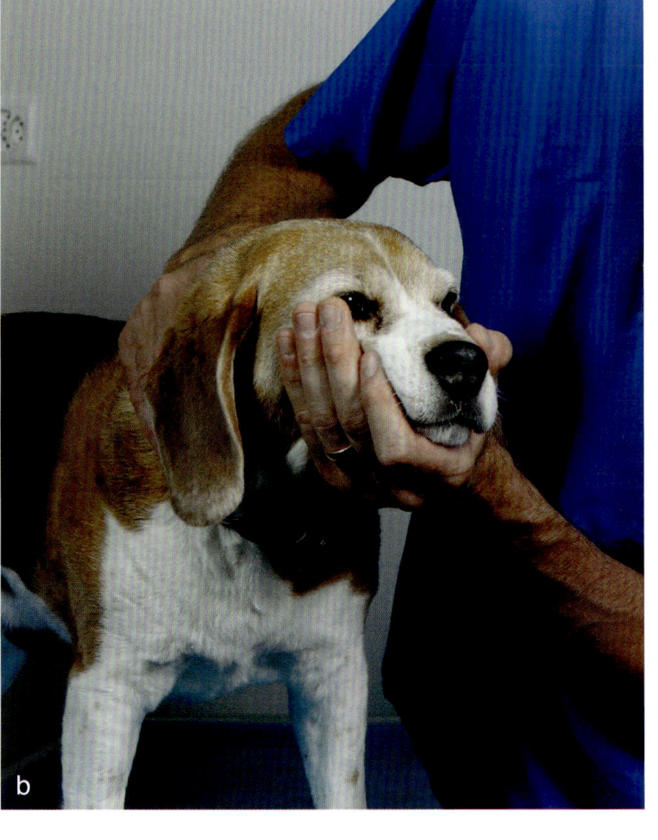

图7.23　通过左右移动头部评估眼球运动

眼球水平震颤是正常现象。a，头部向右移动；b，头部向左移动。（图源：Nicole Hollenstein, Tierfotografie）

➪ 瞳孔对光反射的解读

■ 上眼睑下垂、瞳孔缩小、眼球内陷
  ● 霍纳综合征
  ● 交感神经损伤
  ● 下丘脑病变
  ● 涉及 T1–T3 的神经根损伤
  ● 中耳病变
■ 散瞳、腹外侧斜视、上眼睑下垂
  ● 脑神经Ⅲ麻痹
  ● 影响眼睛、眼眶和中脑的损伤

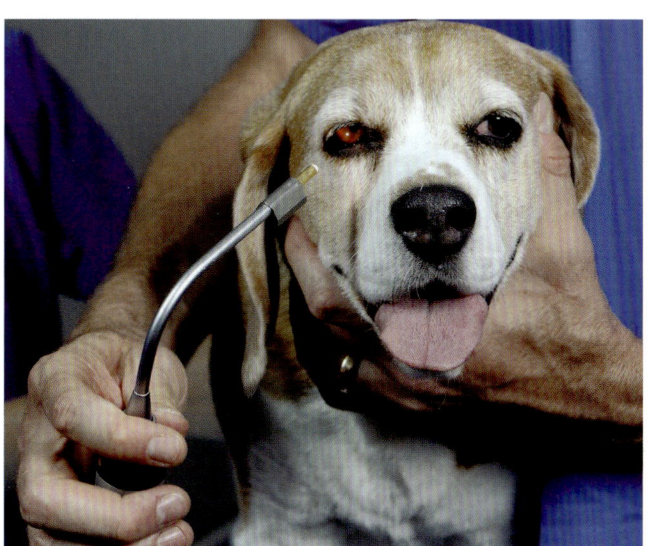

图7.24 聚焦光束射入眼睛评估瞳孔对光反射
正常反应是受照眼和对侧眼的瞳孔都收缩。（图源：Nicole Hollenstein, Tierfotografie）

7.8.10 视频演示

参阅视频 7.4，查看脑神经的评估。

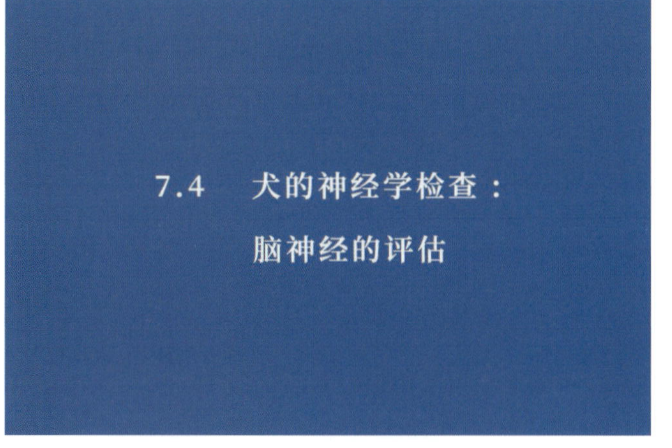

视频7.4 犬的神经学检查：脑神经的评估
（视频来源：Nicole Hollenstein, Tierfotografie）

7.9 疼痛检查

疼痛刺激（图 7.25）沿脊髓的上行通路传至丘脑内的高级中枢。随后，大脑将刺激感知为疼痛，触发动物的防御反应和相关生皮节抽动。在大多数病例中，动物会有意识地把头转向一侧，并试图咬人。

➪ 疼痛检查的解读

■ 无反应（镇痛、麻醉）
  ● 严重的外周神经或脊髓病变
■ 反应增强或亢进（痛觉过敏、感觉过敏）
  ● 神经刺激（炎症或神经性疼痛）
  ● 脑膜刺激（如由椎间盘疾病引起）
■ 自残、抓挠、舔舐特定部位（感觉异常）
  ● 神经损伤（压迫性、炎症性、肿瘤性）
  ● 中枢神经系统病变伴感觉改变（脊髓空洞症）

参阅视频 7.5，查看疼痛检查。

7.5 犬的神经学检查：
疼痛检查

视频7.5 犬的神经学检查：疼痛检查
（视频来源：Nicole Hollenstein, Tierfotografie）

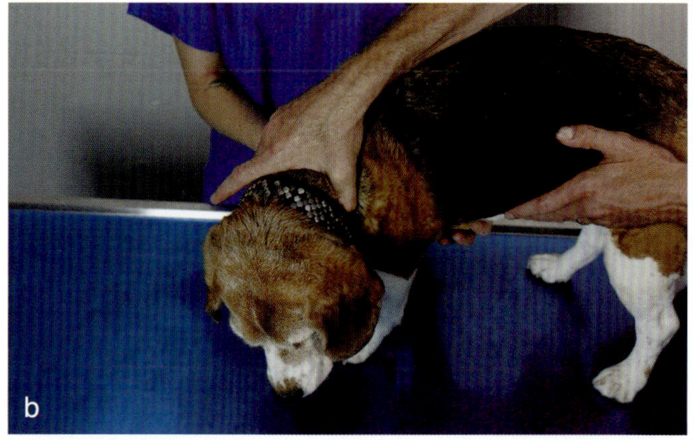

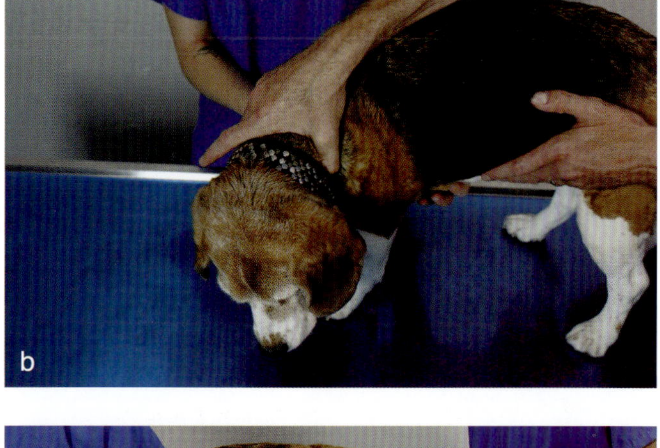

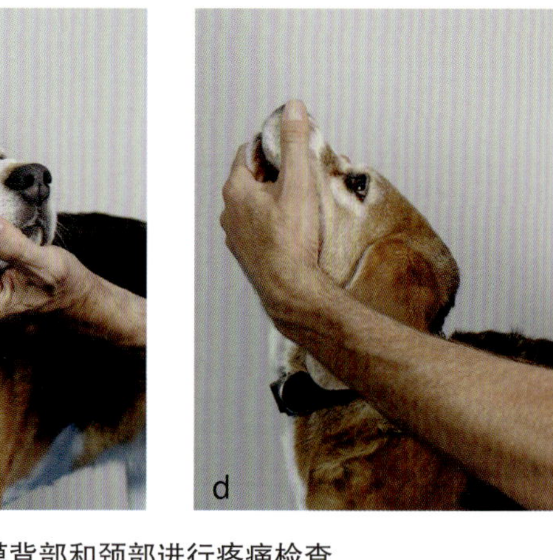

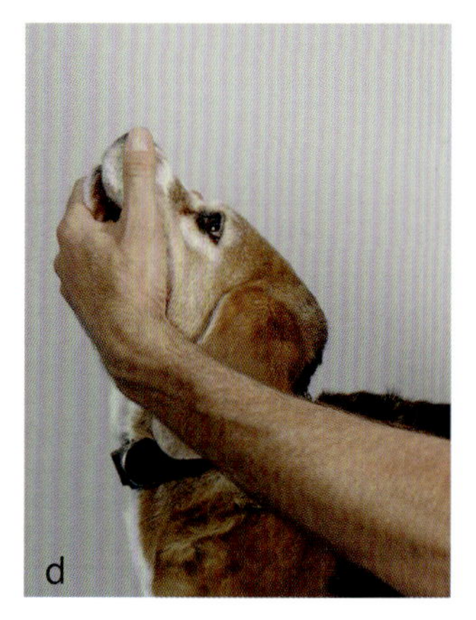

图7.25 通过触摸背部和颈部进行疼痛检查

疼痛反应表现为患犬头部的有意识运动。a，胸腰椎疼痛检查；b，颈椎神经根疼痛检查；c，侧向屈曲颈部进行疼痛检查；d，向背侧和腹侧移动颈部进行疼痛检查；e，通过过度伸展脊柱进行腰荐椎疼痛检查。（图源：Nicole Hollenstein, Tierfotografie）

7.10 总结和分类

7.10.1 病变定位

神经功能缺陷应首先定位于外周神经系统或中枢神经系统（PNS 或 CNS）。在中枢神经系统内，脑部病变必须与脊髓疾病区分开。最后，区分上运动神经元病变和下运动神经元病变。

定位的第一阶段涉及脊髓反射（图 7.26）。脊髓反射全面减弱表明存在广泛性 PNS 病变，否则是 CNS 病变。

可通过脑神经区分 CNS 病变是位于脑部还是脊髓。即使只有一个脑神经缺损，也表明病变位于脑部。利用神经学检查获得的各种结果，可进一步区分脑部病变。大脑病变时，可看到正常步态，伴有强迫性运动、异常行为或癫痫。脑干病变通常伴有辨距过小、淡漠或昏迷或多发性脑神经缺损。当动物表现出辨距过大、震颤或对姿势反应和本体感受检查过度反应时，提示为小脑病变。影响前庭系统的病变会导致动物出现头倾斜、前庭性共济失调、脑神经缺损、眼球震颤或斜视，偶尔还会出现霍纳综合征。

如果脑神经功能正常，则病变位于脊髓，这时必须再定位到特定脊髓节段。在 C1–C5 病变中，通常可见四肢明显的上运动神经元缺损（反射增强、痉挛）；C6–Th1 膨大处附近的病变可导致前肢的下运动神经元缺损（反射减弱至消失、弛缓）和后肢的上运动神经元症状；Th2–L3 病变导致后肢出现上运动神经元症状，而前肢正常（但造成希夫 – 谢灵顿综合征的深部急性病变是例外）；累及 L4–S3 膨大处的病变引起后肢下运动神经元症状，而前肢正常。

此外，更精确地定位神经功能障碍的原因需要使用进一步的诊断辅助方法，包括影像学诊断（如 CT 或 MRI）、实验室检查或电诊断技术。

与颈部、胸部和腰部脊髓病变相关的功能障碍通常按照以下系统进行分级：

- 1 级：仅疼痛
- 2 级：四肢轻瘫 / 轻截瘫、共济失调，犬可以行走
- 3 级：四肢轻瘫 / 轻截瘫，运动功能消失
- 4 级：四肢瘫 / 截瘫，肢体浅痛消失
- 5 级：四肢瘫 / 截瘫，四肢深痛消失

导致硬膜外压迫的疾病，如椎间盘疾病，根据上述顺序按时间顺序发展。预后随着分级的增加而恶化。硬膜内病变，如梗死、出血或肿瘤不一定会以这种顺序发展。

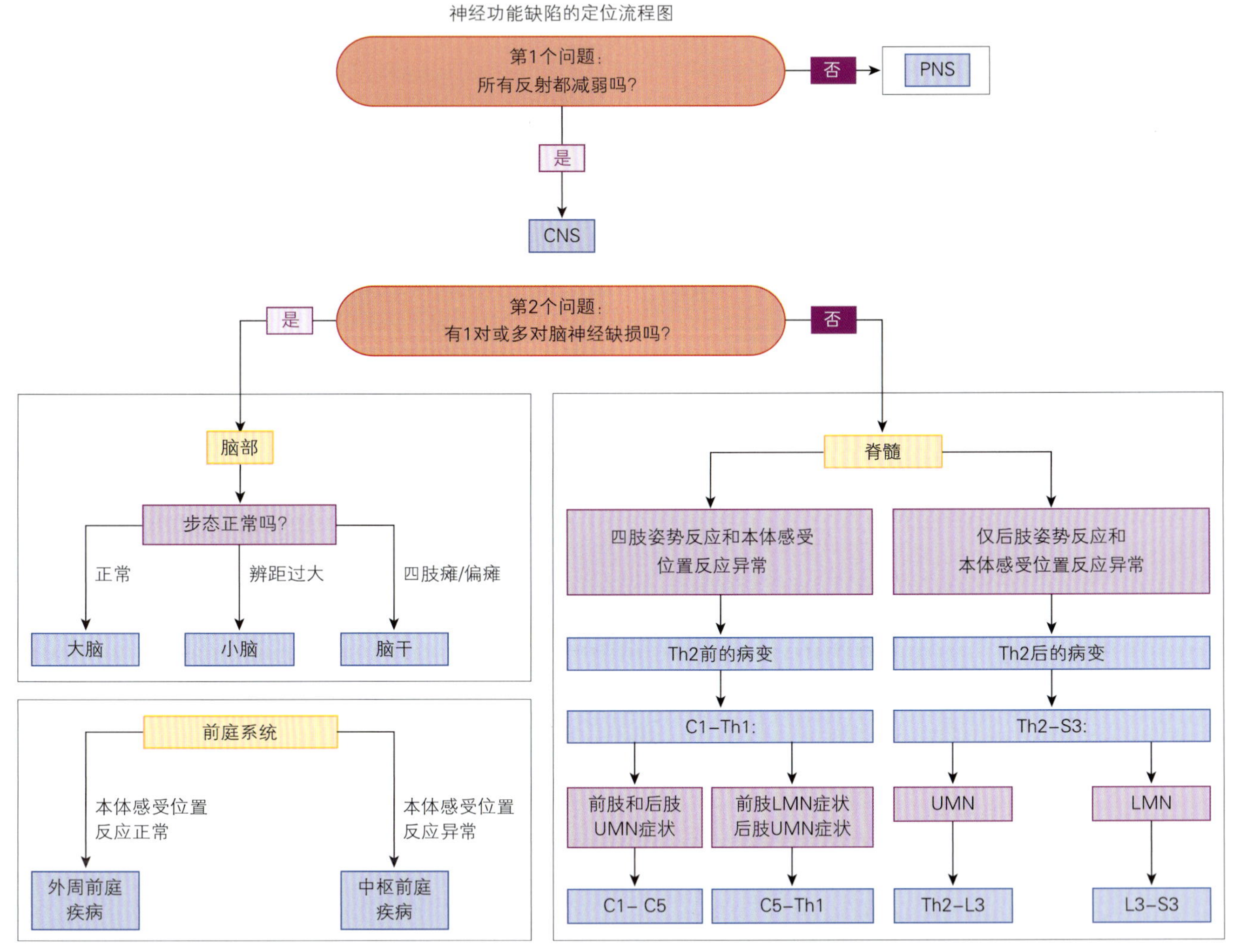

图7.26 神经功能缺陷的定位流程图 [93]

（图源：Karin Baum）

7.10.2 与行进运动系统相关的重要神经系统疾病概述

定位：大脑

以下结果是大脑病变的典型表现（表 7.1）：

- 精神状态：正常到昏迷
- 行为：攻击、焦虑、迟钝
- 姿势反应和本体感受反应：弥散性病变时广泛性减弱；局灶性病变时对侧缺失
- 脑神经：失明，瞳孔对光反射正常
- PU/PD，瞳孔反应异常
- 头部和颈部疼痛

定位：小脑

以下结果是小脑病变的典型表现（表 7.2）：

- 姿态：宽基步
- 步态：共济失调、痉挛、辨距过大
- 脊髓反射：正常
- 脑神经：惊吓反应减弱

表7.1 大脑病变的结果概述

诊断	相关标准 / 检查	典型表现	发生率
癫痫	精神状态	惊厥性抽搐（广泛性强直－阵挛性癫痫，或局灶性伴意识丧失、短暂的强迫性运动）	++
肿瘤（脑膜瘤、胶质瘤、间充质瘤、室管膜瘤、肉瘤）	—	取决于病变定位，没有一致的症状	++
脑梗死	精神状态	惊厥性抽搐	+
	步态分析	步态异常、转圈	+
	脑神经	视觉缺陷	+
脑积水	一般检查、面部表情	头部形状异常	+
	精神状态和行为	认知障碍	+
	脑神经	腹外侧斜视、视觉或听力缺陷	+
脑膜脑炎	精神状态和行为	行为异常、抽搐	+
	步态分析	步态异常	+
	疼痛检查	疼痛反应	+

表7.2 小脑病变的结果概述

诊断	相关标准 / 检查	典型表现	发生率
肿瘤	—	取决于病变定位，没有一致的症状	+
震颤综合征、白狗震颤综合征（也会影响脑的其他部位）	既往病史	白狗（西高地白㹴、马尔济斯犬）	+
	—	见一般特征	+
	其他	兴奋后加重；可能自发缓解	+
小脑营养衰竭	既往病史	特定品种	+
	姿态	角弓反张	+
	步态分析	进行性共济失调、震颤	+
	脑神经	惊吓反应减弱	+

定位：前庭系统

以下结果是前庭系统病变的典型表现（表 7.3）：

- 头倾斜，容易摔倒
- 外周前庭系统：本体感受位置反应正常
- 中枢前庭系统：本体感受位置反应延迟，除面神经和交感神经支配以外的脑神经缺损

定位：脑干

脑干病变的典型表现见表 7.4。

表7.3 前庭系统病变的结果概述

诊断	相关标准 / 检查	典型表现	发生率
中耳炎 / 内耳炎	既往病史	耳部疼痛	++
	姿态	外周前庭疾病症状、头倾斜、头震颤	++
	步态分析	同上	++
	脑神经	面瘫、霍纳综合征	++
耳毒性药物，如全身性氨基糖苷类、外用药	姿态	外周前庭疾病症状、耳聋	+
	步态分析	同上	+
特发性老年性前庭综合征	既往病史	超过 9 岁的犬	+
	姿态	急性轻度至重度外周前庭缺损（无霍纳综合征和面瘫）	+
	步态分析	同上	+

表7.4 脑干病变的结果概述

诊断	相关标准 / 检查	典型表现	发生率
脑干病变	精神状态	机警到昏迷	+
	步态	四肢痉挛性轻瘫、前庭性共济失调、向一侧转圈	+
	姿势反应和本体感受反应	局灶性病变的一侧神经缺损加重	+
	脊髓反射	正常到增强	+
	脑神经	斜视、瞳孔大小不等、眼球震颤（脑神经Ⅲ、脑神经Ⅳ、脑神经Ⅵ、脑神经Ⅷ），下颌麻痹、头部感觉减弱（脑神经Ⅴ），单侧面部下垂、惊吓反应消失（脑神经Ⅶ），平衡缺失（脑神经Ⅷ），吞咽困难（脑神经Ⅸ），声音改变、喘鸣音（脑神经Ⅹ），舌麻痹（脑神经Ⅻ）	+

定位：脊髓（不包括压迫性疾病）

以下结果是脊髓病变（不包括压迫性疾病）的典型表现（表 7.5）：

- 行为：正常
- 步态：四肢或后肢轻瘫 / 麻痹
- 病变后部的肢体姿势反应和本体感受反应减弱
- 脊髓反射：LMN 受影响时，反射减弱或消失；UMN 受影响时，病变后部反射正常或增强
- 疼痛：罕见

定位：脊髓（压迫性疾病）

以下结果是涉及压迫性疾病的脊髓病变的典型表现（表 7.6）：

- 症状 / 缺陷按以下顺序出现：疼痛、共济失调 / 本体感受缺陷、运动功能消失、浅痛消失、深痛消失
- 病变后部反射增强（如果 UMN 受累）；病变水平反射减弱（如果 LMN 受累）；病变水平无膜反射

表7.5 脊髓病变（不包括压迫性疾病）的结果概述

诊断	相关标准 / 检查	典型表现	发生率
纤维软骨栓塞 / 脊髓梗死	既往病史	年轻至中年大型犬；初期疼痛，后期没有疼痛	++
	步态分析	超急性发作，步态异常至麻痹	++
	姿势反应和本体感受反应	通常在一侧更严重	++
退行性脊髓病	既往病史	伯恩山犬、德国牧羊犬	++
	步态分析	进行性共济失调、无力和后肢轻瘫	++
	脊髓反射	后肢反射正常到轻度增强、交叉伸肌反射、UMN 症状	++
无菌性化脓性脑脊膜动脉炎	一般检查	发热、白细胞增多	+
	步态分析	僵硬步态；慢性病例共济失调和轻瘫	+
	疼痛检查	颈部疼痛	+

表7.6 脊髓病变（压迫性疾病）的结果概述

诊断	相关标准 / 检查	典型表现	发生率
胸腰椎椎间盘疾病	既往病史	病变部位触诊疼痛	+++
	姿态	弓腰	+++
	步态分析	共济失调到麻痹，取决于压迫程度	+++
	脊髓反射	前肢反射正常，后肢反射增强；膀胱不能挤压排尿	+++
	疼痛检查	颈部屈曲疼痛	+++
颈椎椎间盘疾病（C1–C5）	精神状态和行为	激越、行为不安	++
	姿态	弓背前屈	++
	步态分析	共济失调到麻痹，取决于压迫程度；疾病轻微时，神经功能缺	++
		陷仅见于后肢	++
	脊髓反射	前肢和后肢反射均增强	++
寰枢椎半脱位	既往病史	玩具品种，往往在轻度创伤后发生	+
	步态分析	四肢瘫 / 共济失调	+
	脊髓反射	增强	+
后部颈椎脊髓病（摇摆综合征）	步态分析	后肢共济失调、前肢痉挛性辨距过小（双引擎步态）、起立困难	+
	疼痛检查	颈椎运动受限，有时疼痛	+

定位：外周神经

以下结果是外周神经病变的典型表现（表 7.7）：

- 行为：正常
- 步态：轻瘫到麻痹
- 脊髓反射：正常至减弱或消失
- 脑神经：多种神经肌肉疾病也会影响脑神经功能
- 疼痛：通常缺乏

表7.7 外周神经病变的结果概述

诊断	相关标准 / 检查	典型表现	发生率
退行性腰荐椎狭窄（马尾综合征）	既往病史	起立和跳跃疼痛、过度伸展疼痛（脊柱前凸）；大小便失禁的早期症状	+++
	一般检查	肌肉萎缩	+++
	姿态	拖尾	+++
	步态分析	后肢无力、单侧或双侧跛行	+++
	脊髓反射	严重病例，坐骨神经、阴部神经、盆神经和尾神经相关的	+++
		脊髓反射减弱	+++
	疼痛检查	腰荐关节疼痛	+++
急性特发性多发性神经根炎	既往病史	大小便正常	+
	步态分析	急性四肢瘫	+
	脊髓反射	脊髓反射减弱到消失	+
	脑神经	惊吓反应和眼睑反射减弱	+
	疼痛检查	痛觉正常	+
外周神经肿瘤（尤其是神经鞘瘤）	既往病史	肿瘤部位疼痛	+
	姿态	神经性肌肉萎缩（通常很明显）	+
	脊髓反射	脊髓反射减弱	+
臂神经丛病变	姿态	单肢麻痹（前肢）、脚趾和指背磨损、肘下垂	+
	步态分析	同上	+
	脊髓反射	脊髓反射减弱到消失	+
	脑神经	霍纳综合征	+
	疼痛检查	受影响的生皮节浅痛和深痛缺失	+

7.11 参考文献

[93] Jaggy A. Atlas und Lehrbuch der Kleintierneurologie. Hannover: Schlütersche; 2007

[94] Vandevelde M, Jaggy A, Lang J. Veterinärmedizinische Neurologie. Ein Leitfaden für Studium und Praxis. 2. neubearb. u. erw. Aufl. Berlin: Paul Parey; 2001

[95] Kornberg M. Klinisch-neurologischer Untersuchungsgang. In: Kramer M. Kompendium der allgemeinen Veterinärchirurgie. Hannover: Schlütersche; 2004

[96] Schwarz G. Neurologische Erkrankungen. In: Kohn B, Schwarz G. Praktikum der Hundeklinik. Stuttgart: Enke; 2017

第三部分　常见疾病治疗指南

第 8 章 重要的骨科疾病

Daniel Koch, Martin S. Fischer

8.1 一般信息

8.1.1 相对发病率

犬关节疾病的相对发病率见图 8.1。

大约 70% 的犬跛行病例发生在后肢，其中 50% 发生在膝关节。大部分骨科疾病的患犬存在关节发育不良及其继发问题（如髋关节发育不良和髋股关节骨关节炎、肘关节发育不良和肘关节骨关节炎、髌骨脱位），以及与前十字韧带断裂相关的复杂疾病。

关节疾病在精力充沛、运动能力强甚至瘦弱的犬中如此高发，似乎令人惊讶。主观比较表明，犬的关节疾病似乎比人更常见。在这种情况下，重要的是要考虑繁育的影响。遗憾的是，在追求完美的体格和符合品种标准的过程中，很多犬种协会忽略了犬的功能完整性。因此，某些品种的繁育纯粹是出于审美目的，只需几代就可以达到预期的效果。自然选择在这个过程中被淘汰了；犬再也找不到自己喜欢的伴侣，“适者生存”的原则不再适用。

关节疾病大多发生在幼犬中。幼犬的关节软骨脆弱，由于体重过高和体型过大，很容易受损。骨骼发育的主要阶段仅有短短数周，矫正干预往往为时已晚，如改变食物摄入量、药物治疗或手术治疗。大体型超重犬在十字韧带断裂的病例中也占了很大的比例，只有少数病例是膝关节受到外力冲击造成的。因此，十字韧带断裂也被归类为骨骼发育不良或生长紊乱，而不是损伤。治疗的逻辑是十字韧带断裂不能简单地通过更换十字韧带来解决。目前，外科医生普遍认为需要改变关节生物力学或全关节置换来满足动物的需要。肘关节、髋关节或膝关节的矫形截骨术可以重新准直错向的肌肉力量，从而获得长期的治疗效果。

8.1.2 一般治疗建议

镇痛药 / 非甾体抗炎药

非甾体抗炎药作用于效应器官，作用时间通常为 12 ~ 24 h。如果需要长期使用，应监测犬的肾脏和肝脏损伤。非甾体抗炎药可以口服或肠道外给药。

- 卡洛芬（4 mg/kg，SID 或 2 mg/kg，BID）
- 美洛昔康（0.2 mg/kg，SID）
- 罗贝考昔（1 mg/kg，SID）
- 吗伐考昔（2 mg/kg，每月 1 片）

阿片类药物作用于大脑，通常经注射或经皮给药。

- 布托啡诺（0.1 ~ 0.4 mg/kg，IV、IM、SC，作用时间 1 ~ 3 h）

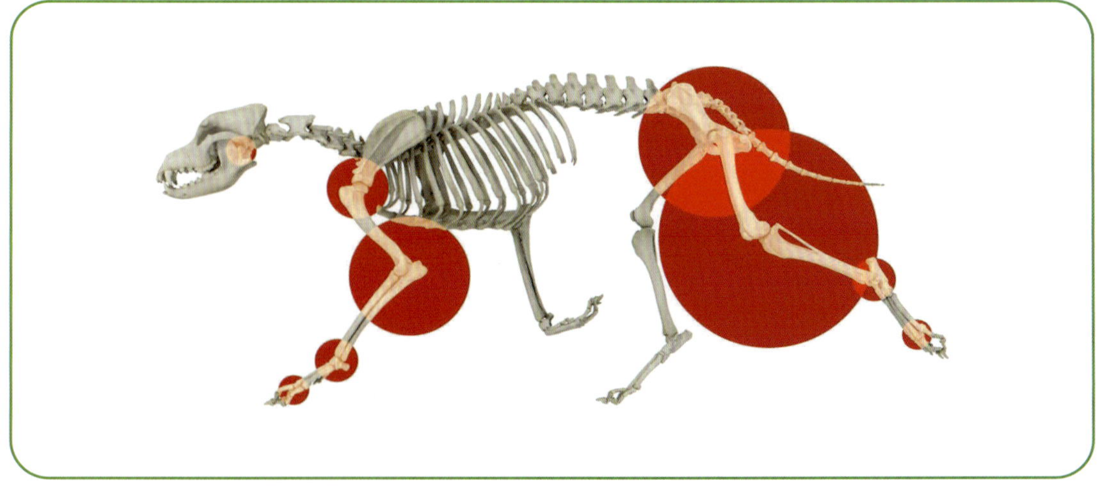

图8.1 犬的关节疾病。圆圈的直径代表特定关节受影响的相对发病率

（图源：Daniel Koch, Jonas Lauströer, Amir Andikfar）

- 丁丙诺啡（0.009 ~ 0.027 mg/kg，IV、IM、SC，作用时间 2 ~ 6 h）
- 盐酸吗啡和其他阿片类药物（改编自人医药学；0.3 ~ 1 mg/kg，SC，作用时间 2 ~ 4 h）
- 芬太尼贴剂（按人医药学分类；不同浓度，敷于皮肤；12 h 后达有效水平，作用时间 2 ~ 3 d）
- 曲马多（1 ~ 4 mg/kg，SID 到 QID，PO）

将皮质类固醇（泼尼松龙或地塞米松）作为镇痛药时必须小心，因其具有显著的胃肠道和内分泌副作用。

软骨修复与保护疗法

口服的软骨保护剂由两大类组成。第一大类是软骨素和葡糖胺类产品，它们是从鲨鱼软骨或牛气管中提取的。由于这些物质的分子量很大，只有大约 10% 的口服剂量能被吸收并转运到关节。在关节内，活性成分被透明软骨吸收，在那里它们结合水，据称有助于软骨再生。虽然这些物质的有效性存在争议，但普遍认为必须至少服用 2 个月，并且只有高纯度制剂才能达到治疗水平。第二大类是绿唇贻贝提取物，主要用于缓解疼痛，对软骨的保护作用很小。

注射型软骨保护剂可以绕过消化过程，从而在关节中达到更高的有效水平。这类产品包括透明质酸制剂和聚硫酸戊聚糖。

限制运动

对于患有关节疾病、骨骼疾病或肌肉疾病的犬，在计划手术前、手术后或作为保守治疗方案的一部分，推荐的运动形式包括短时间、相对频繁地行走。这样可以使肌肉得到充分使用，同时避免因疲劳造成关节过度受力。在任何情况下，都不能过度限制运动，因为发达的肌肉对近端关节（如髋关节和肩关节）具有稳定作用。

减轻体重

犬约 60% 的体重是由前肢承担的，减轻体重对前肢疾病特别有益。根据疾病和相关病理学，不能高估减轻体重对受损软骨的影响。应鼓励主人将超重的犬纳入减重计划[115]。

物理治疗

物理治疗在关节疾病的治疗中具有巨大的价值。作为保守治疗或术后管理的一部分，物理治疗的目的包括但不限于快速恢复正常运动、维持和增加肌肉、增加受伤或关节炎的关节活动范围、清除伤口分泌物和积聚的淋巴液，以及纠正由慢性关节疾病引起的异常负荷[99]。

理想情况下，兽医和理疗师在计划手术干预前就开始合作，治疗的目标由双方共同决定。术后物理治疗应尽快开始（如股骨头切除术后 5 d、前十字韧带断裂手术管理后稍晚些）。通过专业的物理治疗和相关的治疗方式，可大幅缩短恢复期。动物和主人普遍接受这种方法。

8.2 全身性骨骼疾病

8.2.1 骨软骨病

病因和发病机制

骨软骨病（osteochondrosis，OC；图 8.2）是幼犬的一种发育障碍，常发生在肘关节、肩关节、膝关节和跗关节。偶见荐髂关节、髋关节和指 / 趾间关节（前肢和后肢）发病。提出的病因包括快速生长、质性营养不良、过量钙摄入、遗传因素、超重和关节过度受力。目前尚无明确的病因学共识。

在 4 月龄之前，幼犬的肠道对钙的吸收是不受控制的。在随后的生长阶段中，钙的吸收部分受维生素 D 依赖性机制调节。在大型犬和巨型犬中，这些控制

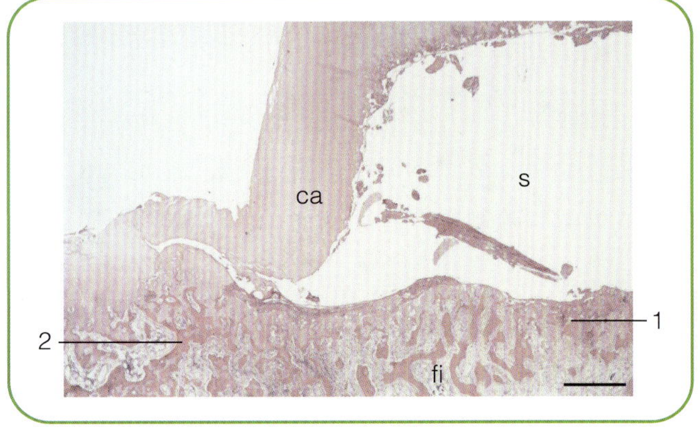

图8.2　骨软骨病的组织学特征：各种代谢因素造成软骨细胞肥大，而不是正常变性和钙化（2）。没有向破骨细胞提供开始矿化的信号，这些细胞仍保持不活跃的状态。这就导致软骨层（ca）不断增厚。增厚的软骨层分裂，导致软骨下裂（s）。还有局灶性坏死（1）和骨髓纤维化（fi）。标尺＝620 μm

（图源：Baumgärtner W. Pathohistologie für die Tiermedizin. Enke 2007）

再吸收过程的成熟被延迟 [127]。因此，膳食钙的过量供应会导致血钙水平过高 [118]，其可通过降钙素的作用恢复正常。降钙素诱导的成软骨细胞活性增加促进软骨和骨的形成。在关节内，这会导致过厚的软骨层营养不良。由于关节软骨仅通过滑液的扩散获得营养，较深的区域可能坏死。在快速生长的犬中，因存在迅速增加的生物力学负荷，脆弱的软骨没有机会恢复。其他代谢假说指出，这是由基因决定的骨化缺陷，导致软骨层过厚、生物力学稳定性不足。

在 3 ~ 5 月龄的快速生长阶段，跨关节应变也是骨软骨病的可能因素。在正常情况下，关节中心所受的应力比外围要小。在快速生长阶段，由于负荷增加，中心区域受到异常高的应变，软骨下血供受损。这就解释了 OC 病变的典型发生部位，如肱骨头中心（肩关节，74%）、肱骨内侧髁（肘关节，13%）、股骨外侧髁（膝关节，4%）和距骨滑车嵴（9%）。有趣的是，这些关节均位于肢体中段（肱骨、胫骨）的近端和远端，在这些地方，各关节承受的力可以通过匹配的运动机制来解释（见“肢体运动学”）。

病理生理学结果是软弱的软骨层从软骨下骨分离，并可能成为自由漂浮的软骨碎片。碎片可以通过滑膜建立自己的血供并开始生长。然而，在大多数情况下，软骨分离不完全，未钙化的软骨仍保持在原来的位置。骨软骨病分为 4 级。Ⅳ级缺损疼痛，通常需要手术治疗。低级 OC 病变可自行愈合或保持亚临床状态。

临床表现

一般在 4 ~ 7 月龄首次出现。病史可能提示不均衡饮食。快速生长的大型犬最常发病，雄性居多。骨软骨病通常是双侧的，但很少发生在不同的关节。

跗关节：跗关节 OC 通常会导致明显的临床症状，包括休息后暂时性跛行、后肢伸直、关节内侧和外侧明显积液。OC 病变位于距骨滑车嵴（75% 的病例发生在内侧嵴，25% 的病例发生在外侧嵴）。大多数 OC 病变位于滑车嵴近端；因此，应在关节最大屈曲时直接手指触诊，检查疼痛反应。跗关节 OC 罕见。

膝关节：触诊可见关节积液。股骨外侧髁触诊疼痛。膝关节 OC 罕见。

肘关节：临床症状与内侧冠状突的疾病无法区分。

肩关节：轻微跛行，患犬通常仍用患肢负重。肢体内旋时，直接触诊肱骨头的中心区和后部，可能会引起疼痛反应。

参阅视频 8.1，查看肩关节骨软骨病患犬的步态。

影像学诊断和进一步检查

跗关节：由于不同骨骼的重叠，很难在内外侧位和前后位 X 线片中明确识别跗关节病变。可能需要拍摄斜位 X 线片。X 线征象可能包括滑车嵴上低密度的软骨下缺损（图 8.3），以及钙化的关节鼠。可在内侧和外侧关节缘见到骨赘，因为退行性关节变化是跗关节 OC 的常见后果。如果 X 线检查没有定论，需要进行 CT 检查。

膝关节：股骨外侧髁远端表面的软骨下骨可见一扁平、轮廓清晰的缺损，股骨内侧髁罕见（图 8.4）。偶尔需要拍摄斜侧位 X 线片或关节造影。

肘关节：肘关节骨软骨病变最容易在前后位 X 线片中发现，表现为肱骨内侧髁关节面光滑、低密度的骨缺损（图 8.5）。可与内侧冠状突疾病同时发生。

肩关节：肩关节 OC 缺损表现为肱骨头后侧中心区域大小不等的扁平软骨缺损，在内外侧位 X 线片中可见（图 8.6）。在某些情况下，需要稍微的斜位投照。关节间隙内可见一块游离软骨。

治疗

骨软骨病并不总是需要手术治疗。如果是间断性跛行或几乎看不到 X 线征象，可以考虑保守治疗。成年犬也推荐保守治疗，因为明显的退行性变化可能导致手术失败。保守治疗的适当措施包括长期镇痛治疗、使用软骨保护剂、减轻体重、频繁地短时行走和物理治疗。如果是营养性病因，则应根据需要调整和纠正饮食配给量。

8.1 肩关节骨软骨病
患犬的步态

视频8.1 肩关节骨软骨病患犬的步态

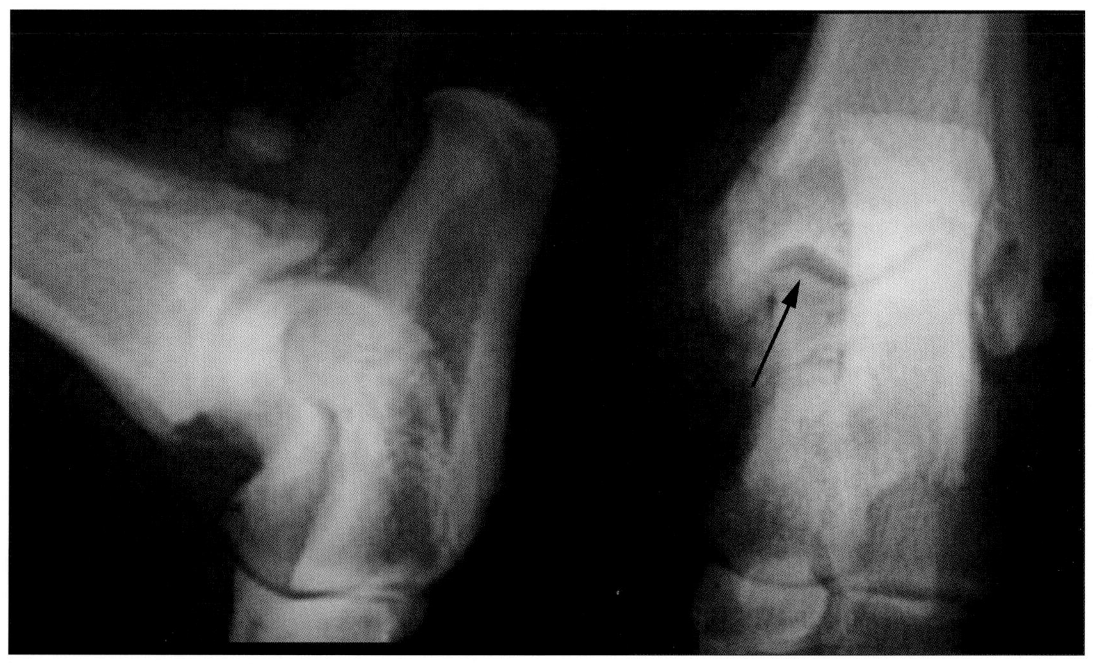

图8.3　跗关节X线片，显示距骨内侧滑车嵴的骨软骨病变

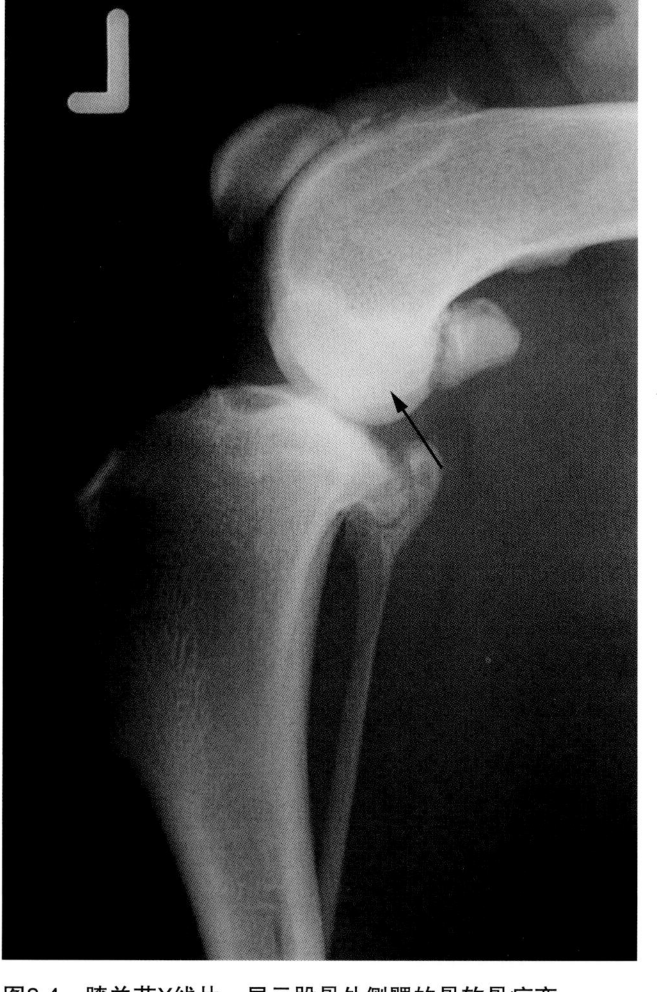

图8.4　膝关节X线片，显示股骨外侧髁的骨软骨病变

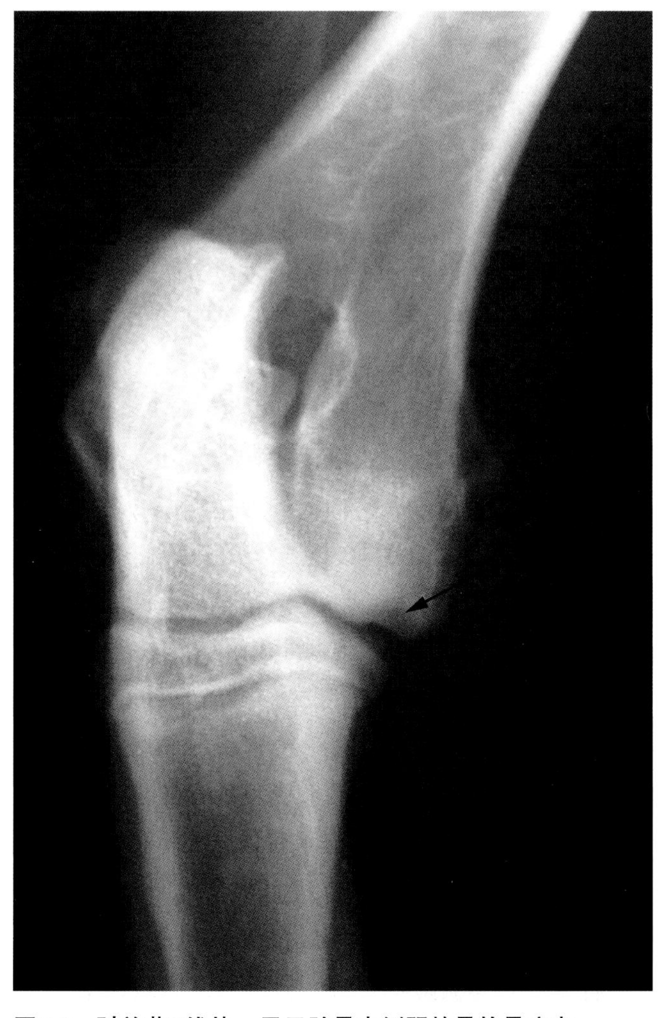

图8.5　肘关节X线片，显示肱骨内侧髁的骨软骨病变

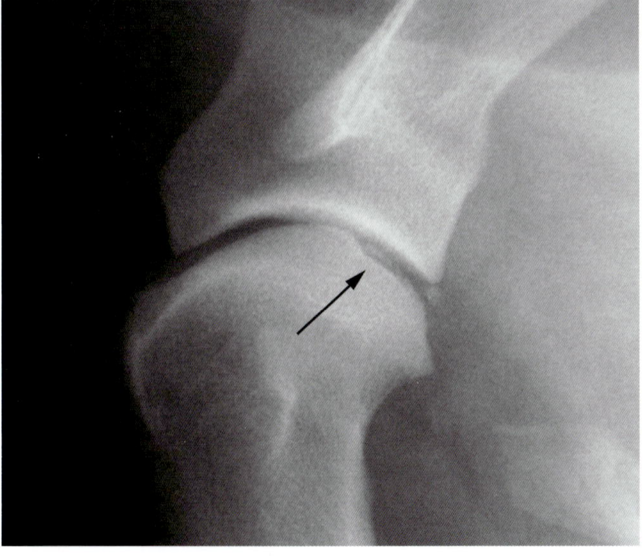

图8.6　肩关节X线片，显示肱骨头的骨软骨病变

专家做法：在年轻、急性跛行的患犬中，明显的OC病变应手术处理。通过关节切开术或关节镜检查进入关节。刮除骨软骨病变，对缺损床进行清创，并移除所有游离碎片。暴露的软骨下骨可以补充到缺损处，并在数周内覆盖纤维软骨（图8.7）。犬的年龄越小，预后越好。肩关节OC预后最好，跗关节OC预后最差。如果OC导致了严重的骨关节炎，则可进行完全跗关节融合术。

8.2.2 全骨炎

病因和发病机制

全骨炎几乎只发生在幼年大型犬中。全骨炎这个术语具有误导性，但多年来一直在用，有时也称为内生骨疣。全骨炎的病因尚不清楚。最初怀疑是嗜酸性骨髓炎，但并没有从骨骼中分离出病毒或细菌。其他作者提出了自身免疫性、过敏性、代谢性、寄生虫性或激素性病因，但都没有确凿的证据。然而，可以确定的是，全骨炎始于长骨滋养孔附近的髓内脂肪细胞死亡。其病理机制似乎是由血供中断或骨内膜压增高触发，这个阶段非常疼。随后由成纤维细胞和成骨细胞启动修复过程。因其导致骨密度明显增加，非常利于诊断。但在这个阶段，临床症状可能不再明显，可能使影像学诊断复杂化。6 ~ 12周后，通过破骨细胞活动重建正常髓腔标志着长骨内疾病进程结束。其他骨骼随后可能受到影响。一般来说，同一骨骼只受一次影响。犬成熟后，全骨炎通常不会复发。有时，

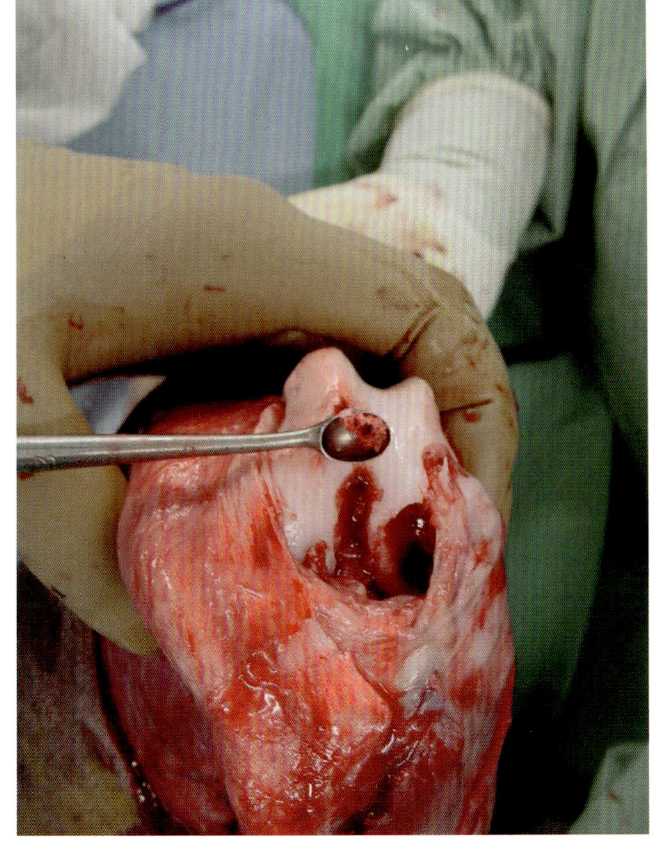

图8.7　膝关节骨软骨病变的深部刮除术。缺损处由纤维软骨修复

3岁的成年犬也会患病。

临床表现

就诊的患犬通常是5 ~ 18月龄的雄性大型犬。雌性在发情期也可能发生全骨炎。自发性跛行，持续数天到3 ~ 6周。犬热身后，跛行不会改善。有些犬会厌食。骨骼疼痛可能非常严重，以至于犬无法使用患肢负重（3级或4级跛行）。4级跛行在肘关节发育不良等疾病中很罕见。可能存在轮换性跛行的病史。在临床检查中，指压长骨可引起强烈的疼痛反应。尺骨最常受影响（42%），其次是桡骨、肱骨、股骨和胫骨[117]。由于全骨炎常发生在桡骨和尺骨近端，肘关节也必须检查。通过X线检查排除肘关节发育不良。

影像学诊断和进一步检查

全骨炎很少能通过X线检查确诊，因为骨内修复过程仅在疾病急性期后6周左右出现。因此，在观察到全骨炎的后期征象前，首先用X线检查排除肘关节发育不良；肘关节发育不良是一种很重要的鉴别诊断。X线征象最初表现为骨溶解，随后是骨密度模糊增加

（图 8.8），滋养孔附近的正常骨小梁结构消失。几周后，骨内膜恢复正常。偶尔可见到光滑的或鳞片状的骨膜新骨。

治疗

全骨炎是自限性的，没有已知的长期有害后果。支持治疗包括镇痛和减少食物摄入，因为过量饲喂被认为是可能的病因，而且估计的体重和实际体重之间经常存在明显差异。全骨炎可多次发生，影响四肢。

8.2.3 肥大性骨营养不良

病因和发病机制

肥大性骨营养不良也称为特发性骨营养不良、Moeller–Barlow 病或干骺端骨病。其病因尚不清楚。基于饮食因素的假设，如维生素 C 缺乏、维生素 D 或矿物质过量供应，以及能量摄入过多，都被证明是错误的。有趣的是，其他几位作者已经从骨骼中分离出来自犬瘟热病毒和大肠杆菌的 RNA，这为感染性发病机制的假设提供了依据[97]。肥大性骨营养不良通常发生在 3 ~ 5 月龄幼犬的干骺端。骨小梁被吸收，骨部分坏死，炎症细胞迁移到受影响的区域。组织学特征类似骨髓炎。偶尔也可见到骨膜下出血。

由于干骺端疾病会减少用于纵向生长的新骨量，因此可能会产生长期后果。尤其是累及尺骨远端时，生长板提前闭合会导致桡骨和尺骨生长不同步，因为几乎所有的尺骨生长都发生在远端骨骺处。尺骨有效地起到支撑作用，而桡骨可以继续生长。

临床表现

典型的肥大性骨营养不良影响双前肢远端干骺端。受影响的幼犬在短短几天内就会出现跛行。骨端有明显的疼痛性肿胀，并伴有软组织水肿（图 8.9）。许多犬有呼吸道或胃肠道感染的病史。大多数患犬发热、厌食、虚弱和脱水。患犬可能死亡。

亚临床或轻型肥大性骨营养不良可导致前肢失准

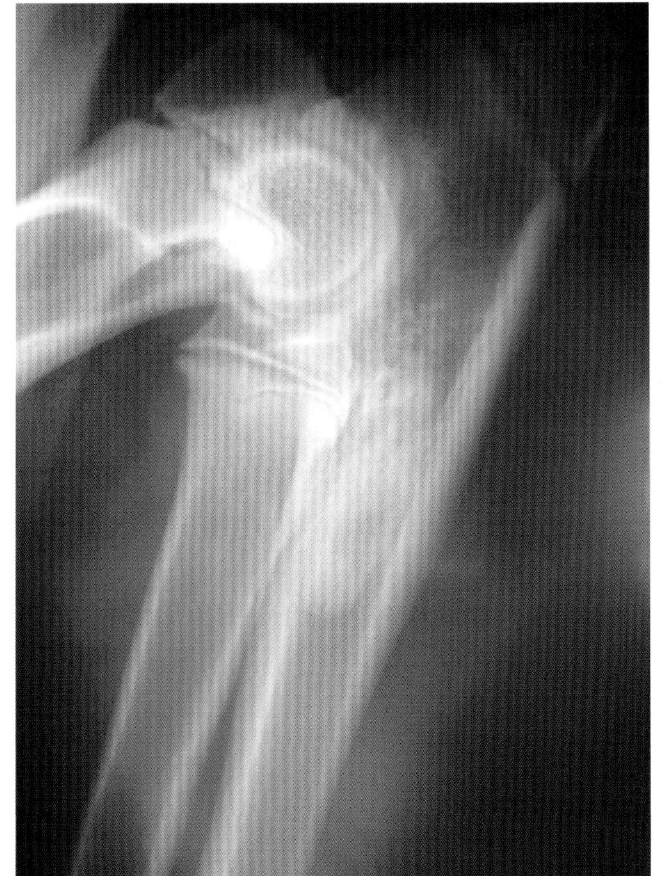

图8.8 在7月龄德国牧羊犬的尺骨中，可清晰见到全骨炎病变

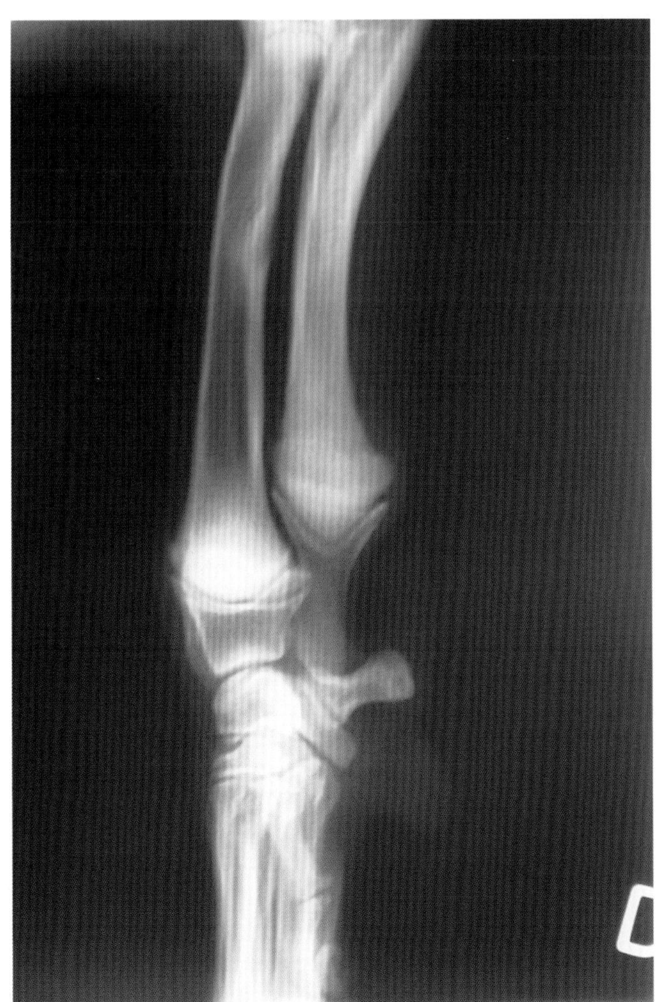

图8.9 肥大性骨营养不良：桡骨和尺骨远端干骺端增厚、不规则

直，并伴有跛行。上述生长障碍表现为桡骨弯曲、外翻、肢体外旋，偶有病例因尺骨短导致肘关节半脱位。此外，还会发生腕关节和肘关节的进行性骨关节炎（图8.10）。

影像学诊断和进一步检查

肥大性骨营养不良最常影响桡骨远端或尺骨远端。干骺端可见低密度区和硬化区。有时在干骺端可见一条典型的类似于生长板的低密度线，与生长板紧邻并平行。此外，干骺端可见骨膜旁骨增殖，光滑或不规则，可能分布于整个骨干。干骺端骨化可能延迟。

在疾病的后期，生长板提前闭合可通过干骺端出现的低密度区来诊断。如前所述，肢体弯曲。需要对双前肢进行侧位和前后位投照以确诊和计划矫正手术。

治疗

轻微病例通过缓解疼痛和限制运动进行管理。

专家做法：严重病例需要更有效的镇痛、静脉输液和住院治疗。可能需要人工饲喂，甚至放置饲管饲喂。可施行截骨术治疗失准直。病程变化很大。

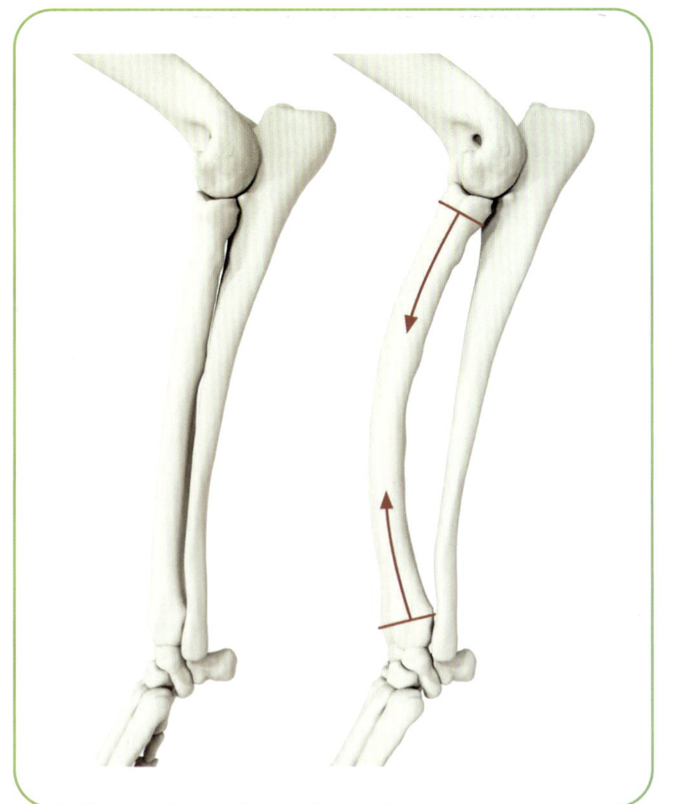

图8.10 远端生长板的长期破坏可导致前臂弓屈（桡骨和尺骨生长不同步）

（图源：Daniel Koch, Jonas Lauströer, Amir Andikfar）

8.2.4 软骨核残留

病因和发病机制

软骨核残留是生长板处骨形成延迟的结果，通常位于尺骨远端，原因不明。该病可能是一种特殊类型的骨软骨病。其他骨骼的干骺端区域也可能见到类似变化，称为软骨岛残留。

临床表现

软骨核残留发生在3～4月龄大型犬的快速生长阶段。初期是轻微跛行。尺骨中的软骨核残留随后导致桡骨过度弯曲，因为尺骨的纵向生长减慢。这些动物在其他方面都很健康。

影像学诊断和进一步检查

在尺骨X线片上，可清晰见到远端干骺端几厘米长的软骨核（图8.11）；该病通常是双侧的。

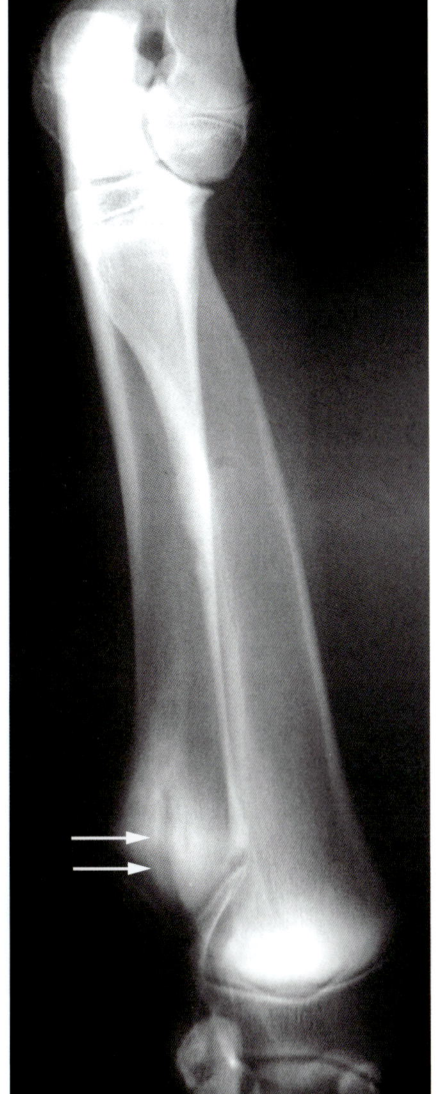

图8.11 软骨核残留。尺骨远端干骺端可见明显的软骨核

治疗

治疗在很大程度上取决于肢体畸形程度。除了疼痛管理外，轻度的成角畸形无须治疗。

专家做法：在疾病早期，如果担心出现严重的肢体畸形，可以进行尺骨切开术。大约从8月龄开始，严重的失准直需要对桡骨和尺骨进行矫形截骨术。预后谨慎，因为尺骨缩短会引起肘关节不协调。

8.2.5 多关节炎

病因和发病机制

关节炎分为非炎性疾病和炎性疾病（表8.1）。炎性关节炎又细分为感染性和非感染性关节炎。在犬中，迄今为止最常见的多关节炎类型是特发性免疫介导性多关节炎。

免疫介导性多关节炎可能是特发性的，也可能继发于系统性肿瘤、感染性（葡萄球菌、支原体、棒状杆菌、病毒、细菌性心内膜炎、椎间盘脊椎炎）或寄生虫性疾病或其他严重疾病（免疫介导性肠病、骨髓增殖性疾病）。在超敏反应后，病理生理过程由抗原抗体复合物和炎性产物的形成触发，这些炎性产物沉积在不同的位置，包括关节内和关节周围。侵蚀性多关节炎罕见，可通过产生的破坏软骨的胶原酶和蛋白酶进一步分类。

临床表现

多关节炎可导致多种临床症状。就诊的最常见原因是不愿活动和步态僵硬。跛行程度各异。大多数病例出现发热。因此，多关节炎应作为不明原因发热的鉴别诊断。典型表现是首先在远端关节（指/趾间关节、腕关节、跗关节）出现肿胀、热和疼痛。在不平的地面上，步态障碍往往更明显。由原发病进程引起的临床症状可能比与多关节炎相关的临床症状更不明显。

影像学诊断和进一步检查

多关节炎的诊断复杂且昂贵。初始检查数据库包括受影响最严重关节的X线检查，以排除原发性退行性或创伤性病因。在大多数类型的多关节炎中，指/趾间关节、跖趾关节、掌指关节以及其他远端关节可见弥散性关节囊扩张。更近端的关节很少受影响。关节炎病变只能在疾病的慢性阶段见到。如果没有根据推定诊断开始治疗，应综合评估血液学、多关节穿刺术（图8.12）和关节液分析、可能的原发病原（如埃立克体、弓形体、疏螺旋体）的血清学检查，以及其他可能的原发病调查。在大多数病例中，细胞学检查显示化脓性滑膜炎，但不存在细菌（图8.13），致病原的抗体检查和其他疾病检测均为阴性。基于此，可以做出免疫介导性多关节炎的诊断。

在侵蚀性多关节炎中，关节病变更明显，可见软骨和骨溶解的征象。除关节穿刺术外，也要进行关节囊活检，以发现关节周反应，加强诊断。

治疗

多关节炎的治疗包括两部分：尽可能识别并适当治疗原发病和管理关节炎。侵蚀性多关节炎需要使用皮质类固醇（如泼尼松龙2 mg/kg）和细胞毒性药物（如环磷酰胺或硫唑嘌呤）进行治疗。免疫介导性多关节炎可单独使用皮质类固醇进行治疗，剂量应逐渐

表8.1 关节炎的分类 [112]

非炎性	炎性	
	感染性	非感染性
● 退行性	● 细菌	● 晶体诱导性
● 先天性	● 支原体	● 免疫介导性
● 创伤性	● 原虫	● 侵蚀性 ◎类风湿性关节炎 ◎灵缇犬的多关节炎
● 肿瘤性	—	● 非侵蚀性 ◎特发性多关节炎
● 血友病	—	◎系统性红斑狼疮 ◎接种反应 ◎脑膜炎后的多关节炎

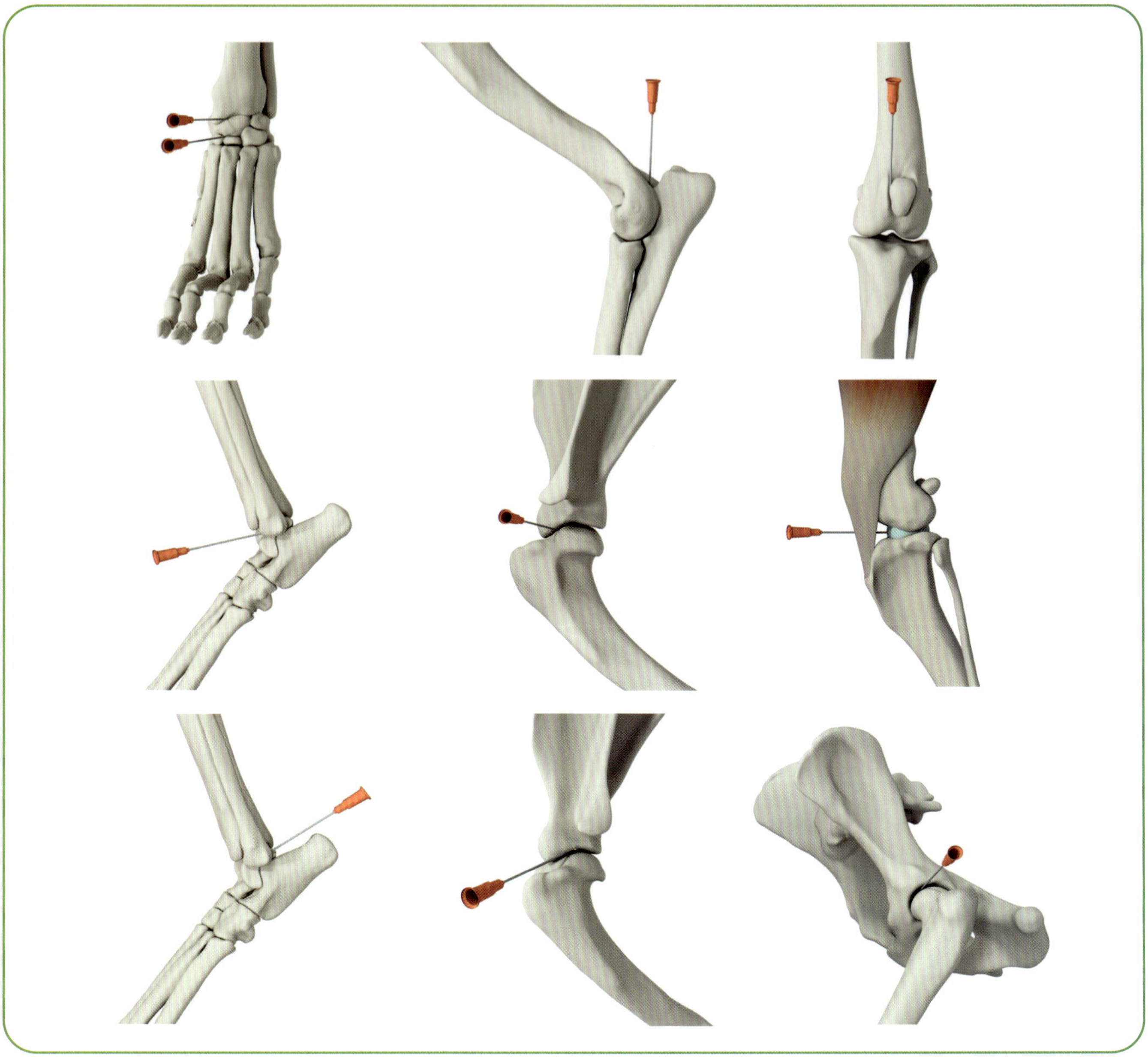

图8.12　犬的关节穿刺术部位

（图源：Daniel Koch, Jonas Lauströer, Amir Andikfar）

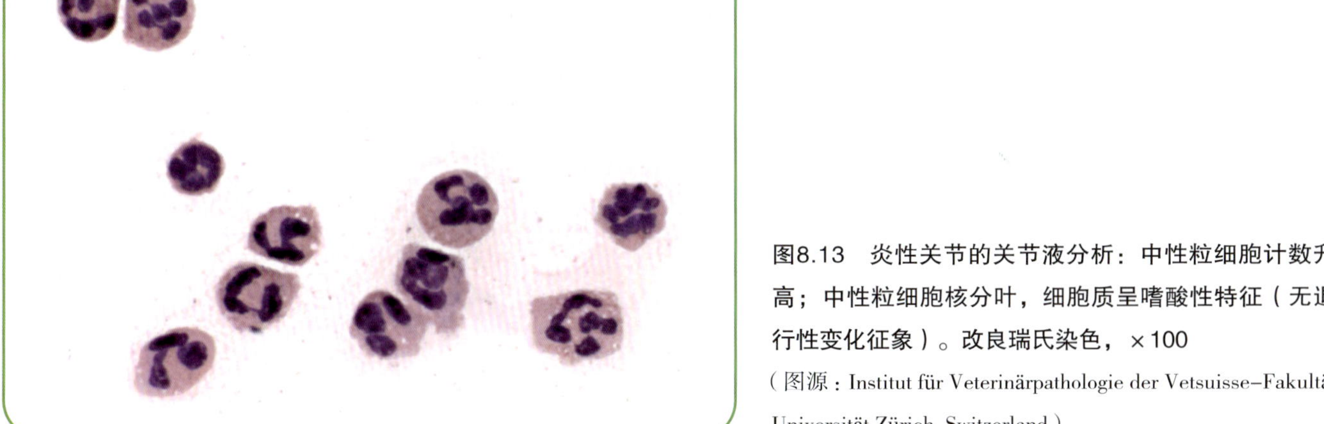

图8.13　炎性关节的关节液分析：中性粒细胞计数升高；中性粒细胞核分叶，细胞质呈嗜酸性特征（无退行性变化征象）。改良瑞氏染色，×100

（图源：Institut für Veterinärpathologie der Vetsuisse–Fakultät Universität Zürich, Switzerland）

减小。要对治疗反应进行临床评估，必要时反复进行关节液分析。还要监测皮质类固醇的副作用，并做出必要的调整。可考虑采用替代疗法来代替皮质类固醇。

侵蚀性多关节炎的预后通常谨慎，因为关节会受到长期的损害。免疫介导性多关节炎可以通过低剂量类固醇治疗得到控制；某些病例还能停药。

8.2.6 骨髓炎

病因和发病机制

大多数骨感染是细菌性的。在美国，偶见真菌性骨髓炎。感染源包括开放性骨折、死骨片、咬伤、从其他部位扩散或因无菌术破坏导致伤口医源性感染，或手术时间长或反复手术。从本质上来说，骨骼对感染具有相对的抵抗力。然而，其防御能力会因创伤性或医源性软组织损伤导致的血供破坏、植入物的放置、系统性疾病或某些缺陷而下降，从而发生细菌定植。许多感染是由单一微生物引起的。约 70% 是需氧菌，通常是葡萄球菌。其他相关细菌包括链球菌、大肠杆菌、巴氏杆菌属、克雷伯菌属、沙雷菌属和变形杆菌属。咬伤、胃肠道穿孔或手术同时去除牙结石[120]可导致微生物散播和厌氧菌（拟杆菌属、梭菌属、梭状芽孢杆菌属、放线菌属等）在骨骼中定植。还应注意的是，新生儿和幼犬常见脐带细菌传播。这可能会产生严重的后果，因为细菌在关节和骨骼生长的高度血管化区域的定植会迅速导致不可逆的关节和骨骼损害。

德国牧羊犬的跖骨瘘已被报道。它不是骨源性的。虽然病因不明，但该病是类固醇反应性的。跖骨瘘不应与典型的骨髓炎混淆。

临床表现

血源性细菌传播几乎总是伴有发热和败血症的迹象。患病幼犬厌食；如果骨骼发生感染，还会明显跛行。触诊时可见疼痛和肿胀。

外源性骨髓炎具有非特异性病程。发热并不总是存在。受影响的身体区域存在发热和疼痛。肌肉萎缩明显，患犬轻度跛行。如果有手术史，骨髓炎引起的跛行程度与正常或轻微延迟愈合时观察到的程度无法区分。如果疾病变成慢性，可观察到瘘管。这可通过抗生素治疗解决，但会在抗生素治疗停止后复发。

影像学诊断和进一步检查

急性骨髓炎可通过 X 线检查见到增殖性骨膜反应（通常沿骨干分布）、皮质骨溶解和周围软组织弥散性肿胀来确诊（图 8.14）。在慢性骨髓炎中，中央病灶被硬化边缘包围，代表与健康骨的边界。可能存在死骨片。骨周围可见到不同程度的新骨形成和软组织肿胀（图 8.15）。断层成像技术（如 CT）检测死骨片的敏感性高于 X 线平片。从瘘管中分离出细菌不能作为诊断的依据，只有从骨骼中培养出细菌才能确诊。动物在取样前至少 48 h 不能使用抗生素。如怀疑血源性传播，应进行血液培养。

治疗

抗生素（如克林霉素 11 mg/kg，SID，至少 3 周）保守治疗仅适用于少数病例；在这些病例中，病灶非常局限，犬的总体健康状态未受影响。

专家做法：许多典型的局灶性骨髓炎病例需要至少 3 周的靶向抗生素治疗，几乎所有病例都需要局部手术清创，去除坏死的骨碎片。必须注意保护局部血供。可用自体骨髓移植填补缺损。对于躯干附近的病变，可将网膜转移到缺损处。如果骨折或死骨片附近

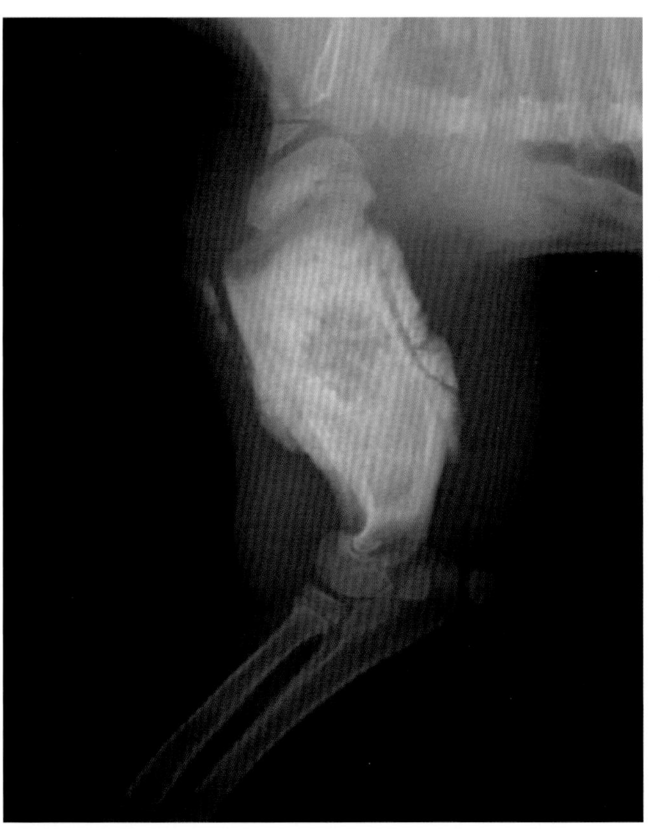

图8.14　3月龄法国斗牛犬的肱骨干骨髓炎

骨和骨膜不规则增厚。（图源：Tony Flury, Tierklinik Lindenhof, Switzerland）

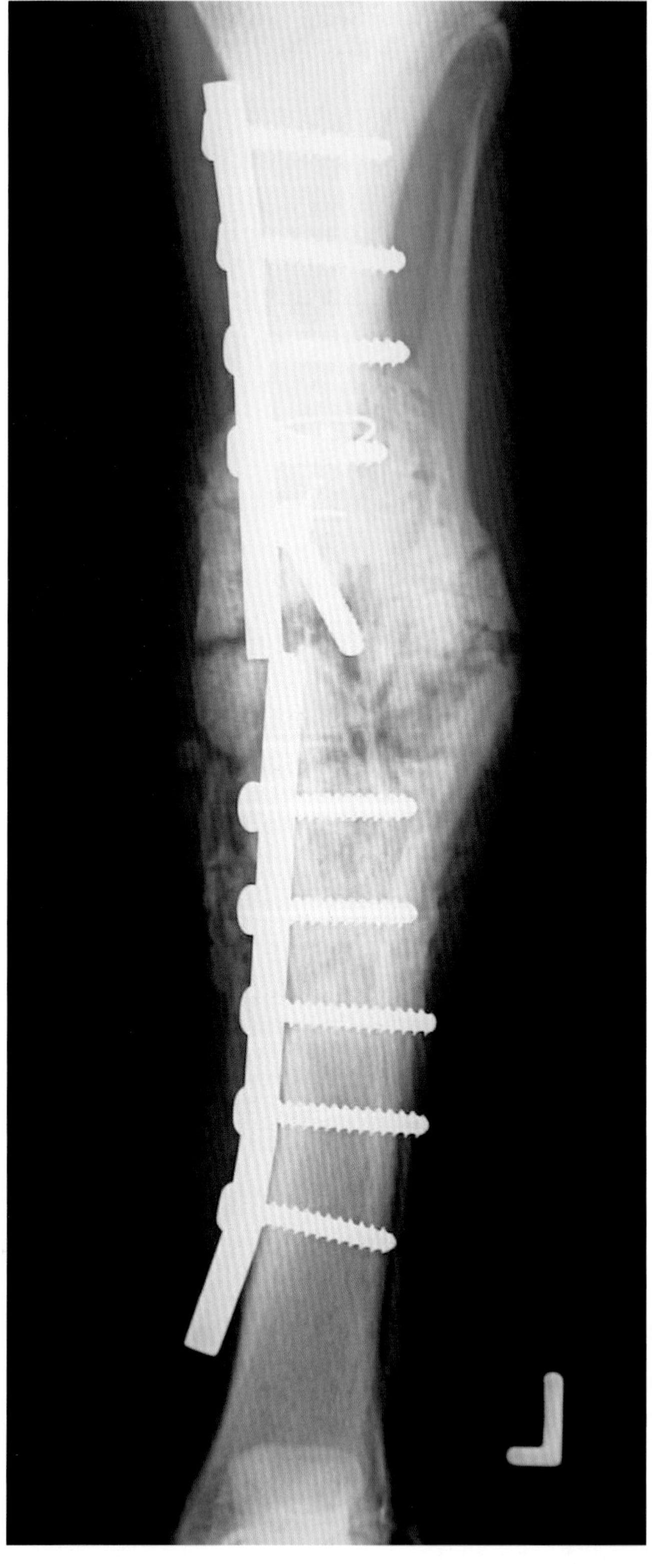

图8.15 白色牧羊犬的骨髓炎，可见死骨片（骨折复位过程中血管医源性损害所致）

的植入物导致骨髓炎持续存在，则应移除。在这些病例中，最好使用外固定支架或低接触性植入物（如锁定骨板）固定骨骼。在极少数情况下，感染区域必须保持开放，并每天使用无菌生理液冲洗。伤口在数天后闭合或通过二期愈合痊愈。可以在伤口中放置最近研发的可生物降解的庆大霉素浸渍海绵。应切除瘘管。某些病例可能需要截肢。

关节败血症时，需要移除所有植入物，并进行大量冲洗或连续冲洗（如注入乳酸钠林格液，20 mL/h，开通 1 ~ 2 个引流口）和长期抗生素治疗，可能需要使用抗生素海绵。后续禁忌放置髋关节等假体，因为不能完全去除骨骼中的细菌，细菌会迅速在脆弱的植入物 – 骨界面上定植，导致新的不稳定。

通过静脉注射抗生素（如高剂量的头孢菌素，至少 3 周）和局部脓肿引流来治疗血源性感染。患病幼犬还需要静脉输液和营养支持。延迟诊断时，预后不良。

8.2.7 骨肿瘤

病因和发病机制

骨肉瘤是目前最常见的骨肿瘤，约占 80%（图 8.16）。与人相反，骨肉瘤常发生于老年动物。大型犬的发病率高于小型犬。好发部位是桡骨远端、肱骨近端、股骨远端和胫骨近端（远离肘关节，靠近膝关节）。大型犬发病率高还未得到明确解释。据推测，肿瘤的发展是由高体重和活跃运动导致的骨骼快速生长或微骨折引发的。据观察，在 5% 的病例中，骨肉瘤发生在过去 2 ~ 5 年内接受过放疗的肿瘤区域[104]。在个别病例报告中，记录了接骨板处的骨肉瘤，在骨板位置发生肿瘤可能是巧合，并不是慢性局部炎症的结果。还应注意，骨肉瘤可能是自发性骨折的主要原因，尤其是股骨（病理性骨折）。自发性骨折时，通常没有明显的外伤史，骨折线通常较短，骨折部位周围存在骨质溶解区。

其他重要的骨肿瘤包括软骨肉瘤、纤维肉瘤和血管肉瘤，以及其他肉瘤的转移灶。

临床表现

典型的骨肉瘤患病动物一般为 7 ~ 8 岁的大型犬，有进行性跛行的病史，热身后也没有改善。如果受影响区域发生微骨折，则会在缺乏实质受力的情况下发生急性跛行或骨折。镇痛药对跛行无效。患肢通常有广泛的肌肉萎缩。桡骨远端或胫骨的肿瘤常表现为明显可见和可触及的肿胀。如果未进行 X 线检查，可能无法发现近端肿瘤。晚期肱骨近端骨肉瘤的患犬抗拒

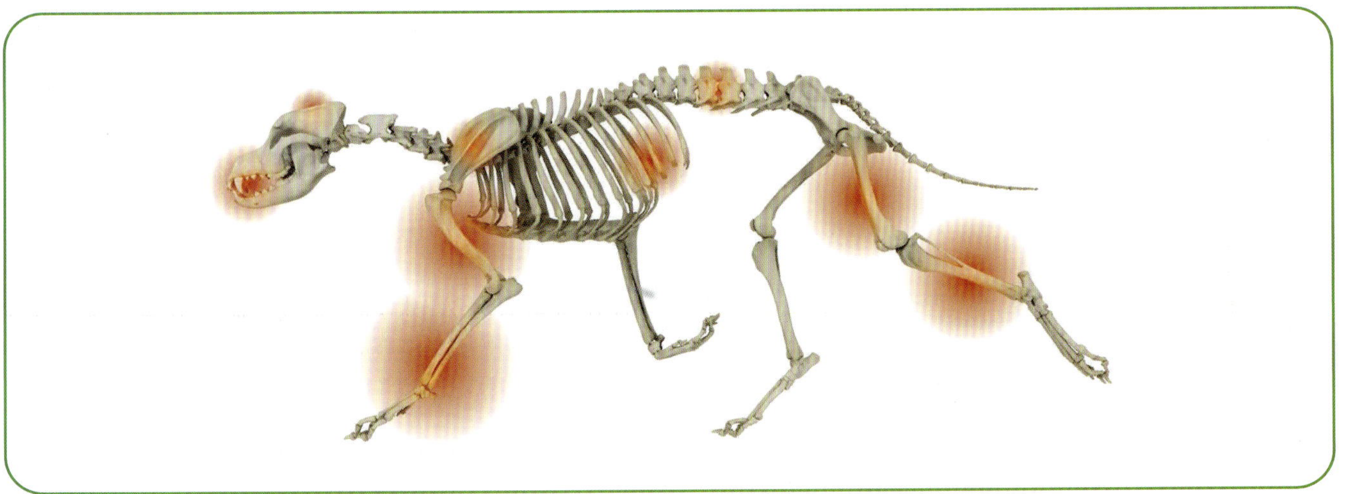

图8.16 犬的骨肉瘤分布[109]

（图源：Daniel Koch, Jonas Lauströer, Amir Andikfar）

触碰患肢，并保持腕关节和肘关节屈曲，临床表现类似于桡神经麻痹。股骨远端肿瘤在临床上可能会被误认为十字韧带断裂，因为步态相似；另外，十字韧带断裂也可能是肿瘤的结果。区域淋巴结通常增大。在确诊的时候，约 99% 的患犬有肺的微小转移灶，因此可以观察到咳嗽。

参阅视频 8.2，查看肱骨骨肉瘤患犬的步态。

影像学诊断和进一步检查

骨肉瘤的 X 线征象包括正常骨组织和病变骨组织界限不清、皮质骨溶解、骨膜反应强烈和骨膜脱离（图 8.17）。骨肉瘤通常局限于单骨，不跨越关节。确诊检查包括骨骼多处穿刺活检、淋巴结细针抽吸和胸部 X 线检查筛查肺早期转移灶。如果检查结果不确定，应在 4 周后再次进行 X 线检查。

视频8.2 肱骨骨肉瘤患犬的步态

治疗

由于在最初诊断时通常已经发生转移，因此治疗被视为姑息性的。患肢截肢的平均生存期约为 4 个月（10% 的患病动物为 12 个月）。

专家做法：截肢或保肢肿瘤切除术（图 8.18）与辅助化疗可将生存期延长 7 ~ 12 个月；33% ~ 64% 的

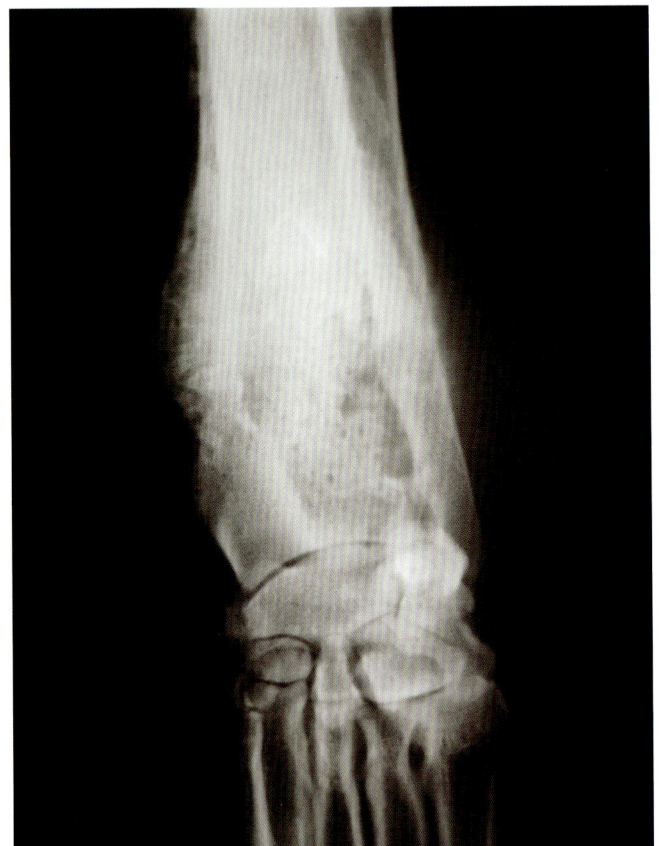

图8.17 8岁莱昂伯格犬桡骨远端的骨肉瘤

动物可达 1 年。放疗可以延长生存期，也可单独作为姑息治疗 [104]。

8.2.8 关节肿瘤

病因和发病机制

关节肿瘤是一种罕见的恶性肿瘤。最常见的是滑膜细胞肉瘤，起源于关节周围组织中未分化的间充质细胞。大多数肿瘤由 2 个细胞系组成，使得组织病理学诊断更加困难。肿瘤附着在关节囊外，但也可以生长到关节内。晚期滑膜细胞肉瘤的典型表现是 2 个关节骨的骨质破坏。

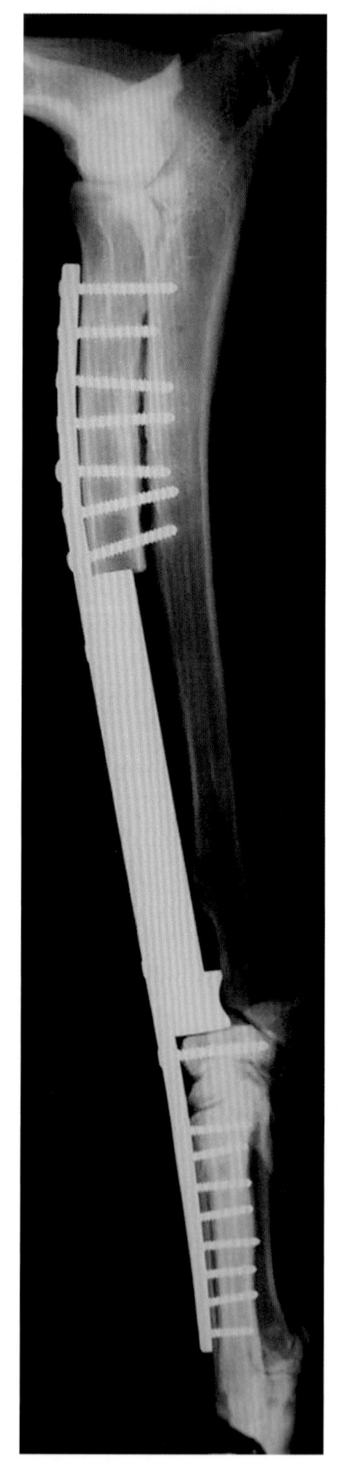

图8.18 保肢手术治疗桡骨远端骨肉瘤

（图源：Klinik für Kleintierchirurgie der Vetsuisse-Fakultät Universität Zürich, Switzerland）

临床表现

仅靠骨科检查很难确诊。由于肿瘤常位于膝关节，最初常怀疑十字韧带部分或完全断裂。跛行是进行性的，开始时表现轻微，有时在热身后有所改善。腘窝淋巴结轻度增大。膝关节弥散性肿胀，伸展和前抽屉运动时疼痛。没有捻发骨。其他关节（如跗关节、肘关节或肩关节）的肿瘤，也有类似的非特异性表现。

影像学诊断和进一步检查

X 线检查显示膝关节肿胀（图 8.19）。与前十字韧带断裂相比，关节外周可能出现不规则的肿胀。在疾病晚期，可见关节两侧的骨骼破坏，这是滑膜细胞肉瘤的典型症状。相比之下，骨肉瘤只影响单骨。肿瘤的组织类型可以通过活检来确认，可能提示其他类型的关节肉瘤。

治疗

肿瘤局部切除后会在 1 ~ 24 个月内复发。截肢动物的生存期平均可增加到 17 个月。

专家做法：组织学上分类为侵袭性的滑膜细胞肉瘤常进行辅助化疗。1/4 的患犬有区域和肺转移灶，这

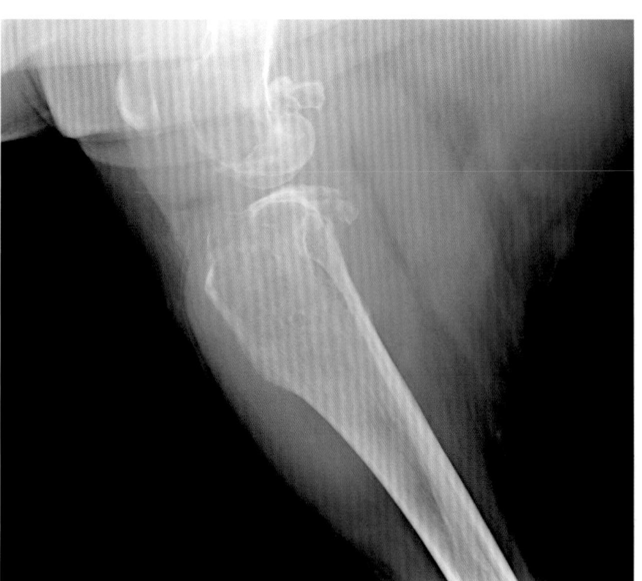

图8.19 膝关节滑膜细胞肉瘤

（图源：Klinische Radiologie, Vetsuisse-Fakultät Universität Bern, Switzerland）

些都会造成生存期缩短。

8.2.9 肥大性骨病

病因和发病机制

肥大性骨病总是先于胸部或腹部大肿物（通常是肿瘤或脓肿）发展出现。有人认为，与原发病过程相关的神经血管反射导致外周分流，造成骨骼局部缺氧和随后的反应性骨形成。只有长骨会发生串珠样的骨膜反应，关节附近没有。治疗原发病后可能出现缓解。肥大性骨病也被称为肥大性骨关节病。

临床表现

肥大性骨病罕见。由于常涉及原发性肿瘤，患病动物往往以老年大型犬居多。肿胀区域通常首先发生在前肢远端，这些肿胀可触及，而且疼痛并伴有水肿。在疾病的后期可见轻度跛行。

影像学诊断和进一步检查

长骨 X 线检查可见特征性的规则的骨膜反应（图 8.20），首先沿着掌骨和跖骨不同程度地分布，然后沿着管状长骨出现。胸部或腹部的原发病也必须确定，以明确诊断。

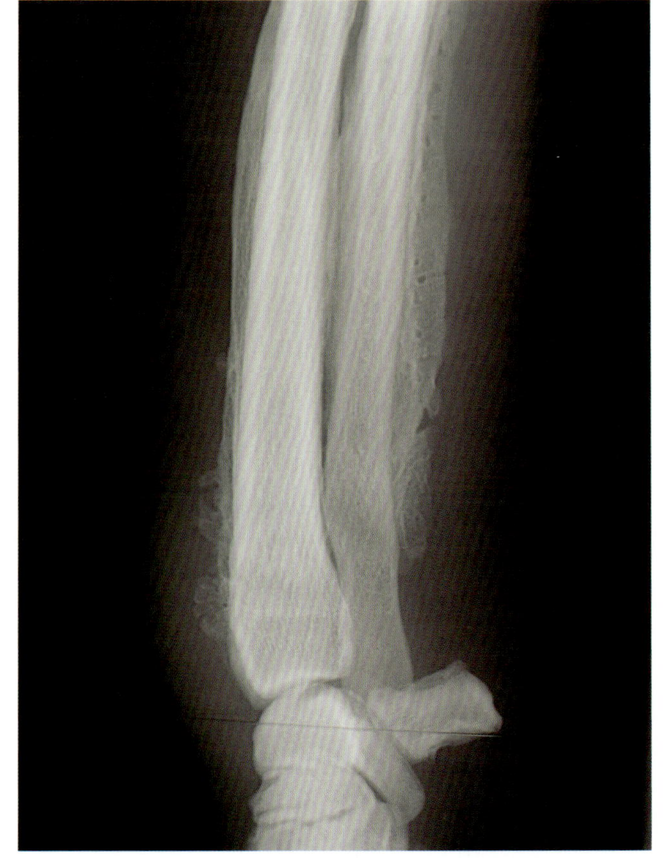

图8.20 桡骨和尺骨的骨膜反应，这是肥大性骨病的特征。该犬还具有不明起源的多发性肺转移灶

治疗

治疗和预后在很大程度上取决于原发病的性质。长骨的继发性变化及其相关的跛行最终消退。然而，在大多数病例中，原发病可能是肺肿瘤，因此预后较差。

8.2.10 营养性疾病

与成年犬相比，不适当的营养供应对生长期犬的影响更明显。营养通常不是唯一的致病因素，而是与遗传易感性一起作用，加剧其他病理过程。更多信息请参阅“营养的作用”。

8.3 后肢疾病

8.3.1 籽骨疾病

请参阅前肢“籽骨疾病”的相关内容。

8.3.2 跗关节骨软骨病

请参阅“骨软骨病”的相关内容。

8.3.3 跗关节不稳定

创伤

病因和诊断

许多跗关节不稳定的病例（图 8.21）是由创伤引起的。不稳定很容易通过触诊和应力位 X 线片（侧位应力位、过度伸展位和过度弯曲位）进行诊断。跗关节的小骨骼主要由皮质骨组成，经短而紧绷的韧带连接，血管化相对较差。

治疗和预后

对于 6 月龄以下的幼犬，可以通过限制运动和夹板固定治疗跗骨间韧带断裂和脱位。在 6 ~ 8 周的时间内，纤维化再生可产生令人满意的关节稳定性。距胫侧副韧带断裂通常可以重建，预后良好。内踝撕脱性骨折引起的不稳定用张力带钢丝固定。

专家做法：10 月龄以上犬的跗骨间关节和跖跗关节脱位与韧带断裂需要复杂的重建，并且预后不确定。在许多病例中，需要直接采用部分关节融合术治疗。创伤性跟骨骨折采用张力带钢丝或骨板固定（图 8.22）。治疗广泛性创伤、距骨骨折和既存骨关节炎时，需要进行完全跗关节融合术。

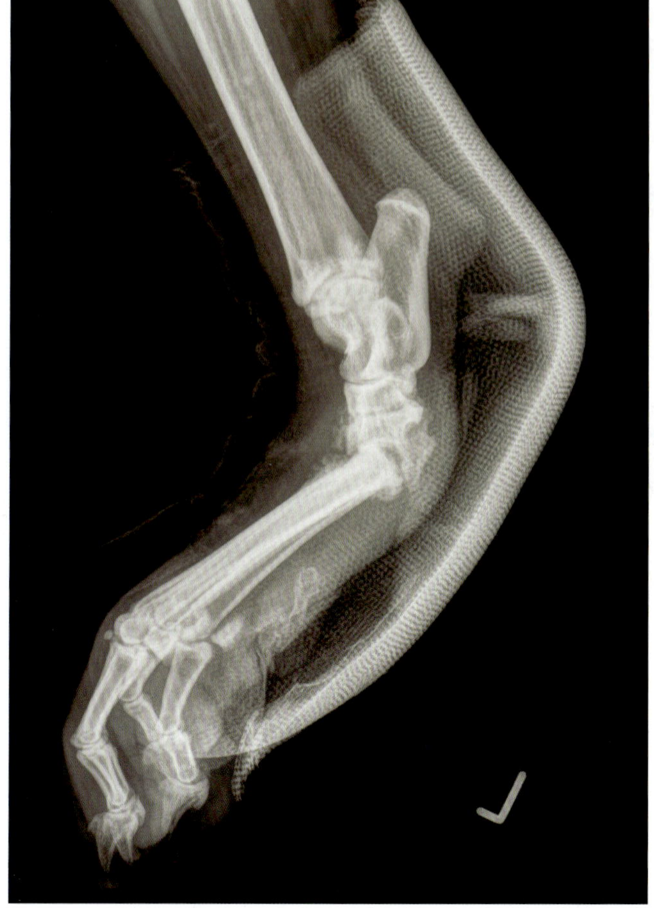

图8.21 苏俄猎狼犬的跗跖关节不稳定。关节使用合成树脂浸渍的绷带暂时固定

自发性跟骨骨折

病因和诊断

犬自发性跟骨骨折的原因（图 8.23）尚不清楚。柯利犬和超重犬好发。有些犬发生跟跗关节半脱位，也会出现类似的临床症状。就诊犬没有创伤史，1 ~ 2 个后肢表现出部分或完全跖行姿态。由于与地面接触会造成损伤，在跟骨上方的皮肤上经常会出现压疮。跟腱完好。可通过 X 线检查确诊。

治疗

专家做法：自发性跟骨骨折不能通过夹板或铸型等保守方法成功治疗，因为会发生皮肤、骨骼甚至跟腱的压力坏死。此外，强大的肌肉组织施加的张力会影响愈合。要恢复正常的行进运动能力，只能通过清除骨碎片和适当的关节融合术（包括骨板固定、外固定支架和张力带钢丝）进行治疗，而且至少需要 6 个月（图 8.24）。

跟腱断裂

病因和诊断

跟腱由腓肠肌肌腱、趾浅屈肌肌腱与股二头肌、股薄肌和半腱肌的组合末端肌腱组成。腓肠肌肌腱占跟腱的比例最大。除了趾浅屈肌外，所有肌肉都附着在跟骨上。趾浅屈肌形成跟骨帽，最终延伸到趾骨。

跟腱断裂可由锐伤和钝伤造成，也可由长期使用皮质类固醇造成，因其会削弱结缔组织并导致自发性撕裂。跟腱断裂患犬具有跖行姿态（图 8.25）。在跟骨附近的肿胀区，很容易触诊跟腱残端。赛犬常发生跟腱断裂。

治疗

专家做法：跟腱断裂的治疗是一期修复跟腱残端。为了获得最好的疗效，应对跟腱单独缝合［Kessler（锁环）、Bunnell 或三环滑轮缝合；图 8.26 和图 8.27］。肌腱可用合成补片或生物补片（猪小肠黏膜下层）强化。强烈建议使用外固定支架或夹板 4 ~ 6 周以提供额外支持。

跟骨帽脱位

病因和诊断

跟骨帽由趾浅屈肌组成。外侧脱位几乎只发生在喜乐蒂牧羊犬中（图 8.28）。原因尚不清楚，尽管患犬的跟骨后端沟相对较浅。由此产生的步态与髌骨脱位时观察到的步态类似。在放松状态下，跟骨帽可以手动脱位和复位 [125]。

治疗和预后

根据病情的严重程度，有 3 种固定方法：用不可吸收缝线将跟骨帽固定到腱旁组织；通过放置钢丝环将跟骨后端与跟骨帽周围强力复位（图 8.29）；加深跟骨沟。预后良好。

8.3.4 十字韧带断裂

病因和发病机制

人的前十字韧带断裂通常是外力（如踢足球或滑雪受伤）的结果。作用在小腿上的强力或不受控制的旋转会导致前十字韧带突然撕裂。长期以来，人们一直认为动物在不平坦的地面上反复跳跃或激烈玩耍也会发生同样的情况。

目前已对犬前十字韧带断裂的发病机制进行了深

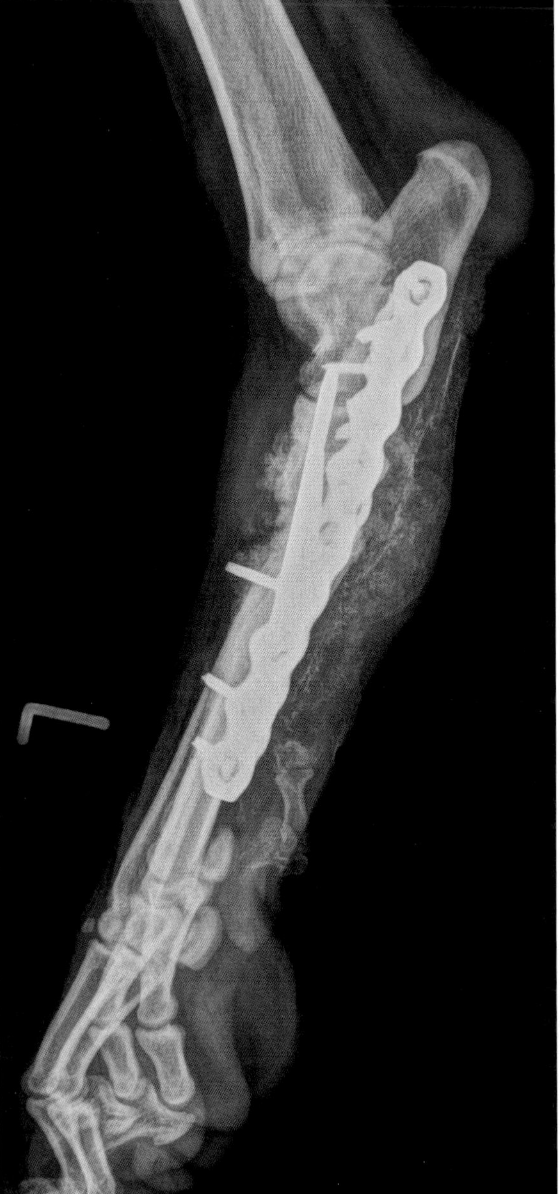

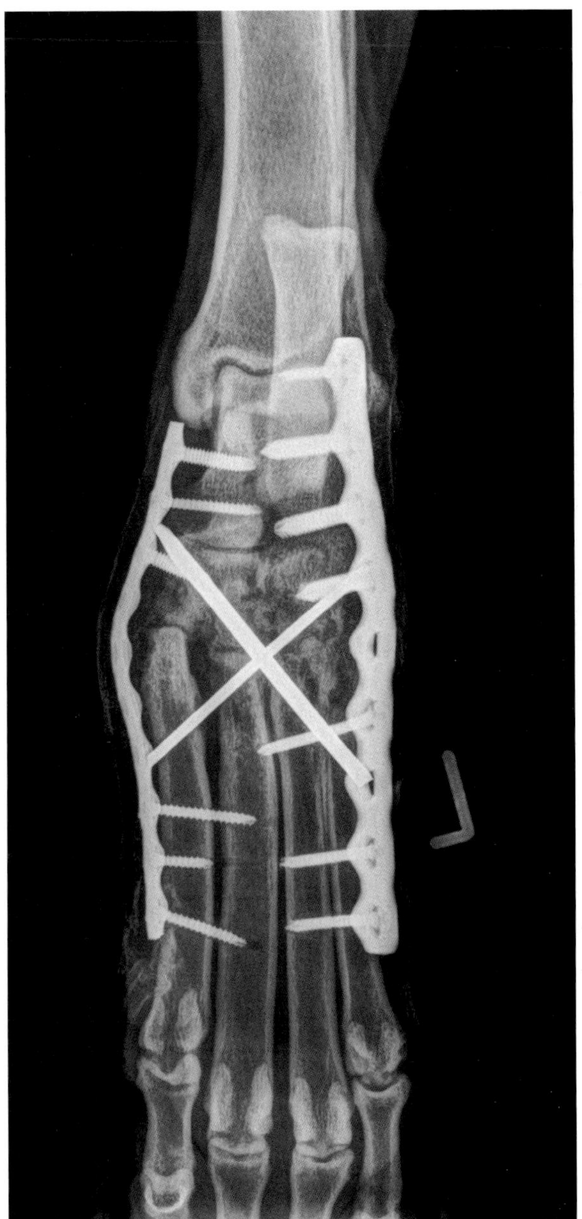

图8.22　使用交叉克氏针和内、外侧骨板（包括使用锁定螺钉）治疗跗跖关节不稳定

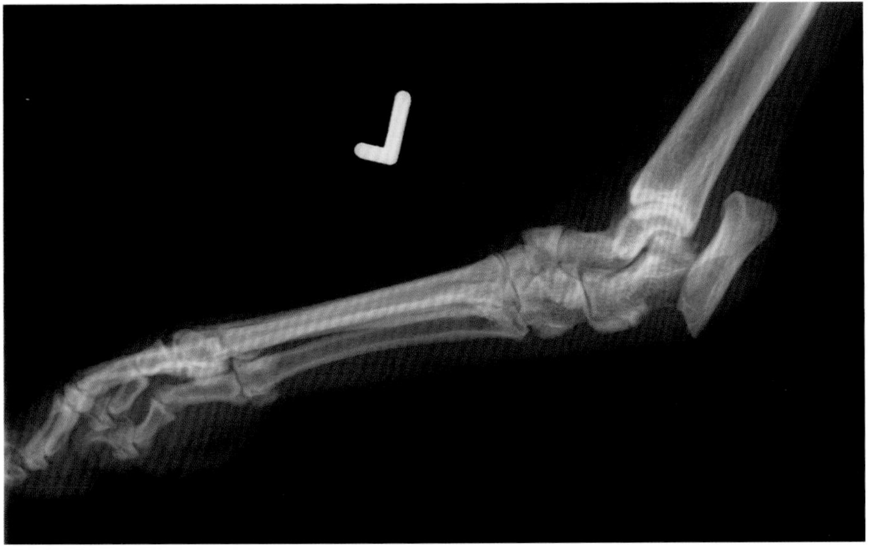

图8.23　4岁边境牧羊犬的自发性跟骨骨折

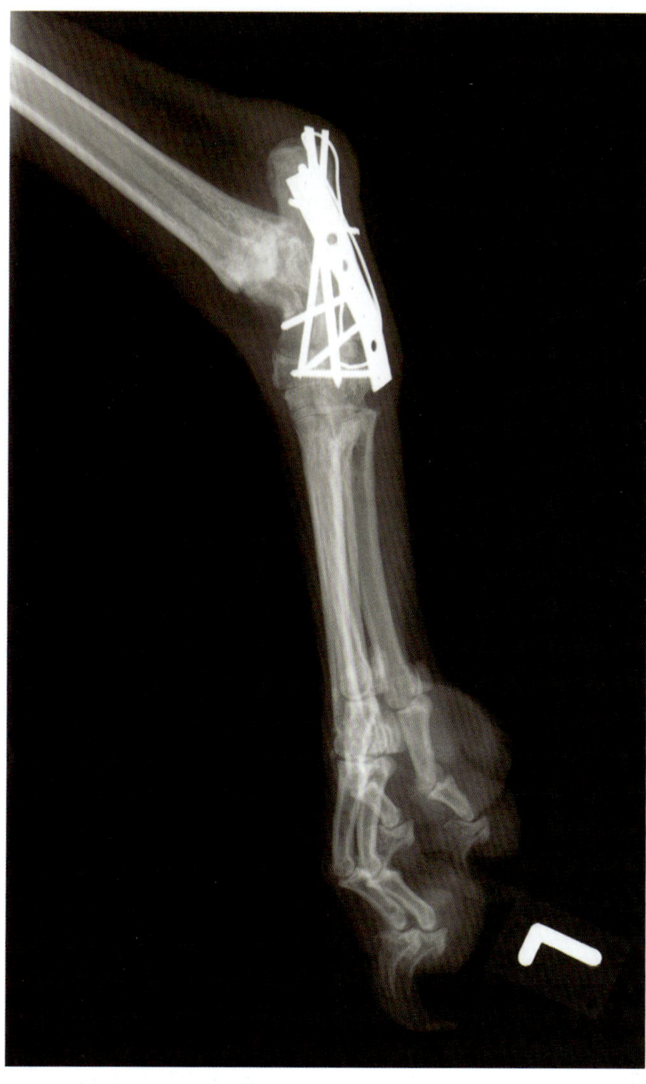

图8.24 联用张力带钢丝和骨板固定跟骨，以补偿由跟腱施加的张力

图8.25 跟腱断裂患犬的跖行姿态

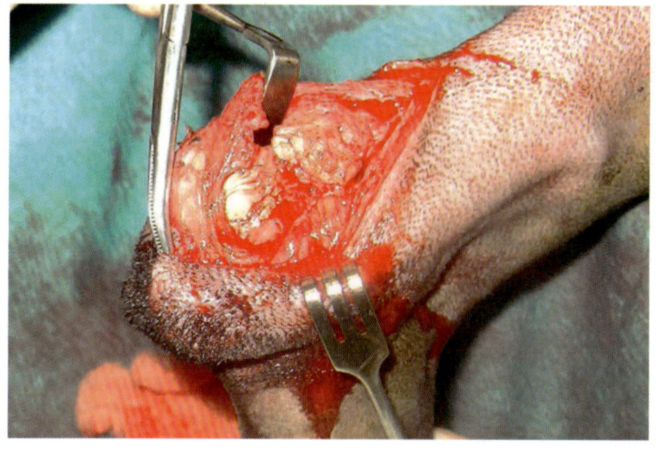

图8.26 跟腱断裂手术治疗入路：在断裂部位，肌腱末端磨损和增厚

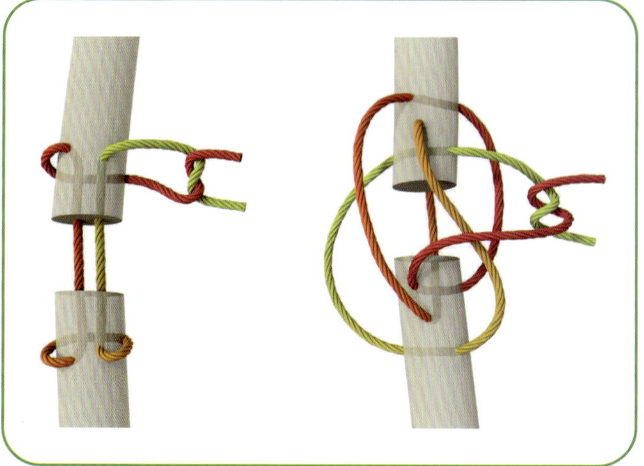

图8.27 肌腱修复常用的2种方式：锁环缝合（左）和三环滑轮缝合（右）

（图源：Daniel Koch, Jonas Lauströer, Amir Andikfar）

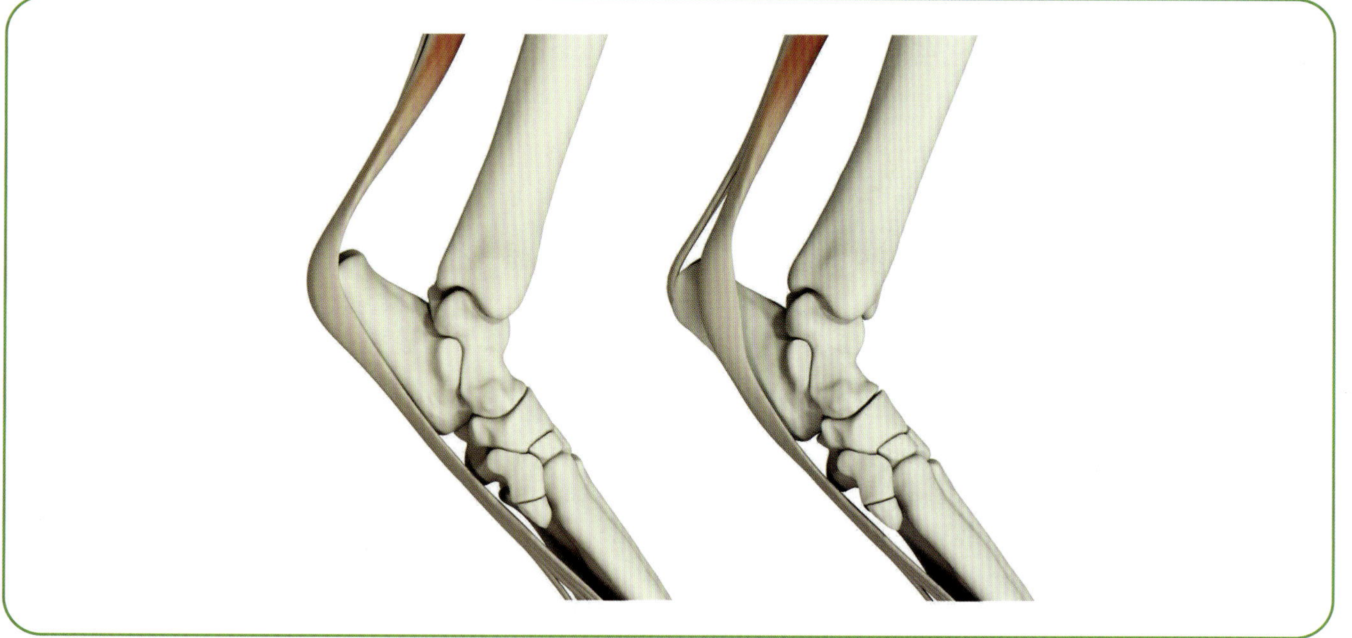

图8.28 跟骨帽脱位主要发生在外侧；跟骨帽由趾浅屈肌组成
（图源：Daniel Koch, Jonas Lauströer, Amir Andikfar）

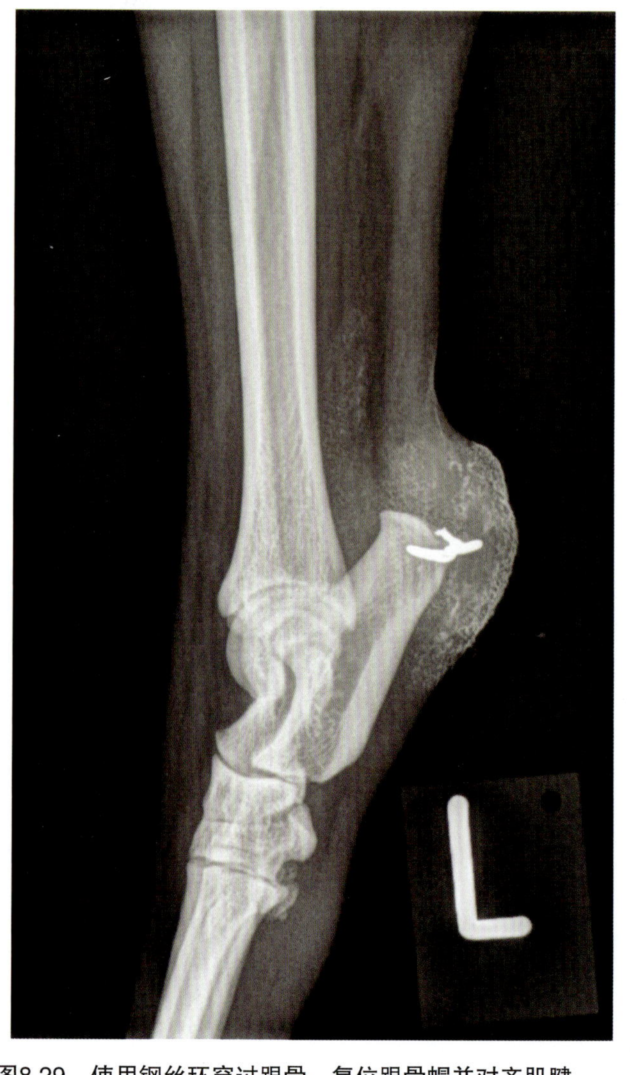

图8.29 使用钢丝环穿过跟骨，复位跟骨帽并对齐肌腱

入研究。除了身体活动以外的病因外，断裂的前十字韧带残迹也显示出随时间推移而发生的变性。通常是部分断裂，逐渐发展至完全断裂。没有膝关节受到强烈冲击的病史。犬膝关节的生物力学与人膝关节不同，犬的体重越重，前十字韧带断裂的发生率越高。罗威纳犬、纽芬兰犬和斯塔福郡斗牛㹴等品种好发。如果一个膝关节受到影响，另一个膝关节的前十字韧带断裂也很常见。在“急性”断裂时，关节炎的 X 线征象已经很明显[105, 131]。

在美国和欧洲国家，前十字韧带断裂的生物力学基础是争论的焦点，从而衍生了不同的治疗方法。一个具有逻辑性和临床意义的推导建立在股四头肌是膝关节主要力量传送器的基础上（图 8.30）。矢量分析表明，部分肌肉在相对于胫骨平台的垂直方向施加张力，而向前的部分对前十字韧带施加连续的剪切力［胫骨前移力（cranial tibial thrust，CTT）］。这种力量随以下参数的增加而增加：体型和超重程度（如罗威纳犬、纽芬兰犬、拉布拉多寻回猎犬）、后肢伸直的程度（如拳师犬、许多格斗犬）、犬的活动性、胫骨近端的狭窄度和胫骨平台的倾斜度[108, 122]。因此，前十字韧带首先部分撕裂，然后完全断裂。

半月板损伤通常累及内侧半月板后角，因为内侧半月板与内侧副韧带的附着限制了其活动能力。此外，在触地阶段会发生相当大的旋转运动。这可能是前十字韧带初步损伤以及膝关节不稳定时发生半月板创伤性损伤的原因。

临床表现

前十字韧带断裂患犬通常在休息后表现暂时性跛行，而且没有明确的外伤史。后肢屈曲，有时只有脚尖接触地面。常见不同跛行程度的阵发性跛行。这就表明了前十字韧带部分损伤。肢体肌肉明显萎缩，有明显的关节积液。随着内侧半月板夹闭，跛行变得更加明显，并且不再负重。

前十字韧带断裂导致前抽屉试验阳性。犬在侧卧和肢体轻微屈曲时最容易诊断。如果是部分断裂，膝关节仍然稳定，但前抽屉试验和胫骨内旋会引起疼痛（图 8.31）。存在严重的骨关节炎或内侧半月板后角完全向前折叠时，前抽屉试验也可能呈阴性。另一种方法，即胫骨压挤试验，是通过在保持膝关节伸展的同时屈曲跗关节进行的。如果前十字韧带断裂，由跟腱张力维持的联动装置会迫使胫骨近端向前移动。该检查很难在大型犬上进行。

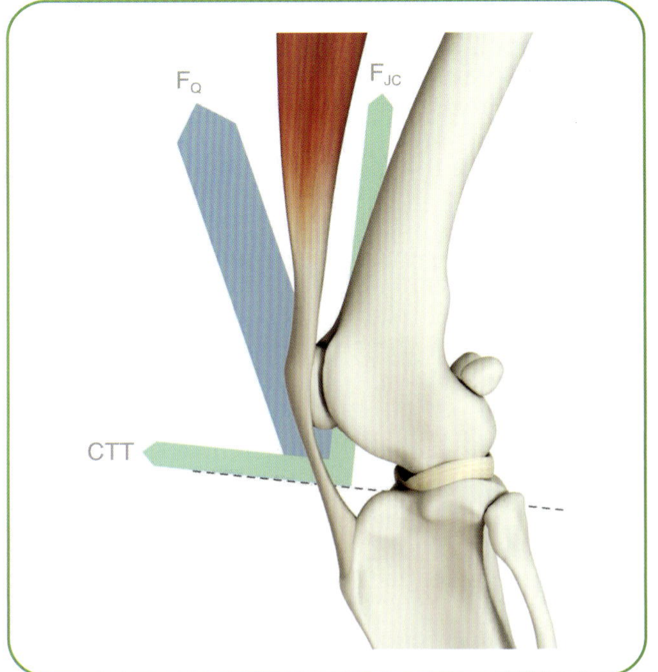

图8.30　膝关节主要力量的总结和简化示意图

股四头肌是主要力量传送器，轻微向前和近侧拉伸；由此产生的剪切力被前十字韧带中和。F_Q = 股四头肌施加的力，CTT = 胫骨前移力，F_{JC} = 关节压缩力。（图源：Daniel Koch, Jonas Lauströer, Amir Andikfar）

在髌骨内侧脱位患犬中，前十字韧带断裂通常在年龄更大时发生，因为增加的胫骨内旋会削弱韧带。

后十字韧带断裂罕见，通常由外伤引起。很难直接区分前十字韧带断裂和后十字韧带断裂，但对于有经验的检查者来说相对容易，通过胫骨是否能够前移即可进行评估。如果后十字韧带断裂，绷紧的前十字韧带使胫骨运动突然“停止”。如果前十字韧带断裂，则“停止”较缓，因为这时的向前运动限制是由关节囊形成的。

参阅视频 8.3，查看前十字韧带断裂患犬的步态。

图8.31　用于诊断前十字韧带断裂的前抽屉试验示意图

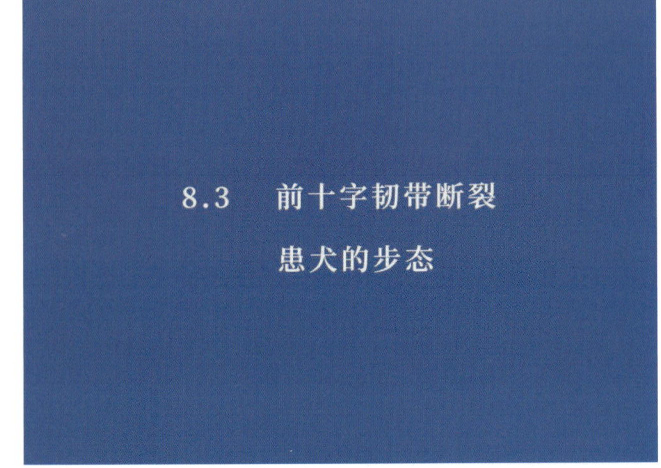

视频8.3　前十字韧带断裂患犬的步态

影像学诊断

临床诊断可根据前抽屉试验阳性确定。在部分断裂病例中，可用 X 线检查诊断并排除其他疾病，如肿瘤。前十字韧带断裂相关的 X 线征象包括膝关节前部和后部关节积液（图 8.32）。滑液体积增加会导致髌下脂肪垫受压，失去其三角形的轮廓。腘肌籽骨可能向后移位。如果疾病是慢性的，髌骨下极、股骨滑车、胫骨平台的前端和后端，以及关节囊的内侧和外侧界可能有明显的骨关节炎变化。偶尔会观察到胫骨半脱位。

治疗

在小型犬（和正常体重的猫）中，关节囊纤维化和肌肉支持通常能很有效地弥补膝关节不稳定。因此，不一定需要手术。纤维化也可以通过关节囊和筋膜重叠术来增强。

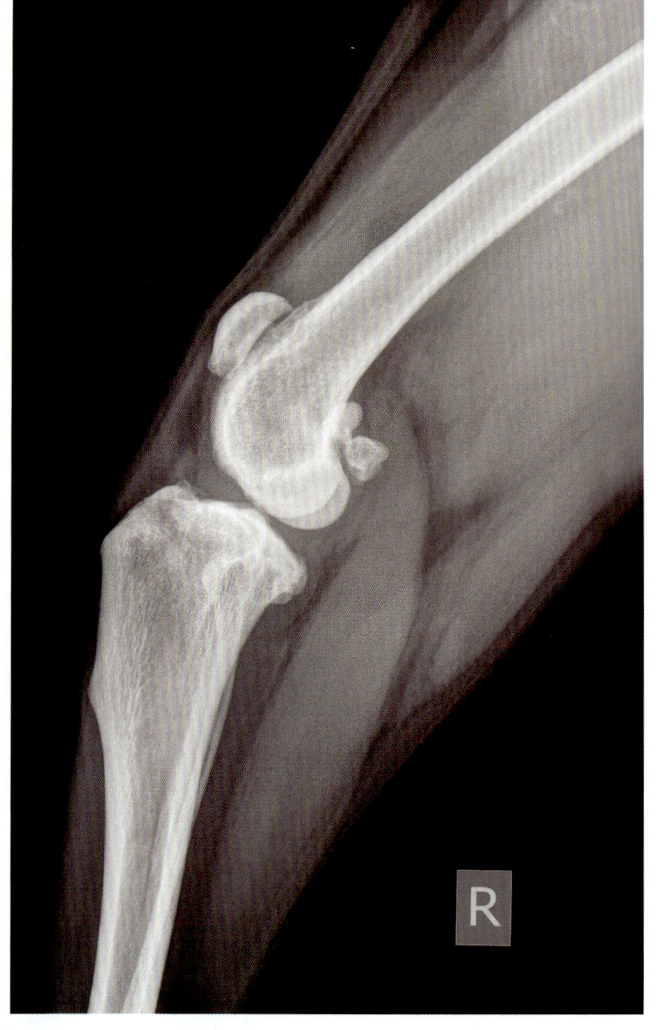

图8.32 前十字韧带完全断裂的膝关节侧位X线片
可见膝关节前部和后部积液、早期骨关节炎和胫骨半脱位。

对于体重超过 5 kg 的犬，前十字韧带断裂应手术治疗，因为未治疗的断裂会迅速导致严重的骨关节炎和生活质量显著降低。有多种手术技术可用。决定手术方法选择的因素包括动物的体重、经济考虑、可用的器械和设备，以及外科医生的经验。

和人一样，也可以在动物身上进行强壮的肌筋膜或肌腱移位术，以替代前十字韧带。重要的是要在解剖上替代韧带。两端缝合或用螺钉固定。该技术在现代小动物骨科的早期阶段被广泛应用。在小型犬中，人工合成材料的引入和骨附着方法的改进增加了使用的成功率。

前十字韧带也可以用粗的囊外缝线（囊外修补术）替代。将胫骨近端锚点与外侧和内侧籽骨后方 8 字缝合固定（图 8.33）；最多可以放置 3 根缝线。适合的缝合材料包括不锈钢、鱼线或不可吸收的聚酯纤维缝线。尽管锚点之间的距离在屈曲和伸展过程中会发生变化，膝关节的自然扭转也没有考虑在内，而且在术后剪切力也会继续对人工韧带产生相当大的压力，但是这种固定方式的人工韧带通常可以在小型犬上产生良好的长期效果。

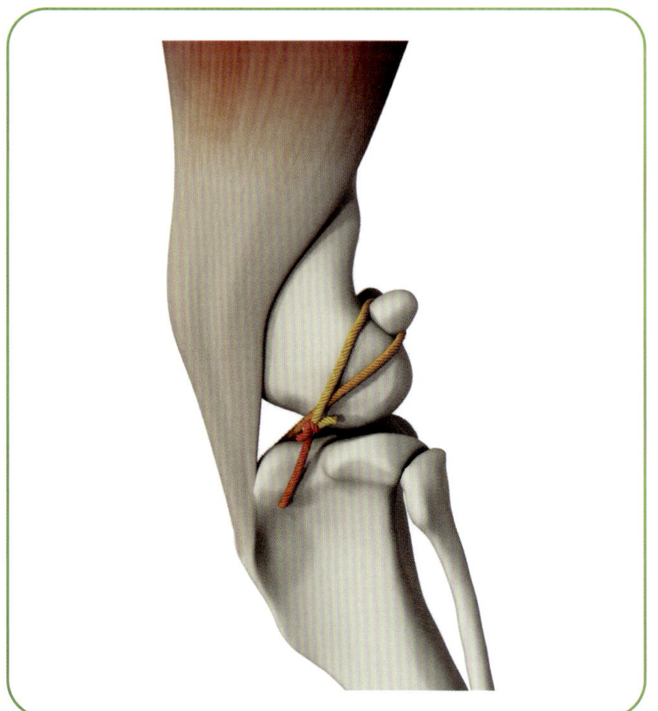

图8.33 前十字韧带断裂后，膝关节囊外固定缝线放置的示意图
（图源：Daniel Koch, Jonas Lauströer, Amir Andikfar）

专家做法：替代方法基于改变膝关节的生物力学，因此不需要更换前十字韧带。这些技术包括胫骨平台抬高［胫骨平台截骨术（tibial plateau leveling osteotomy，TPLO）；图 8.34］[123] 或髌韧带附着处前移［胫骨粗隆前移术（tibial tuberosity advancement，TTA）；图 8.35 和图 8.36］[116]。在这两种方法中，本应由前十字韧带所抵消的力都减少了，几乎为零。因此，不再需要重建前十字韧带。这些基于截骨术的技术目前是体重大的患犬和严重骨关节炎患犬的首选方法。术后护理较前十字韧带置换术简单，仅 6 周内就不再存在缝合失败影响手术成功的风险。

无论采用何种方法，术后管理都应包括镇痛和软骨保护剂（主要是硫酸软骨素，至少使用 2 个月）治疗。在术后的前几个月，物理治疗、严格的体重控制和适当的运动也很重要。TTA 或 TPLO 术后的恢复时间约为 3 个月。成功的治疗甚至可以使犬充分恢复到满足犬展活动或警卫任务的程度。

8.3.5 髌骨脱位

病因和发病机制

髌骨脱位（patellar luxation，PL）的病因和发病机制尚不清楚。除了后肢明显的创伤或生长相关畸形或后肢构型改变（如股骨头切除术后）可导致脱位外，对肢体和骨盆形态学的评估没有得到明确的信息[130]。从经验上看，犬种小型化的趋势增加了髌骨内侧脱位的发生率，而髌骨外侧脱位相对罕见。好发的小型犬种包括法国斗牛犬、巴哥犬、贵宾犬、北京犬、杰克罗素㹴、吉娃娃、博美犬、马耳他㹴、蝴蝶犬和波隆

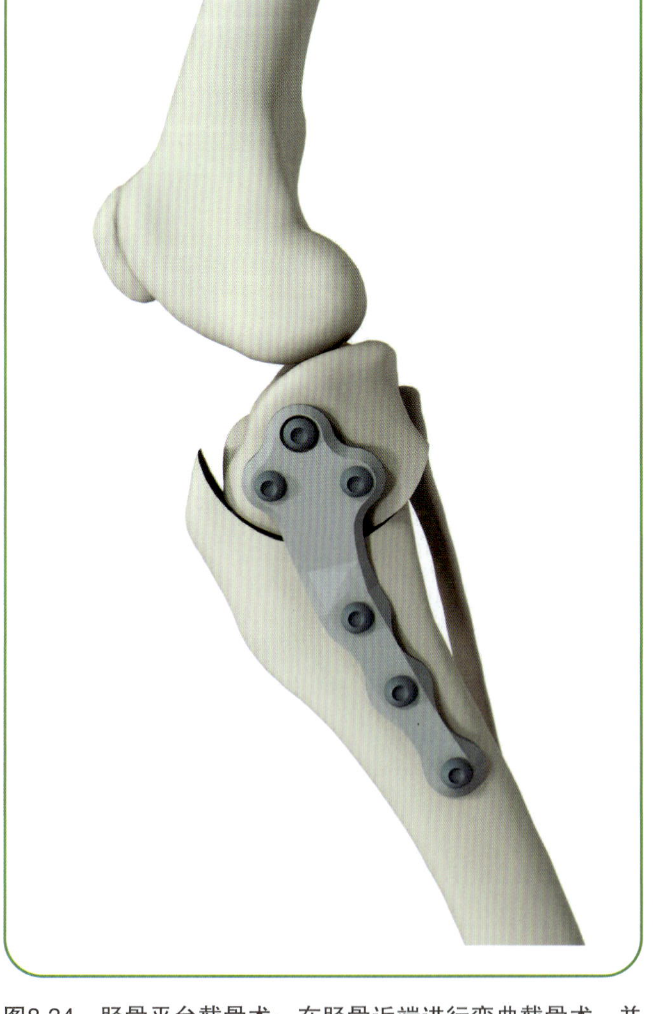

图8.34　胫骨平台截骨术：在胫骨近端进行弯曲截骨术，并旋转和固定胫骨平台

（图源：Daniel Koch, Jonas Lauströer, Amir Andikfar）

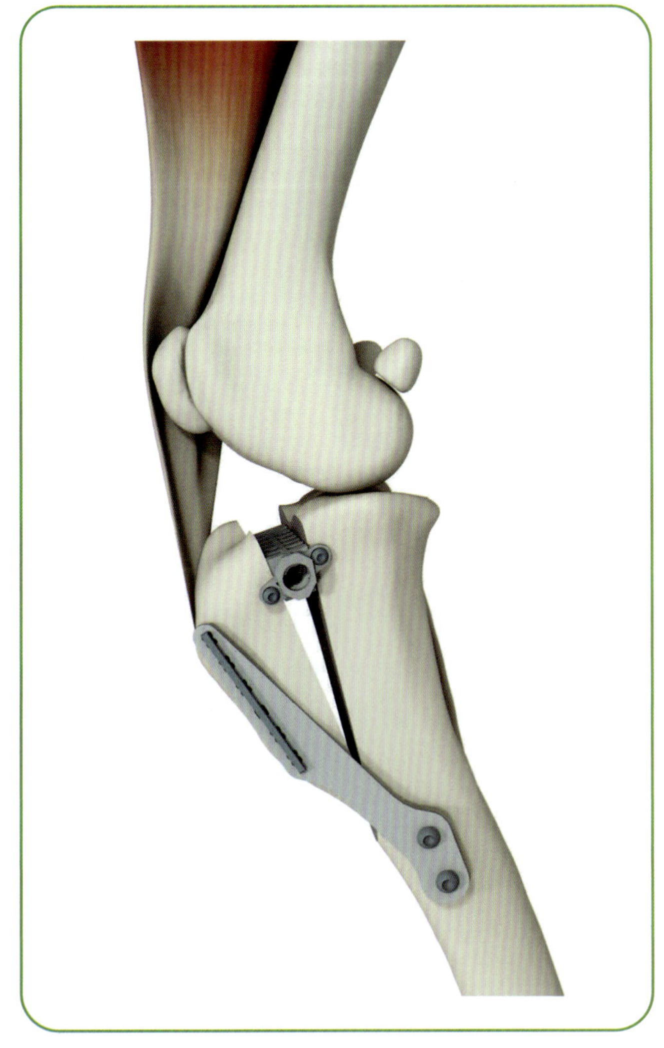

图8.35　胫骨粗隆前移术：胫骨近端扩大，使膝关节受到的剪切力最小

（图源：Daniel Koch, Jonas Lauströer, Amir Andikfar）

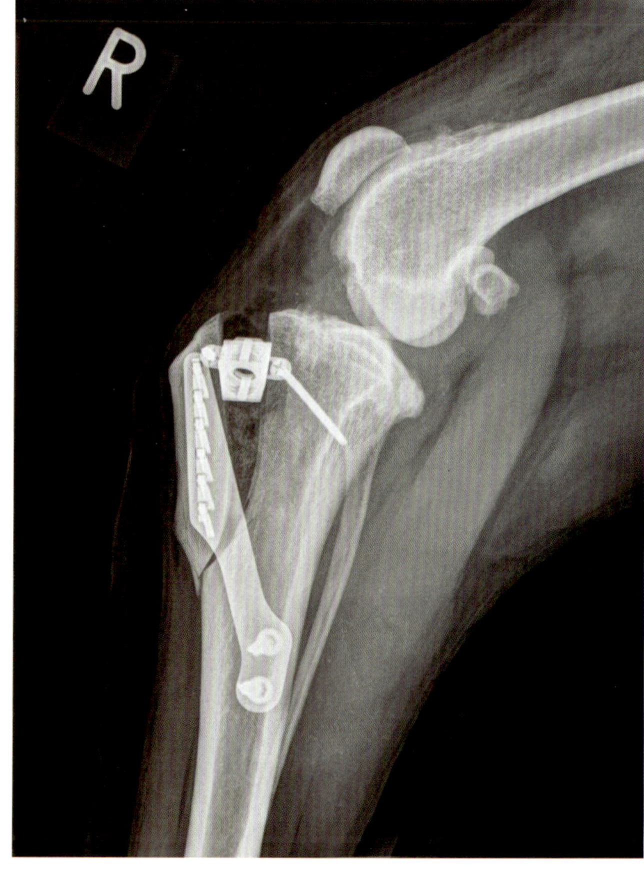

图8.36 TTA术后X线片

卡犬。好发的大型犬种包括平毛寻回猎犬、阿彭瑞乐山犬、纽芬兰犬和美国可卡犬。在库依克豪德杰犬中，遗传率约为 27%[129]。

脱位通常发生在 1 岁以内。初始脱位可导致关节积液、疼痛和急性跛行。随后，脱位的疼痛度减轻，尽管髌后和髌股关节软骨明显磨损（具体取决于脱位的严重性和脱出频率）；再经数月至数年发展，出现不可逆的软骨损伤，股骨滑车明显变平（图 8.37）。外侧脱位时，对趾长伸肌的附着处还有额外的损伤。当髌骨脱位时，由胫骨粗隆、髌韧带、髌骨和股四头肌组成的功能单位不能阻止肢体在着地时屈曲。因此，患肢不被使用，会保持屈曲的姿势。通过后肢的摇动和旋转运动，髌骨可以自发地恢复到正确的位置，从而使步态恢复正常。这是 PL 典型的间歇性跛行表现。在慢性病例中，股骨远端形成新的凹槽，使股四头肌机制保持相对正常的肢体功能。

PL 分为四个等级（图 8.38）。分级遵循美国标准：1 级——髌骨通常位于滑车内，脱位后可自发复位；2 级——通过活动肢体（屈曲、伸展、旋转）可实现髌骨复位；3 级——髌骨位于滑车外侧或内侧，只能通过手指推挤实现髌骨复位；4 级——髌骨不能从脱位恢复到正常位置。

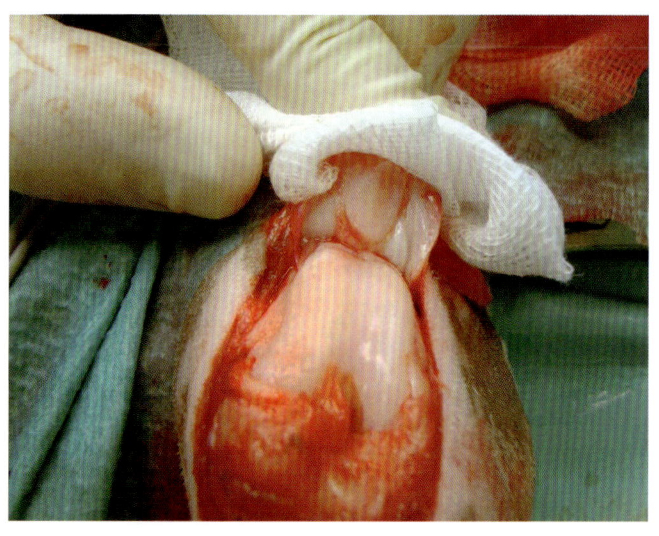

图8.37 髌骨内侧脱位的贵宾犬，可见股骨滑车浅、内侧滑车嵴和髌骨的软骨磨损

临床表现

髌骨脱位的典型症状是间歇性跛行，伴正常运动和三肢跛行。重要但不常见的鉴别诊断包括喜乐蒂牧羊犬的跟骨帽脱位和杰克罗素㹴的神经障碍。脱位的分级通过犬的站立和侧卧检查，以及正常范围的旋转、屈曲和伸展来确定。在犬侧卧时，检查者用一只手抓住跗关节活动肢体，同时用另一只手的拇指或其他手指使髌骨脱位。在该操作中所使用的力度不能引发疼痛。记录的诊断应符合观察到的最大异常程度[110]。例如，如果在站立时髌骨自发性脱位，PL 则被归为 3 级，即使在犬侧卧时活动肢体会导致自发复位。

影像学诊断和进一步检查

髌骨脱位的诊断纯粹是基于临床表现。由于 PL 的分级在很大程度上受检查人员的技能和经验影响，因此是非常主观的，必须建立可重复的、标准化的评估方法（如 X 线征象）。遗憾的是，X 线检查、CT 和 MRI 无法达到这一要求。

X 线片上很少能发现脱位。在先天性或获得性畸形，如弓形腿（膝内翻；图 8.39）或内八腿（膝外翻）时，可在前后位 X 线片上发现髌骨位于股骨髁的内侧或外侧。如果检查结果不确定，可采用肢体屈曲时的斜位投照，以评估髌骨位置和滑车深度（图 8.40）。X 线检查通常可以显示骨关节炎和少量关节积液的征象。

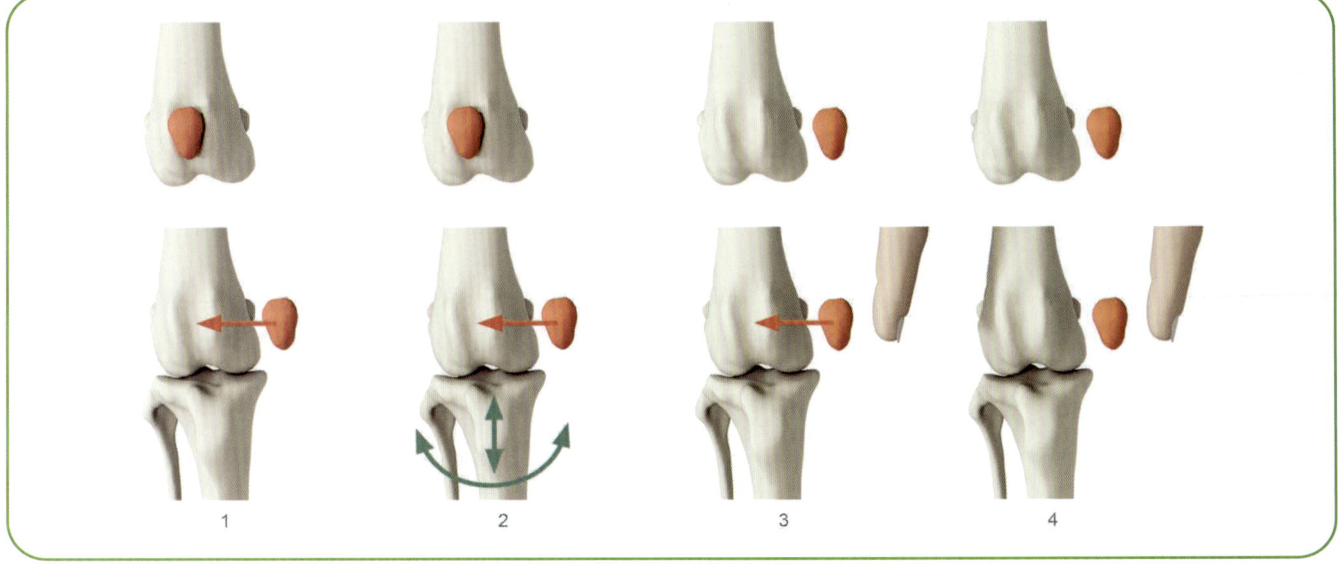

图8.38　髌骨脱位分级

上一行表示活动膝关节之前的髌骨位置（髌骨在滑车内的是 1 级和 2 级，髌骨脱位的是 3 级和 4 级）。下一行表示实现复位的方法（自发复位的是 1 级，肢体触诊复位的是 2 级，辅助手动复位的是 3 级，不能复位的是 4 级）。（图源：Daniel Koch, Jonas Lauströer, Amir Andikfar）

治疗

经常表现三肢行走步态的髌骨脱位患犬推荐手术治疗。最好的治疗方法是重建髌骨与股骨的正确相对位置（视频 8.4，图 8.41 ~ 图 8.43）。首选的方法是将髌韧带在胫骨上的固定位置移位（内侧或外侧）和加深股骨滑车。每一个手术都可以用不同的方式进行。在移位术中，胫骨粗隆的截骨术可以是垂直的或稍微向前成角，也可以是部分的或完全的。使用张力带钢丝可以实现简单且非常稳定的固定，偶尔会使用螺钉或单根克氏针。可以通过楔形切除或矩形切除进行滑车沟成形术。重要的是，滑车沟要足够深，以防髌骨自发性脱位。骨科手术后再辅以软组织叠盖术。

参阅视频 8.4，查看髌骨脱位患犬的步态。

专家做法：另一种方法是植入髌骨滑车沟置换假体。滑车截骨术后，在髌骨下方植入钛假体，并用螺钉固定在股骨上（图 8.44）。这种新方法特别适用于软骨侵蚀严重或滑车很平坦的情况。无须进行胫骨粗隆的移位和固定。

8.3.6 膝关节的其他疾病

趾长伸肌撕脱

病因和发病机制

趾长伸肌腱起始于股骨外侧髁的伸肌窝，消失在胫骨伸肌沟内的胫前肌下方。如果在膝关节外侧入路没有给予足够的保护，这条肌腱可能会被切断；在治疗前十字韧带断裂或髌骨脱位的截骨术中也可能被锯片损伤。在其他病例中，幼犬的撕脱是由创伤引起的，股骨髁的碎片通常与肌腱一起被撕下。

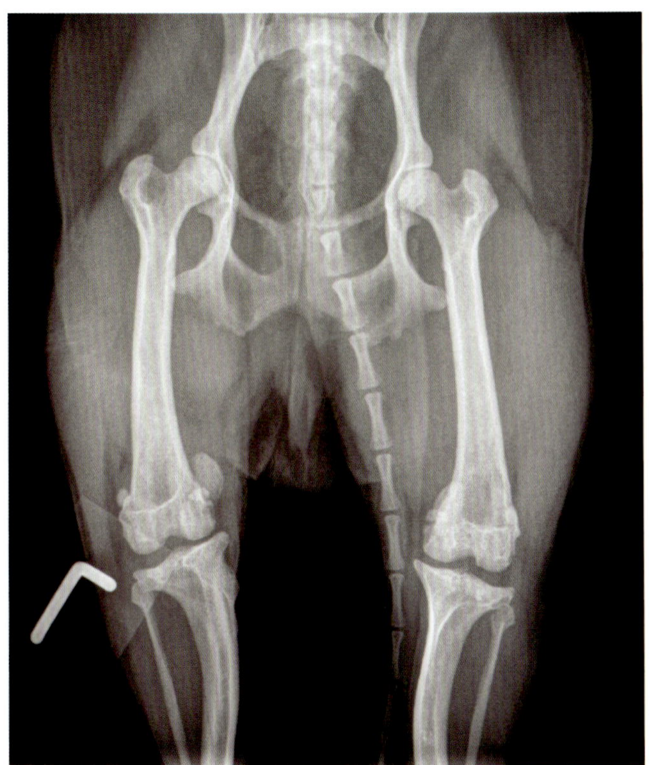

图8.39　3岁约克夏㹴的膝内翻（弓形腿），可见明显的双侧髌骨内侧脱位

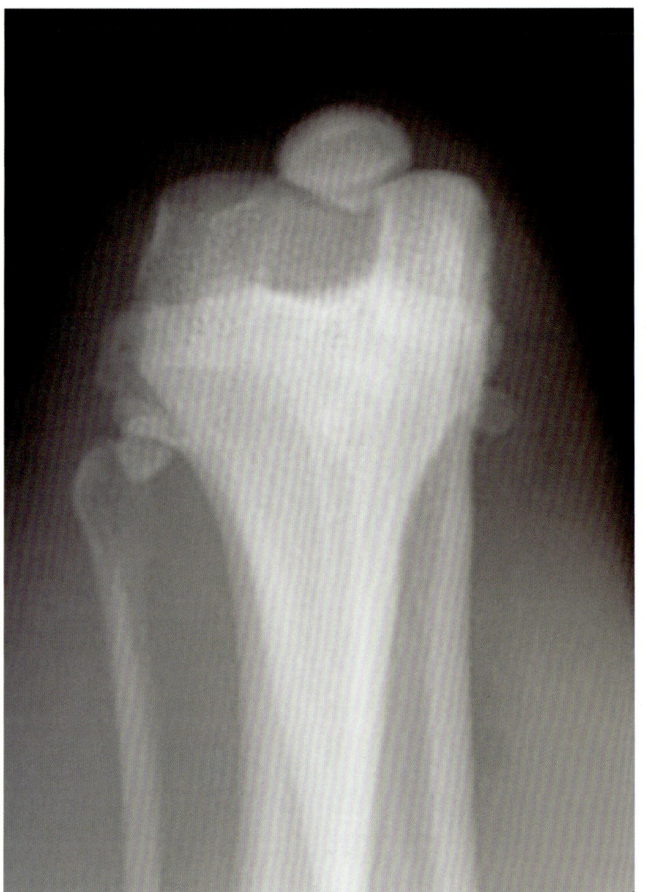

图8.40　切线位：髌骨正切X线投照，显示其相对于股骨和股骨滑车的位置

（图源：Patrick Blättler Monnier, Frenkendorf, Switzerland）

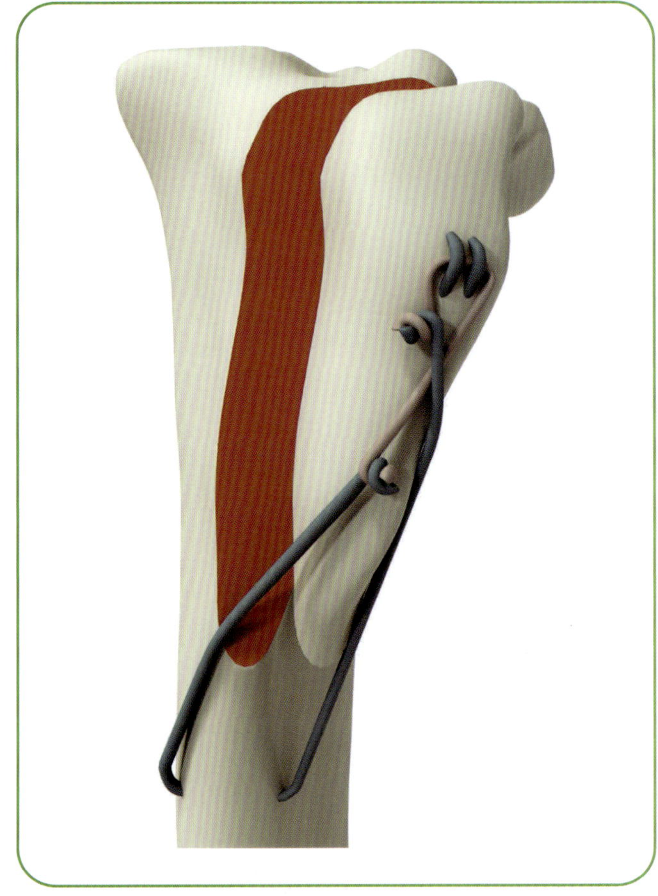

图8.42　胫骨粗隆移位示意图：根据脱位的严重程度和方向将截骨的粗隆移位，用张力带钢丝固定

（图源：Daniel Koch, Jonas Lauströer, Amir Andikfar）

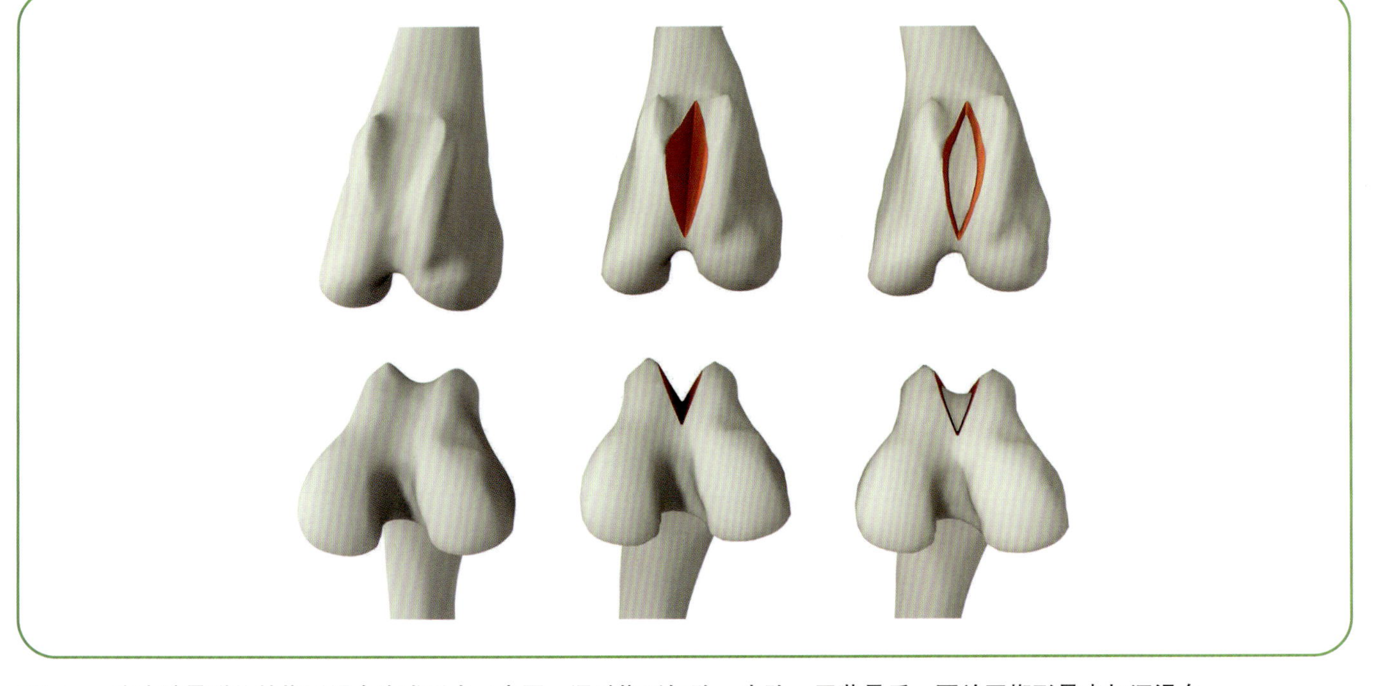

图8.41　治疗髌骨脱位的楔形滑车沟成形术示意图：通过楔形切除，去除一层薄骨后，再放回楔形骨来加深滑车

（图源：Daniel Koch, Jonas Lauströer, Amir Andikfar）

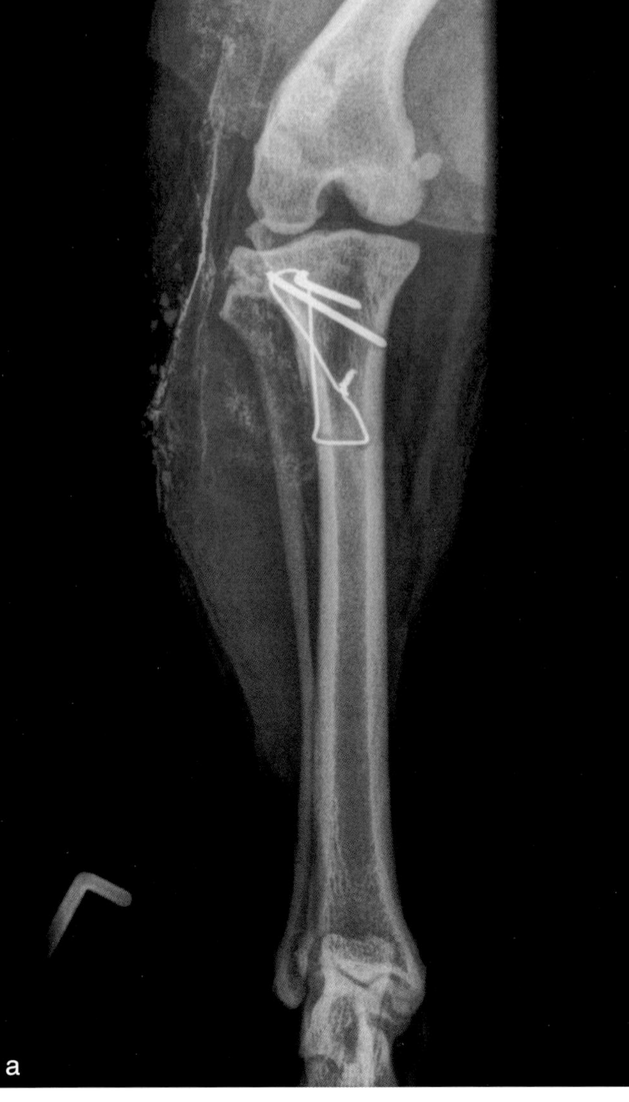

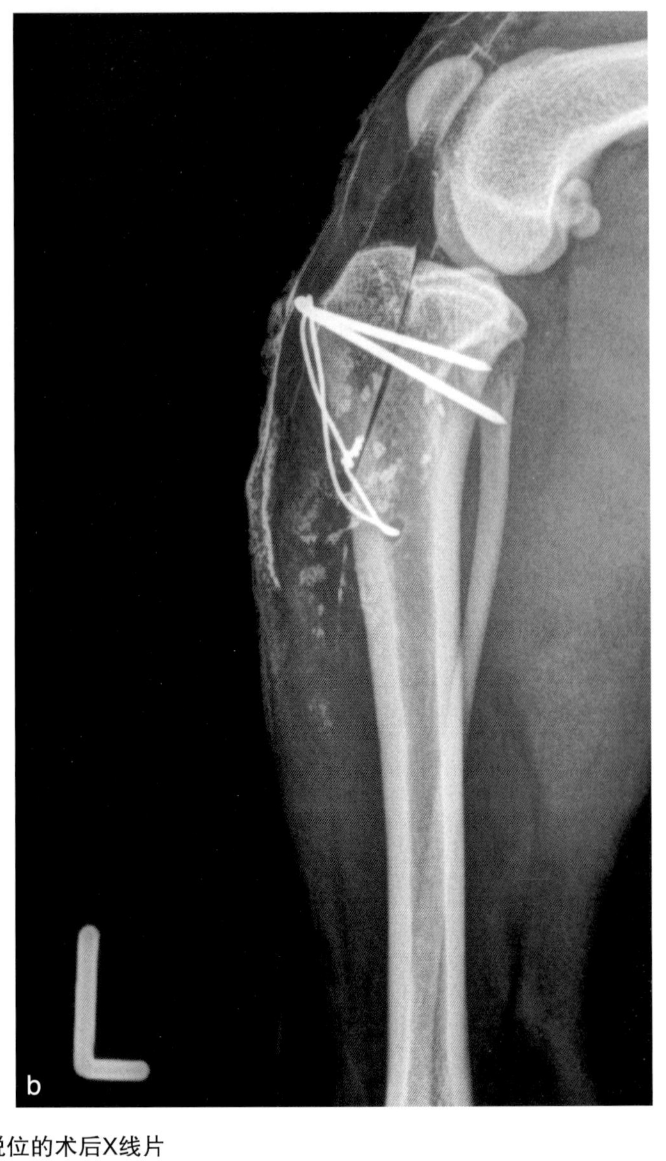

图8.43　楔形滑车沟成形术和胫骨粗隆外侧移位治疗髌骨内侧脱位的术后X线片

a，前后位观；b，侧位观。

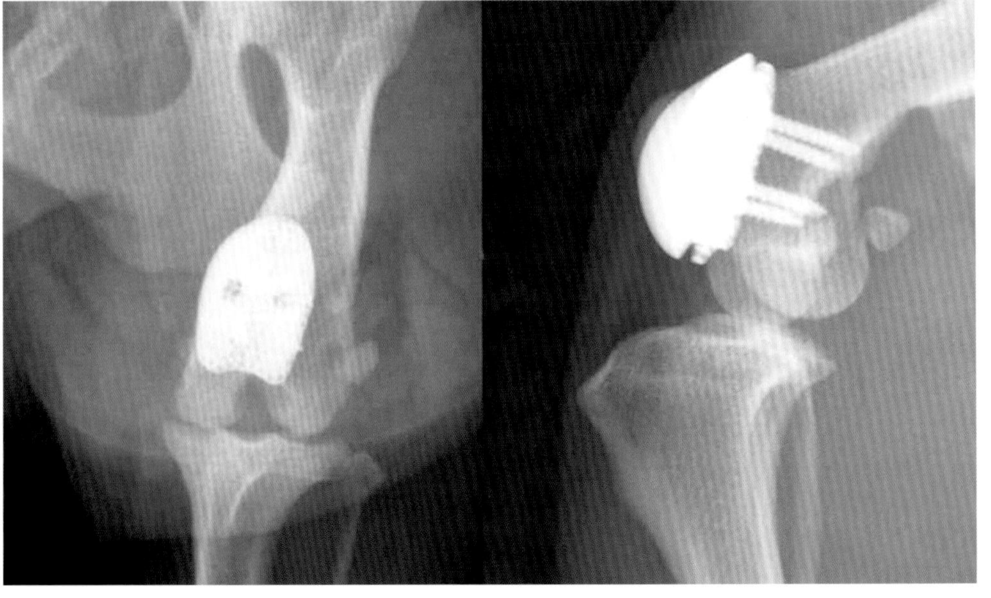

图8.44　髌骨滑车沟置换的术后X线片

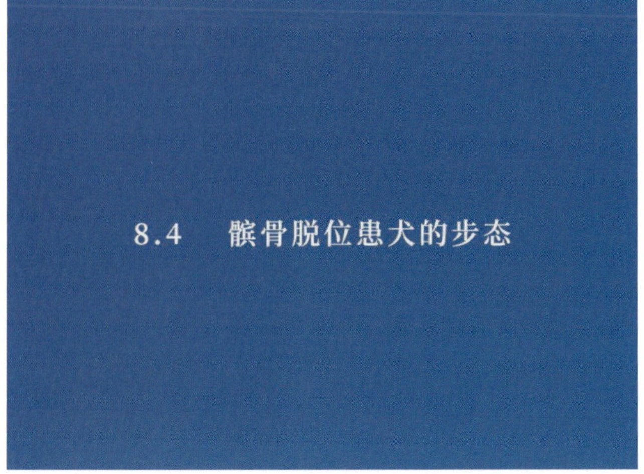

视频8.4 髌骨脱位患犬的步态

诊断

患犬表现为趾过度屈曲和中度跛行（2/4）。膝关节稳定，但触诊肿胀和疼痛。如果肌腱从起点撕裂，通常可以在 X 线片上见到股骨外侧髁的小碎片（图 8.45）。

治疗和预后

如果不进行治疗，撕脱会导致趾永久性过度屈曲，在某些病例中可以通过物理治疗来管理。虽然肌腱对犬的健康和行进运动不是必需的，但还是建议固定。如果肌腱附着在一个大的髁骨碎片上，可以用来将肌腱固定到股骨上。在医源性损伤的病例中，需要缝合肌腱。

专家做法：在慢性病例中，当肌腱明显缩短时，用螺钉和垫圈将残端固定在胫骨近端。在所有病例中，都强烈推荐进行膝关节外固定支持和物理治疗[126]。

膝关节骨软骨病

请参阅“骨软骨病”的相关内容。

胫骨粗隆骨软骨病

该病相对罕见，特征是胫骨粗隆与胫骨的融合延迟，或在股四头肌张力的作用下，胫骨粗隆部分撕脱（图 8.46）。该病也被称为“牵引性骨软骨炎”，超重儿童和那些在小时候就从事剧烈体育活动（如打篮球）的人好发。在犬中，主要是大型犬（尤其是大丹犬）发病，表现非特异性跛行，触诊髌韧带肿胀。该病在犬中被描述为胫骨粗隆撕脱，侧位 X 线检查很容易诊断。在作者治疗的所有病例中，通过保守治疗，包括保护关节避免过度劳损、减轻体重和减轻疼痛，均完全恢复。

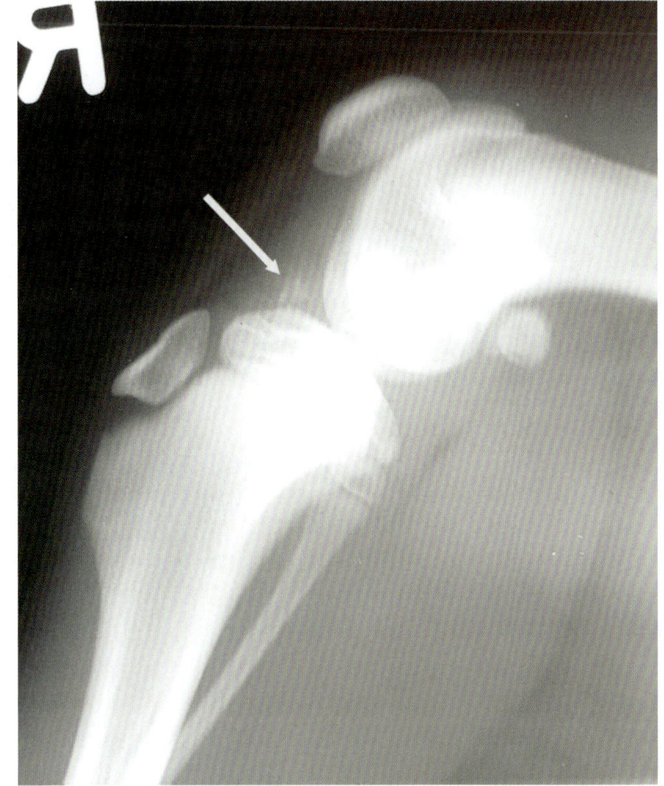

图8.45 趾外侧伸肌起源于股骨髁的创伤性撕脱。撕脱肌腱上的骨碎片在侧位片上清晰可见

8.3.7 腘绳肌纤维化

病因和发病机制

腘绳肌纤维化影响的肌肉是股薄肌和半腱肌。它们从骨盆后部开始，经股骨后侧到达胫骨内侧（图 8.47）。纤维化的原因尚不清楚。几乎只有德国牧羊犬及其杂交犬患病。在这些品种中，背线的向下倾斜以及膝关节和髋关节的明显屈曲可能会促进纤维化。怀疑该病也与免疫因素有关。大多数 8 月龄至 8 岁的犬都非常活跃，有多次跳跃和快速奔跑导致肌肉损伤的运动史。这些应变样损伤会造成局部炎症、水肿、出血，并最终导致纤维化。

临床表现

患犬的步态具有高度特异性。由于相对不活跃的肌肉纤维数量的增加导致定向障碍，在摆动阶段，膝关节向内拉伸，跗骨向外拉伸。后肢的步长通常很短，肌肉组织通常减少。双后肢都可能受到影响。触诊时，肌群粗糙、硬结和疼痛。后肢伸展受限。

参阅视频 8.5，查看腘绳肌纤维化患犬的步态。

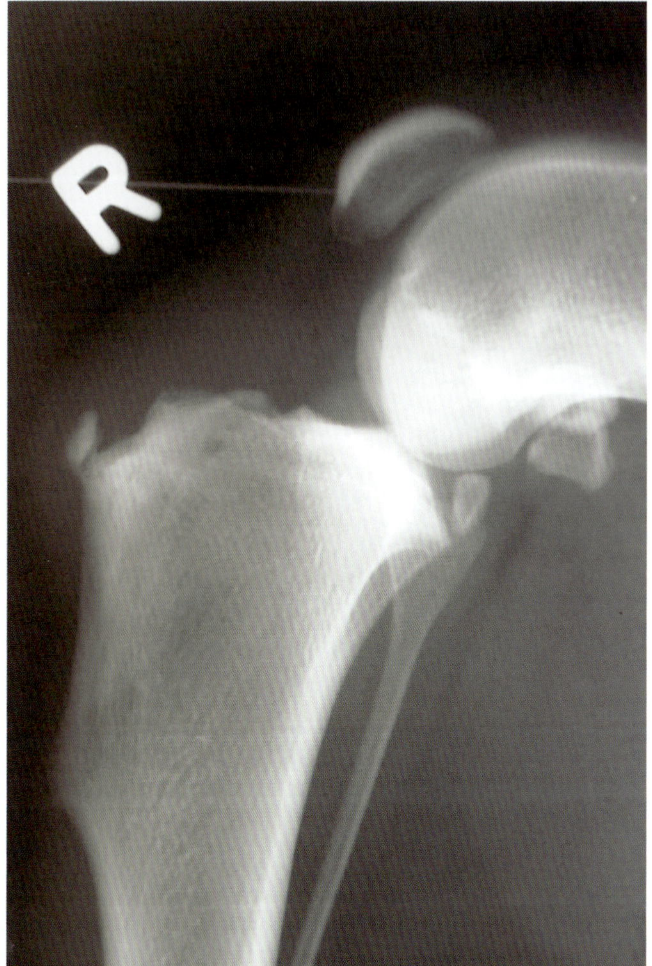

图8.46 胫骨粗隆骨软骨病。在胫骨的髌韧带止点可见新骨生长

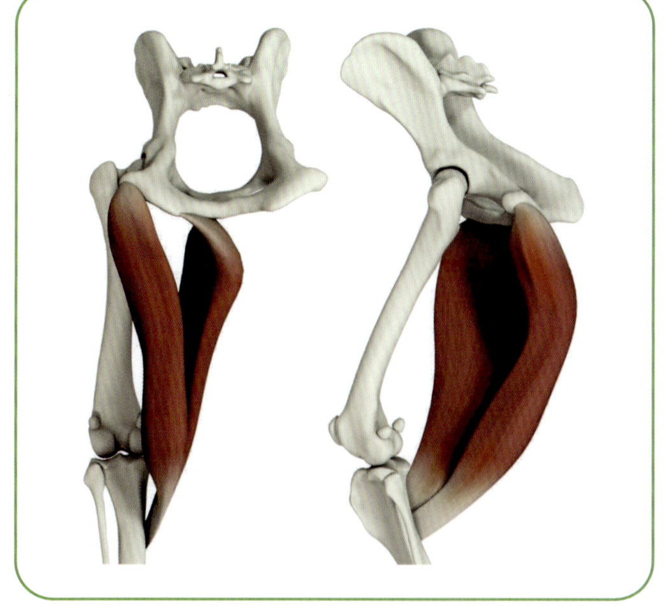

图8.47 德国牧羊犬受腘绳肌纤维化影响的肌肉（主要是股薄肌和半腱肌）：肌肉从骨盆到胫骨内侧沿对角线方向延伸（图源：Daniel Koch, Jonas Lauströer, Amir Andikfar）

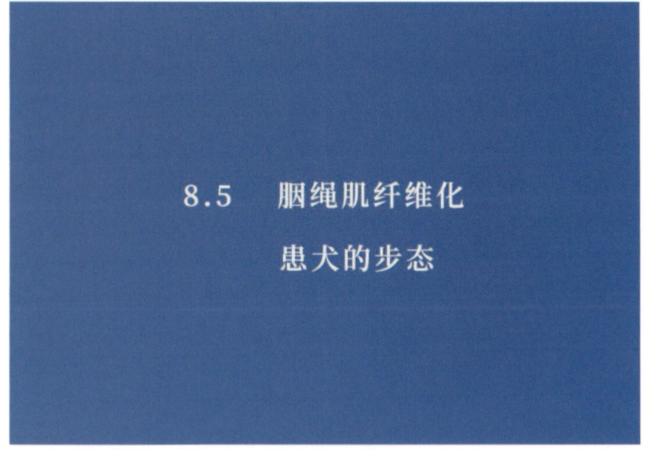

视频8.5 腘绳肌纤维化患犬的步态

影像学诊断和进一步检查

X 线检查的诊断意义不大，除非是用于排除髋关节和背部疾病相关的鉴别诊断。超声和 MRI 检查成像以及活检，可以用来量化纤维化的程度，尽管制订治疗计划不需要这些措施。

治疗

物理治疗是唯一一种被证明有价值的治疗方式。目的是尽可能长时间地保持剩余肌肉组织的收缩性。全身和局部使用可的松与其他免疫抑制剂，以及手术切除纤维化的肌肉组织，已被证明只能提供暂时的缓解。即使在全部肌肉切除术后，仍会复发限制性结缔组织带。因此，预后非常谨慎，因为很难治愈[128]。

8.3.8 累－佩氏病

病因和发病机制

累－佩氏病或股骨头无菌性坏死发生在人和小型犬中。受影响的品种包括西高地白㹴、凯恩㹴、贵宾犬和迷你雪纳瑞。累－佩氏病的病因尚不清楚，但怀疑与幼年时的血供中断有关。这可能是由品种易感性或外伤所致。也可能与股骨近端血供的差异（图 8.48）有关。在成年犬中，骨内膜的血供延伸到软骨下区域；而在幼犬中，骨骺主要由关节附近的血管供应。这就可能导致创伤后血管化不足引起损伤或关节疾病。有趣的是，累－佩氏病通常是单侧的，这就支持了重量转移到对侧从而改善了较重侧灌注的理论。组织活检显示，病理生理变化导致骨骺和干骺端骨梗死。最初，股骨头外形完整。然而，在股骨头内部，纤维化改变也延伸到股骨头的生长板。关节软骨随后变厚，出现裂缝和沟痕。由于灌注不足，骨骺的愈合能力有限，

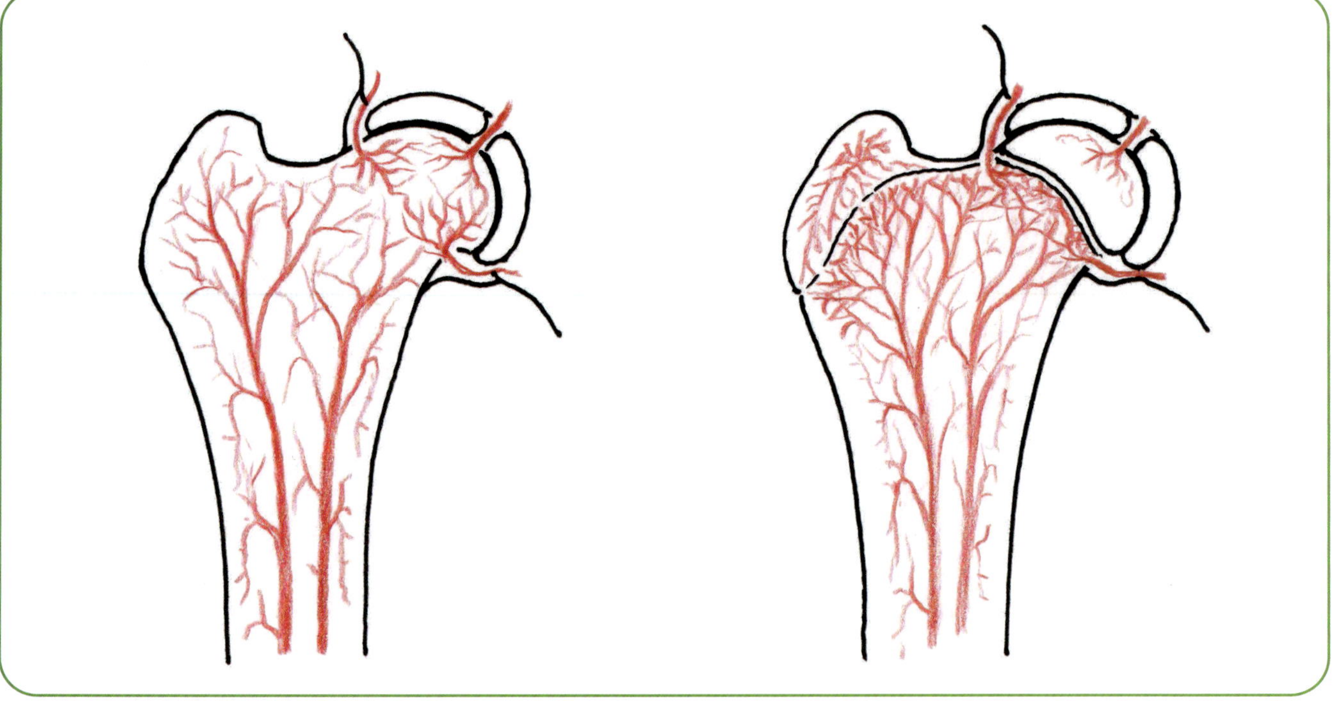

图8.48 成年犬（左）和幼犬（右）股骨近端的血供示意图

（图源：Matthias Haab, Departement für Pferde, Vetsuisse–Fakultät Universität Zürich, Switzerland）

并发生明显的塌陷，由此造成股骨头变形[117]。

临床表现

跛行症状在 4 ~ 10 月龄首次出现。犬通常仍然能够很好地负重（跛行 2/4 级），跛行在最初的急性期后不会加重。后肢触诊检查可见肌肉萎缩和疼痛，特别是在伸展髋关节时。很少有捻发音。鉴别诊断包括髋关节发育不良、肿瘤、继发于股骨头骨折愈合和髌骨脱位的骨关节炎。

影像学诊断和进一步检查

如果股骨头的 X 线征象改变轻微，则可能无法立即确定诊断。对于不确定的病例，应在 4 ~ 6 周后重复进行 X 线检查。累 – 佩氏病的典型表现包括股骨头形状不规则伴骨溶解、股骨头扁平，以及股骨头、髋臼和股骨颈的退行性重塑（图 8.49）。疾病通常是单侧的。

治疗

如果可以早期确诊，个别累 – 佩氏病可使用抗炎药、物理治疗和体外冲击波疗法进行保守治疗，以诱导新生血管形成。患病动物体型通常较小，新形成的结缔组织会产生一个非常稳定的假关节，因此股骨头切除术（图 8.50）预后良好。早期的物理治疗对实现肌肉快速发育和保持髋关节的活动范围是非常重要的。

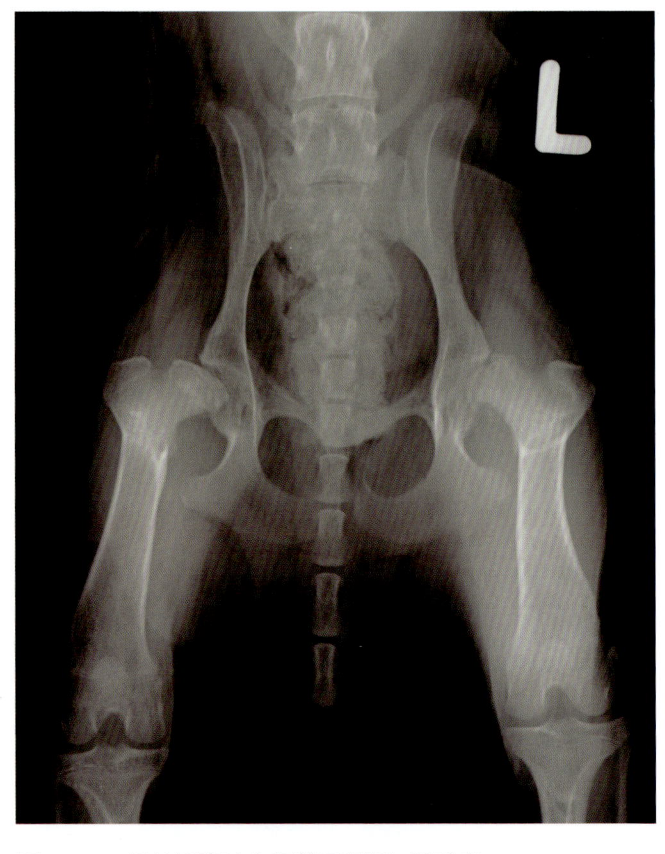

图8.49 8月龄西高地白㹴的双侧累–佩氏病

左侧股骨头溶解和部分骨折，右侧股骨头广泛性塌陷和变形。

（图源：Urs Geissbühler, Klinische Radiologie, Vetsuisse–Fakultät Bern, Switzerland）

8.3.9 髋关节发育不良和髋股关节骨关节炎

病因和发病机制

髋关节发育不良（hip dysplasia，HD）是一种复杂的疾病，其特征是幼犬的髋关节原发性松弛。HD 会导致继发性退行性变化，即髋股关节骨关节炎。

HD 的病因尚未确定。HD 在发育不良的患犬后代中更常见，这就表明存在遗传基础，其中涉及 20 多个基因。遗传率的估值差异很大，为 25% ~ 60% 不等[101, 107, 113]。尽管繁育者付出了大量的努力，并经过 30 多年的综合监测，但某些品种的 HD 发病率仍然很高（圣伯纳犬、英国雪达犬和戈登雪达犬的发病率超过 60%，德国牧羊犬、纽芬兰犬、寻回猎犬的发病率为 30% ~ 50%），而其他品种的 HD 发病率则很低（如西伯利亚哈士奇、柯利犬和比利时牧羊犬）[111, 121]。这些数据表明，选择性育种可促进髋关节健康发育。

髋关节发育不良不一定会导致跛行（图 8.51）。在最初生长的几个月中，饮食和饲养管理在决定髋关节发育不良是否发展为跛行方面起了重要作用。含有过量钙的不均衡饮食会导致不规则关节的形成。尽管严格控制饮食的犬比随意饮食的犬生长得慢，但其关节受到的压力更小，从而使髋关节更稳定。此外，它们仍会达到由基因决定的极点高度。遗传上易患 HD 的犬，如果在很小的年纪就进行剧烈的活动，会造成关节异常劳损，从而导致软骨侵蚀和早期半脱位。大多数骨骼重塑发生在 3 ~ 5 月龄（大型犬为 6 月龄），在此期间，中型犬的体重每周约增加 1 kg。因此，在这一关键时期，不恰当的营养供应和饲养管理对关节发育的不利影响是最大的。

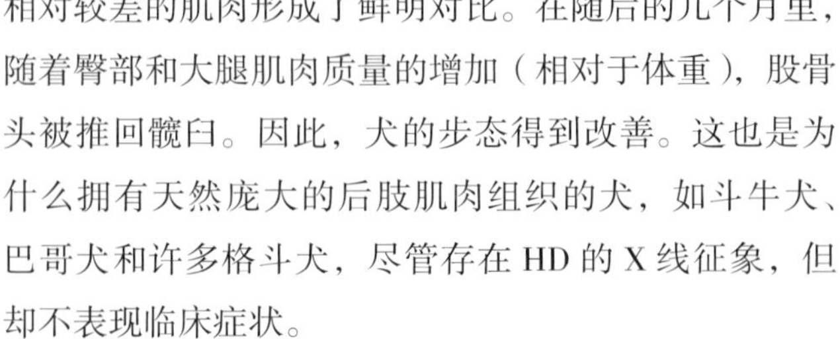

HD 患犬跛行的最初症状往往在 6 月龄出现，原因主要是滑膜炎。在这一阶段，快速增长的体型与发育相对较差的肌肉形成了鲜明对比。在随后的几个月里，随着臀部和大腿肌肉质量的增加（相对于体重），股骨头被推回髋臼。因此，犬的步态得到改善。这也是为什么拥有天然庞大的后肢肌肉组织的犬，如斗牛犬、巴哥犬和许多格斗犬，尽管存在 HD 的 X 线征象，但却不表现临床症状。

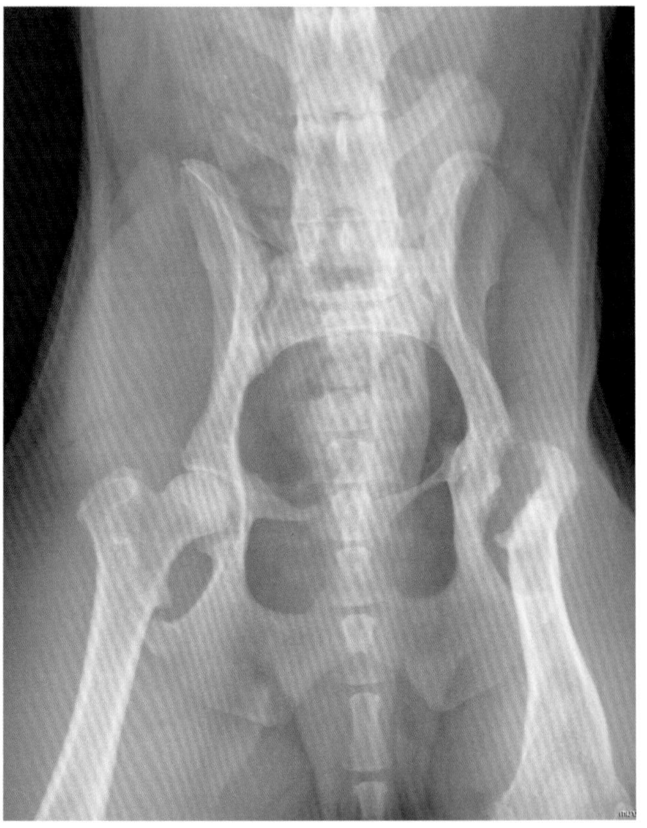

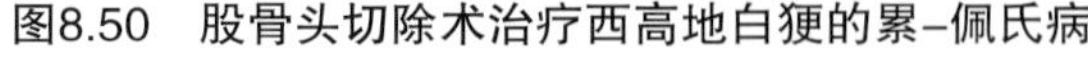

图8.50　股骨头切除术治疗西高地白㹴的累–佩氏病

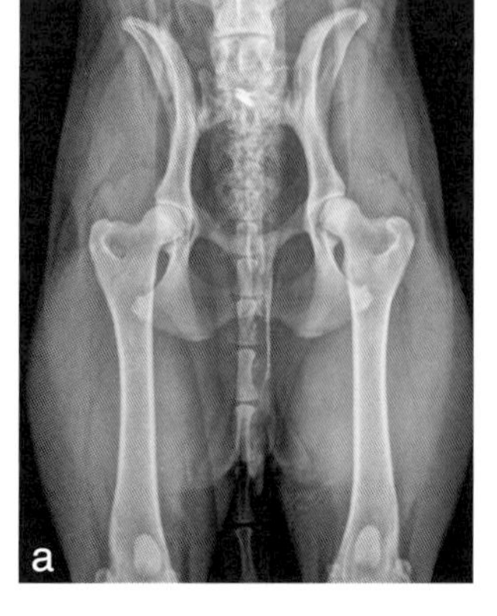

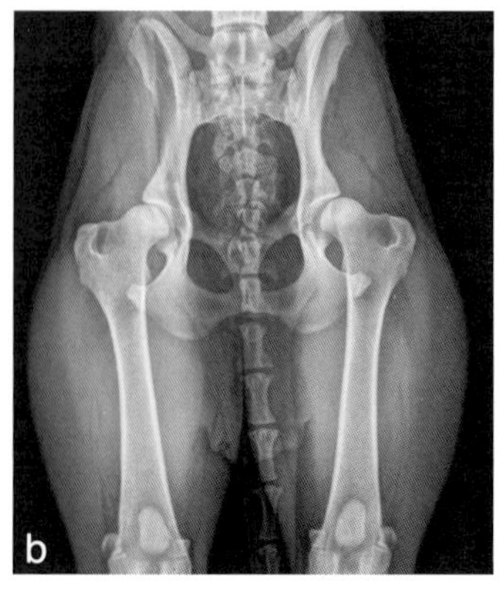

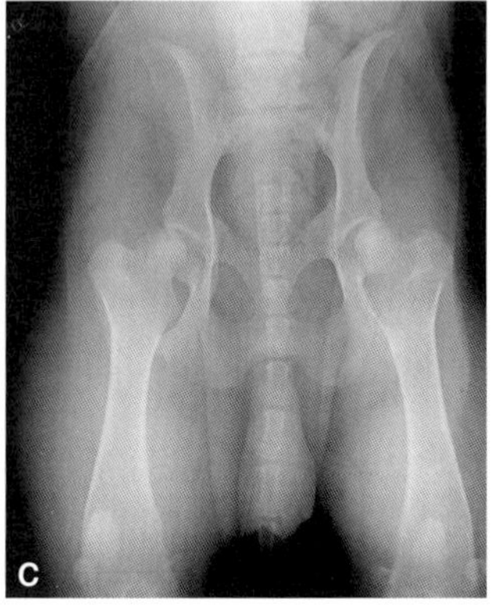

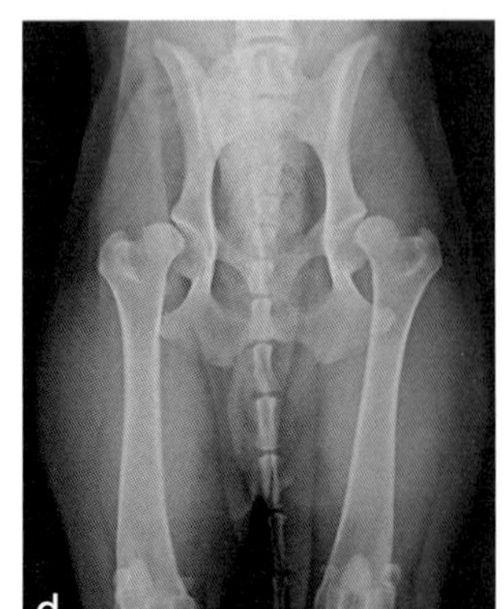

图8.51　髋关节发育不良的分期：严重程度由左向右递增

a，正常髋关节；b，轻度发育不良；c，重度发育不良；d，重度发育不良伴早期股骨头半脱位。

如果关节不协调明显且肌肉发育不良，HD 会导致髋股关节骨关节炎（图 8.52）。为了应对关节不稳定，关节囊厚度增加，关节周围新骨形成。耻骨肌和髂腰肌肥大，有助于稳定髋关节，但也可能导致髋关节外展和伸展疼痛与运动范围受限。进行性不稳定和反复半脱位会导致股骨头和髋臼前缘软骨退化。软骨下骨暴露，疼痛加剧。在髋臼形成一个新的、更平坦的关节面；原来的关节边缘磨损，股骨头因骨赘的发展而增粗。这些变化形成了典型的髋股关节骨关节炎。一般情况下，左、右髋关节的 HD 和骨关节炎程度相似。在某些病例中，病情较轻的一侧承重更多，由此保持的肌肉质量使髋关节的一致性得到改善。可能会出现具有相应临床表现的不对称疾病。骨关节炎程度的明显不对称提示了除 HD 以外的疾病进程，如创伤（髋关节脱位、以前的股骨头骨折）、累 – 佩氏病或感染。

临床表现

典型的表现是大型犬在休息后出现暂时性跛行。患犬不愿长时行走、不愿跳进汽车、不喜上下楼梯、经常屈曲后肢侧卧。还可以观察到间断性拖曳脚趾。

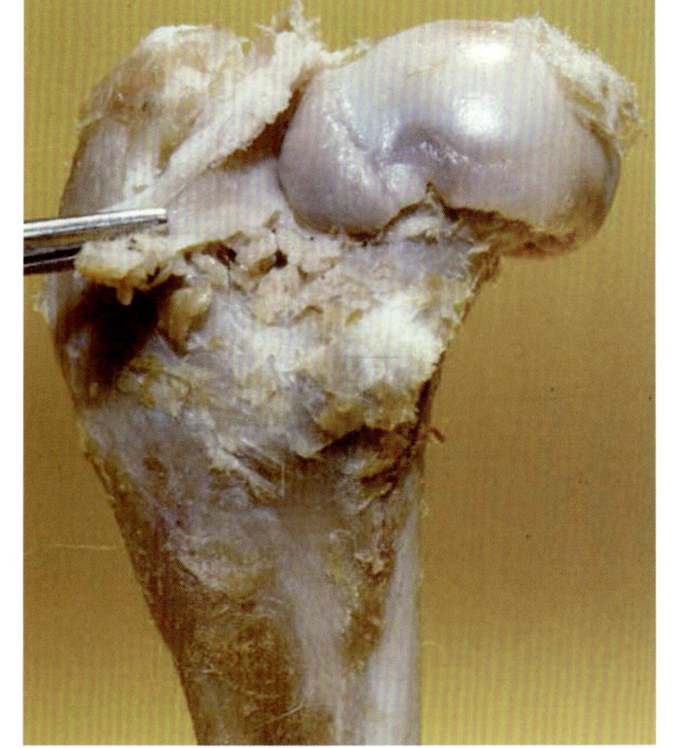

图8.52 股骨头标本显示髋股关节骨关节炎的典型特征，包括关节囊增厚、骨赘生成、股骨头变形和软骨磨损（后前观）

（图源：Pierre Montavon, Switzerland）

在步态分析中，可见步长较短，快步时可能会引起强烈的疼痛，患犬更喜欢跑步。

其他临床症状随年龄各异。HD 幼犬可能会出现步态不稳和股骨头自发性脱位，导致非负重性跛行（4/4 级）。后肢肌肉发育不良。髋关节疼痛，通常不能完全屈曲、伸展、外展或旋转。欧特兰尼检查阳性，提示严重 HD。幼犬要做巴登斯检查，因其髋臼缘尚未完全形成。

参阅视频 8.6，查看髋关节发育不良患犬的步态。

成年犬的临床表现主要是髋股关节骨关节炎。体重负荷越来越多地转移到前肢，导致前肢肌肉更发达；在某些病例中，肩关节、肘关节和腕关节会出现继发性疾病。髋关节活动范围明显受限；由于关节囊增厚、骨增生和髂腰肌永久性挛缩，髋关节无法完全伸展。耻骨肌可防止髋关节完全外展（图 8.53）。在活动髋关节时，可能存在明显的捻发音，但很难引起半脱位。

参阅视频 8.7，查看髋股关节骨关节炎患犬的步态。

临床表现与体型呈正相关，并在一定程度上与超重（如果存在超重的话）呈正相关。HD 和髋股关节骨关节炎的重要鉴别诊断包括马尾综合征、累 – 佩氏病、髂腰肌劳损和骨盆或股骨头肿瘤。

影像学诊断和进一步检查

髋关节伸展和蛙式腹背位投照广泛用于 HD 的分类。从临床角度来看，为了更好地进行鉴别诊断，还应获得侧位投照。典型的 X 线征象包括关节不协调、Norberg 角 < 105°、髋臼前缘磨损、股骨头半脱位、股骨头变形和骨关节炎的早期征象（图 8.54）。如果存

8.6 髋关节发育不良患犬的步态

视频8.6 髋关节发育不良患犬的步态

在髋股关节骨关节炎，还会表现出其他征象，包括关节边缘骨赘、髋臼变平、X 线片上关节间隙变小、股骨头明显变形、股骨颈增粗和关节内小骨碎片。

治疗

如果能够早期诊断，HD 可通过保守治疗成功管理，包括均衡的不额外补钙的限量饮食、频繁地短时行走、软骨保护剂、镇痛药和物理治疗。

HD的专家治疗：对幼犬进行三重骨盆截骨术（triple pelvic osteotomy，TPO）或双重骨盆截骨术（double pelvic osteotomy，DPO）的早期治疗在 HD 的手术治疗中起着特别重要的作用（图 8.55）。在该技术中，髋臼和相邻骨与骨盆的其余部分分离，经旋转后增加股骨头的覆盖范围，从而使关节的协调性得到改善，为预防骨关节炎的发展提供了最好的保护。因此，这种手术的作用主要是预防。适合的病例选择是 TPO 成功的关键。该手术适用于 6 ~ 10 月龄没有（或轻度）骨关节炎和中度半脱位的患犬。TPO 可同时在 2 个关节上前后进行，因为并发症的发生率出奇地低，即使存在螺钉过早松动。如果 HD 很严重，已经存在明显的半脱位或正在向骨关节炎发展，可在 10 月龄后进行全髋关节置换术。由于假体将长期留在原位，应该使用非骨水泥假体。体重在 15 kg 以下的犬，也可通过股骨头切除术消除疼痛。该技术的有效性基于建立股骨和髋臼之间的结缔组织桥。术后良好的物理治疗是治疗成功的关键。幼年耻骨联合融合术（juvenile pubic

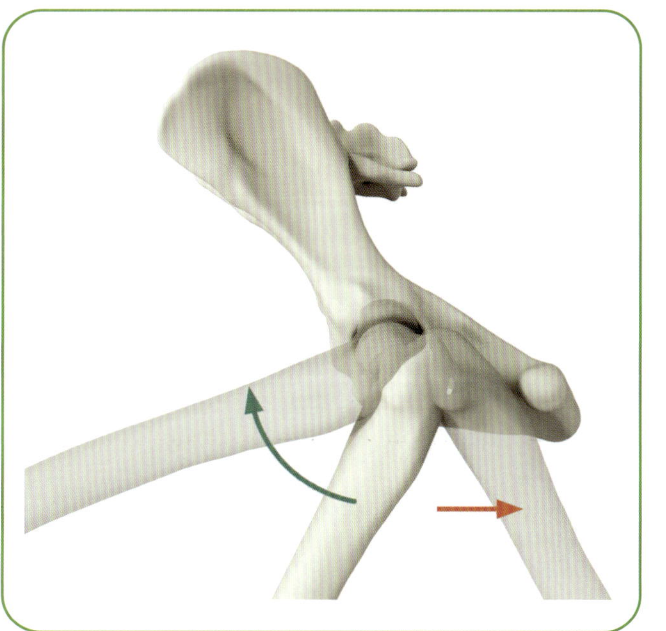

图8.53　髋关节发育不良和骨关节炎造成关节囊增厚和耻骨肌（外展）与髂腰肌（伸展）挛缩，从而导致髋关节活动受限
（图源：Daniel Koch, Jonas Lauströer, Amir Andikfar）

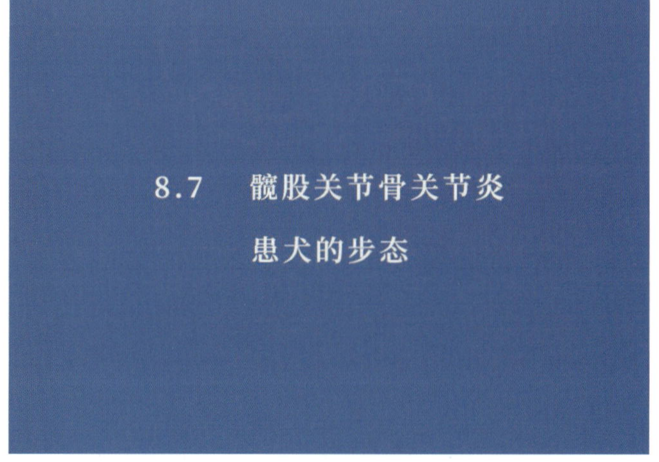

视频8.7　髋股关节骨关节炎患犬的步态

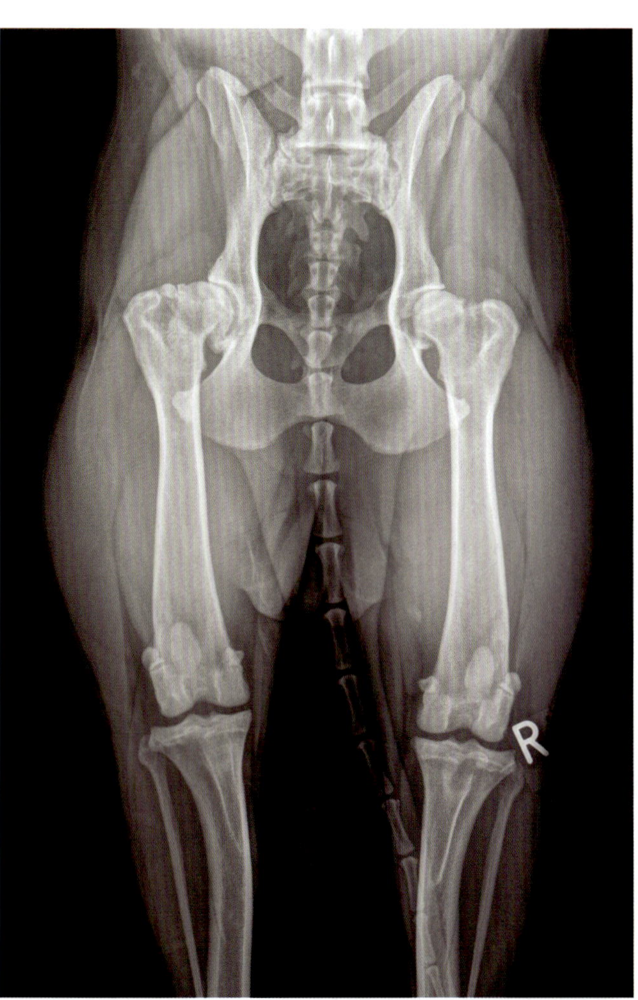

图8.54　7岁拉布拉多寻回猎犬的双侧髋股关节骨关节炎
在左侧髋关节，存在明显的股骨颈外生骨疣和髋臼变平。需要进行全髋关节置换术。

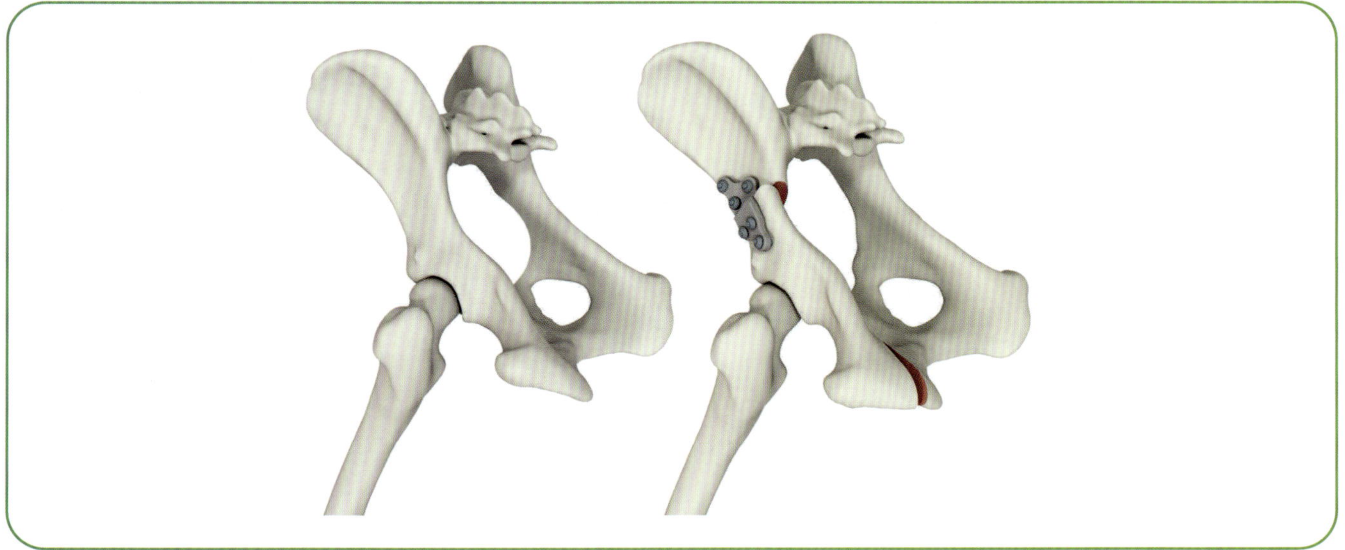

图8.55 三重骨盆截骨术（TPO）或双重骨盆截骨术（DPO）示意图：旋转截下的骨盆骨段（包含髋臼），增加股骨头覆盖

（图源：Daniel Koch, Jonas Lauströer, Amir Andikfar）

symphysiodesis，JPS）应谨慎使用。该手术相对简单，使用电灼融合骨盆联合。因此，骨盆只能向背侧继续生长。该方法在 3 ~ 4 月龄犬上是非常有效的。需要注意的是，在这个年龄还不能做出 HD 的确切诊断。因此，有些犬可能会受到不必要的治疗；如果未同时进行绝育，可能会通过繁育导致 HD。

髋股关节骨关节炎的治疗

体重控制和运动管理对髋股关节骨关节炎患犬是有益的，即便是老年犬也是如此。犬越瘦，它们的体重负担就越小。适度、有规律地运动不会对关节造成过度的压力，从而让其生活质量达到可接受的水平。短时间的有针对性的肌肉训练（如游泳或慢跑），能够加强髋关节周围的支持，降低跛行程度；对昂贵手术的需求也能推迟数年。在某些病例中，髋股关节骨关节炎的管理也可以使用替代疗法提供暂时缓解。

通过口服镇痛药来减轻疼痛。非甾体抗炎药（non-steroidal anti-inflamnatories，NSAID）特别受欢迎，因其可以减轻关节疼痛和炎症，副作用也很少。过去广泛使用的可的松也非常有效，但会导致所有组织类型的快速分解，并引起多食、多饮和多尿，因此不再建议使用。糖胺聚糖也有镇痛作用，特别是通过优化其硫酸软骨素的含量。它们通过增加关节液来强化关节软骨，从而延迟软骨下骨的暴露。在许多严重的髋股关节骨关节炎病例中，上述的保守治疗是不够的，需要手术治疗。

改良的耻骨肌切除术（耻骨肌切除术、髂腰肌肌腱切断术和神经切除术；PIN）目的是通过切除耻骨肌、部分切断髂腰肌肌腱和切断腹侧关节囊的神经来缓解疼痛（图 8.56）。耻骨肌和髂腰肌因髋关节松弛而挛缩，最终导致大部分动物疼痛。可以在一次手术中进行双侧 PIN 手术。对于患有轻度骨关节炎但髋关节活动受限的犬，这种方法最为有效。其作用持续时间从 6 个月到数年不等。

在体重低于 15 kg 的髋股关节骨关节炎患犬中，有时也可以切除股骨头。结合物理治疗，股骨头被结缔组织桥代替，承担了从股骨到骨盆的力的传递作用。该技术简单，可以消除疼痛，通常可以恢复正常步态。但当体重较大时，建议仅进行一侧股骨头切除术。

髋股关节骨关节炎的专家做法：全髋关节置换术是治疗犬髋股关节骨关节炎的唯一永久且令人满意的方法。使用非骨水泥假体逐渐成为首选方法（图 8.57 和图 8.58）。在切除患关节炎的股骨头后，准备股骨干和髋臼的植入物。人工髋臼（杯状植入物）由涂层钛和聚醚醚酮组成，并精确地压入骨骼中。使用螺钉将对应的钛柄固定在股骨内侧，避免因股骨内侧和外侧皮质负荷不均匀导致假体松动。股骨头和股骨颈通过假体建立连接。与骨水泥假体相比，这种方法允许在手术期间或术后数周调整假体的尺寸和方向。为了适应所有体型的犬，要准备不同直径、强度和长度的杯、头颈和杆组件。在手术后的短短几天内，几乎所有的犬

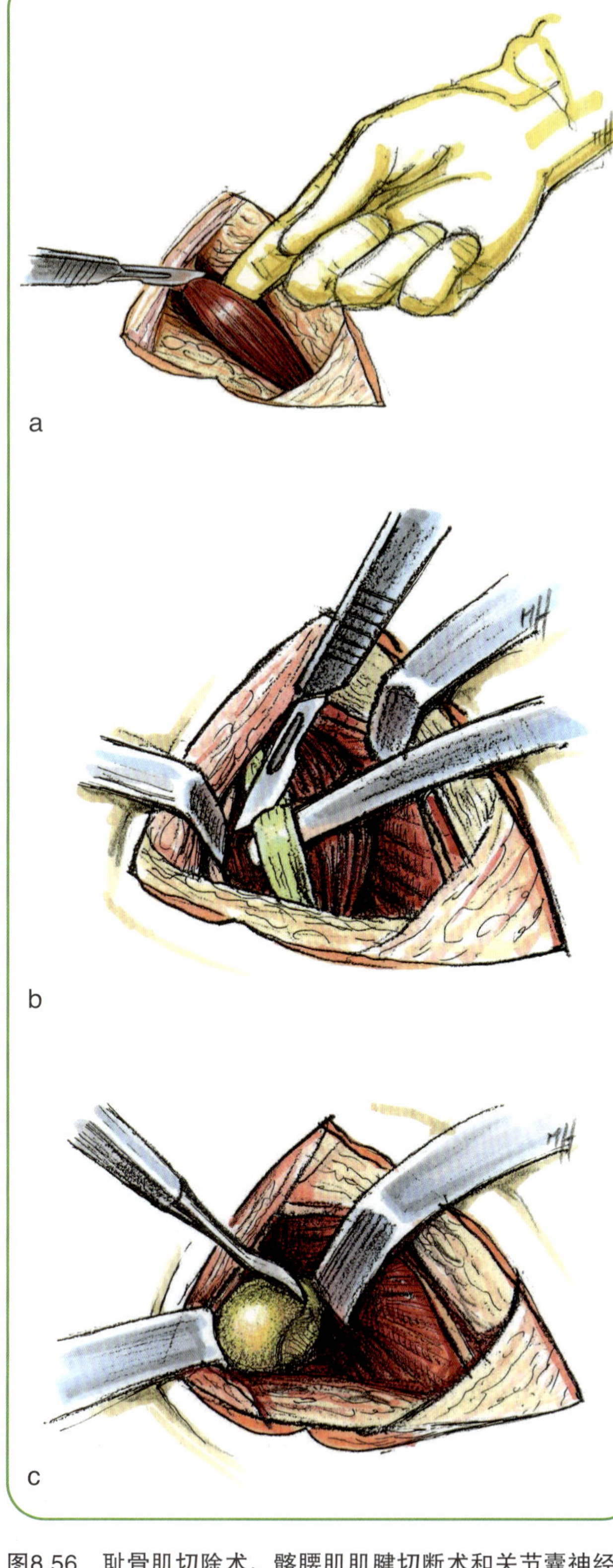

图8.56　耻骨肌切除术、髂腰肌肌腱切断术和关节囊神经切除术（PIN）

该手术通过髋关节腹侧入路进行，可减少髋关节疼痛并增加髋关节活动范围（左后肢，腹侧观；图像顶部 = 前侧，图像右侧 = 远端）。a，耻骨肌切除术；b，髂腰肌肌腱切断术；c，关节囊神经切除术。（图源：Matthias Haab, Departement für Pferde, Vetsuisse-Fakultät Universität Zürich, Switzerland）

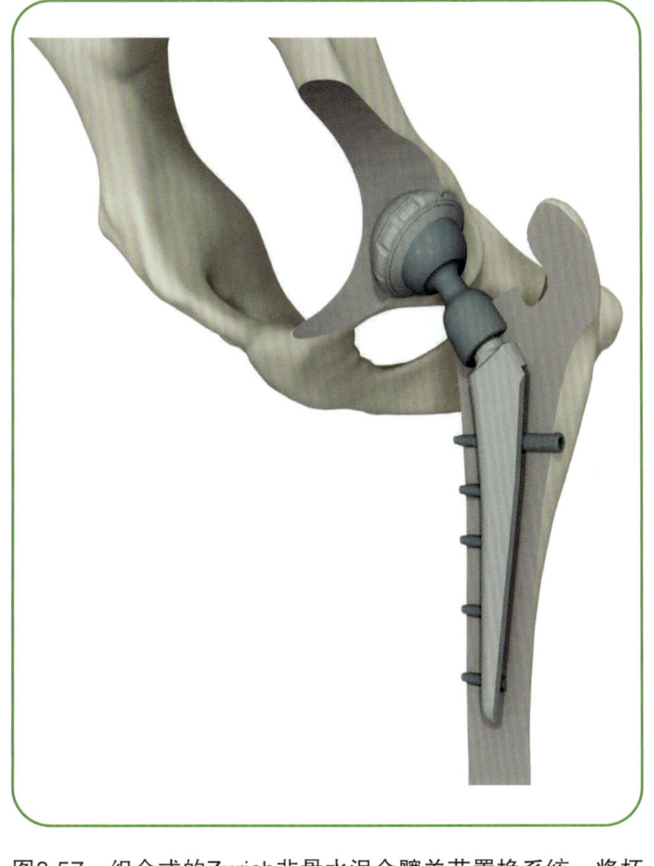

图8.57　组合式的Zurich非骨水泥全髋关节置换系统：将杯状假体压入髋臼，柄用螺钉与股骨内侧皮质固定

（图源：Daniel Koch, Jonas Lauströer, Amir Andikfar）

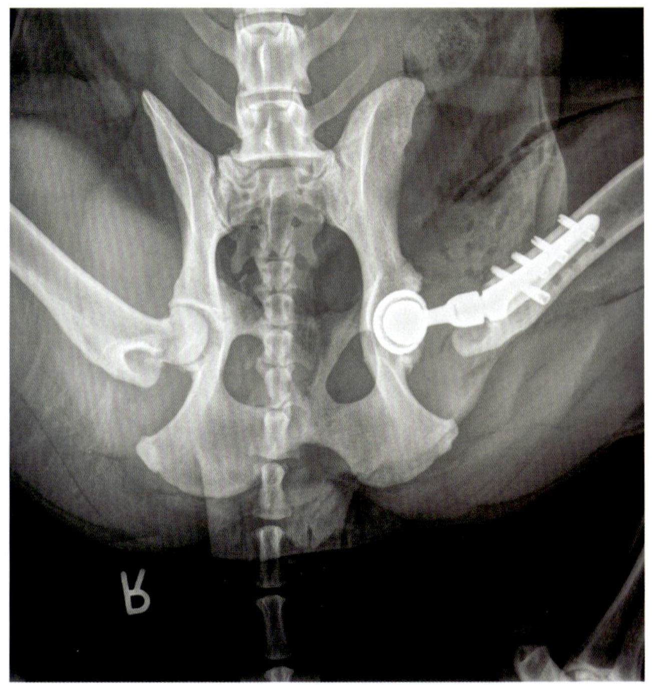

图8.58　使用Zurich非骨水泥系统进行全髋关节置换术的术后X线片

都表现出行进运动能力改善。跛行通常在手术后 4 ~ 6 周内消退。虽然发育不良经常发生在双侧后肢，但并不总是需要进行双侧全髋关节置换术，因为治疗侧很快就会比未治疗的对侧承受更多的重量。

8.3.10 髋关节脱位

病因和发病机制

机动车碰撞（被汽车撞到）是目前最常见的髋关节脱位原因。其他原因包括从高处跌落、咬伤和因髋关节发育不良引起的自发性脱位。根据脱位的方向进行分类。前背侧脱位最常见，约占病例的 80%（图 8.59）。脱位的方向是由腿外旋对大转子的冲击以及臀肌对大转子施加的强大拉力所致。关节囊和股骨头韧带撕裂，髋臼前缘发生不同程度的损伤。在非常年幼的犬中，创伤力常常导致韧带撕脱，伴股骨头上的小骨碎片撕脱，或股骨头骨骺分离。腹侧和后腹侧脱位进入闭孔通常是由摔伤冲击内旋的腿造成的。

临床表现

髋关节脱位会导致明显的跛行，但犬经短时间的调整后可用患肢负重。前背侧脱位时，肢体看起来缩短，并外旋和内收。腹侧脱位导致肢体明显延长，并轻微内旋和内收。髋关节区域触诊可见肿胀、疼痛和捻发音。在左、右两侧，大转子、髂骨嵴和坐骨结节形成不对称的三角形，可用于确定脱位后的股骨位置。在常见的前背侧脱位中，坐骨结节与大转子之间的距离延长。当检查者把拇指放在这些结构之间的凹陷处并向外旋转股骨时，拇指不会受到挤压。可见不同程度的坐骨神经缺损和趾背着地。

参阅视频 8.8，查看髋关节脱位患犬的步态。

影像学诊断和进一步检查

与所有外伤病例一样，应拍摄胸部和腹部 X 线片进行评估。可根据髋关节侧位和腹背侧位 X 线片确诊并制订治疗方案（图 8.60）。应仔细查看 X 线片，确认髋臼内是否存在任何骨碎片，或从髋臼缘强行分离并深入关节腔的骨碎片。X 线检查结果可用于确定治疗方案和判断预后。

治疗

闭合性（无创）复位（图 8.61）适用于近期损伤、髋臼缘完整、髋臼深度合适、无骨关节炎、关节内无骨碎片的病例。对于前背侧脱位，助手稳定骨盆，术者对大转子施压并向后腹侧引导股骨。复位后，可以伸展髋关节和外旋股骨，也可以屈曲髋关节和内旋股骨。前者没有利用髋臼缘（髋臼缘在幼年动物中是非常脆弱的），而后者使用髋臼缘作为杠杆和锚点，在肌肉发达的犬中可能更容易进行。复位成功后，通过旋转髋关节将关节囊残余部分从关节间隙中释放出来，后肢应用 Ehmer 悬吊绷带固定 10 d。

专家做法：开放性复位的适应证包括慢性脱位、闭合性复位失败和存在骨碎片。经前背侧入路去除骨碎片，同时复位髋关节。关节通过内固定（套索针，图 8.62；Slocum 悬吊绷带，图 8.63）和关节囊的严密缝

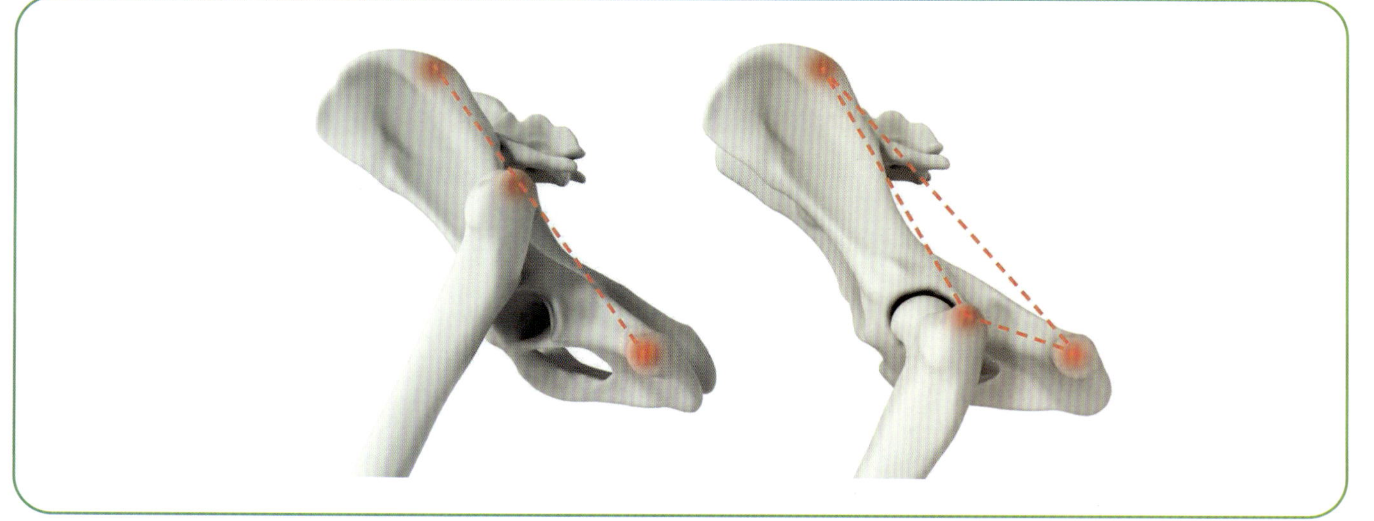

图8.59 髋关节前背侧脱位的触诊：向前移位的大转子位于髂骨嵴和坐骨结节之间

（图源：Daniel Koch, Jonas Lauströer, Amir Andikfar）

视频8.8 髋关节脱位患犬的步态

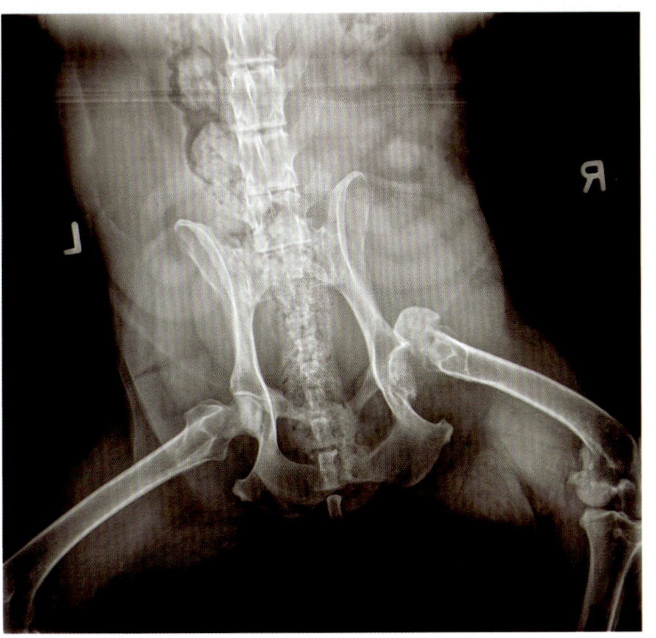

图8.60 哈士奇在院内发生事故后髋关节脱位。可见明显的既存髋股关节骨关节炎征象

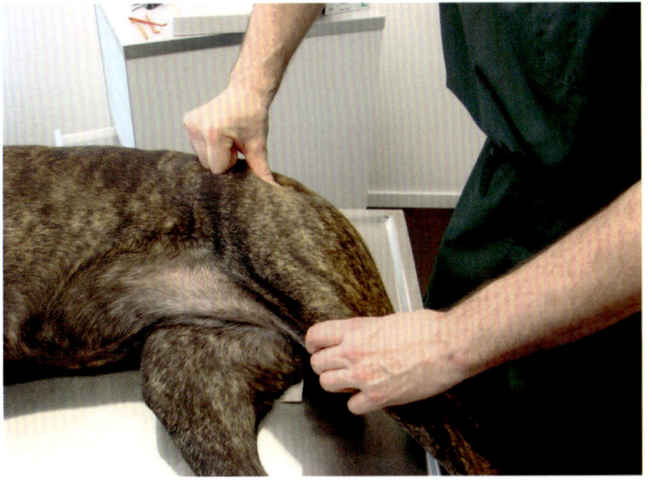

图8.61 髋关节前背侧脱位的闭合性复位：一只手的拇指将大转子向髋臼方向施压，另一只手外旋股骨

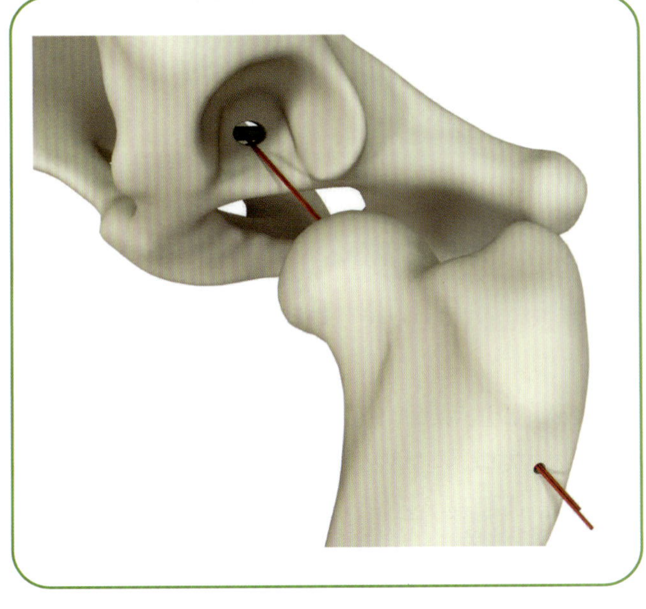

图8.62 髋关节脱位的套索针固定技术：缝线穿过股骨颈、股骨头和髋臼，并用缝合纽扣固定

（图源：Daniel Koch, Jonas Lauströer, Amir Andikfar）

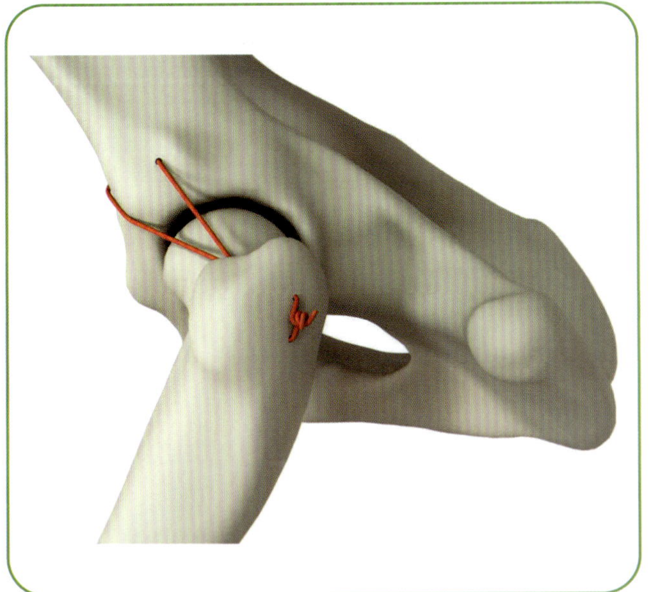

图8.63 髋关节脱位的Slocum悬吊绷带固定技术：缝线穿过大转子和髋臼前的骨骼

（图源：Daniel Koch, Jonas Lauströer, Amir Andikfar）

合来稳定。术后使用 Ehmer 悬吊绷带 10 d（图 8.64）。股骨头骨骺 Salter-Harris 骨折可通过腹侧入路的拉力螺钉或前背侧入路的长克氏针进行固定。对于已经存在重度发育不良或严重骨关节炎的病例，可能需要进行股骨头切除术（体重 15 ~ 20 kg）或全髋关节置换术（体重 20 kg 以上）。前背侧和后腹侧脱位应采用闭合性复

位，然后使用足枷限制运动（图 8.65）。

8.3.11 髂腰肌劳损

病因和发病机制

髂腰肌属于髋屈肌群，由丰满的髂肌和腰大肌肌腱组成。肌肉起源于腰椎腹侧面，止于小转子。运动犬在没有适当热身的情况下，可能会出现髂腰肌劳损。好发品种包括边境牧羊犬和比利时牧羊犬[119]。

临床表现

髂腰肌劳损患犬的步态与 HD 或髋股关节骨关节炎患犬的类似，这些也是最重要的鉴别诊断。在骨科检查中，通过最大限度拉伸肌肉（伸展髋关节和内旋股骨）并检查疼痛反应，可以区分髂腰肌劳损与髋关节疾病。肌肉可直接触诊，也可从直肠（骨盆前）或外侧触诊（图 8.66）。

影像学诊断和进一步检查

X 线检查可用来排查鉴别诊断。在慢性病例中，可以观察到髂腰肌起止点处钙化。超声和 MRI 检查可以显示肌肉撕裂、出血和肌肉结构破坏。

治疗

髂腰肌劳损的治疗需要相当的耐心。限制运动、抗炎药和靶向物理治疗是首选方法。因此，在训练前应给好发品种犬足够的热身机会。只有当疾病是慢性的且肌腱钙化明显时，才需要手术切除髂腰肌。

8.4 前肢疾病

8.4.1 籽骨疾病

病因和发病机制

在前肢和后肢的 4 个主要指 / 趾上，每个掌指关节和跖趾关节的掌侧面和跖侧面都有一对籽骨。籽骨从内侧向外侧编号为Ⅰ～Ⅷ（第 2 ～ 5 指 / 趾，图 8.67）。指 / 趾浅屈肌和指 / 趾深屈肌的肌腱均匀地穿过第 3 指 / 趾和第 4 指 / 趾的籽骨，而第 2 指 / 趾和第 5 指 / 趾的肌腱几乎完全穿过最内侧的籽骨（第Ⅱ籽骨和第Ⅶ籽骨）。在体重大的犬中，剧烈运动时，第Ⅱ籽骨和第Ⅶ籽骨会因此承受额外的压力。创伤或疲劳会造成掌侧和跖侧籽骨骨折，特别是在灵缇犬和其他比赛犬中。年轻的大型犬也会出现退行性变化。这种所谓的籽骨碎裂也被归因于先天性骨化障碍，这就解释了罗威纳犬、拳师犬和拉布拉多寻回猎犬好发的原因。前肢更常见籽骨碎裂（约占 80% 的病例），可能是由于胸肢需要承受更大的负荷[132]。

临床表现

籽骨碎裂会导致轻度跛行（1/4 级），通常发生在重负荷后。受累籽骨周围区域增厚，过度伸展相应的掌指 / 跖趾关节可诱发疼痛；屈曲受限。

影像学诊断和进一步检查

通过拍摄背掌位 / 背跖位 X 线片（脚趾展开投照）

图8.64 Ehmer悬吊绷带：用于髋关节前背侧脱位的开放性或闭合性复位术后的支撑

（图源：Matthias Haab, Departement für Pferde, Vetsuisse-Fakultät Universität Zürich, Switzerland）

图8.65 足枷：用于耻骨骨折或髋关节腹侧脱位闭合性复位术后的限制运动

（图源：Matthias Haab, Departement für Pferde, Vetsuisse-Fakultät Universität Zürich, Switzerland）

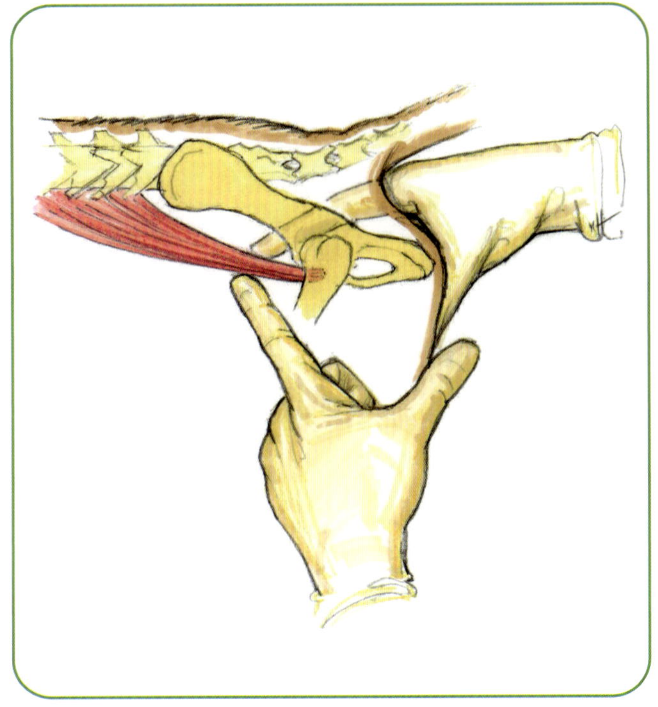

图8.66 髂腰肌触诊

触诊可经皮进行，或在中小型犬中经直肠触诊。（图源：Matthias Haab, Departement für Pferde, Vetsuisse-Fakultät Universität Zürich, Switzerland）

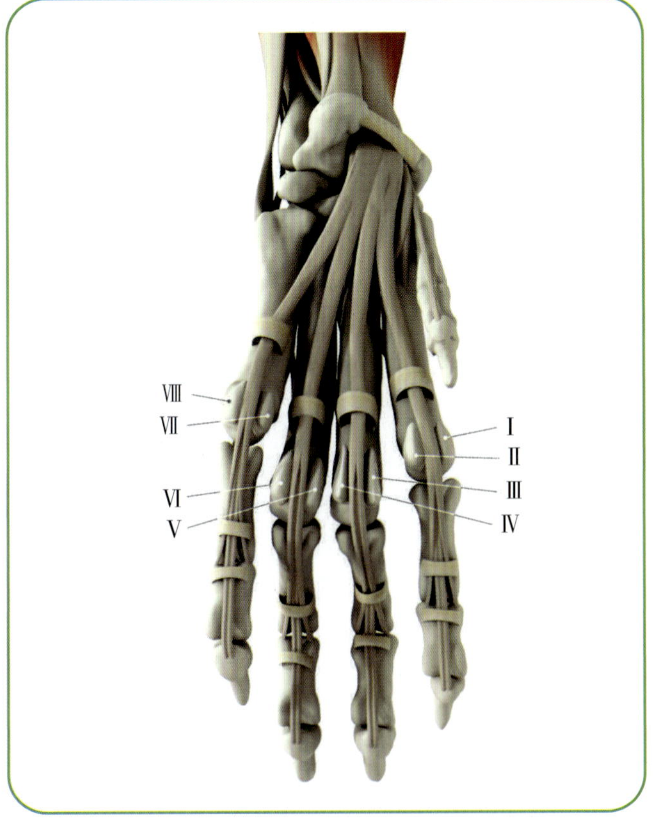

图8.67 犬前肢屈肌腱中籽骨的位置

籽骨从内侧向外侧编号依次为Ⅰ～Ⅷ。病变最常发生在第Ⅱ籽骨和第Ⅶ籽骨。（图源：Daniel Koch, Jonas Lauströer, Amir Andikfar）

可以建立临床诊断。在内外侧位上，因骨重叠很难评估籽骨。慢性退行性疾病常见周围软组织钙化。籽骨碎裂（图 8.68）必须与正常的二分籽骨区别。

治疗

仅在剧烈运动后才会出现轻度跛行的病例推荐保守治疗，包括数周的限制运动和抗炎治疗。严重病例，需要手术切除受累籽骨，跛行将在 6 周内解决。需要注意的是，屈肌腱在没有籽骨保护的情况下越过关节，可能导致关节的继发性病变和过度屈曲。必要时考虑截指 / 趾术。

8.4.2 腕关节伸展过度性损伤

病因和发病机制

从高处跳下或跌落，以及机动车事故（相对少见），可导致腕关节支持结构损伤。掌侧结构损伤，如腕骨间的腱膜和短韧带，会导致腕关节不同程度的过度伸展（图 8.69）。双前肢都受影响的情形比较常见。由于腕关节通常表现为轻微外翻，内侧结构比外侧结构承受更多的应力，因此伸展过度性损伤可能伴有内侧副韧带断裂。

临床表现

创伤后，前肢不能负重。触地时明显过度伸展。腕关节明显肿胀。若伸展肘关节，腕关节伸展超过 10° ～ 15°，即可通过触诊确诊。

影像学诊断和进一步检查

不稳定的程度和是否存在侧副韧带断裂可通过背掌位投照（包括腕关节外展和内收的应力位投照，用于评估内侧和外侧韧带）和过度伸展的侧位投照确定（图 8.70 和图 8.71）。

治疗

使用夹板绷带保守治疗只适用于 6 月龄以下的犬，这些犬的关节可通过纤维化迅速稳定。桡腕直韧带和斜韧带断裂也可使用缝线一期缝合。

专家做法：腕骨间关节不稳定需要通过部分关节融合术进行治疗，通常需要将中间内侧桡腕骨至掌骨的区域融合。长期固定可使用骨板、克氏针或外固定支架。存在广泛的韧带断裂并累及前臂腕关节、韧带缝合后复发或明显的腕关节骨关节炎时，需要进行全部关节融合术。将特殊骨板放置在腕关节的背侧、内侧或掌侧进行固定（图 8.72）。在所有病例中，通过去

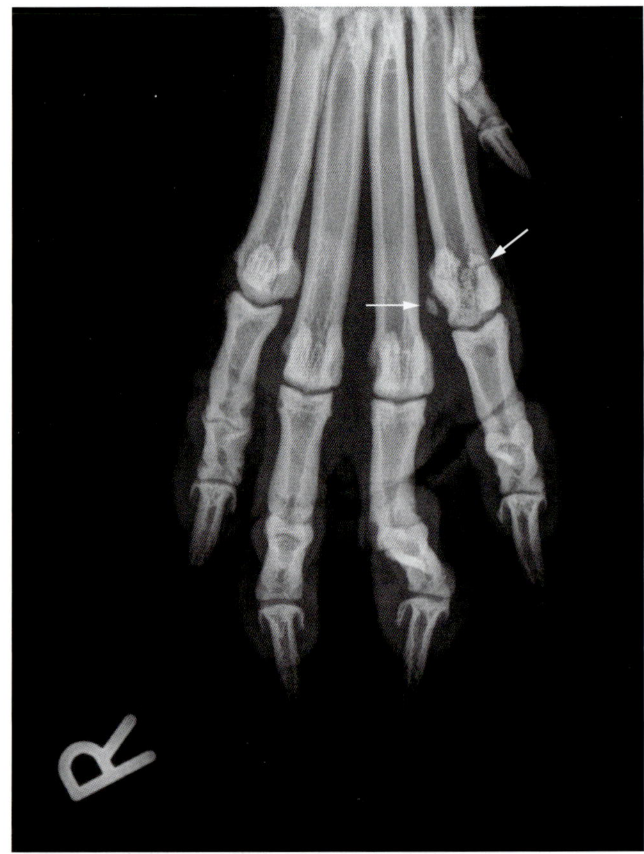

图8.68 罗威纳犬的第Ⅰ籽骨和第Ⅱ籽骨碎裂

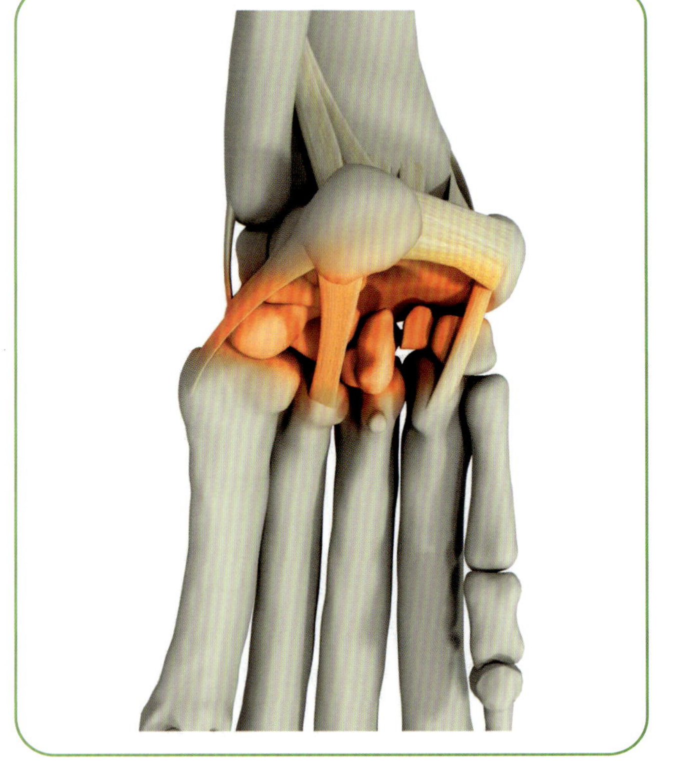

图8.69 腕关节深部结构的掌侧观

伸展过度性损伤常导致腕骨间关节或腕掌关节的短韧带断裂。（图源：Daniel Koch, Jonas Lauströer, Amir Andikfar）

除关节软骨和自体松质骨移植可以加速融合。术后外固定支持6 ~ 12周；成功的关节融合术复发率低于夹板绷带固定，可以提供更灵活的管理方法。腕骨小且血管化不良，其融合需要4 ~ 8个月。部分关节融合术后，步态可恢复正常。即便是全部关节融合术，也几乎看不出任何跛行。由于腕关节不能再屈曲，患犬跨越障碍物困难。

8.4.3 拇长展肌腱鞘炎

病因和发病机制

拇长展肌起源于桡骨近端外侧。其鞘状终腱穿过桡骨远端的桡侧腕伸肌，然后穿过内侧副韧带，到达第一掌骨基部（图5.35）。在前臂腕关节水平，肌腱包含一块有助于稳定关节的籽骨。拇长展肌腱鞘炎的病因尚未完全清楚。与人的相应疾病（狭窄性腱鞘炎）一样，慢性炎症是由过度使用引发和维持的。肌腱在鞘内变得越来越狭窄。慢性肌腱应变可导致腱鞘增厚和部分骨化。

临床表现

拇长展肌腱鞘炎患犬通常体型较大，年龄在2岁以上。最初，前肢跛行非常轻微（1/4级），主要发生

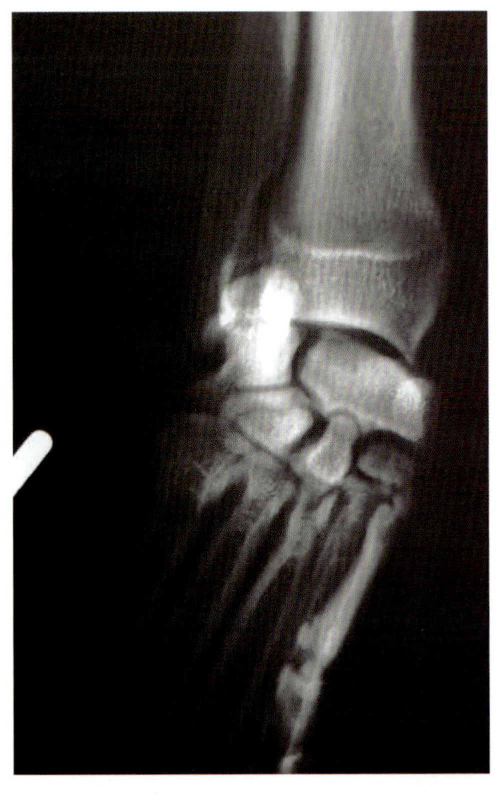

图8.70 腕骨间关节和桡腕关节创伤，伴内侧韧带断裂；X线检查显示外翻加重

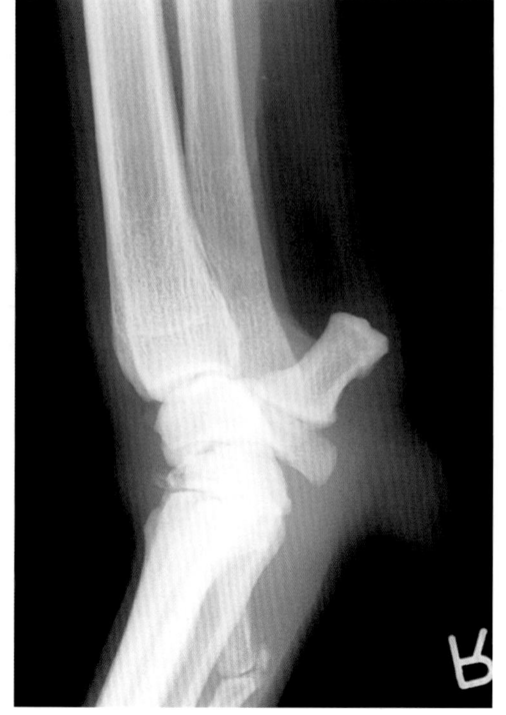

图8.71 掌腕关节不稳定，伴掌侧韧带损伤；可见明显的过度伸展

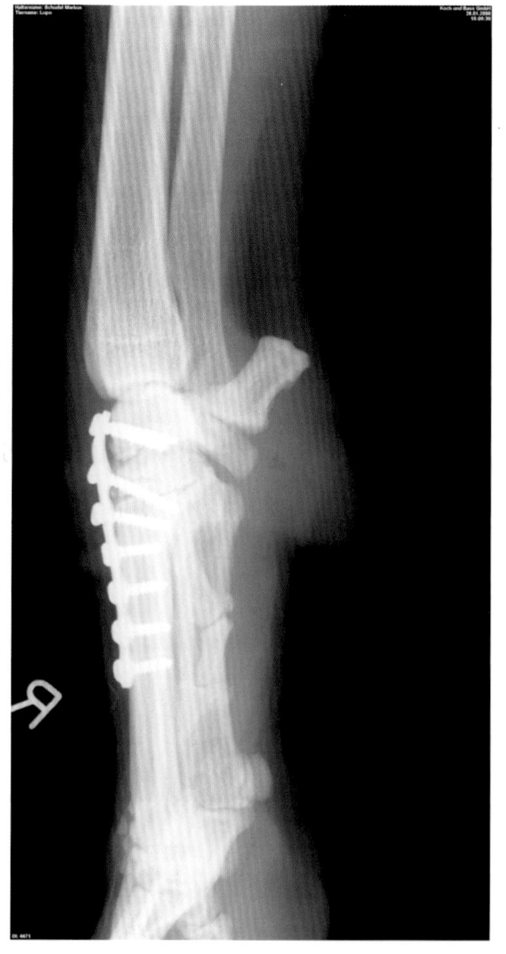

图8.72 背侧骨板固定治疗掌腕关节不稳定

在剧烈活动后短暂休息时。典型表现是桡骨远端内侧面有一粗糙的、近乎球形的肿胀（图 8.73）。触诊坚实，并不总是引起疼痛，但腕关节屈曲和外展时疼痛，屈曲的范围越来越小，但腕关节稳定。可能双侧发病，但肿胀的程度不一定与跛行和疼痛的严重程度相关。

参阅视频 8.9，查看拇长展肌腱鞘炎患犬的步态分析和临床评估。

影像学诊断和进一步检查

在几乎所有病例中都有 X 线变化，包括桡骨远端内侧和背侧的骨质增生（图 8.74）。茎突内侧可能变宽。桡腕关节退行性变化的征象很轻微或看不到。最重要的鉴别诊断是桡骨远端肿瘤。拇长展肌腱鞘炎与肿瘤的区别在于没有骨溶解区、新骨密度均匀、骨质增生限于桡骨内侧和远端。如果 X 线检查不能确定，考虑 CT 检查。

治疗

管理分为 3 个阶段。轻度的急性病例对限制运动和抗炎治疗反应很好。如果跛行仍然存在，则向腱鞘中注射长效皮质类固醇，并包扎肢体。3 周后可重复注射，这样做应该会带来长期的改善。如果有广泛的骨质增生或皮质类固醇注射反应差，则需要手术治疗。外科手术包括切开硬化的腱鞘，尽可能多地去除纤维化和骨质物质，并释放肌腱。不推荐肌腱切开术，因为肌腱的作用类似于侧副韧带。手术后，使用数周夹板绷带。手术清创的效果通常良好[106]。

8.4.4 肘关节发育不良

病因和发病机制

肘关节发育不良（elbow dysplasia, ED）的发病机制尚未完全清楚。肘关节发育不良涉及了各种不同致病机制的肘关节疾病。肘关节发育不良是从 X 线检查角度提出的，因其所涉及的病理生理学过程通常会导致肘关节骨关节炎。

肘关节发育不良包括 4 种主要疾病和多种不常见的肘关节异常。主要疾病包括内侧冠状突碎裂（fragmented medial coronoid process，FMCP）、肘突不闭合（ununited anconeal process，UAP）、肱骨内侧髁骨软骨病（osteochondrosis，OC）和肘关节不协调（elbow joint incongruity，INC）。这与遗传基础有关（遗传率为 27% ~ 77%）[98, 107]。幼犬阶段的营养和饲养可以作

图8.73 拇长展肌腱鞘炎典型的临床外观：6岁拉布拉多寻回猎犬腕关节近端和内侧坚实的相对无痛性肿胀
（图源：Klinik für Kleintierchirurgie der Vetsuisse–Fakultät Universität Zürich, Switzerland）

8.9 拇长展肌腱鞘炎患犬的步态分析和临床评估

视频8.9 拇长展肌腱鞘炎患犬的步态分析和临床评估

为促进因素或缓解因素。在这方面特别重要的是体重，因为 2/3 的体重是由前肢支撑的。7 月龄以前是身体发育的最快速阶段，此时的超重可导致亚临床疾病转为临床疾病。

ED 发病机制的早期认识是基于对骨软骨病的研究。易受影响关节表面的软骨被认为质量不足且过厚，导致滑液营养不足。这种说法仍适用于肱骨内侧髁（其

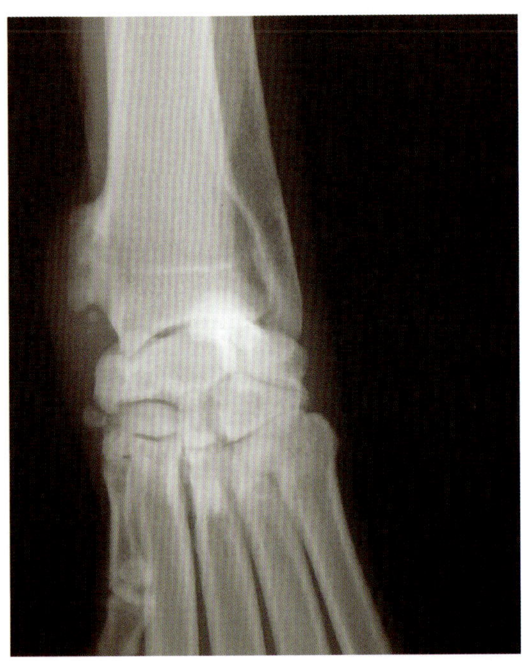

图8.74 拇长展肌慢性腱鞘炎患犬的X线征象：桡骨远端内侧骨质增生，无肿瘤征象

位置正对着内侧冠状突）骨软骨病。研究表明，出生后 4 ~ 5 个月的钙供应过多会对软骨产生不利影响[118]，而蛋白质供应过多不会影响 ED 的发展。事实上，导致骨软骨病的确切证据尚未建立。除了与快速生长和营养供应不足相关的普遍问题外，OC 的典型部位（肘关节、肱骨头后部中央、股骨远端外侧髁、距骨滑车嵴）表明，这些关节在生长期的异常高负荷也可能起作用。

关于 FMCP 和 UAP，大多数作者认为滑车切迹畸形是潜在的原因。在快速生长阶段，为了保持肘关节的协调性，滑车切迹处必须比肱骨髁处沉积更多的骨骼和软骨。因此，滑车切迹呈椭圆形。这就使滑车切迹远端（冠状突）或近端（肘突）受到高度的应力，从而导致开裂、碎裂或不能与鹰嘴融合。

肘关节的力传递主要在内侧。因此，内侧冠状突明显比外侧冠状突大，承受更大的应力。鉴于此，由于近年来发现内侧冠状突的压力性磨损比碎裂更常见，因此内侧冠状突疾病（medial coronoid disease，MCD）一词被越来越多地采用（图 8.75）。在站立阶段，肘关节也暴露在相当大的旋转力下。目前还不清楚这些是否会在 ED 的发病机制中起作用。

在少数病例中，ED 源于桡骨和尺骨生长不同步（“短桡骨综合征”）。内侧冠状突被迫承受大部分负荷，并导致碎裂。在同一关节中，可同时发生 OC 和

FMCP。“吻合损伤”是用来描述因桡骨缩短造成的肱骨内侧磨损。FMCP 和 OC 的好发品种包括所有的寻回猎犬、伯恩山犬、罗威纳犬和其他快速生长的品种。

临床表现

ED 的诊断具有挑战性。临床表现可能会导致高度怀疑，但不能排除全骨炎导致的跛行。ED 的特征包括：发病时间为 4 ~ 8 月龄，大型犬，生长迅速，病程轻度进行性发展，热身后跛行改善，常见双侧前肢外翻（以减轻肘关节内侧部压力），肘关节伸展和旋转疼痛，沿肱骨内侧髁和外侧髁可触及关节积液，坚实触诊内侧冠状突和肘突会引发疼痛。在 ED 中，UAP 引起的跛行最明显；FMCP 是最常见的。

参阅视频 8.10，查看肘关节发育不良患犬的步态。

影像学诊断和进一步检查

应进行正交 X 线检查（内外侧位，轻微旋前的前后位），尽管 X 线检查并不总是足够敏感。最容易识别的 ED 类型是 UAP（图 8.76）。肘突通常在 4 ~ 5 月龄与鹰嘴融合。在某些病例中，OCD 在前后位 X 线片上容易识别，表现为肱骨远端内侧髁软骨下溶解和硬化（图 8.77）。很难通过 X 线检查诊断 MCD。在特殊投照（轻微旋后的内外侧位、前后斜位）上可清晰见到冠状突，但病变后往往无法发现或不清楚。冠状突轮廓不清晰（内外侧位和前后位；图 8.78 和图 8.79）以及骨磨损和增生（前后位）提示冠状突病变，但不能确诊。很少见到冠状突裂开，通常是人为的。但是，没有 X 线征象变化也不能排除 ED。因此，如果临床和 X 线评估不确定，关节镜和 CT 是诊断 MCD 的首选方法（图 8.80）。肘关节不协调只有在关节内有明确的 X 线征象时才能识别，因为动物的摆位对桡骨、尺骨和肱骨的关系影响很大。即使是放射学专家，也只有在台阶超过约 4 mm 时，才能高度敏感地识别不协调[114]。

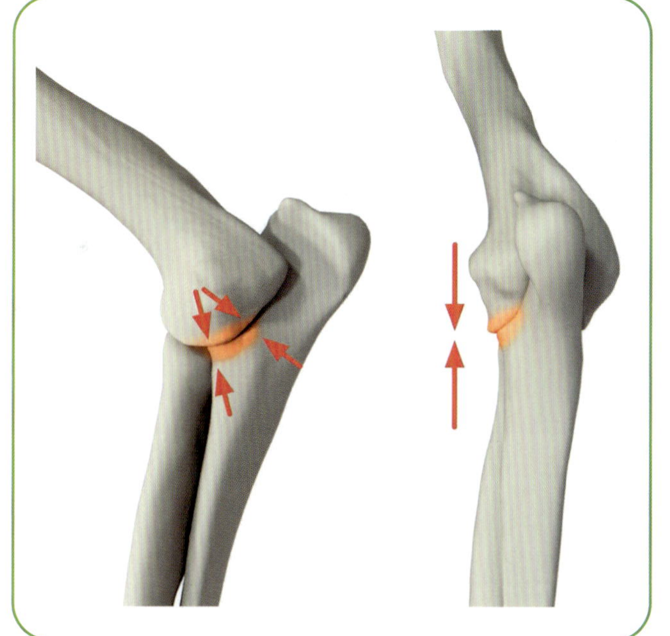

图8.75 最近研究表明肘关节发育不良是由内侧部压力增加引起的

（图源：Daniel Koch, Jonas Lauströer, Amir Andikfar）

治疗

保守治疗在 ED 的治疗中起着非常重要的作用。在轻度或不确定的病例中，或在诊断延迟和存在关节炎变化的病例中，可通过非手术治疗调节疾病进展，从而尽可能延迟跛行和疼痛的发生。保守治疗的方法（也适用于术后管理）包括减轻体重（有益，因为 60% 的体重由前肢承担）、运动调整（短时多次）、物理治疗（热身 / 运动准备，维持肌肉质量和灵活性）、软骨保护剂（延缓软骨破坏）和抗炎治疗（减少关节积液，通过负重促进肌肉维护和改善整体健康状况）。如果反应良好且无副作用，可长期进行抗炎治疗。目的是让犬在尽可能长的时间内摆脱疼痛和跛行。

专家做法：ED 的手术管理有很多方法，不同的发育不良类型适用的手术方法各不相同。UAP 的手术治疗通常包括切除未闭合的骨碎片（图 8.81），但这会导致失去在旋转中稳定关节的一个组件。如果肘突很大，也可以尝试螺钉固定和改变负荷的截骨术。因为固定很难，而且常见鹰嘴融合失败，因此该方法的预后谨慎至不良。

8.10 肘关节发育不良患犬的步态

视频8.10 肘关节发育不良患犬的步态

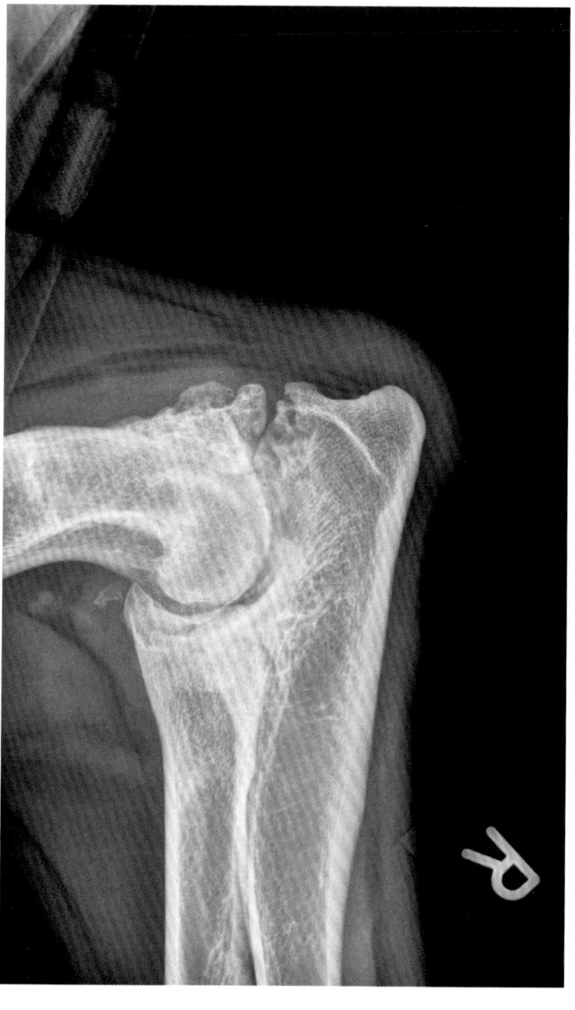

图8.76 肘突不闭合（生长期中的德国牧羊犬和大丹犬好发）的典型X线征象

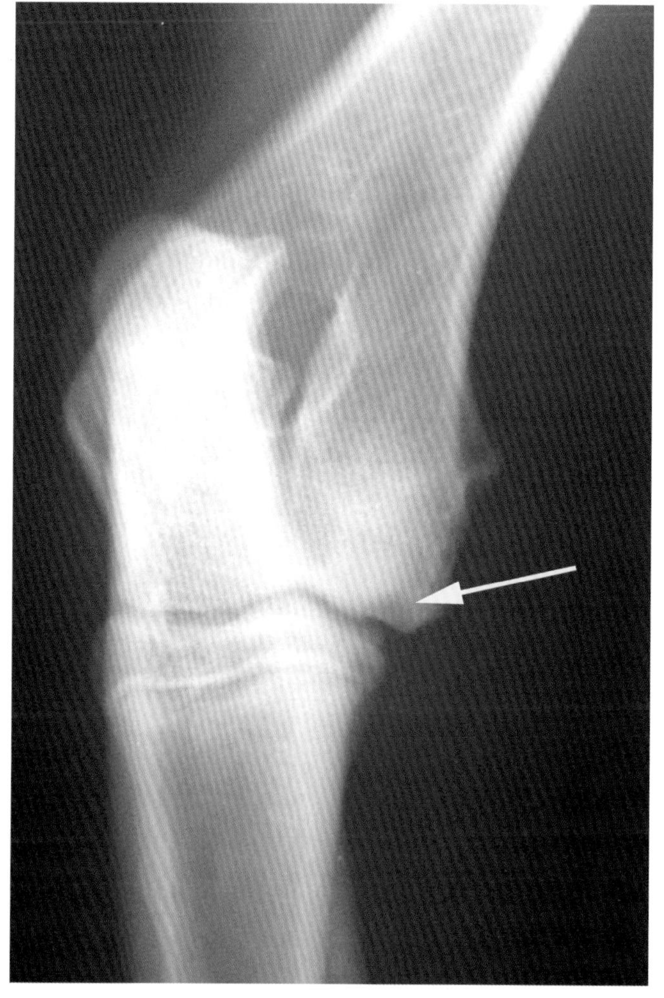

图8.77 肱骨内侧髁的骨软骨病病灶

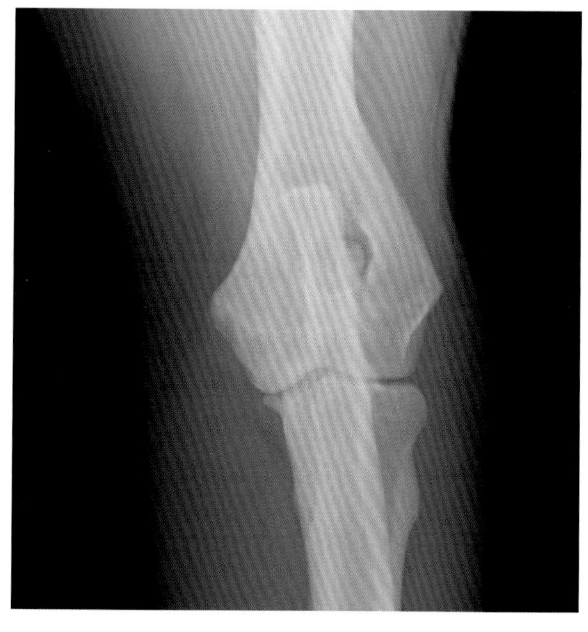

图8.78 内侧冠状突疾病的X线表现（前后位观）：冠状突轮廓不清晰

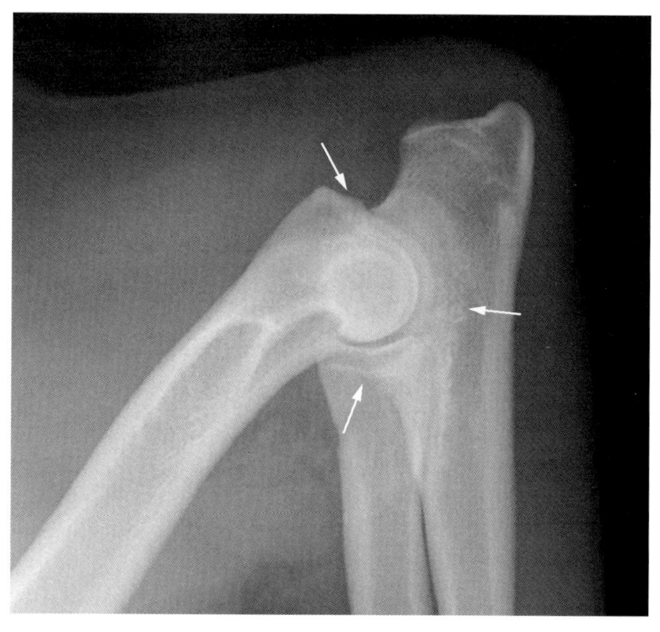

图8.79 内侧冠状突疾病的X线表现（侧位观）：冠状突轮廓不清晰，滑车切迹早期硬化，肘突骨赘生长

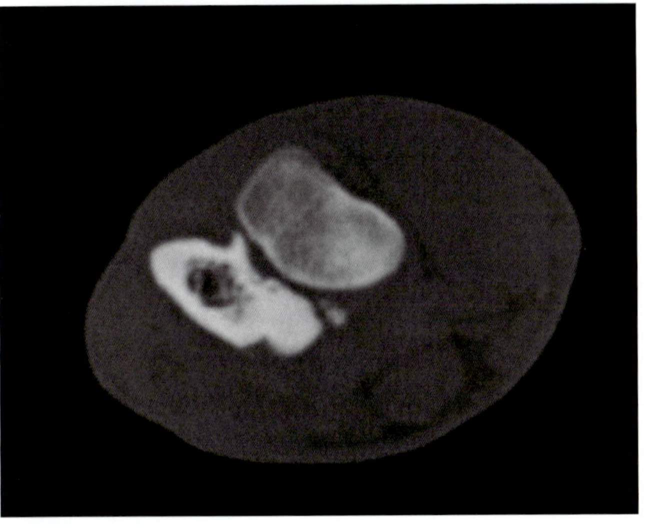

图8.80 拉布拉多寻回猎犬左侧肘关节内侧冠状突水平的CT图像（横断面）

冠状突明显碎裂和硬化。（图源：Urs Geissbühler, Klinische Radiologie, Vetsuisse-Fakultät Bern, Switzerland）

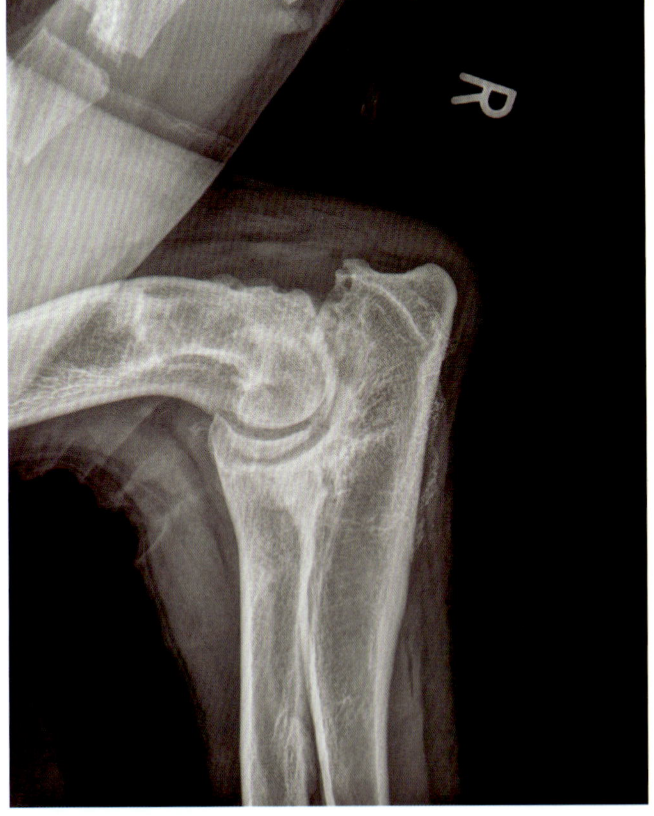

图8.81 切除未闭合的肘突是治疗方法之一

中大型的骨软骨病病灶采用刮除术（图 8.82），并对周围质量差的软骨清创，留下垂直的软骨壁。软骨下骨可以在缺损处生长，形成纤维软骨替代软骨病灶。在理想条件下，纤维软骨在压力下是稳定的。也可使用

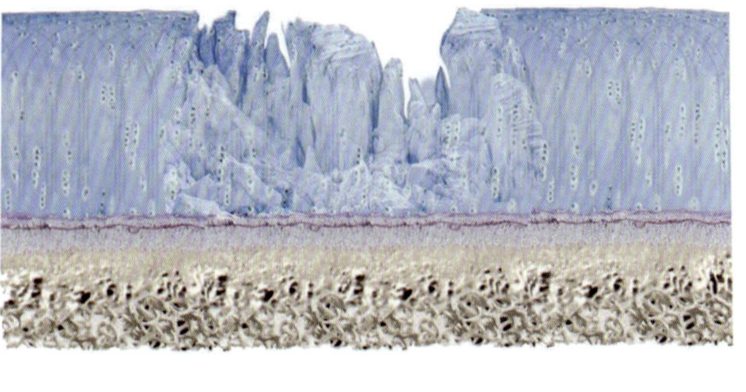

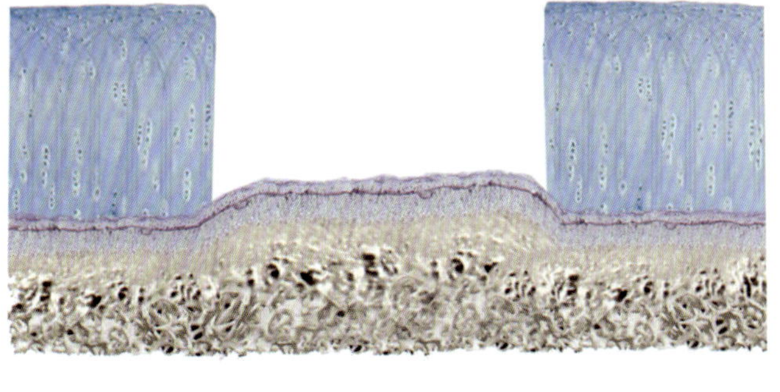

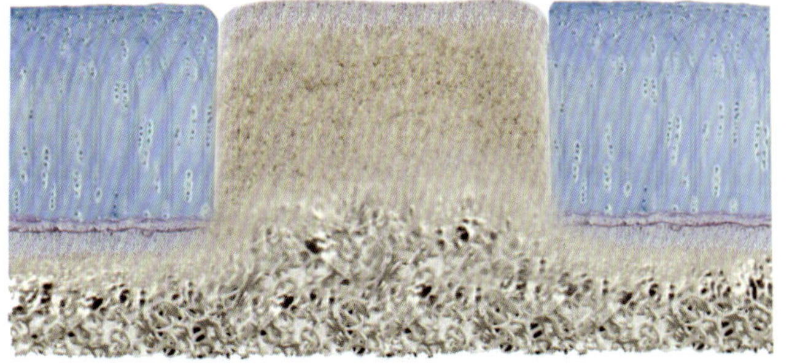

图8.82 刮除骨软骨病病灶。该手术可以修复下层骨

（图源：Daniel Koch, Jonas Lauströer, Amir Andikfar）

关节镜检查或关节切开术进行骨软骨病病灶刮除术。

MCD 是最常见的 ED 类型，其治疗方法的选择受到现代研究和可用手术器械的影响。经典的治疗包括通过内侧关节切开术对内侧冠状突进行广泛切除（使用骨锤和骨凿；图 8.83）。虽然关节镜的引入有助于 ED 的诊断，并允许在同一次麻醉下对 2 个肘关节进行微创治疗，但也带来了冠状突切除太少的风险。如果 MCD 同时伴有肘关节不协调，8 ~ 10 月龄以下的患犬可以进行尺骨切除术，以减少对内侧冠状突的压力。在极少数病例中，该手术可以尽早进行，以防止犬出现临床症状。不需要进行骨折内固定术。

最近，已经发展出新的手术技术，主要是为了减少内侧部的压力，包括尺骨处肱二头肌部分肌腱切开术［肱二头肌尺侧松解术（biceps ulnar release procedure，BURP）］和肱骨矫形截骨术（滑动性肱骨截骨术）或尺骨矫形截骨术（近端外展尺骨截骨术）。在某些专科手术中心，可以进行部分或完全肘关节置换术[100, 102, 103, 124]。

8.4.5 肱二头肌肌腱炎

病因和发病机制

肱二头肌起源于肩胛骨（盂上结节），由一根肌腱穿过肩关节的前内侧，随后穿过肱骨近端的结节间沟。它由横韧带固定在凹槽内。起源肌腱的滑膜鞘与关节囊相连。肌腹从肱骨的内侧延伸到前侧。在肘关节附近，肌肉由二分肌腱终止。较大的部分附着在尺骨内侧（尺骨结节），较小的部分附着于桡骨近端内侧（桡骨结节；图 5.42、图 5.44 和图 5.46）。

肱二头肌肌腱炎累及近端部分（起源肌腱）和滑膜鞘。致病原因包括直接或间接创伤、由 OCD 导致的活动性关节鼠、肩关节退行性疾病和前肢负重明显增加。肱二头肌肌腱炎通常发生在中大型犬。

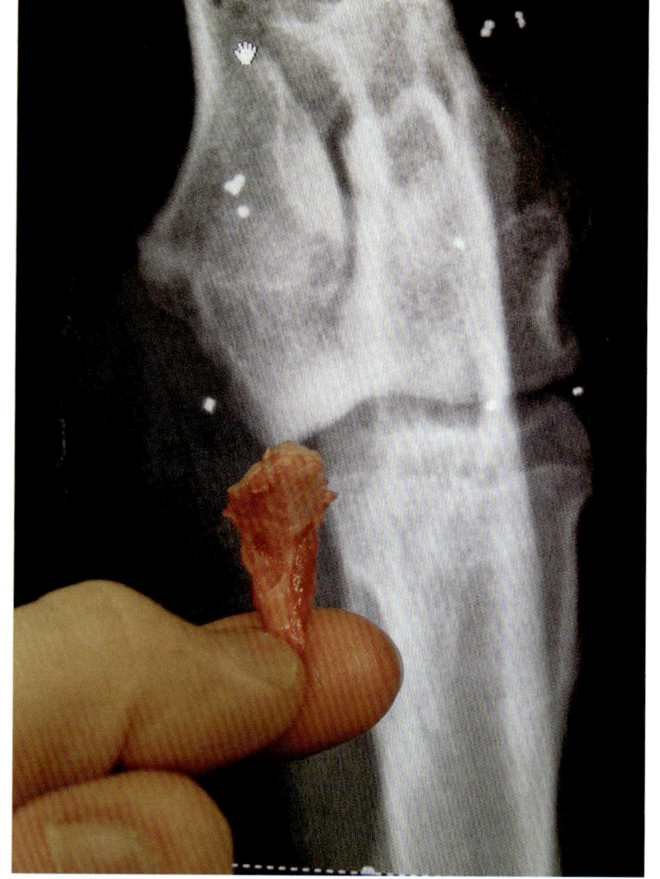

图8.83　内侧冠状突负荷过大的经典治疗方法是冠状突次全截骨术

临床表现

明确诊断具有挑战性。跛行通常很轻微，只有在运动开始和再次长距离行走结束时才可以观察到。骨科检查时，在肩关节屈曲、肘关节伸展的情况下，用力触诊肱骨上方的肌腱会引起疼痛（图 8.84）。在这种姿势下，经过肩关节的肌腱承受最大的张力，可以很容易地用拇指在大结节内侧触诊。

影像学诊断和进一步检查

内外侧位 X 线片可以诊断，但仅限于明确的病例。X 线征象包括肱骨头后缘关节炎变化、关节鼠、盂上结节骨溶解和结节间沟密度升高（图 8.85）。尽管超声检查是评估肌腱的首选方法，但 X 线造影检查也可以获得额外的诊断信息，特别是肱二头肌腱鞘的信息。通过超声，可以检查整个肌腱，并可以评估肩关节附近起源肌腱的完整性（图 8.86）。

治疗

肱二头肌肌腱炎初期应采用保守治疗。在许多病例中，非甾体抗炎药治疗和限制运动 6 周是足够的。可能需要在关节或腱鞘内注射可的松。为了持续减轻疼痛和炎症，注射后应使用 Velpeau 悬吊绷带固定关节 10 d。当使用这种治疗方式时，必须考虑可的松公

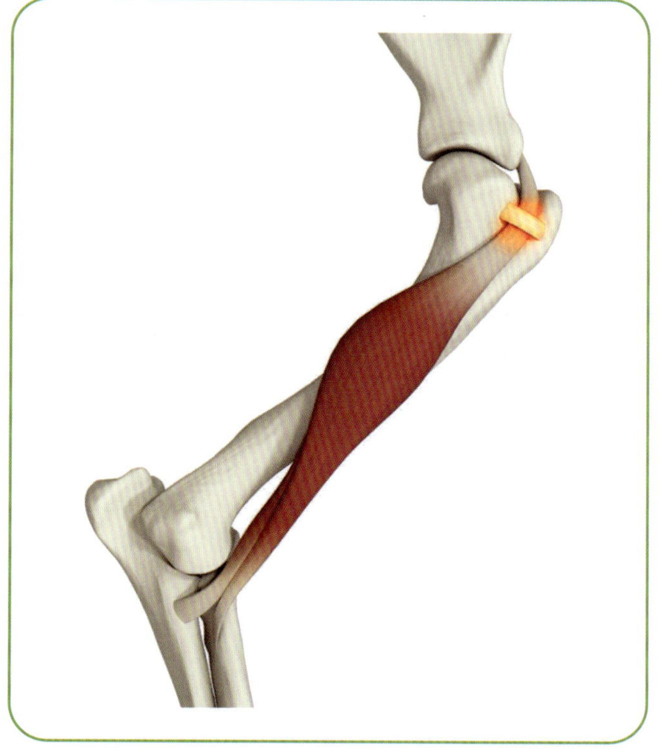

图8.84　肱二头肌肌腱炎导致肩关节区域或结节间带疼痛

（图源：Daniel Koch, Jonas Lauströer, Amir Andikfar）

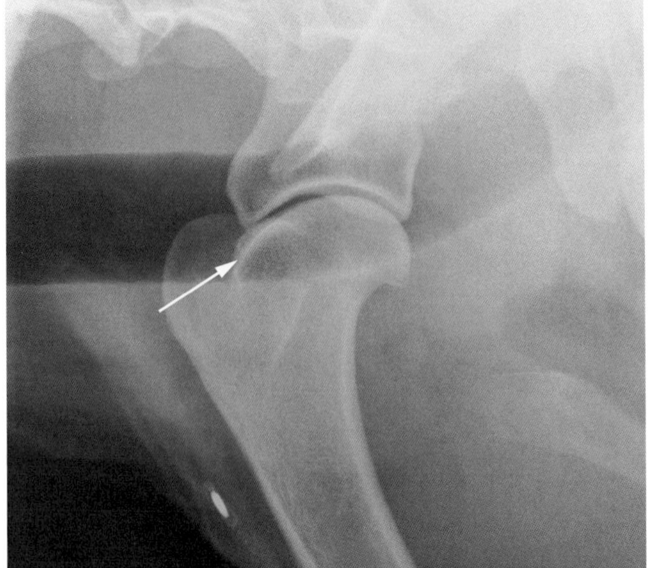

图8.85 结节间区密度升高提示肱二头肌肌腱炎

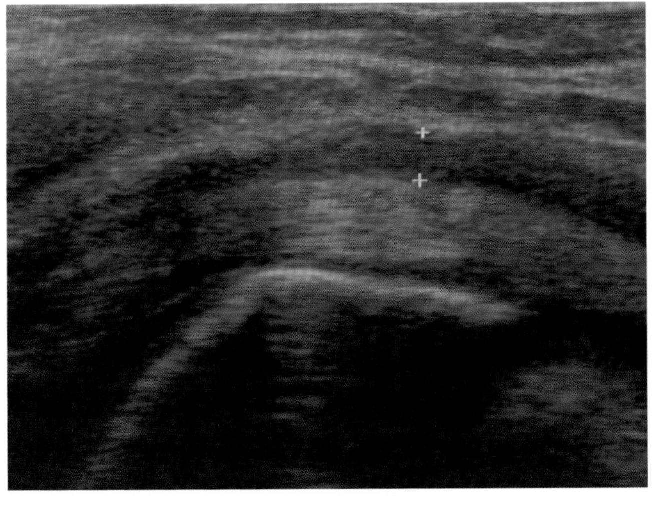

图8.86 10.5岁去势雄性混种拉布拉多寻回猎犬结节间沟水平的左侧肱二头肌肌腱的纵切面
纤维的结构、长度和回声都是正常的。标记（+）之间的区域表明滑膜鞘增厚和回声降低。（图源：Urs Geissbühler, Vetimage, Switzerland）

认的副作用。

专家做法：如果反复注射可的松后，保守治疗仍不成功，必须从关节附近手术切除疼痛的肱二头肌肌腱近端。可以使用以下三种技术中的一种来完成。有些外科医生会切开肌腱，让其滑动到远端的位置，在那里与肱骨一起纤维化。这个手术可以在关节镜下进行。其他人更喜欢用螺钉和垫圈将肌腱残端固定在肱骨上。使用垫圈将肌腱残端固定在肱骨上时，肌腱从肩胛骨上切断，从结节间沟释放，并通过肱骨近端的隧道到达冈上肌，并与之缝合。这样，肱二头肌的功能至少可以部分保留。

慢性炎症时，肱二头肌肌腱和肌腹近端可能会被纤维组织和骨骼夹闭，以至于肌腱几乎不能活动。在这种情况下，需要手术释放肌肉和肌腱。

8.4.6 肩关节不稳定

病因和发病机制

肩关节脱位罕见。在大多数病例中，主要是内侧或外侧脱位。先天性脱位可归因于内侧韧带松弛和关节盂畸形，而外伤性脱位通常是外侧脱位，但也可发生其他方向的脱位。

临床表现

患病动物无法使用患肢做行进运动，除非是慢性、先天性或部分脱位（半脱位）。外侧脱位时，肢体内旋；内侧脱位时，肢体外旋。大结节和肩峰的相对位置指示脱位的方向。由于臂神经丛位于肩胛骨内侧，脱位可能伴有不同程度的神经缺损。

影像学诊断和进一步检查

常根据肩关节的内外侧位和前后位 X 线片来确定脱位方向（图 8.87）。还应该评估骨骼和肩关节，观察是否存在关节盂、肱骨头和肩峰的碎片骨折。内侧关节盂磨损是慢性和先天性脱位的常见表现。关节炎的变化很轻微。

治疗

急性创伤性内侧脱位且无碎片骨折时，可采用保守治疗。全身麻醉后复位关节，随后用 Velpeau 悬吊绷带固定 10 d。对于急性外侧脱位，建议关节复位后使用人字铸型绷带固定。

专家做法：治疗慢性肩关节脱位时，肱二头肌肌腱移位术（内侧脱位时行内侧移位，外侧脱位时行外侧移位）的效果最好。在新的位置，移位的肌腱可以抵抗再脱位的作用（图 8.88）。用补片或假体缝线来加固肩关节外侧或内侧韧带通常只适用于小型犬。在各种形式的手术干预后，都需要相对长期的外固定。明显的发育不良或患有关节炎的肩关节应进行关节融合术。

8.4.7 肩关节骨软骨病

请参阅“骨软骨病”的相关内容。

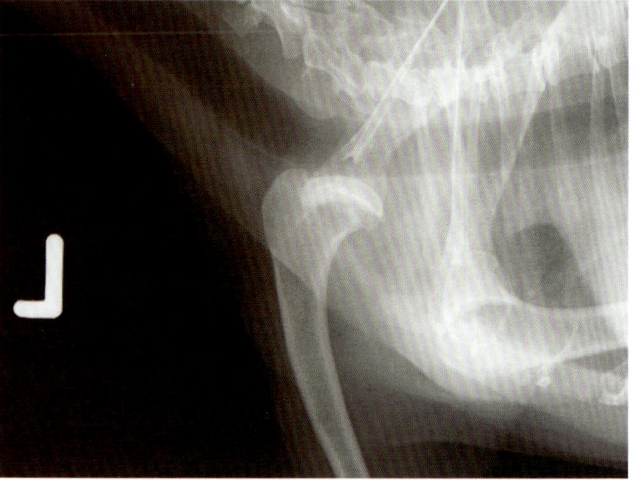

图8.87 玩具贵宾犬从楼梯摔下导致肩关节内侧不稳定

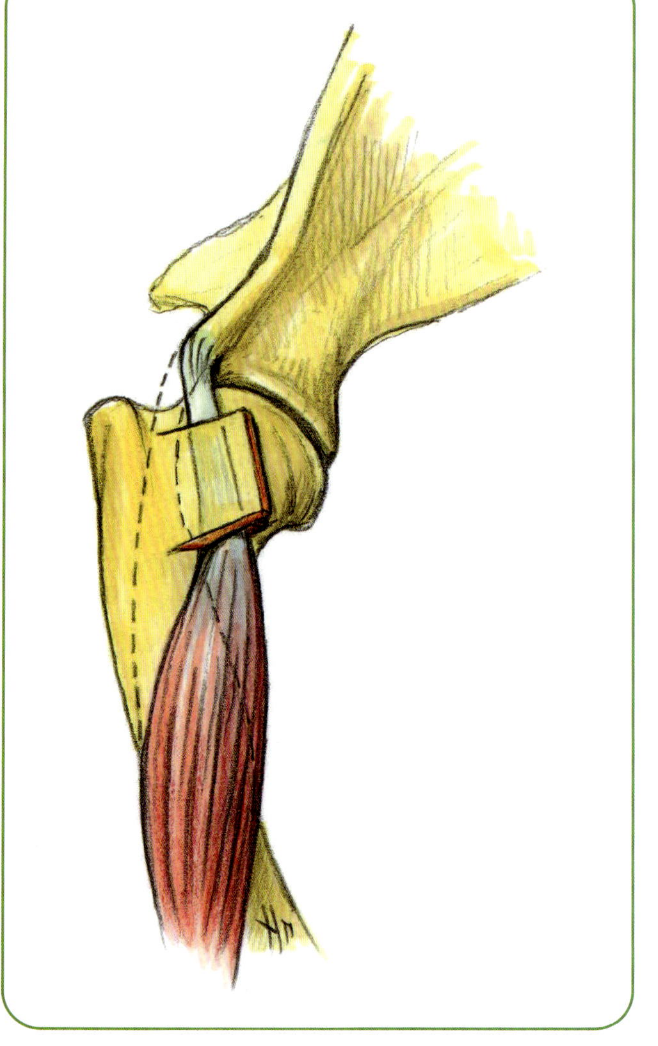

图8.88 肱二头肌肌腱内侧移位，并固定在肱骨近端，使其发挥肩关节侧副韧带的作用

（图源：Matthias Haab, Departement für Pferde, Vetsuisse-Fakultät Universität Zürich, Switzerland）

8.5 参考文献

[97] Baumgartner W, Boyce RW, Alldinger S et al. Metaphyseal bone lesions in young dogs with systemic canine distemper virus infection. Vet Microbiol 1995; 44(2-4):201-209

[98] Beuing R, Mues C, Tellhein B et al. Prevalence and inheritance of canine elbow dysplasia in German Rottweiler. J Anim Breed Genet 2000; 117:375-383

[99] Bockstahler B, Millis D, Levine D, Forterre F, Tacke S. Physiotherapie auf den Punkt gebracht. Babenhausen: BE Vet; 2004

[100] Burton NJ, Ellis JR, Burton KJ et al. An ex vivo investigation of the effect of the TATE canine elbow arthroplasty system on kinematics of the elbow. J Small Anim Pract 2013; 54(5): 240-247

[101] Engler J. Populationsgenetische Analysen zur Ellbogen- und Hüftgelenkdysplasie beim Labrador Retriever [Dissertation]. Hannover: Stiftung Tierärztliche Hochschule; 2009

[102] Fitzpatrick N, Yeadon R. Working algorithm for treatment decision making for developmental disease of the medial compartment of the elbow in dogs. Vet Surg 2009; 38(2): 285-300

[103] Fitzpatrick N, Yeadon R, Smith T et al. Techniques of application and initial clinical experience with sliding humeral osteotomy for treatment of medial compartment disease of the canine elbow. Vet Surg 2009; 38(2): 261-278

[104] Garzotto C, Berg J. Oncology: Musculoskeletal System. In: Slatter D, ed. Textbook of small animal surgery. Philadelphia: WB Saunders; 2003: 2460-2474

[105] Grierson J, Asher L, Grainger K. An investigation into risk factors for bilateral canine cruciate ligament rupture. Vet Comp Orthop Traumatol 2011; 24(3): 192-196

[106] Grundmann S, Montavon PM. Stenosing tenosynovitis of the abductor pollicis longus muscle in dogs. Vet Comp Orthop Traumatol 2001; 14: 95-100

[107] Hartmann P. Genetische Analysen von züchterisch bedeutsamen Merkmalen beim Berner Sennenhund [Dissertation]. Hannover: Stiftung; 2011

[108] Inauen R, Koch D, Bass M et al. Tibial tuberosity conformation as a risk factor for cranial cruciate ligament rupture in the dog. Vet Comp Orthop Traumatol 2009; 22(1):16-20

[109] Kistler KR. Canine Osteosarcoma: 1462 cases reviewed to uncover patterns of height, weight, breed, sex, age and site involvement. Phi Zeta Awards; University of Pennsylvania, School of Veterinary Medicine; 1981

[110] Koch DA, Grundmann S, Savoldelli D, L'Eplattenier H, Montavon PM. Die Diagnostik der Patellarluxation des Kleintiers. Schweizer Archiv fur Tierheilkunde. 1998; 140(9):

371–374.

[111] Linnmann SM. Die Hüftgelenkdysplasie des Hundes. Berlin: Veterinär–Spiegel; 2013

[112] Lübke S. Immunbedingte Polyarthritis beim Hund, eine retro– und prospektive Studie [Dissertation]. Berlin: Freie Universität Berlin; 2002.

[113] Malm S, Fikse WF, Danell B et al. Genetic variation and genetic trends in hip and elbow dysplasia in Swedish Rottweiler and Bernese Mountain Dog. J Anim Breed Genet 2008; 125(6): 403–412

[114] Mason DR, Schulz KS, Samii VF et al. Sensitivity of radiographic evaluation of radio–ulnar incongruence in the dog in vitro. Vet Surg 2002; 31(2): 125–132

[115] McGreevy PD, Thomson PC, Pride C et al. Prevalence of obesity in dogs examined by Australian veterinary practices and the risk factors involved. Vet Rec 2005; 156(22): 695–702

[116] Montavon PM, Damur DM, Tepic S, eds. Advancement of the tibial tuberosity for the treatment of cranial cruciate deficient canine stifle. Munich: 1st World Orthopaedic Veterinary Conference; 2002

[117] Montgomery R. Miscellaneous orthopedic disease. In: Slatter D, ed. Textbook of small animal surgery. Philadelphia: WB Saunders; 2003: 2251–2260

[118] Nap RC, Hazewinkel HA. Growth and skeletal development in the dog in relation to nutrition; a review. Vet Q 1994; 16(1): 50–59

[119] Nielsen C, Pluhar GE. Diagnosis and treatment of hind limb muscle strain injuries in 22 dogs. Vet Comp Orthop Traumatol 2005; 18 (4): 247–253

[120] Nieves MA, Hartwig P, Kinyon JM et al. Bacterial isolates from plaque and from blood during and after routine dental procedures in dogs. Vet Surg VS 1997; 26(1):26–32

[121] Orthopedic Foundation for Animals (OFFA). Hip dysplasia statistics. Columbia; 2010

[122] Reif U, Hulse DA, Hauptman JG. Effect of tibial plateau leveling on stability of the canine cranial cruciate–deficient stifle joint: an in vitro study. Vet Surg 2002; 31(2): 147–154

[123] Slocum B, Devine T. Cranial tibial thrust: a primary force in the canine stifle. J Am Vet Med Assoc 1983; 183(4): 456–459

[124] Smith ZF, Wendelburg KL, Tepic S et al. In vitro biomechanical comparison of load to failure testing of a canine unconstrained medial compartment elbow arthroplasty system and normal canine thoracic limbs. Vet Comp Orthop Traumatol 2013; 26(5): 356–365

[125] Solanti S, Laitinen O, Atroshi F. Hereditary and clinical characteristics of lateral luxation of the superficial digital flexor tendon in Shetland sheepdogs. Vet Ther 2002; 3(1): 97–103

[126] Stöcklin P, L'Eplattenier H, Montavon PM. Avulsion of the origin of the tendon of the extensor digitalis longus muscle in a Dobermann pinscher. Schweiz Arch Tierheilkd 1999; 141(2): 53–57

[127] Tryfonidou MA, van den Broek J, van den Brom WE et al. Intestinal kalzium absorption in growing dogs is influenced by kalzium intake and age but not by growth rate. J Nutr 2002; 132(11): 3363–3368

[128] Vidoni B, Hassan J, Bockstahler B et al. Kontraktur des Musculus gracilis–Klinik, bildgebende Diagnostik und Therapie bei einer Deutschen Schäferhündin. Tierärztl Mschr 2008; 95: 8–14

[129] Wangdee C, Leegwater PA, Heuven HC et al. Prevalence and genetics of patellar luxation in Kooiker dogs. Vet J 2014; 201(3): 333–337

[130] Weber U. Morphologische Studie am Becken von Papillon–Hunden unter Berücksichtigung von Faktoren zur Ätiologie der nichttraumatischen Patellaluxation nach medial [Dissertation]. Berlin: Freie Universität; 1992

[131] Whitehair JG, Vasseur PB, Willits NH. Epidemiology of cranial cruciate ligament rupture in dogs. J Am Vet Med Assoc 1993; 203 (7): 1016–1019

[132] Zabka A, Koch DA, Stocklin P et al. Ein Fall einer Sesambeinfragmentierung als Lahmheitsursache bei einer Rottweilerhündin. Schweiz Arch Tierheilkd 1999; 141(4): 195–201

第 9 章　特定神经系统疾病

Daniel Koch, Martin S. Fischer

9.1　跛行和瘫痪的鉴别

通过全面的骨科检查和神经学检查可明确疾病的性质是骨科疾病还是神经系统疾病。为此，需要重点关注步态分析、关节触诊、任何关节积液和不稳定的迹象、骨骼触诊、姿势反应和本体感受反应以及脊髓反射。

由于尾椎、马尾神经和骨盆在解剖学上很接近，因此对影响该区域的疾病进行局部诊断会很困难。仅仅基于后段背部触诊的疼痛反应，以及髋关节伸展受限和疼痛，鉴别诊断列表就很长；可能会导致诊断和管理不充分或不准确。鉴别诊断包括腰荐椎椎间盘疾病、马尾神经压迫、脊髓疾病、髂腰肌劳损、髋关节发育不良、髋股关节骨关节炎、骨盆 / 椎骨 / 尾巴骨折、骨骼或周围软组织肿瘤、前列腺疾病，甚至十字韧带断裂。在这种情况下，即使是高资历和经验丰富的临床医生也需要利用影像学诊断，包括传统 X 线检查和 CT。神经系统疾病的许多病灶都是在软组织内，因此要首选 MRI 进行诊断；CT 主要检查骨组织，是诊断神经系统疾病的第二选择。

在后段颈椎和臂神经丛区域，前肢异常的诊断也有类似的挑战。在遇到老年犬不明原因的前肢跛行时，除了肘关节或肩关节骨关节炎和肱二头肌肌腱炎的经典鉴别诊断外，还需要考虑肌肉或臂神经丛损伤、椎间盘疾病和脊椎不稳定等疾病。

以下简要描述的特定神经系统疾病都是骨科疾病可能的鉴别诊断。更详细的描述可以查找相关的兽医神经病学文献。

9.2　退行性腰荐关节狭窄和马尾综合征

病因和发病机制

退行性腰荐关节狭窄（degenerative lumbosacral stenosis，DLSS）以腰荐椎椎间盘变性和突出为特征。腰荐关节活动性的相关变化会导致软组织结构，如黄韧带和关节突关节（小关节）的关节囊，出现继发性变性。椎间关节和 L7–S1 腹侧面和外侧面形成骨赘。这些变化导致 L7–S1 中央椎管和椎间孔受压（通常是动态的）（图 9.1）。L6 和 L7 的神经根与荐神经的静态和动态压迫会导致压迫性神经根病，临床表现为马尾综合征。诱发因素包括腰荐椎移行椎、荐椎终板骨软骨病、椎间盘脊椎炎、区域性创伤，以及椎管和椎间盘的先天性原发性狭窄。德国牧羊犬和 7 岁以上的犬患病率高。

临床表现

马尾综合征的临床症状通常持续数月，严重程度各异。可见的症状包括起立困难、跛行、单后肢或双后肢颤抖、爬楼梯困难、脚趾拖曳、后背线向下倾斜，以及尾巴运动无力。粪便分多次排泄，也可能在行走时排泄。尾巴背侧屈曲和腰椎腹凸都是疼痛的表现，因为伸展会使神经管直径动态缩小，压迫加重。用力触诊后段腰椎时，患犬表现疼痛并在施加压力时迅速坐下。在更严重的病例中，可观察到明显的肌肉萎缩、大小便失禁和尾巴完全麻痹。DLSS 不会出现肢体完全麻痹。

神经功能缺陷通常是由于下运动神经元压迫（图 9.2）。本体感受位置反应经常延迟。屈肌反射和胫前

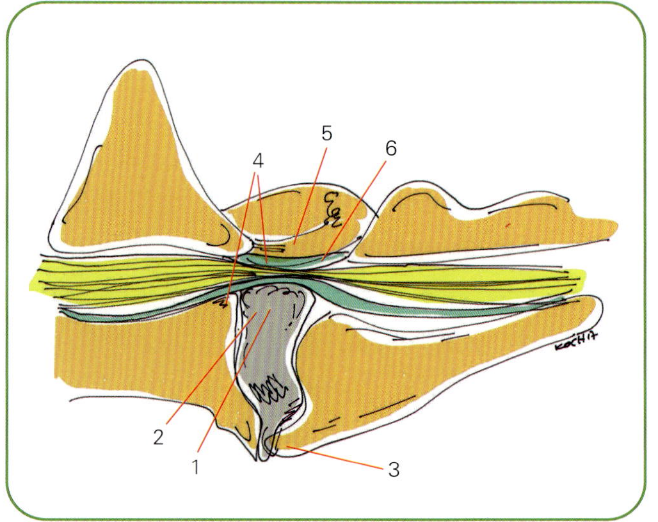

图9.1　DLSS的病理生理学

1. 椎间盘突出，2. 纤维环增厚，3. 半脱位，4. 骨赘，5. 关节囊增厚，6. 韧带增厚。

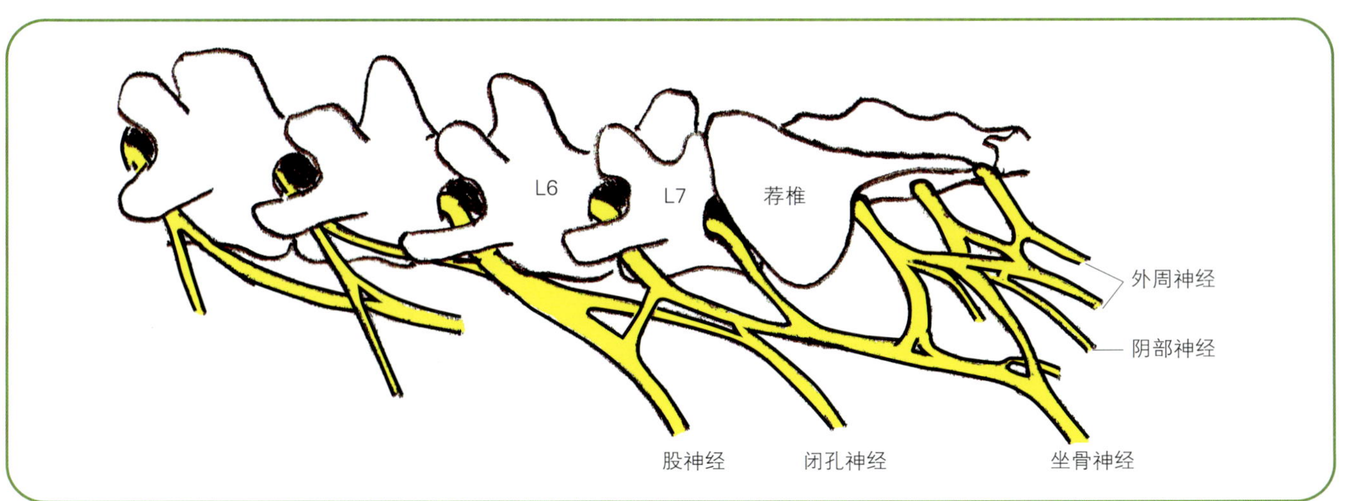

图9.2 腰荐神经丛的外周神经

（图源：Salomon F-V, Geyer H, Gille U. Anatomie für die Tiermedizin. 3rd ed. Stuttgart. Enke 2015）

肌反射可能减弱。相反，常会见到膝跳反射轻微增强。尽管这种反射弧没有受到直接影响，但坐骨神经支配的肌肉对相应激动剂（受股神经支配；股四头肌）的拮抗作用丧失导致反射增强（假性反射增强）。仅在疾病晚期可观察到肛门张力和会阴反射减弱。

影像学诊断和进一步检查

传统 X 线检查的作用是初筛肿瘤或创伤。单纯通过脊椎关节强硬的 X 线征象并不能确诊 DLSS；它们仅仅表明存在退行性病变，可能没有临床意义。应首选 MRI 进行诊断（图 9.3），某些病例也可以使用 CT。使用断层成像见到的压迫可能与临床观察不相关。MRI 中马尾神经根的变化是更可靠的诊断指标。CT 或 MRI 有助于精确制订手术计划和有针对性的干预。

参阅视频 9.1，查看 DLSS 患犬的相关情况。

治疗

如果只有背部疼痛、肌肉萎缩和跛行，没有大小便失禁，则可尝试进行 DLSS 的内科治疗，包括减轻体重、限制运动、物理治疗改善肌肉灵活性和神经传导，以及适当的疼痛管理（非甾体抗炎药或加巴喷丁）。全身性皮质类固醇的疗效不明确且副作用大，故不推荐使用。然而，有个别报道称，通过硬膜外或椎旁注射长效皮质类固醇可成功地短期管理 DLSS。需要注意的是，DLSS 呈进行性发展，姑息治疗不能解决疾病的根本原因。

如果保守治疗不成功或临床症状恶化，则需要对马尾神经和神经根进行手术减压。已经报道了多种手术方法，如经典的 L7–S1 背侧椎板切除术（基于 MRI

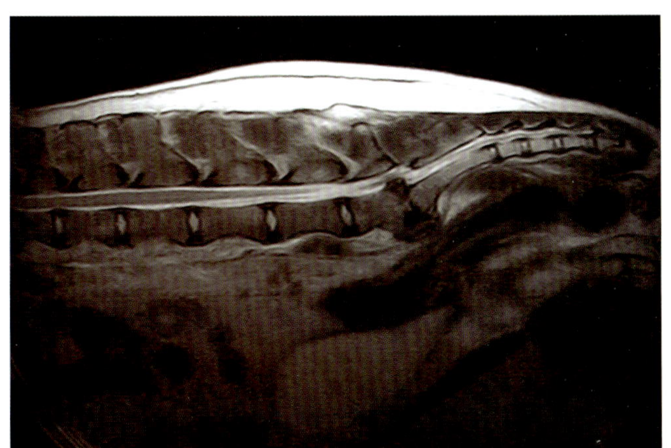

图9.3 拉布拉多寻回猎犬DLSS的MRI矢状面图像，显示L7和S1间的马尾受压

（图源：Konrad Jurina, Haar）

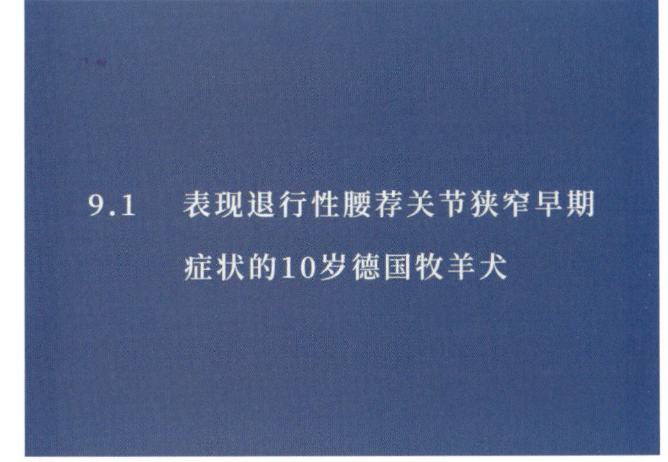

视频9.1 表现退行性腰荐关节狭窄早期症状的10岁德国牧羊犬

对该部位的压迫定位）、肥厚韧带切除术、突出的椎间盘移除术或纤维环切除术，以及通过偏侧椎间孔切开术进行的神经根减压术，这些方法可单用或联用。使用椎弓根螺钉，结合骨水泥或内固定杆固定，可以迅速改善临床症状；不过，植入失败可能会导致更差的长期结果。术后护理包括适当的物理治疗和疼痛管理。预后通常良好；报道的成功率为67% ~ 95%，具体取决于术前症状的严重性。

9.3　退行性脊髓病

病因和发病机制

退行性脊髓病（degenerative myelopathy，DM）是一种以脊髓外侧和背侧区域坏死为特征的轴突疾病。因此，它主要是一种脊髓白质疾病。脱髓鞘导致轴突变性，并逐渐失去大脑和四肢之间的联系。德国牧羊犬好发；拳师犬、霍夫瓦尔特犬和彭布罗克威尔士柯基犬也易患。该病发生在中老年犬。退行性脊髓病由SOD1基因突变引起；携带这种突变的纯合子犬患病风险很高，杂合子携带犬很少发生，仅见过少数非常年老的犬发病。可通过基因检测有效控制该病，目前已有几个育种协会在做。

临床表现

临床病程缓慢进行性发展，包括后肢共济失调、无力和麻痹。可观察到后肢在身体下方交叉（图9.4）。通常没有背部疼痛的症状。后肢反射正常或增强，提示上运动神经元缺失，但膝跳反射可能消失。在疾病后期，会出现大小便失禁。如果疾病发生很久，前肢功能也会受到影响。

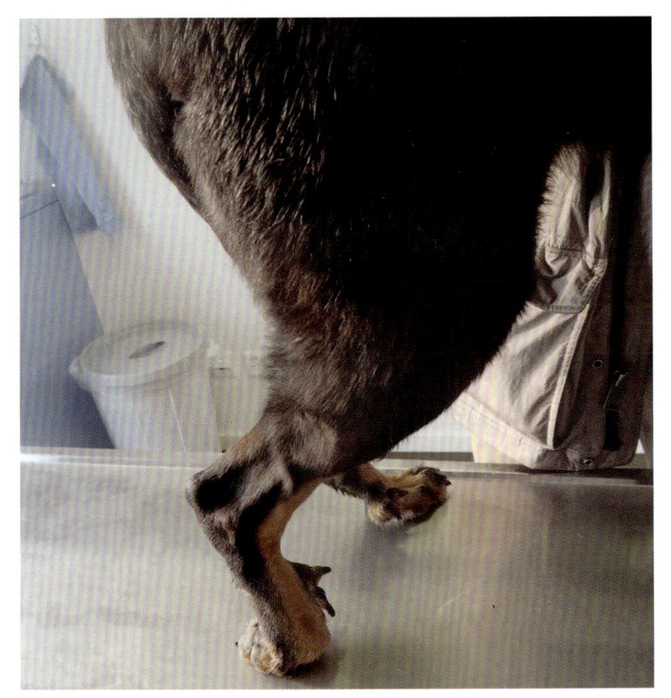

图9.4　患有DM的德国牧羊犬本体感受反应缺失

影像学诊断和进一步检查

应对脊柱和神经组织进行X线和MRI检查，排除重要的鉴别诊断，如慢性椎间盘疾病、肿瘤和脊膜脊髓炎。可通过脑脊液分析排除感染。在缺乏SOD1基因突变检测结果阳性的情况下，可通过排除法最终确诊。

治疗

目前没有治疗DM的有效方法。疾病会在数月到几年的时间里逐渐恶化。最终，考虑安乐死。可通过强化的、有针对性的物理治疗延长可以行走的时间。

参阅视频9.2，查看德国牧羊犬退行性脊髓病的检查。

9.4　纤维软骨栓塞

病因和发病机制

来自髓核的纤维软骨物质可通过静脉窦进入脊髓血管系统，从而导致神经实质缺血性或出血性梗死（图9.5），进而引起神经细胞坏死和轴突肿胀。轴突肿胀会导致周围脊髓组织进一步出现局灶性损伤。中大型成年犬尤其好发纤维软骨栓塞。大多数梗死灶位于腰荐或颈胸膨大处。

临床表现

临床症状通常超急性发作。通常没有明显的创伤

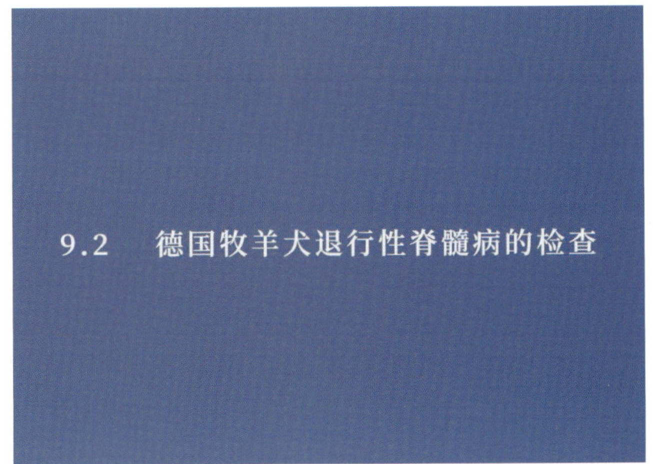

视频9.2　德国牧羊犬退行性脊髓病的检查

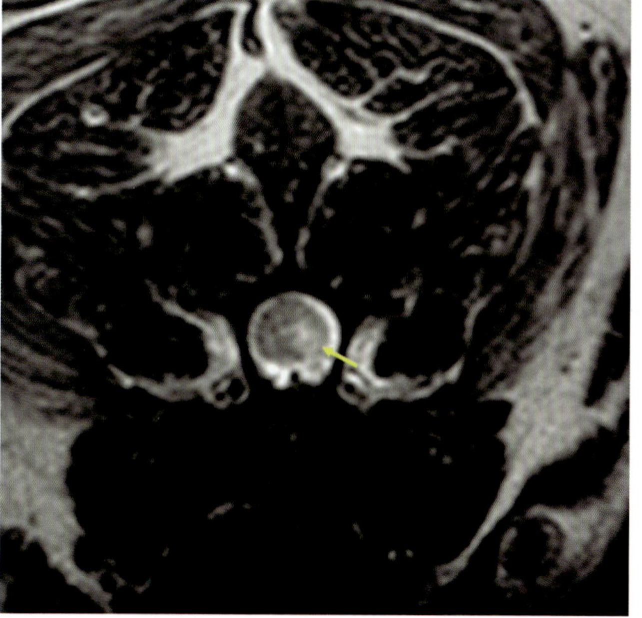

图9.5 脊髓梗死和坏死（明亮的结构，箭头）的MRI影像（横断面）

（图源：Schmidt MJ, Kramer M. MRT-Atlas. ZNS-Befunde bei Hund und Katze. Enke 2015）

史；通常是在玩耍中发生梗死。急性期后，临床症状的变化不大。神经功能缺陷源于脊髓损伤，可能是不对称的。脊髓梗死时，不会见到脊髓外压迫的典型症状，如背部疼痛、共济失调、行进运动异常、浅痛反应消失、深痛反应消失。通常没有背部疼痛的表现，许多患病动物表现不同程度的轻瘫。

影像学诊断和进一步检查

可对脊柱进行 X 线检查和断层成像排除其他可能的疾病，如压迫性或非压迫性椎间盘疾病、肿瘤、创伤或脊膜脊髓炎。在 MRI 影像中，梗死表现为局灶性 T2 高信号髓内病变。脑脊液分析通常正常，但蛋白质含量可能轻度升高。只有通过尸检的组织病理学才能最终确诊。

治疗

由于皮质类固醇对疾病进程或预后没有影响，因此不考虑使用。应每 8 h 排空一次膀胱。柔软的窝垫对瘫痪患犬十分重要，有助于防止褥疮。可通过物理治疗保存肌肉质量和提高灌注来促进康复。预后在很大程度上取决于梗死的范围和部位。不涉及反射中心的梗死预后良好。若病变累及颈部或腰部膨大处，则预后谨慎且恢复时间更长。如果 2 周内神经肌肉功能没有明显改善，或在此期间仍然没有深痛反应，则应考虑安乐死。

9.5 胸腰椎椎间盘疾病

病因和发病机制

胸腰椎椎间盘疾病可以说是最常见的脊髓疾病。化生的髓核通过变性的纤维环急性疝出，称为椎间盘脱出，形成了典型的椎间盘疾病，常见于中老年犬的 T10–L6 胸腰椎（其中 70% 发生在 T12–L2）。疝出的髓核使脊髓受到直接的硬膜外压迫，从而引起脊髓肿胀。软骨营养障碍品种（如腊肠犬、北京犬、比格犬和贵宾犬）好发。在非软骨营养障碍的体型较大的品种中，组织学变化也提示髓核软骨样化生，但更常表现为椎间盘突出（纤维环的纤维膨出），疾病进程更慢或进行性发展。

临床表现

硬膜外脊髓压迫通常会导致一系列临床症状，其严重程度和发展速度因椎间盘病理学的动态性和程度而异。治疗和预后主要取决于严重程度，顺序如下：①背部疼痛；②本体感受缺失和共济失调；③后肢运动功能丧失并伴有肢体痉挛；④浅痛反应消失（夹捏后肢皮肤）；⑤深痛反应消失（触压后肢趾骨）。胸腰椎上运动神经元的压迫导致大脑对后肢反射的抑制部分至完全解除。因此，在前肢反射正常的情况下，膝跳反射、胫前肌反射和膀胱括约肌张力可能增强。膀胱通常过度充盈，而且排空困难。由于失去了额外的抑制中心，因此 T3–L3 非常深部的病变可能会导致前肢肌肉张力显著增加（希夫 – 谢灵顿现象）。

影像学诊断和进一步检查

应首选 MRI 进行诊断（图 9.6），CT 是第二选择。当需要进行减压手术时，这些影像技术尤其重要。传统 X 线检查不能完全显示出因髓核脱出导致的椎间隙狭窄，所以临床价值很有限；即使见到狭窄，也不能断定该部位发生了急性脱出。断层成像技术创伤小且结果更可靠，所以在数年前就取代了 X 线造影检查（脊髓造影术）。

治疗

存在背部疼痛和本体感受缺失的患犬可通过给予镇痛药、物理治疗、控制和限制运动进行内科治疗。

皮质类固醇的使用有争议性，没有证据证明皮质类固醇能减轻受压脊髓的肿胀。若保守治疗不成功或出现运动功能缺陷,则需要手术减压。根据影像学诊断结果,行偏侧椎板切除术、迷你偏侧椎板切除术、椎弓根切除术（图 9.7）或背侧椎板切除术，通过打开脊柱和去除脱出物等方法减轻脊髓压力。文献中推荐在纤维环外侧行开窗术，以防在同一位置进一步脱出，也可以预防周围区域脱出，因为这可以降低再脱出的风险。减压成功后，患病动物需要强化支持治疗，包括镇痛、物理治疗、翻身和排空膀胱监测。预后取决于脱出程度、减压时机、手术技术和术后护理强度。不同患病动物的恢复时间可能有很大差异。

参阅视频 9.3，查看胸腰椎椎间盘脱出患犬的相关情况。

9.6 颈椎椎间盘疾病

病因和发病机制

大约 15% 的椎间盘脱出发生在颈椎，主要发生在小型犬的 C2–C3 和 C3–C4 椎间盘中。在大型犬中，后段颈椎（C5–C7）更常见。软骨营养障碍的品种和杜宾犬好发。在比格犬中,颈椎比胸腰椎更容易发生脱出。

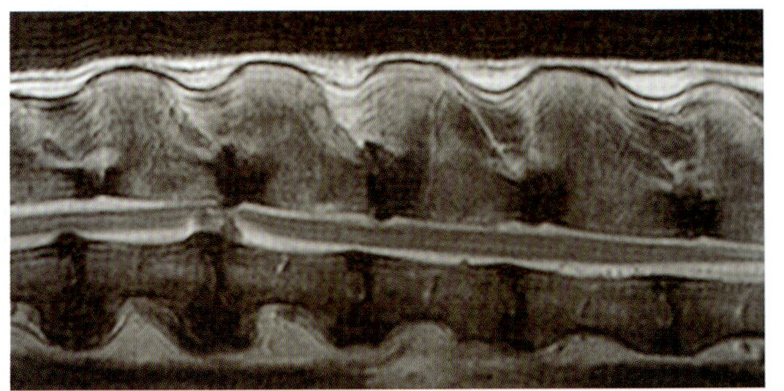

图9.6 胸腰椎椎间盘脱出的MRI影像

髓核通常向前疝出。脱出的能量会导致脊髓继发性肿胀。（图源：Schmidt MJ, Kramer M. MRT–Atlas. ZNS–Befunde bei Hund und Katze. Enke 2015）

临床表现

由于脊髓在颈椎椎管内的空间比在更尾侧的区域大，因此只有脱出物质体积较大时才会出现临床症状。颈椎椎间盘脱出的特征为步态僵硬和弓背前屈（图 9.8）。颈椎触诊非常疼痛。由于脊髓内传递到后肢的皮质脊髓束位置更靠外侧，椎间盘脱出通常会先导致后肢轻瘫，然后才会导致前肢出现问题。

影像学诊断和进一步检查

应首选断层成像确诊颈椎椎间盘脱出。现在已很少使用脊髓造影术。

治疗

无神经功能缺陷的颈部活动疼痛可进行内科 / 保守治疗，治疗方法与胸腰椎椎间盘脱出相同。若颈部

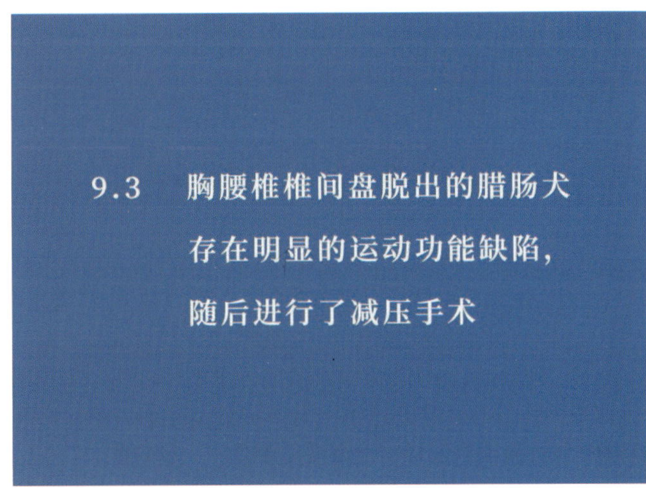

视频9.3 胸腰椎椎间盘脱出的腊肠犬存在明显的运动功能缺陷，随后进行了减压手术

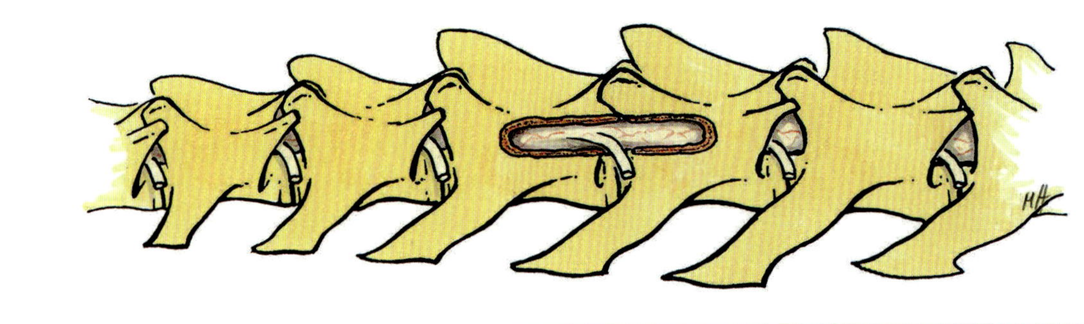

图9.7 用于减压和移除脱出的椎间盘物质的椎弓根切除术示意图

（图源：Matthias Haab, Departement für Pferde, Vetsuisse–Fakultät Universität Zürich, Switzerland）

疼痛持续存在或出现轻瘫，则需要进行手术减压（腹侧或偏侧）。为避免血管和神经损伤，并保持手术部位视野清晰，外科医生必须对椎骨入路的解剖学有详细了解。与胸腰椎椎间盘脱出相比，颈椎椎间盘脱出的急迫性较低，因为颈椎椎管的宽度允许脊髓承受更多的肿胀。出于同样的原因，预后通常良好；在接受腹侧减压（腹侧开槽术）治疗的患犬中，超过 90% 的患犬恢复良好。术后治疗包括物理治疗、镇痛和限制运动。

参阅视频 9.4，查看颈椎椎间盘脱出患犬的相关情况。

9.7 臂神经丛损伤

前侧或外侧创伤，或高处跌落，可导致臂神经丛的神经根或从臂神经丛发出的外周神经（如桡神经；图 9.9）拉伸或撕脱，从而引起伴有下运动神经元损伤症状（如弛缓性麻痹和脊髓反射减弱至消失）的单肢瘫。受损神经对应的生皮节对刺激的反应缺失或延迟。重要的鉴别诊断包括创伤性占位性血肿、颈椎椎间盘脱出（主要是单侧的）和神经鞘肿瘤，神经炎不常见。可通过断层成像（以排除其他病因）和肌电图确诊。个别神经很难定位和暴露。仅在实验条件下才能实现神经功能的成功复位、缝合和重建。因此，臂神经丛损伤患犬首选的治疗方案是物理治疗，目的是改善神经传导并促进肌肉代偿。当受损的神经纤维再生并可能恢复神经支配时，应尽可能保持肌肉质量。6 ~ 12 个月后不会出现进一步的自发性改善。若近端肢体功能相对正常，且只有腕关节和指永久屈曲，则可考虑矫正或尝试腕关节融合术。动物自残可能会导致截肢。

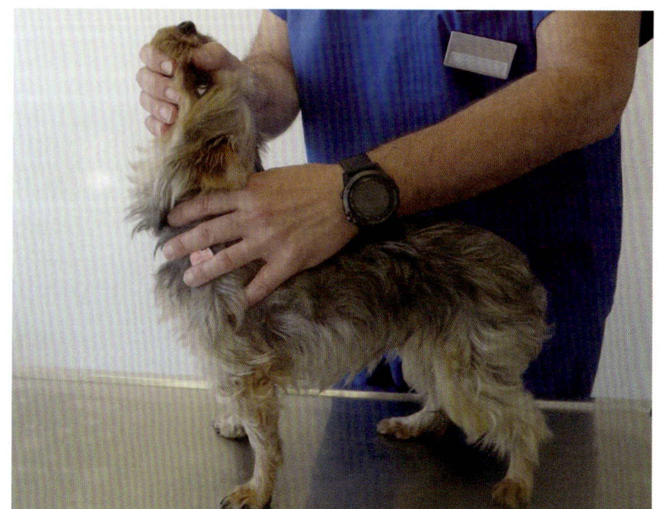

图9.8 颈椎椎间盘脱出：颈部活动疼痛，头部低垂

9.4 比格犬因颈椎椎间盘脱出导致颈椎活动受限（术前评估）。腹侧减压术1 d后明显好转

视频9.4 比格犬因颈椎椎间盘脱出导致颈椎活动受限（术前评估）。腹侧减压术1 d后明显好转

图9.9 桡神经麻痹的典型前肢姿势

（图源：Franck Forterre, Bern）

9.8 参考文献

[133] Jaggy A. Atlas und Lehrbuch der Kleintierneurologie. Hannover: Schlütersche; 2007

[134] Vandevelde M, Jaggy A, Lang J. Veterinärmedizinische Neurologie. Ein Leitfaden für Studium und Praxis. 2. neubearb. u. erw. Aufl. Berlin: Paul Parey; 2001

[135] Olby NJ, Jeffrey ND. Pathogenesis and Physiology of Central Nervous System Disease and Injury. In: Tobias KM, Johnston SA. Veterinary Surgery Small Animal. Elsevier: 2012; 374–387

[136] Schmidt MJ, Kramer M. MRT–Atlas. ZNS Befunde bei Hund und Katze. Stuttgart: Thieme; 2015

[137] Sharp NJ. Nervous System. In: Slatter D. Textbook of small animal surgery. Saunders: 2003; 1092–1286

来源：Ulrich Frotscher, Meckenheim

第四部分　附录

第 10 章　专业术语

攻角（angle of attack） 水平线与身体重心到着地点连线之间的夹角。

离地角度（angle of lift off） 离地时，肢体或肢体某个部分与水平线之间的夹角。

着地角度（angle of touch down） 着地时，肢体或肢体某个部分与水平线之间的夹角。

反重力肌（anti-gravity muscles） 对抗重力引起的肢体屈曲的肌肉。

重心（center of gravity） 整个身体质量的重力合力的作用点。

占空因数（duty factor） 站立阶段占整个步幅持续时间的百分比；50% 的占空因数是指站立阶段和摆动阶段的持续时间相等。

动态稳定性（dynamic stability） 由肢体动力学中的控制系统（反馈回路）产生的稳定的行进运动模型。

肌电图（electromyography） 测量肌肉电压变化作为肌肉活动性指标的技术。

肌腱端（entheses） 肌腱附着区；肌腱端是纤维型和纤维软骨型的。在纤维型肌腱端，结缔组织通过穿通纤维连接到骨膜上，从而间接连接到骨上；或者通过结缔组织纤维直接进入骨内。骨骺和长骨的骨突是纤维软骨型肌腱端（图 1.29），结缔组织首先转变为未矿化的纤维软骨，然后再转变为矿化的纤维软骨，肌腱和骨骼由此形成了均衡的弹性模量（杨氏模量）。

地面反作用力（ground reaction force） 地面对身体施加的力（N）；可借助力板进行测量。在空间上，地面反作用力可以分解为 3 个相互垂直的力，取决于以下因素：

- 身体质量在前肢和后肢的分布
- 速度
- 肢体刚性
- 步态

观念运动（idiomotion） 针对动物自身或其他动物的运动。

瞬时旋转中心（instantaneous center of motion） 平移和旋转叠加形成的身体运动点；没有可识别的固定运动点。

智能力学（intelligent mechanics） 根据智能力学的概念，肢段和肌肉弹性使肢体内的运动链可以在很少的神经元控制下进行调整；也就是说，循环行进运动可以在没有大脑的控制下进行；即使是由不平坦地面引起的干扰，也只需要用很少的额外能量输入来抵消。

力驱动关节（joint, force-driven） 与紧密连锁的枢轴点不同，力驱动关节是由力的传递形成的。力驱动关节的运动完全是由推动力决定的。肩胛骨的枢轴点是力驱动关节，因为肩胛骨和躯干之间是由肌肉连接的。

不协调关节（joint, incongruent） 因尺骨在桡骨（短桡骨）上过度生长而导致关节内出现台阶。

生理学不协调关节（joint, physiologically incongruent） 负荷均匀分布而没有局部压力峰值的关节；当负荷增加时，接触面积增大，从而利于压力的均匀分布。

运动学（kinematics） 物体在空间中运动的考虑或描述，不涉及引起运动的因素（力）。

离地（lift off） 爪部离开地面的瞬间。

功能性肢体的长度（limb length, functional） 肢体近端枢轴点和着地点之间的距离，根据关节弯曲的角度略有变化。

匹配运动（matched motion） 一种运动原理，在匹配运动时，至少 3 个肢段的耦合运动会导致每单位的力产生的运动（距离）放大。

成肌细胞团（myoblast mass） 产生肢体屈肌和伸肌等肌肉的胚胎肌肉组织。

枢轴点（pivot point） 一个不动点，固体在受力时可绕其旋转；在犬中，前肢的枢轴点在肩胛骨上 1/3 处，后肢的枢轴点行走和快步时在髋关节，跑步时在腰椎。

着地点（point of touch down） 爪部和地面的接触点。

产生推进力（propulsion, generation of） 身体产生的力，并将这些力传递到地面上，由此产生向前运动。

弹簧－质量模型（spring–mass model） 描述以线性弹簧为模型的虚拟肢体在站立阶段中重心的水平和垂直运动。

站立阶段（stance phase） 肢体与地面接触的时期。不同肢体的站立阶段可能按顺序重叠（如行走）或完全重合（如快步）。

站立阶段持续时间（stance phase duration） 单个肢体从着地到离地的间隔时间。

步幅持续时间（stride duration） 某个肢体从着地到再次着地的间隔时间。

步频（stride frequency） 每秒内的步数。

步长（stride length） 躯干在某个肢体从着地到再次着地之间移动的距离。

摆动阶段（swing phase） 肢体前移不与地面接触的间隔时间。

摆动阶段持续时间（swing phase duration） 单个肢体从离地到着地的间隔时间。

着地（touch down） 爪部与地面接触的瞬间。

负功（work, negative） 力 × 距离（W），力的方向与运动方向相反；负功抵消了重力的影响。

正功（work, positive） 力 × 距离（W），力作用于运动方向；正功需要消耗能量。

第 11 章　视频内容

- 步态分析
- 简单的全身检查
- 简单的神经学检查
- 犬站立的后肢检查
- 犬站立的前肢检查
- 犬侧卧的后肢趾骨到跗骨的检查
- 犬侧卧的后肢跗关节检查
- 犬侧卧的后肢小腿区域检查
- 犬侧卧的后肢膝关节检查
- 犬侧卧的后肢股骨检查
- 犬侧卧的后肢欧特兰尼检查
- 犬侧卧的后肢髋关节检查
- 犬侧卧的前肢指骨到腕骨的检查
- 犬侧卧的前肢腕关节检查
- 犬侧卧的前肢桡骨和尺骨检查
- 犬侧卧的前肢肘关节检查
- 犬侧卧的前肢肱骨检查
- 犬侧卧的前肢肩关节检查
- 犬侧卧的前肢肩胛骨检查
- 犬的神经学检查：行为、姿态和步态的评估
- 犬的神经学检查：姿势反应和本体感受反应的评估
- 犬的神经学检查：脊髓反射的评估
- 犬的神经学检查：脑神经的评估
- 犬的神经学检查：疼痛检查
- 肩关节骨软骨病患犬的步态
- 肱骨骨肉瘤患犬的步态
- 前十字韧带断裂患犬的步态
- 髌骨脱位患犬的步态
- 腘绳肌纤维化患犬的步态
- 髋关节发育不良患犬的步态
- 髋股关节骨关节炎患犬的步态
- 髋关节脱位患犬的步态
- 拇长展肌腱鞘炎患犬的步态分析和临床评估
- 肘关节发育不良患犬的步态
- 表现退行性腰荐关节狭窄早期症状的 10 岁德国牧羊犬
- 德国牧羊犬退行性脊髓病的检查
- 胸腰椎椎间盘脱出的腊肠犬存在明显的运动功能缺陷，随后进行了减压手术
- 比格犬因颈椎椎间盘脱出导致颈椎活动受限（术前评估）。腹侧减压术 1 d 后明显好转

第 12 章　图片版权

插图

- 第 1 章所有的插图和第 2 章中的解剖示意图均由 Martin S. Fischer 构思，由 Jonas Lauströer 和 Amir Andikfar 制作，除非另有说明。
- 第 4 章、第 5 章和第 8 章中的插图均由 Daniel Koch 构思，由 Jonas Lauströer 和 Amir Andikfar 制作，除非另有说明。

照片

- 每一章中的照片均由该章的作者构思和委托拍摄，除非另有说明。
- 第 5 章和第 6 章中所有照片均由 Gaby Ernst（Saland, Switzerland）拍摄，除非另有说明。
- 第 7 章中的所有照片均由动物摄影师 Nicole Hollenstein（Wil, Switzerland）拍摄，除非另有说明。

视频

- 第 3 章、第 4 章和第 6 章中的视频均由 Tele D（Diessenhofen, Switzerland）制作，除非另有说明。
- 第 7 章中的所有视频均由动物摄影师 Nicole Hollenstein（Wil, Switzerland）制作，除非另有说明。
- 视频“髌骨脱位”（第 8 章）由 Bernhard Meier（Wald, Switzerland）制作。

其他图片

以下个人、机构和出版商慷慨提供了书中的其他图片，并授权使用（在某些病例中，对图片或相应的图注进行了轻微的修改）。

- Karin Baum（Paphos, Cyprus）：图 1.55 和图 7.26。
- Baumgärtner W. Pathohistologie für die Tiermedizin. Stuttgart: Enke; 2007：图 8.2。
- Patrick Blättler Monnier（Frenkendorf, Switzerland）：图 8.40。
- Tony Flury（Tierklinik Lindenhof, Switzerland）：图 8.14。
- Franck Forterre（Bern）：图 9.9。
- Ulrich Frotscher（Meckenheim）：Aufmacher Anhang。
- 瑞士伯尔尼大学兽医学院临床放射学教研室兽医影像学专家 Urs Geissbühler：图 8.49、图 8.80 和图 8.86。
- 瑞士伯尔尼大学兽医学院马临床教研室 Matthias Haab：图 8.48、图 8.56、图 8.64、图 8.88 和图 9.7。
- 耶拿大学动物学与进化研究所 Lisa Dargel：图 1.1。
- 瑞士伯尔尼大学兽医学院病理学研究所：图 8.13。
- Konrad Jurina（Haar）：图 9.3。
- Alexandra Keller（Frankfurt）：图 1.13。
- 瑞士伯尔尼大学兽医学院小动物外科教研室：图 8.18 和图 8.73。
- 瑞士伯尔尼大学兽医学院临床放射学教研室：图 8.19。
- Pierre Montavon（Switzerland）：图 8.52。
- 汉诺威兽医大学和基金会 Anke Schnapper：图 1.36。
- Salomon F-V, Geyer H, Gille U. Anatomie für die Tiermedizin. 3. Auflage. Stuttgart. Enke 2015：图 1.52 ~ 图 1.54 和图 1.56。
- 耶拿大学动物学与进化研究所 Julian Sartori：图 1.29。
- Schmidt MJ, Kramer M. MRT-Atlas. ZNS-Befunde bei Hund und Katze. Stuttgart: Enke; 2015：图 9.5 和图 9.6。
- Stoffel MH, Geiger D, Guldimann C, Kocher M. Funktionelle Neuroanatomie für die Tiermedizin. Stuttgart: Enke; 2010：图 1.51。

索　引

H

J

K

L

M

N

O

P

Q

R

S

T

W

X

Y

Z